U0354796

·学术规范与研究方法丛书·

Interdisciplinary Research

Process and Theory

(Fourth Edition)

如何进行跨学科研究

（第二版）

[美] 艾伦 · 雷普克（Allen F. Repko）
[加] 里克 · 斯佐斯塔克（Rick Szostak） 著
傅存良 译

著作权合同登记号　图字:01-2021-5157

图书在版编目(CIP)数据

如何进行跨学科研究/(美)艾伦·雷普克(Allen F. Repko),(加)里克·斯佐斯塔克(Rick Szostak)著;傅存良译.—2版.—北京:北京大学出版社,2021.10

(学术规范与研究方法丛书)

ISBN 978-7-301-32572-8

Ⅰ.①如…　Ⅱ.①艾…②里…③傅…　Ⅲ.①科学研究　Ⅳ.①G3

中国版本图书馆CIP数据核字(2021)第208996号

Interdisciplinary Research:Process and Theory. Fourth Edition.
by Allen F. Repko and Rick Szostak.

书　　名　如何进行跨学科研究(第二版)
RUHE JINXING KUAXUEKE YANJIU(DI-ER BAN)

著作责任者　[美]艾伦·雷普克　[加]里克·斯佐斯塔克　著　傅存良　译

责任编辑　刘　军

标准书号　ISBN 978-7-301-32572-8

出版发行　北京大学出版社

地　　址　北京市海淀区成府路205号　100871

网　　址　http://www.pup.cn　新浪微博:@北京大学出版社

电子信箱　zyl@pup.cn

电　　话　邮购部010-62752015　发行部010-62750672
编辑部010-62767346

印 刷 者　大厂回族自治县彩虹印刷有限公司

经 销 者　新华书店
965毫米×1300毫米　16开本　27.75印张　444千字
2016年10月第1版
2021年10月第2版　2022年12月第3次印刷

定　　价　110.00元

前　言

关于本书

《如何进行跨学科研究》第二版旨在体现本书面世以来跨学科研究领域大量新的研究成果。跨学科研究领域的研究文献不断增多，我们在本版中吸纳了欧洲、澳大利亚以及北美众多作者的著述。本版力求为学生和专业人员全面、系统地展示跨学科研究进程及其理论，希望能使读者更轻松地认识跨学科研究进程的性质。

第二版新增内容

第二版包含以下修订：

- 每章开头增加了一系列导引问题。
- 对跨学科研究进程内创造力的探讨进行了扩充，特别是在第三章、第四章、第十二章和第十三章。
- 第一章和第二章对认识论的论述进行了补充和修订。

- 第二章和第四章阐述了跨学科因果关联如何打破学科体系的稳定。
- 第三章就如何选择研究课题提出了更多建议。
- 第四章强调,本书概述的许多策略不仅仅适用于学术界。
- 第五章就文献检索专门向研究生提出建议。
- 第六章和第七章着重指出,学科意义上的熟识,既包括通过其学科视野评估见解,也包括围绕研究课题在该学科内进行讨论。
- 第七章强调,跨学科研究者为评估学科理论与方法提出了新课题。
- 第八章阐述了整合的基本原理,还补充了整合技巧的案例。
- 第九章探讨了学术分歧的作用。
- 第十章补充探讨了学生作品模式、图解、在不同情况下找到共识以及道德冲突。
- 第十一章阐明了哲学理论和模式的性质,并就如何处理学科见解互补情况进行了剖析。
- 第十二章阐明了整合的不同类型。
- 第十三章补充探讨了求职面试、政策副作用、反省认知、将学术视为对话以及说服的重要性。

第二版继续保留学生和教师觉得有用的内容,包括易于理解、描述研究进程的循序渐进法,阐明步骤的图表,以及面向自然科学、社会科学和人文科学学生的各类案例。得益于教师与学生提出的建设性批评,我们在写作时字斟句酌,使之更易阅读,使重要概念和步骤更易于为学生接受,并减少在正文中使用引文,除非阅读作者原文更可取。

本书不可或缺

本书之所以不可或缺,有四个原因。第一,跨学科研究是知识形态的新兴范式,其广泛影响不再被忽视。原因显而易见:“跨学科事关知识的突飞猛进,事关紧迫的社会问题的解决方案,事关技术创新的

优势地位,事关更完善的教育经历。”(克莱因[Klein],2010,第2页)

第二,有些人认为跨学科研究难以操作,有些人不承认该领域应力求形成自己的一套方法,还有人担心该领域会变得“循规蹈矩、无法提供我们时代所需的独特见解”(弗洛德曼[Frodeman]、克莱因、米彻姆[Mitcham]、霍尔布鲁克[Holbrook],2010,第xxxi页),本书纠正了这些观点。还有人认为跨学科研究轻而易举、无须深思即可完成,本书也纠正了这种观点。此外,本书有助于纠正对跨学科研究的一些错误认识,如认为跨学科研究敌视学科(见斯佐斯塔克[Szostak],2019)。

第三,从事跨学科教育者期待本书。正如美国高校协会(Association of American Colleges and Universities,AAC&U)主席施耐德(Carol Geary Schneider)所指出的,“如今,跨学科已在全美高校风行”。教师注重让学生学会进行跨学科研究与写作,这是《整合研究问题》2003年合订本中报道的一个重要调查结果,题为《高等教育中跨学科成效的未来方向:“德尔菲法”研究》。该研究向其参与者(都是重要的跨学科研究从业者)提出这个问题:“下一个十年,跨学科研究项目中需要发生哪些变化,才能更好地满足学生需求(以学科为基础的传统项目已不足以实现其学术目标)?”在“总课程”之下,参与者推荐的教材提供了对学科视野、理论、方法论尤其是整合技术的概述以及具体事例(韦尔奇[Welch],2003,第185页)。克莱因(2005a)进一步证明了该主题受到忽视,她在《人文科学、文化与跨学科:嬗变的美国院校》中批评学者“徘徊在理论层面而很少注意或不去注意实践领域的一举一动”的倾向(第7页)。本书是对这些重要事项的回应。它试图将理论应用于“实践领域”,并使跨学科研究进程易于为学生理解和把握。

第四,本书能使学生区分跨学科研究和学科研究。本书的一个重要贡献是,它审视了学科使用的十多种研究方法,并解释了这些方法如何奠定了跨学科研究进程的基础而又不同于跨学科研究进程。本书还对跨学科研究的重要理论与概念等进行了反思。

目标受众

本书面向四类受众:本科生、研究生、教师和跨学科研究团队成员。本书广泛探讨了学科及其基本要素,不仅为学生提供了对跨学科研究进程的认识,还提供了有用的学科专业信息。关于学科视野、现象、认识论、假说、理论与方法的信息,对于多学科研究与跨学科研究来说同样不可或缺。主修学科专业的学生也会发现,对于贯通选修的其他学科课程来说,这种信息大有裨益。研究生与教师会看重本书的重要术语词汇表、尾注、丰富的资料来源、各种教学辅助手段、演示最优实践的大量案例,以及附录中广博的推荐读物。

大多数关于研究方法的著作会假定就其领域的原理在专业上达成共识。因为跨学科研究领域就该领域的原理还只是有望达成学术共识,所以在解释原理本身之外,本书还向读者指出文献中的原理的学术理论基础。因此,本书既面向选修跨学科课程的学生,也面向传授跨学科课程的教师。本科生与研究生既可以从原理本身学习跨学科研究,也可以从每条跨学科原理的理论基础学习跨学科研究。

本书旨在成为本科生与研究生跨学科研究课程的核心文本或补充资源。本书适用于多种学术场合:聚焦跨学科研究与理论的中级课程;涉及两门或多门学科的高年级主题、课题或专题式课程;需要提供深度跨学科研究论文(项目)的综合性课程及高级研修课程;为高年级本科生项目整合通识教育的基础课程;跨学科教学与(或)研究中的研究生课程;跨学科学习、思考与研究中的教学辅助训练(证书)课程;想要在其单位推行跨学科课程与项目的管理者和教师。本书(尤其是前面的章节)可用作跨学科研究入门课程的主要文本。对于要求学生跨越若干学科领域的多学科项目以及从事跨学科研究的专业人士和跨学科团队来说,本书同样有所助益。

所用方法与呈现方式

本书的跨学科研究方法在以下六个方面独树一帜:(一)描述了如何运用效果明显的进程与技术真正进行跨学科研究,无论人们从事的是自然科学、社会科学、人文科学研究还是应用研究。(二)将为该领域定性的理论体系整合并运用到跨学科研究进程的探讨中。(三)展示的决策进程易于遵循但不刻板,使得整合与生成更全面认识的目标能够实现。所用术语是进程而不是方法的原因在于,进程允许有更大的灵活性和自反性(尤其是从事人文科学时),并将跨学科研究与学科方法区分开来。(四) 本书强调了学科在跨学科工作中的基础作用和互补作用、借鉴并整合学科见解(包括源自人们自己基础研究的见解)的必要性。(五) 本书收录了大量来自自然科学、社会科学、人文科学的跨学科工作案例,以说明如何实现整合以及如何构建、反思、检验与交流跨学科认识。(六) 本书非常适宜主动学习和问题导向教学法,也适宜分组教学以及其他更传统的策略。

如何利用本书

学生若要熟练掌握本书内容,就须将其应用到具体的研究中,这样才会充分意识到本书所提建议和信息的重要性。对于学生来说,验证有效的一个策略是,(单独或以小组形式)致力于一个为期一学期的课题,课题分为三个阶段,分别对应跨学科研究进程的不同步骤。例如,第一阶段可以包括头两个步骤。只要对该项目的每个阶段及时作出反馈,就会帮助学生在进入下一阶段前改进其工作。

本书两位作者在课程中都要求学生开展自主选择的研究项目,接着在课上讨论学生如何处理每个步骤。我们发现,学生乐于互相帮助,同时,看到步骤以及开展这些步骤的策略有效应用到学生研究项目(尤其是自己的研究项目)上,他们都意识到步骤和策略的重要性。当然,我们知道,有些教师和学生可能想要偏离这种研究轨道。在传统研究论文之外,他们可能更喜欢视频或现场展示成果,甚至以此替代传统研究论文。他们可能更喜欢团队研究:团队研究可能尤其重要,因为这会让学生重视团队其他成员的想法。他们可能想进行社区服务学习,学习期间,学生同社区组织一起提供志愿服务,学习结束时,根据经历和社区组织的建议撰写反思作业(reflective essay)。他们应该探究跨学科分析技巧如何应用于该组织的工作中。有些教师可能想让学生制作电子学习档案袋(ePortfolio)或思想自传,以此引导学生随着课程推进对各种问题(关于自身和关于课程)进行反思。学生会注意到,这门课程增强了他们对跨学科的认识以及跨学科分析的能力。

每章最后的练习题可按两种方式使用:激励班级讨论;深入学习跨学科研究进程的关键部分。应该鼓励学生同团队讨论他们在推进每个步骤时所经历的挑战与成功。重要的是,指导教师应坦率分享其跨学科研究经验,并解释他们是如何战胜挑战的。学生在某个特定步骤奋力打拼,随后学到某个策略能让他们继续前进,他们就会对该策略长期铭记。

为了取得最佳效果,指导教师应鼓励学生在学习不同步骤的同时进行研究。他们应敦促学生在初期就开始查找相关文献,哪怕学生尚未掌握第五章(步骤四)探讨的错综复杂的全面文献检索。这么做的指导教师声称,学生尝试独自检索后,往往更注重学习不同的文献检索技巧。

有些步骤比其他步骤要占用更多时间,创建共识(步骤八)的关键性步骤和接近跨学科研究进程最后阶段的生成对课题更全面的认识(步骤九)即为这种情况。指导教师应确保学生在研究项目到期之前有充裕的时间理解这些内容并完成这些关键性步骤。

通过对本书所介绍信息的细致规划,指导教师能使学生创作出高质量作品,并形成对跨学科研究的深入理解。

跨学科研究领域正在开始展现其全部潜力并生成其创立者所构想的量大面广的新知识。随着从业者创作出更多更优秀的跨学科作品,知识形成的进程会加速并找到更广泛的受众。出于这个目的,尽管疏漏之处在所难免,我们还是献上本书第二版,以推动跨学科教育与研究。

艾伦·雷普克

里克·斯佐斯塔克

目 录

第一编 跨学科研究与学科

第三编　整合见解

第一编

跨学科研究与学科

第一章　跨学科研究简介

学习成效

读完本章，你能够

- 定义跨学科研究
- 描述跨学科的理性本质
- 区分跨学科与多学科、超学科、整合研究

导引问题

什么是跨学科研究？

什么是跨学科研究的关键特征？

如何定义跨学科？如何将其与多学科、超学科、整合研究细致区分开来？

本章任务

在任何大学，实体大学也好，虚拟大学也好，你必定会与学科相遇。它们是功能强大的学习方式和知识产品，无处不在。学科影响了我们对世界的看法，培养了我们解决复杂事务的能力，左右了我们对他人和自己的认识，往往也决定了大学院校的行政架构。现代形态的

学科至少有二百年的历史,已经在支配着知识的分类、生成和传播。不过,学科的支配地位如今受到了跨学科的挑战。

本章介绍了作为学术领域的跨学科研究。我们对跨学科研究进行了定义,并通过其假说、理论和认识论描述了该领域的理性本质,接着对跨学科和多学科、超学科、整合研究进行了区分。

定义跨学科研究

跨学科研究(*interdisciplinary studies*)针对的是种类多样、正在成长的学术领域,这个领域有着自己的文献、课程、学者群体、本科专业和研究生项目。重要的是,它采用研究进程,旨在生成“对复杂问题的更全面认识”这种形式的新知识。本书的重点就在于全面介绍这一研究进程。

在定义跨学科研究之前,我们先拆解分析其三个成分的含义:*跨*、*学科*和*研究*。

跨学科研究中的“跨”

前缀跨的意思是“之间、之内、之中”或“源自两个或多个”。**学科**的意思是“属于特定研究领域、与特定研究领域相关”或专业化。因此理解*跨学科研究*含义的起点就是两个或多个研究领域之间。

这个“之间”所在是个争议之地——若干学科所关注的问题、议题或课题。例如,城市骚乱是跨学科问题,因为这既是经济问题,也是种族问题,还是公共政策问题。重要之处在于,*学科不是跨学科研究者关注的焦点;焦点是每门学科考虑处理的难题、议题或智识课题*。学科仅仅是实现该目的的手段。

跨学科研究中的“学科”

在学界内部,*学科*(*discipline*)一词指的是学问或知识主体的特定分支,如物理学、心理学或历史学(莫朗[Moran],2010,第2页)。**学科是学术共同体,规定研究哪些现象,提出某些核心概念并形成理论,**

采纳某些研究方法，为共享研究和见解提供交流渠道，并为学者指点职业路径。正是通过对职业的影响，学科才能保持这些强烈的偏好：接受学科教育的学者通常获得该学科的博士学位，受雇于某个按学科分类的教学单位（系），并在很大程度上根据该系对其研究和教学的评判获取职位、晋升及涨薪。**见解**是在研究的基础上就理解问题作出的学术贡献。

每门学科都有各自的基本要素——现象、假说、哲学观（即认识论）、概念、理论和方法，它们将这门学科与其他学科区分开来（第二章的研究对象）。比如，学科会选取擅长运用其理论的方法。所有这些特征都是相互关联的，并纳入学科关于现实的整体学科视野。

历史学即为学科的一个例子，因为它符合以上所有标准。其知识版图包括海量的事实（载入人类历史的每件事情）；它研究同样海量的概念或观念（殖民主义、种族主义、自由、民主）；它生发出关于事物何以如此的理论（比如，“伟人理论”认为，南北战争之所以旷日持久、血流成河，是因为总统亚伯拉罕·林肯 1862 年决定颁布《解放黑人奴隶宣言》），尽管许多历史学家力求摆脱理论；此外，它还运用研究方法，包括对原始出处（即信件、日记、官方文件）和二手出处（即专著和论文）的精读及批判式分析，展示特定时间和地点内往昔事件或人物的全貌。**精读**法需要对文本进行细致分析，对字词、句法、潜在的偏见乃至词句与观念的表达顺序都要密切关注。

传统学科类别

传统学科有三大类别[1]（见第二章表 2.1）：

- 自然科学告诉我们世界是由什么构成的，描述其成分如何建构起由相互依存系统组成的复杂网络，解释特定局域系统的运作状态。
- 社会科学试图解释人类世界并想方设法探讨如何预测人类世界、改善人类世界。
- 人文科学表达人类抱负，诠释、评估人类成就与经验，探寻书面文本、人工制品和文化实践的多种意义及丰富细节。

美术和表演艺术

除了这些传统学科,还有美术和表演艺术类别,包括美术、舞蹈、音乐和戏剧等。它们理所当然有权取得学科地位,因为其基本要素与人文类学科的基本要素大不相同。

应用领域和职业领域

应用领域也在现代学界占有显著地位,包括商业(及其众多子领域,如金融、市场销售和管理)、传播学(及其各种子领域,包括广告业、演讲和新闻业)、刑事司法学和犯罪学、教育学、工程学、法学、医学、护理学和社会工作等。

跨学科兴起

近年来,随着**跨学科**(**interdiscipline**)的兴起,学科与跨学科之间的界线开始模糊起来。跨学科是跨越传统学科边界的研究领域,其研究论题由非正式的学者团队或完善的研究教学机构传授。*跨学科可能要跨越学科,也可能不用。*经常提及的跨学科例子有神经系统科学、生物化学、环境科学、民族音乐学、文化研究、女性研究、城市研究、美国研究、公共卫生等。有些跨学科运用了面广量大的理论、方法和现象,而其他一些跨学科的做法更像学科,聚焦于范围有限的理论、方法和现象(见福西曼[Fuchsman],2012)。

读者须知

学科、应用领域和跨学科并非一成不变,而是不断演化的社会观念和知识观念。也就是说,随着时间的推移,它们在抛弃其他理论、方法和课题的过程中,也接纳了新的理论、方法和研究课题,不过仍支配着从事学科研究的学者职业。

跨学科研究中的“研究”

最早使用“研究”(studies)一词的领域关注的是特定社会文化群体(包括女性、拉美裔和非裔美国人),后来该词在自然科学和社会科学众多语境中司空见惯。其实,“研究”项目正在当代学界不断激增;有时,就连传统学科(尤其是人文科学)也将自己重新命名为“研究”,如“英国研究”和“文学研究”(加贝[Garber],2001,第77—79页)。

为何“研究”是跨学科研究不可分割的一部分

研究项目通常意味着对已有知识结构的根本挑战。这些新的解决方案同跨学科研究(正如本书所述)一样,都对传统知识结构(即学科)极为不满,也都承认,人类面临的那些复杂问题需要找到新方法以整理知识,将不同研究路径结合起来并进行传播。如今,吸纳鲜明跨学科特征核心课程的项目已经出现,确立了地区研究(如中东研究)和材料科学等跨学科领域,以及环境研究、城市研究、可持续发展研究和文化研究等高度整合的领域。

学科与跨学科研究之间的区别

表1.1对现有学科和跨学科研究的七大特点进行了比较对照。有三处不同(第1、2、3条)和四处相似(第4、5、6、7条)。不同之处解答了为什么在跨学科研究中使用“研究”是恰如其分的:

表1.1 现有学科与跨学科研究的对比

现有学科	跨学科研究
1. 需要与某些主题或对象有关的知识体系	1. 需要的专业文献急剧增加并日趋复杂、分析更深入、覆盖面更广从而更具功效。这些文献包括关于跨学科理论、项目管理、课程设计、研究方法、教学法和评估的分科。最重要的是,出现了越来越多针对现实世界问题的跨学科研究
2. 拥有获取知识的方法和整理那些知识的理论	2. 利用学科方法,但这些方法被纳入跨学科研究进程;跨学科研究进程包括借鉴相关学科见解、概念、理论和方法以生成整合的知识

(续表)

现有学科	跨学科研究
3. 试图生成其领域内或相关领域的新知识、新概念和新理论	3. (通过整合)生成新知识、更全面认识、新意义和认知进步(后续章节会定义“更全面认识”和“认知进步”)
4. 拥有公认的核心课程	4. 开始形成鲜明的跨学科核心课程
5. 有自己的专家圈	5. 正在形成自己的专家圈
6. 自给自足并试图控制各自领域,因为这些领域彼此相关	6. 从学科获取原始资料,但也会利用跨学科文献
7. 以其专业学科硕博项目培养未来的专家	7. 在“美国研究”等较早领域和“文化研究”等较新领域,通过其硕博项目和本科专业培养未来的专家,尽管新出现了具有鲜明跨学科性质的博士项目,但跨学科研究通常还是聘用有学科博士头衔的人

出处:引自吉尔·维克斯[Jill Vickers](1998),《给尚未勘测的开放区域除框:跨学科研究实践教学》,《蜘女:人文科学跨学科杂志》,4[2],第11—42页。

- 跨学科研究并不像物理学那样声称具有普遍公认的知识内核,而是利用现有学科知识,并始终通过整合超越学科知识(第1条)。
- 跨学科研究自有一套研究进程(本书主题)以生成知识,但只要合适,也会自由借用学科的方法(第2条)。
- 与学科一样,跨学科研究试图生成新知识,但与学科不同的是,它试图通过整合进程来完成(第3条)。

“研究”为何用复数

“研究”(“studies”)之所以用复数,是因为“学科间相互作用”这一观念(克莱因,1996,第10页)。想象一下,在知识世界里,每门学科有如装了数以千计的圆点的匣子,每个圆点代表该学科某位专家发现的些许知识;然后想象代表其他学科的类似匣子,每个都装满了知识圆点。学者们感兴趣的是钻研宽泛议题或复杂问题前景所激发的“种种研究”,此类“研究”需要查看尽可能多的学科之匣,以识别那些与所研究议题或问题相关的知识圆点。"研究"领域的学者,包括跨学科研究领域的学者,不论他们身处哪个学科之匣,都在识别、连接知识圆点(朗[Long],2002,第14页)。跨学科研究者对单纯重新整理这些千变万化的知识圆点并不感兴趣,他们感兴趣的是将其整合成新的更全面认识,也就是知识的累积。

研究项目认识到,许多研究课题不能简单地局限在单门学科内处理,因为它们需要众多专家的参与,每位专家从各自与众不同的学科视野观察该课题。

研究项目的批评者指责它们缺乏学科的"实实在在的卓越学术成就"(索尔特[Salter]、赫恩[Hearn],1996,第3页)。**学术成就**是对"*公开的、经得起批判与评估、便于学术圈内其他人交流使用的*"知识的贡献(舒尔曼[Shulman],1998,第5页)。"实实在在"和"学术成就"显然就是描述学科深度——深入聚焦某门学科或**子学科**——的代名词。通过强调一系列有限的理论、方法和现象,学科得以周密监控其理论和方法准确应用于合适的现象。

一个相反的观点认为,纯粹的学科焦点为了深度而牺牲了丰富性、全面性和真实性。本书所表达的整合观点认为,在学科与跨学科研究之间有一种共生现象。通过对跨学科研究进程性质的表述,我们会促进相当严谨的跨学科分析,同时吸取任何相关的学科理论与方法。

这并不是说某个"研究"项目优于某个学科项目。那样说就错了,因为两者目的各不相同。*两者缺一不可*,尤其是在这个日益复杂、矛盾、碎片化的世界里。

跨学科研究的定义

辨识从业者赞同的基本要素,会为跨学科研究的整合式定义打下基础。

- 跨学科研究所关注的内容超出了单门学科视野。
- 跨学科研究有个与众不同的特点,即它关注复杂问题或课题。

- 可辨识的进程或研究模式是跨学科研究的特征。
- 跨学科研究明确以学科为依托。
- 学科为特定跨学科研究提供了有关具体实质性研究重点的见解。
- 跨学科研究以整合为目的。
- 跨学科研究进程的目标是务实的:以新认识、新产品或新意义的形式推动认知进步。(注:**意义**一词在人文科学中很重要,它往往相当于作者或艺术家的意图,或对受众的影响[巴尔(Bal),2002,第27页])。[2]

根据这些要素,可以得出跨学科研究的整合式定义:

> **跨学科研究**是回答问题、解决问题或处理问题的进程,这些问题太宽泛、太复杂,靠单门学科不足以解决;它以学科为依托,以整合其见解、构建更全面认识为目的。

该定义包括四大核心概念——进程、学科、整合以及更全面认识——这些是后续章节的内容。值得注意的是,这个定义既回答了"是什么",也回答了"如何"。通常对某个实验下定义时,几乎难免要描述如何去做实验。本书第一章和第二章解答了"是什么",而论述跨学科研究进程的其他章节解答了"如何"。

里克·斯佐斯塔克(2015b)指出,有些哲学家意识到语言会造成歧义,他们极力主张用"外延"定义(对某个事物列出例证)作为上述那种"内涵"定义(试图用一两句话捕获事物的本质)的补充(甚至替代)。其外延定义(意在作为上述内涵定义的补充)必定聚焦于**跨学科属性**(跨学科研究领域的理性本质)的表现方式:它试图在学科视野背景下对来自多门学科的见解进行评估后加以整合。

> 跨学科涉及一系列做法:提出的研究课题不能过度限制理论、方法或现象;借鉴多种理论和方法;从多个现象直接找到联系;在学科视野背景下评估来自不同学科学者的见解;整合那些

学科学者的见解以实现全面认识(斯佐斯塔克,2015b,第109页)。

本书大部分内容致力于概述这些共同构成跨学科属性的做法。

跨学科的理性本质

跨学科有两种最重要的类型:工具型跨学科和批判型跨学科。**工具型跨学科(instrumental interdisciplinarity)**由问题驱动。它是一种实用主义的方法,注重研究、借鉴学科并解决实际问题,以回应外在社会需求。但是,仅仅借鉴还不够,还必须通过整合来补充。对于工具型跨学科来说,考虑到来自起作用学科的现有见解,进行尽可能全面的整合不可或缺。

批判型跨学科(critical interdisciplinarity)试图改变院校性质。它"对占支配地位的知识结构和教育结构提出质疑,以期对其加以变革,并提出有价值、有意义的认识论问题和政治问题"(克莱因,2010,第30页)。工具型跨学科对这一点则不理不睬。批判型跨学科研究者指责工具派仅仅把现有学科方法组合在一起,而不提倡变革。批判型跨学科研究者没有建起跨越学术单元的桥梁以解决实际问题,而是试图改变并取消文学与政治之间的界限,以关联性处理文化对象,并提倡包容边缘文化(克莱因,2005a,第57—58页)。

工具型跨学科和批判型跨学科之间的这些区别不是绝对的,也不是不可逾越的。对环境和保健之类系统问题、复杂问题的研究,往往反映了批判方法与解决问题方法的结合。本书使用的跨学科研究整合式定义反映出对该领域研究方法的共识正在显现:它是实用主义的,但也为批判、质疑学科以及批判、质疑经济结构、政治结构和社会结构留下了充足的空间。这种"两者兼具"的方法反映在先前表述的跨学科定义上:它指的是"回答问题、解决问题或处理问题",所以它体现了工具派的方法;但它也指"质疑[学科]见解和理论,以构建更全面认识"。整合后的学科见解(比如其概念和假说)或理论通常包括对学科的质疑。同样,构建对问题的更全面认识以及交流这种认识可能包括提出认识论问题和政治问题,或提出改革政策。那么,跨学科"已经从一个理念发展成为一系列复杂的主张、活动和结构"(克莱因,1996,第209页)。

这两类跨学科有着一些共同特征:假说、理论和信奉**认知多元论**(**epistemological pluralism**)。这指的是学科就如何认识与描述现实所持的多种态度。这些共同特征构成了跨学科的理性本质,并为这个多样领域提供了一致性。下面依次对这些共同特征进行探讨。

跨学科属性的假说

所有学科、跨学科以及研究领域都基于为该领域提供聚合力的某些假说。在这一点上,跨学科研究并无二致。至少有四个假说将这个丰富而迅猛发展的领域固定下来,尽管对每个假说的意见一致程度各不相同。

大学外的复杂现实使得跨学科必不可少

一般来说,当今我们面临两类问题:一类需要专业化的学科方法,一类需要综合性的跨学科方法。例如,研究淡水短缺问题的专业化学科方法会关注地下淡水层的耗竭率(地球学)、对湿地的破坏(生物学)或各类污染物(化学)。但是,如果想将同样的淡水短缺问题作为一个复杂整体来认识,就需要有跨学科研究方法。这就要求不仅借鉴上述学科,还要借鉴政治学(研究现有或应有的法律法规)、经济学(评估更严苛环保法规的成本)以及环境科学之类的跨学科领域。

学科是跨学科的基础

学科是跨学科独特目标的基础,但是有些跨学科研究者对该观念提出批评,引发激烈争论(见锦囊1.1)。前面介绍的跨学科研究整合式定义明确表达了这个假说:跨学科研究是个认知进程,个人或群体在此进程中,借鉴学科视野并整合学科见解和思维模式,以提出其对复杂问题的认识,这种认识的目的在于应用。跨学科,尤其是工具型跨学科,对学科并不排斥;它牢牢扎根学科,但对学科的支配地位提出了矫正。我们需要术业专攻,但也需要用跨学科拓展对复杂问题的认识。例如,这种"两者兼具"的立场体现在健康科学和卫生服务的跨学科领域,也是本书的立场,并反映了跨学科文献中绝大多数意见。

> **锦囊 1.1**
>
> 有些跨学科研究者……持有**反学科**观点，对包括“生活经验”、介绍信、口头传说以及长辈对那些传说的诠释在内的“知识”和“证据”，喜欢抱有更“开放”的认识（维克斯，1998，第 23—26 页）。不管怎样，这种方法有问题。缺乏与问题相关学科打下的某些基础，带来的风险会变得不受控制，研究成果也会显得不那么可靠。此外，全盘摈弃学科知识主张的人，也许除了依靠生活经验就无从知晓如何对知识提出主张。超学科和整合研究是对各种类型的学科见解及非学术性见解进行整合。

单凭学科不足以全面处理复杂状况

学科缺陷即认为学科自身不足以处理复杂问题。这种缺陷源自多种因素：

- 学科缺乏广阔视野。
- 学科不愿为解决复杂社会问题提供广泛全面的方案承担责任。
- 学科过于自信，以为自己为理解现代社会提供了所需的一切。
- 学科并不具有理解复杂现实并提供完整图景的认知工具或方法论工具。
- 须用整合策略将学科见解的精华融入更全面认识。

“学科缺陷”假说的背后，是对学科方法“局限”“片面”的判定。说局限，是因为一门学科通过其自身单一而视野狭隘的透镜看待某个特定问题。例如，经济学家会怀疑其他学科的研究工作，因为他们看重自己的理论和方法，往往会忽视其他理论和方法生成的见解（皮特斯[Pieters]、鲍姆加特纳[Baumgartner]，2002）。学科研究方法有偏见，因为它们所关注的只是该学科所接受的概念、理论和方法,而排斥其他学科更青睐的概念、理论和方法。比如,“权力”这个概念实际上跟所有社会科学都有关联,每门学科各自都对“权力”下了定义,每个定义都有其特有的某些假说、方法等来支撑。要对同某个问题相关的“权力”有更全面更广泛的认识,我们必须先要知道每门学科是如何认识“权力”概念的,然后才能在这些形形色色而又互相矛盾的观念之间创建共识。

将学科缺陷应用于卫生科学,这是特普斯特拉[Terpstra]、贝斯特[Best]、阿布拉姆斯[Abrams]和摩尔[Moor]的研究课题(2010)。锦囊 1.2 总结了他们的研究结论。

锦囊 1.2

20 世纪,卫生领域吸取了很多教训。一个重要教训就是,卫生是复杂现象,导致疾病的潜在因果路径不仅仅是生物学上的。……卫生是深深扎根于社会系统内的现象,卫生成果是跨越一生的要素间动态相互作用造成的,这些要素源自诸多层面:从细胞层面到社会政治层面。……如此看来,努力增进健康必须考虑到该课题所涉及多种因素的性质,并整合跨越学科的知识与分析层面。……卫生研究表明,无数因素与艾滋病预防相关。……可惜,发病率依然上升,因为这种知识并未以能解决该课题复杂性的统一方式加以应用。……

遗憾的是,大多数卫生研究的实施是为了科学,而不是为了传播和应用。为了科学而创造的知识往往成为专业化、简单化的学科,其成果难以用来指导实践和决策。实际上,卫生及公共医疗卫生服务所面临的挑战,无法靠单独的学科或社会机构妥善应对,传统简单化的科学研究对大多数卫生服务课题都难以奏效。卫生服务课题中,学科知识与各种层面的分析交织在一起,这么一来,实际应用就需要整合的理论模型与知识。正如罗森菲尔德[Rosenfeld](1992)所指出的,“要实现能促进人类健康的观念进步与实践进步,协同研究就必须超越单个学科视野并形成新的协作方法”(特普斯特拉等人,2010,第 1344 页)。

跨学科能整合相关学科的见解

对来自相关学科就某个复杂课题的见解进行整合是切实可行的。这个大胆假说并非一厢情愿，而是基于近年来工具型跨学科研究者设计并成功实践的进程，这个能实现整合的进程结构周密细致。

跨学科研究的理论

理论指的是对自然界或人类世界某方面及其如何运作、与特定事实如何关联所做的概括性学术解释，这种解释得到资料与研究的支撑（白里斯[Bailis]，2001，第 39 页；卡尔霍恩[Calhoun]，2002，第 482 页；诺瓦克[Novak]，1998，第 84 页）。举个例子："犯罪学的破窗理论"，这个理论表达的意思是，像"打破空屋一扇窗户"此类看似轻微的骚乱之举，往往会诱发该地区更严重的罪行。

每门学科都会接纳有其核心要义并自圆其说的特定理论，跨学科研究也不例外。这一理论体系包括关于复杂性、视野选取、共识以及整合的理论。

复杂性

有些现象和问题纯属混杂（complicated），有些则非常复杂（complex），两者区别在于各组成部分之间关系的性质。**复杂性（Complexity）**指的是现象和问题的组成部分以出乎意料、突如其来的方式互相作用。**跨学科复杂性理论**认为，如果问题或课题涉及诸多方面并作为"系统"进行运作，跨学科研究就不可或缺（见锦囊 1.3）。（这里所用的"系统"并非指趋向平衡的系统，亦非封闭系统——即同其他现象隔绝——因为实际上，差不多所有现象都会以某种方式影响其他所有现象。）

锦囊 1.3

酸雨、人口激增、《本杰明·富兰克林自传》的遗产,这三者有何共同点?它们虽然分别选自自然科学、社会科学、人文科学领域,而将其视为复杂系统的表现,这样认识更富成效,而且它们都需要跨学科研究。将三者都视为特定复杂系统的表现,这种思考有助于跨学科研究者更好地认识此类现象;总体来说,它们能帮助我们更好地认识跨学科研究的性质和做法。……

跨学科方法要使用恰当,其研究对象必须涉及诸多方面,而各方面又必须形成整体。假如不涉及诸多方面,那么单个学科方法即可完成(因为从一个简单化的视野就足以进行研究了);假如涉及诸多方面却不成整体,那么多学科方法就可完成(因为没必要整合)。跨学科研究各要素——即借鉴学科见解以及整合其见解——要站得住脚,其研究对象就必须存在于复杂系统中(纽厄尔[Newell],2001,第 1—25 页)。

这带来一个问题:为什么复杂性应成为跨学科研究的判定标准?再回过头看看前面介绍的跨学科研究定义,就能找到答案。该定义强调了两个关键要素:跨学科研究"依托学科视野并整合其见解"。这么一来,思考流程如下:

- 跨学科研究依托两个以上学科视野。
- 复杂事件或复杂进程和行为具有连贯的多个方面和组成部分。
- 每个方面通常是某门特定学科关注的焦点。
- 若同一方面由不止一门学科研究,往往就会生成互相矛盾的见解。
- 对各个方面的理解需要借鉴相应学科的见解。
- 对复杂现象或行为作为整体加以理解需要整合来自相关学科的见解。

跨学科的复杂性理论还处理人文科学和艺术领域的特殊案例。

这些学科更关注乖僻、异常及个人化的行为，其共同做法是进行**语境分析**（**contextualization**）。这种做法是将“文本、作者或艺术作品置于语境中，通过审视其历史、地理、智性或艺术上的定位在某种程度上对其进行理解”（纽厄尔，2001，第4页）。*由于复杂性理论与复杂现象的表现有关，再加上背景本身就是复杂的，故而该理论也为用跨学科方法研究独特而复杂的文本、艺术作品和个人提供了依据。*

视野选取

视野选取就是从特定视点而不是你自己的视点考虑特定议题、问题、对象、行为或现象。用于跨学科研究的**视野选取***要求从每个有关学科的视点或视野分析问题，并辨别其共性和差异。*

由认知心理学发展出来的视野选取理论作出了五个重要论断，这对于从事跨学科工作至关重要。

1. *视野选取将人类脾性归纳为程式化消极看待个体和群体*（加林斯基[Galinsky]、莫斯科维茨[Moskowitz]，2000）。站在程式化个体的立场，无论是虚拟的还是现实的，很难反转你的视野。对作为研究对象的个体或群体抱有程式化消极态度，必定会歪曲跨学科研究并不可避免地危及所生成的认识。程式化与合格的跨学科实践是不相容的。

2. *视野选取便于汇集一系列针对特定问题的新的潜在解决方案*（加林斯基、莫斯科维茨，2000；哈尔本[Halpern]，1996，第1、21页）。这里应验了一句老话——“一群诸葛亮，问计有锦囊”：检验来自每门相关学科视野的见解，哪怕这些见解互相矛盾，也会丰富你对问题的认识，并能使你建立起创造性的联系（见图1.1）。

3. *视野选取让我们进一步意识到，我们会偏向自身的知识倾向，无论这知识来自生活经历还是先前的学术训练。*心理学认为，虚假同感偏差是一种认知偏差，这种偏差往往使个体高估自己的信念或意见，以为也代表了其他人的信念或意见（福塞尔[Fussell]、克劳斯[Kraus]，1991；1992）。比如，看完一场电影，觉得电影精彩的观众往往会高估认为电影精彩者的比例。对跨学科工作的影响就是，我们要留心自身的偏见，包括学科的偏见（可能会在主修某门特定学科后产生），以免（有意无意）妨碍对所研究问题的分析（雷普克等人，2020）。

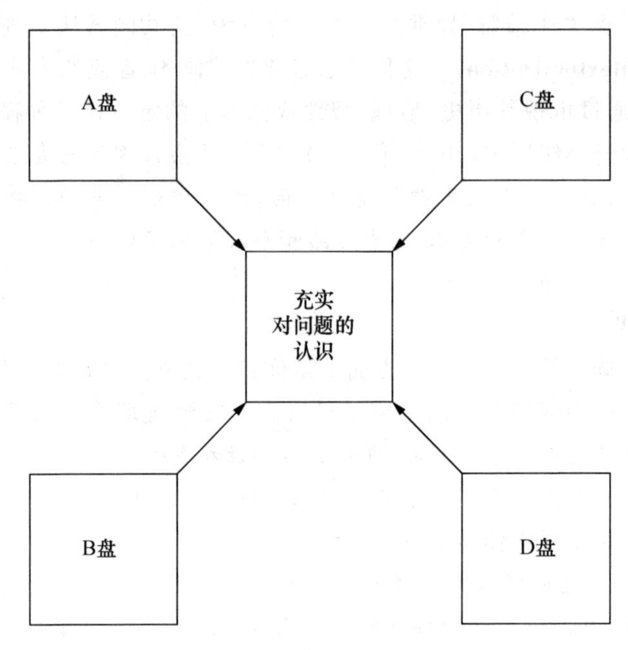

图 1.1　建立创造性的联系

出处:艾伦·F.雷普克。

4. 视野选取促使我们进行角色担纲(马丁[Martin]、托马斯[Thomas]、查尔斯[Charles]、艾比特罗帕基[Epitropaki]、麦克纳马拉[McNamara],2005,第 141 页)。视野选取有三种角色担纲方式,每种都与跨学科工作相关:

- 精确理解其他人如何观察认识这个世界。这要求把自己当成舞台艺术里的角色扮演者那样,假装成戏里的角色。要从事跨学科研究进程,我们必须有意假装学科专家的角色并通过专家的眼睛看待问题,哪怕只是一小会儿。这种角色担纲能力对于从事非西方文化研究、种族民族研究、城市研究、女性研究、性别研究以及其他强调差异的项目研究者来说尤其重要。
- 从多重视野广泛审视某个状况这对跨学科进程的影响显而易见:我们不能把探究局限于自己熟悉的那些学科或我们赞同的那些专家观点。

- “深入理解他人视野，并全面认识他人视野”跨学科工作中，深入全面理解是就学科深度而言。后续章节中会看到，假如跨学科学者重视学科视野，就能达到理解学科见解所需的层面。这对人文科学以及美术、表演艺术领域的跨学科学者有着特殊意义，在这些领域，理解乃至假扮或冒用他人身份是关键性技能。

5. 视野选取需要整体思维。**整体思维**是理解相关学科的观念与信息如何互相关联并与问题关联的能力（白里斯，2002，第4—5页）。整体思维在这个重要方面有别于视野选取：视野选取是认识每门学科通常如何观察问题的能力，而整体思维是通过构成问题的学科各成分来审视整个问题的能力。整体思维的焦点是构成整体的各成分之间的关系、差异以及同其他成分之间的相似之处。整体思维是为了在更大的背景中广泛审视问题，而不是在学科专家青睐的受控受限状态下看待问题。不过，“更大的背景”并不意味着尽可能最周全的背景。总体来看，人们其实想要的是范围尽可能最小的背景，但又囊括处理问题所需的一切。整体思维容许在学科孤立状态下研究问题时，对特征尚不明显的问题加以审视。例如，通常会脱离城市经济发展来看待社区艺术，而跨学科研究可能会阐明，社区如何在社会上、文化上和经济上（即整体上）受益于各种艺术。整体思维的目标或产物是对问题的更全面认识（下文探讨）。单一学科研究仅关注单门学术科目，克服单一学科研究，需要在研究特定问题时确定其他学科——其视野、认识论、假说、理论和方法——是否值得考虑。实际上，跨学科研究者最终都会重视并求助其他视野。

共识

尽管*共识*并未出现在前面介绍的跨学科研究定义中，但它是整合概念所固有的。跨学科的共识概念来自认知心理学的共识理论和新兴的认知跨学科研究领域。此处介绍这些理论，而第八章和第十一章会作更详尽的探讨。

著名认知心理学家赫伯特·H. 克拉克[Herbert H. Clark]（1996）用社会学术语将共识定义为每个人所拥有的、为他人所接受以同其互动的知识、信仰和猜想(第12页、116页)。

认知心理学家赖纳·布罗姆[Rainer Bromme](2000)将克拉克的共识理论应用于学科间的交流。无论是为跨学科研究团队开发协作语言,还是整合互相矛盾的见解,认知跨学科研究的理论都需要发现或创建“共识集成”,互相矛盾的假说、理论、概念、价值观或规范可借此整合。

威廉·H.纽厄尔的做法未受克拉克和布罗姆的影响,他是第一位用跨学科术语定义共识的跨学科研究者。他指出,共识要求运用各种技巧改进或重新解读学科要素。

纽厄尔的定义包含三层意思,与克拉克和布罗姆不谋而合。

1. 跨学科研究者必须创建或发现共识。

2. 创建或发现共识需要改进或重新解读互相矛盾的学科要素(即概念、假说或理论)。

3. 改进这些要素以减少要素间的矛盾需要运用各种技巧。

纽厄尔对理解共识的独特贡献在于使得整合学科见解成为可能。实际上,纽厄尔点亮了跨学科整合的神秘“黑盒子”,使得我们能够轻而易举地知晓如何创建共识并实现整合。

将纽厄尔的定义以及克拉克和布罗姆的表述加以整合的共识定义如下:**共识**是存在于互相矛盾的学科见解或理论之间并使得整合成为可能的共同基础。

整合

整合是对概念、假说或理论加以改进以调和两门或多门学科就同一问题的矛盾见解的进程。跨学科研究的目的不是选择某个学科概念、假说或理论而放弃另一个,而是通过整合矛盾概念、假说或理论的最佳要素,生成对问题更完善的认识。就跨学科研究内涵的争论主要焦点即对准整合,整合的字面意思为“成为整体”。

从业者根据整合的作用进行划分。**通识型跨学科研究者**认为,跨学科研究大致意味着“两门或多门学科之间各种形式的对话或相互作用”,而低估、掩盖或完全排斥了整合的作用(莫朗,2010,第14页)。[3]

另一方面,**整合型跨学科研究者**认为,整合应该是跨学科工作的目标，因为整合致力于应对复杂情况的挑战。整合论者指出，越来越多的文献把整合与跨学科教学研究联系在一起，他们注重形成特有的跨学科研究进程，并注重描述其如何操作（纽厄尔，2007a，第 245 页；魏斯[Vess]、林康[Linkon]，2002，第 89 页）。他们主张减少有关跨学科研究一词在语义上的含糊，并强调认知心理学研究。认知心理学表明，人类大脑就是用来从整体上处理信息的。本书赞同整合论者对跨学科研究的认识。

整合论立场的核心是，整合是能够做到的，研究者应就所研究问题及其所使用的学科见解尽可能力求最大限度的整合。重要的是，整合论者指出，近年来认知心理学家、课程专家、师资培训者和研究者提出的理论力挺整合；此外，他们还指出，以整合为特征的跨学科工作大量增加。

跨学科整合观念基于经典的布鲁姆[Bloom]智力思维（与学习有关）层级分类法。2000 年，一个由研究人员和师资培训人员组成的跨学科团队，依托学习与认知理论的进展，更新升级了布鲁姆分类法。该团队鉴别了认知领域内的六个层次，从在最底层的简单认知或回忆事实，经由越来越复杂而抽象的智力层级，最终通向最高等级的能力——创造（如图 1.2 所示）。

这种跨学科研究分类法的重要性在于，它将认知的创造和整合能力提升到知识最高层级。**创造**要求将要素聚在一起——整合它们——以产生崭新而有用之物。正如上文所指出的，整合是跨学科研究的显著特征，也处于跨学科研究进程的核心位置。我们会发现关于创造力和跨学科研究进程的文献贯穿了本书很多要点，学生学会如何进行跨学科研究通常会提升其创造力。

跨学科意义上的整合在语言学家乔治·莱考夫[George Lakoff]、吉尔斯·福康涅[Gilles Fauconnier]和文化人类学家马克·特纳[Mark Turner]的著作中找到了更多的支撑。莱考夫(1987)引入了**概念整合理论(theory of conceptual integration)**来解释人类天生就能通过糅合概念与创造新概念以生成新意义（第 335 页）。福康涅(1994)通过解释我们的大脑如何选取两个不同概念的要素并将其整合为包含起初两个概念某些（而非全部）属性的第三个概念，深化了我们对整合的认识。例如，“铁娘子”指的是英国前首相玛格丽特·撒切尔，这

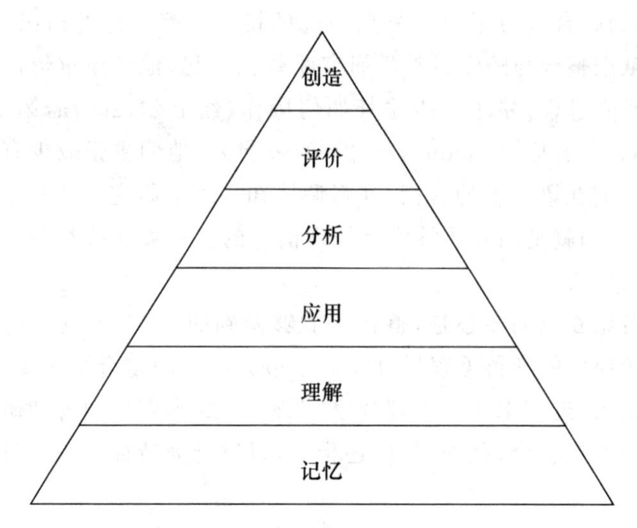

图 1.2 布鲁姆智力思维层级分类法升级版

出处:安德森[Anderson,L. W.]、克拉斯沃[Krathwohl,D. R.]、阿莱西安[Airasian,P. W.]、克鲁克香[Cruikshank,K. A.]、梅耶[Mayer,R. E.]、品特里克[Pintrich,P. R.]、瑞斯[Raths,J.]、维特罗克[Wittrock,M. C.](2001),《用于学习、教学和评估的分类法:布鲁姆教育目标分类法(修订版)》,第 28 页。纽约:朗曼出版社。

个绰号就相当于"铁"(一种金属,因其坚硬而用于铸造)和"娘子"(拥有政治地位的女士)的概念整合;这个比喻显然是在宣称,玛格丽特·撒切尔就像是铁做的一样行事(第 xxiii 页)。概念糅合之所以行得通,是因为这两个初始概念有着某些共性,为整合后的新概念提供了基础。这第三个概念与两个初始概念均不相同。图 1.3 描述了这一进程。

特纳(2001)进一步拓展了概念整合理论,他认为,不了解概念的文化或历史背景,也就不能全面理解这个概念(第 17 页)。所以,概念(第十章会深入探讨)应该在语境中以及概念所属学科的理论框架下进行分析。

根据以上讨论,能得出整合定义如下:

> **整合**是批判性评估学科见解并在见解之间创建共识以构建更全面认识的认知进程。新认识是整合进程的产物或成果。

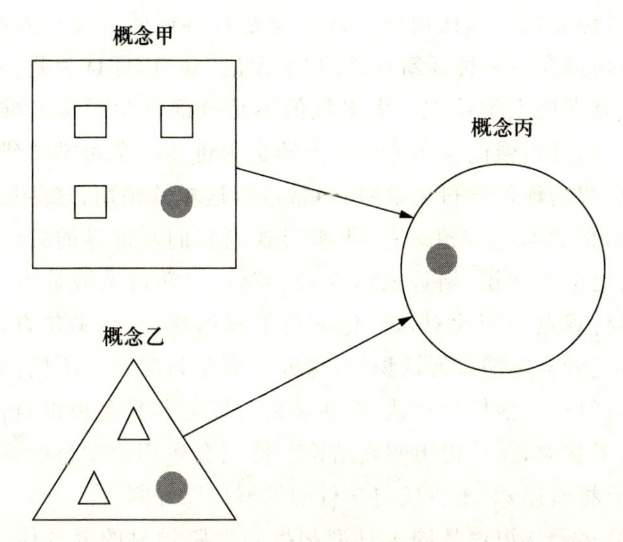

图 1.3　整合两个不同概念以创造第三个概念

出处：艾伦·F.雷普克。

跨学科研究的认识论

认识论涉及“我们能知道什么?”以及“我们是如何知道的?”之类问题。在学科与跨学科的众多差异中，最重要的莫过于在认识论上截然不同的方法。每门学科的视野包含一系列认识论观点;跨学科研究必须考虑到这些不同的认识论。

有些学科特别是自然科学类学科(很大程度上也包括经济学)认为，学者可以运用定量法(尤其是实验、统计分析和数学建模)对其所研究现象做到非常精确的认识。还有的学科、特别是人文类学科认为，学术上的认识在某种程度上总是主观的，其所运用的定性法(访谈、文本精读、调查)无法生成非常精确的认识。这些学科的某些学者甚至不确定会不会有任何形式的客观认识:他们把学术研究仅仅视为游戏，在这场游戏中，我们争取的是适合自己的一席之地。(注:所有这些学科都会选择体现其所赞成方法性质的认识论观点;正如上文所指出的，学科视野具有内在一致性。)

跨学科研究沿着两个极端之间的道路前进。一方面，它摈弃了靠证实或反驳假说推动学术进步的“实证派”信念。科学哲学家现在意识到,以多种方式诠释任何研究成果总是行得通的。另一方面,跨学科研究必须摈弃另一种标新立异的“虚无论”观点,即认为我们根本无法通过研究促进人类认识。大多数但不是全部科学哲学家推荐的中庸之道是,通过积聚论据和论点来推动学术进步。拿跨学科研究这个例子来说,我们评估学科见解时,通常抱有这样的预期:这些见解并非十全十美,但总有些许道理;接下来寻找同我们对世界的集体感知完美契合的更全面认识(斯佐斯塔克,2007a)。“学科见解是不完善的”这一跨学科观点与当代对认识论的哲学解读相吻合(韦尔奇,2003)。跨学科研究者会遵循多元认识论,探究不同学科时尊重不同的认识论(韦尔奇,2011)。他们会承认,有些学科可能对其见解极度自信,而有些或许过于犹豫,无法得出明确结论。他们会运用跨学科的评估技巧(后续章节将概述)对来自任何学科的见解加以评判。

注意,多元认识论赞同工具型和批判型跨学科的混合体,正如上文所言:我们可以不受约束地借鉴、批判学科见解和学科视野。我们的跨学科认识论观点反过来又为跨学科本体论(对世界如何运作的哲学认识)打下基础(就像巴斯卡[Bhaskar]、达内马[Danermark]和普莱斯[Price]强烈提倡的那样,2016)。这是因为,一门学科研究的现象同其他学科研究的现象以复杂形式相互影响,我们需要跨学科分析来整合纯粹片面的见解(见亨利[Henry],2018)。

跨学科与多学科、超学科及整合研究的区别

我们在后续章节通过对跨学科研究进程属性的讲解,鼓励跨学科分析要严谨。前面审慎定义并描述跨学科研究,为的就是探讨那个进程。这里,通过细致区分跨学科与多学科、超学科及整合研究,我们可以预防同可能遇到的其他术语发生不必要的混淆。

跨学科研究不是多学科研究

有些不知情者和门外汉会把术语跨学科和多学科混为一谈。它们并非同义词。**多学科(multidisciplinarity)**指的是将两门或多门学科的见解并置在一起。例如,该方法可以用于某个课程,邀请不同学科的教师依次介绍有关课程主题的视野,但并未打算对这些视野产生的

见解加以整合。“这里，学科之间的关系仅仅是相邻关系，”乔·莫朗(2010)解释道，“它们之间没有真正的整合”(第14页)。仅仅把不同学科的见解以某种方式聚在一起，而未能进行额外的整合工作，这是**多学科研讨**，而不是跨学科研究。**多学科研究**“涉及不止一门学科，其中每门学科各有贡献”(美国国家科学院，2005，第27页)。

劳伦斯·惠勒[Lawrence Wheeler]有个建造象舍的寓言(惠勒、米勒[Miller]，1970)颇具启发性，它阐明了解决复杂问题的典型多学科方法：

> 从前有个规划小组打算为一头大象设计一间房子，小组成员中有一位建筑师、一位室内设计师、一位工程师、一位社会学家和一位心理学家。大象也是受过高等教育的……但他不是小组成员。
>
> 五位专家碰头并选举建筑师为主席。建筑师的公司支付工程师的薪水以及其他专家的咨询费，这自然而然让他成为小组领导的不二人选。
>
> 在第四次会议上，他们一致认为该触及问题实质了。建筑师只问了两件事：“大象要花费多少钱？”“选址是啥样的？”
>
> 工程师说预制混凝土是象舍的理想材料，尤其是他的公司有台新电脑正好需要进行压力测试。
>
> 心理学家和社会学家交头接耳，接着其中一位说：“有多少大象要住进这间象舍？”……原来，一头大象是心理学问题，而两头或多头大象就是社会学问题了。小组最终一致认为，虽然要买象舍的是一头大象，但他终归可以结婚成家。因此，每位顾问都有理由关注这个问题。
>
> 室内设计师问：“大象们在家里都干些啥？”
>
> “他们会靠在东西上，”工程师说，“我们的墙要结实。”
>
> “他们饭量大，”心理学家说，“需要一间大餐厅……还有，他们喜欢绿色。”
>
> “作为社会学问题，”社会学家说，“我会告诉你们，他们站着交配；屋顶要高。”

于是他们为大象建造了一间象舍。墙是预制混凝土的,屋顶很高,用餐的地方很宽敞。象舍涂成了绿色,好让大象想起丛林。而象舍造好仅仅超出原先预算的15%。

大象搬进来了。他总是在屋外进食,于是把餐厅当成了图书馆……但并不太舒服。

他从来不靠在任何东西上,因为他在马戏团帐篷里住过多年,知道一靠在上面墙就会塌。

他娶的大象姑娘讨厌绿色,他也是。他们完全是城里的大象。

社会学家也错了……他们不是站着交配的。所以高高的屋顶只是产生回声,这让大象烦躁不已。不到六个月,他们就搬走了!(惠勒、米勒,1970,出版社不详)

这个寓言说明了学科专家通常是如何处理复杂任务的:他们从自己专业的狭隘视野理解任务,而没有考虑到其他相关学科、职业或利益方(这个例子里是大象)的视野。

这个故事还阐明了多学科研究是如何仅仅把学科视野并置来理解问题的。各门学科就共同关心的某个问题自说自话。但是,学科的现状未受质疑,每门学科的特有要素仍然保留其本来特征。相比之下,跨学科有意识地整合学科见解,生成了对复杂难题或智力问题的更全面认识。

多学科与跨学科有一点是相同的:都试图克服学科的狭隘性。但是,它们所用方式各异。多学科意味着把工作局限于仅仅意识到不同的学科视野;而跨学科意味着将更多适用于某个问题的学科理论、概念和方法吸纳进来,还意味着开明对待其他研究方法,使用不同的学科工具,认真评估某种工具比起另一种来对阐明问题有多大用处(尼基蒂娜[Nikitina],2005,第413—414页)。

美国国家科学院(2005)认为,“只要不是仅仅把两门学科粘在一起创造一个新产品,而是思想和方法的整合综合”(第27页),那就是真正的跨学科研究。图1.4表明了多学科和跨学科之间的区别。

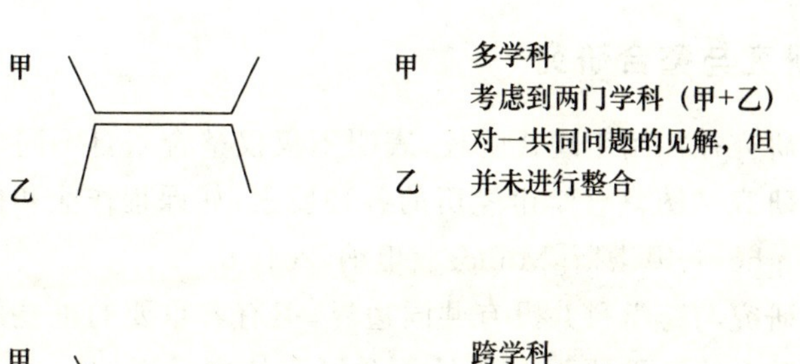

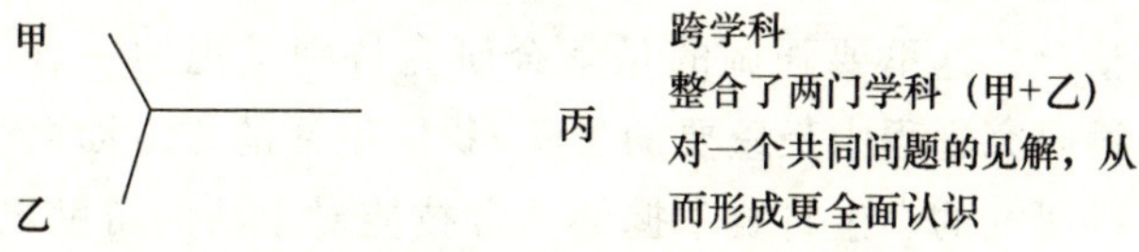

图 1.4 多学科与跨学科之间的区别

出处：美国国家科学院、美国国家工程院和美国医学研究所（2005），《促进跨学科研究》，第 29 页。华盛顿特区：国家科学院出版社。

跨学科研究不是超学科研究

超学科与跨学科互补，包括整合学界外生成的见解、协作研究法、研究设计中非学术人士积极参与、"案例研究"法。例如，要调查特定地区环境退化，超学科研究者会就环境变化成因及潜在解决方案征求当地人的见解（贝格曼[Bergmann]等人，2012）。跨学科学者可能会应对经济发展的普遍问题，而超学科学者更可能会关注某个特定地区的发展难题。

这些要素同跨学科实践均无抵触，跨学科也包括见解、案例研究、团队研究以及利用生活经验和学界之外的技能。我们可以把超学科看作"跨学科＋"，额外的约束（上文提到过）附加给了超学科研究者。

读者须知

本书关注的是跨学科。但我们有必要探讨团队研究。下文提供的跨学科分析的大量事例中，有些算得上案例研究。这些例子中，有些的确利用了学界之外生成的见解。

跨学科研究与整合研究

整合研究往往用于现代院校,表明不仅仅整合来自不同学科的见解。**整合研究**试图整合学生经历的各种要素,如课程作业和住宿生活(休斯[Hughes]、姆诺斯[Muñoz]、坦纳,2015)。

整合研究与跨学科并没有共同边界,但有着重要的重叠部分。它们都强调整合。这里要强调的是整合研究特别重视的一点:整合,或许是跨学科研究进程中最重要的步骤,我们生活的方方面面都需要整合。跨学科研究的学生将要掌握的整合技能对生活的帮助更为广泛。这些学生会充分符合雇主对职员的要求,能将大量信息整合为有条有理的策略。他们不仅会做好充分准备进入职场,还会作为社区成员参与面对当今复杂挑战。

多学科、跨学科、超学科与整合研究之间区别小结

- 多学科同时从若干学科的视野研究某个课题,但并不试图整合其见解。
- 跨学科通过借助学科见解(有时还有利益相关者的观点)并加以整合来研究某个复杂问题。跨学科工作运用包括相关学科方法在内的研究进程,并不偏向任何特定学科方法或理论。
- 超学科最好可以理解为某种类型的跨学科,它强调团队研究、案例研究法,尤其是不仅在学科间整合,还包括学界之外的整合。
- 整合研究试图整合学生经历的各种要素,如课程作业和住宿生活。

本章小结

跨学科研究和跨学科是演化着的动态概念,如今已是学界主流。本章关注每个术语的含义,从假说、理论和认识论来解析该领域的"DNA"。本章审视了跨学科的多种概念,包括通识型、整合型、

批判型和工具型，并探讨了跨学科与多学科、超学科和整合研究之间的区别。

第二章将介绍学科及其视野，描述知识在学界组织机构中通常如何体现，并对学科视野进行深入探讨。

注　释

1. 限于本书宗旨，除非另外注明，提及学科，仅限于传统的一系列主要学科，而不是更为全面的当代分类系统。提及特定跨学科和思想流派（如女性主义、马克思主义）会相应标明。

2. 在人文科学中，学生要选取意义的某个定义：艺术家意图、受众反应，等等。但是，里克·斯佐斯塔克（2004）认为，跨学科所说的"意义"概念应该鼓励学生接受所有可能的定义及其必然包含的因果关联。学生"还可以选择专攻其一，而不必假定其他定义都出局了"（第44页）。

3. 莫朗等一些通识论者把术语跨学科和整合视为就研究课题进行协同教学与跨学科交流中协同工作（teamwork）的同义词（戴维斯[Davis]，1995，第44页；克莱因，2005b，第23页；拉图卡[Lattuca]，2001，第12页）。其他通识论者如丽萨·拉图卡（2001）更喜欢通过首先关注所问问题性质而不是整合来区分跨学科类型（第80页）。还有一些通识论者如唐纳德·G. 理查兹[Donald G. Richards]（1996）甚至拒绝对跨学科研究下任何定义，"定义势必优先强调实现字面意义上的综合[或整合]"（第114页）。

练 习 题

明晰界定

1.1　你在本章看到了对引发争议和误解的术语*跨学科研究*进行界定以揭示其真实意义的重要性。你能想到还有其他哪个引发争议或误解的术语，其真正意义要靠类似方式研究其定义才能澄清？

什么与如何

1.2 有些术语的定义包含了“什么”和“如何”两部分。本章出现的整合后的跨学科研究定义就是如此。该定义哪部分是“什么”,哪部分是“如何”?

支配类型

1.3 对于“何以新移民通常拒绝(至少是在一开始)融入主流文化”这个问题,跨学科的哪种类型最可能生成更全面认识,是工具型还是批判型?

假说

1.4 “高校外的复杂现实使跨学科研究不可或缺”这个假说成立吗? 如果成立,为何成立? 如果不成立,为何不成立?

1.5 本章认为,跨学科应视为学科的补充而非学科的威胁。在你看来,赞成“两者兼具”立场而非“非此即彼”立场最具说服力的理由是什么?

1.6 为何个人生活经验比学术期刊上发表的学科见解更有效或不如学科见解有效?

1.7 辨识一个可以从跨学科研究获益的卫生议题或卫生服务难题(见锦囊 1.2 所引)。

复杂性

1.8 跨学科工作中,为何研究对象必须是复杂的?

视野选取

1.9 解释视野选取与整体思维之间的关系。

整合

1.10 解释为何创造力同跨学科研究如此密切相关。

认识论

1.11　解释为何多元认识论被认为是跨学科的重要成分。

详细目录

1.12　查看你所在高校的本科生和(或)研究生课程,确定学校里有多少跨学科活动。

1.13　你所在单位的通识教育课程如何安排更多跨学科内容?

建造象舍

1.14　象舍寓言对于那些从事造房之类复杂计划的人具有启发性。想想你所在的社区中其他还在构想或已经着手实施的复杂计划,并应用象舍的教训。

1.15　象舍项目有超学科内容吗?如果有,是什么?如果没有,那该是什么内容?

第二章 学科及其视野简介

学习成效

读完本章,你能够

- 解释学科视野概念
- 描述学科知识通常如何在学界组织中体现
- 解释如何运用学科视野
- 辨识学科视野的基本要素

导引问题

什么是学科?

什么是学科视野?学科视野为何重要?

院校如何围绕学科设置机构?

本章任务

在通过辨识同问题相关的学科(第四章)进行跨学科工作前,必须牢牢把握学科及其视野。

我们解释了学科视野,并描述了学科知识通常如何在学界机构中体现。接下来解释如何运用学科视野并介绍了学科的基本要素(即其现象、认识论、假说、概念、理论和方法)，这些信息用便于理解的图表展示，是跨学科研究的基础，并对研究进程中步骤五所要求的"做到熟识相关学科"(见第六章)至关重要。

第一章介绍的跨学科研究定义表明，跨学科高度依赖学科并与学科相互影响。因此，理解学科的作用及其观照现实的视野对全面理解跨学科、成功从事跨学科探究至关重要。

定义学科视野

总的来说，学科视野就是每门学科独特的现实观。[1]雷蒙·C.米勒(1982)最早断言学科有着明确的、与跨学科认识相关的视野或世界观，他认为，视野应该是"区分一门学科与另一门学科的主要手段"(第7页)。我们同意他的观点。学科的"视野"是个镜头，学科透过这个镜头观察现实。每门学科都要滤除某些现象，这样才能专门聚焦感兴趣的现象。诸如历史学、生物学之类的学科并不是一堆鉴定过的事实；相反，它们是镜头，我们透过这些镜头观察世界、解释世界(波伊克丝·曼西拉[Boix Mansilla]、米勒、加德纳，2000，第18页)。在自然科学中，学科非常容易按其研究的现象加以区分。例如，传统的物理学家不会对研究哥伦比亚河及斯内克河里大马哈鱼数量减少感兴趣，但生物学家就会；传统的社会学家不会对15世纪油画里的神学画面感兴趣，但艺术史家就会；同样，传统的历史学家可能不会对新建炼油厂涉及的规章监管感兴趣，但政治学者就会。

有些学者对术语视野抱有狭隘的看法，只是将其视为定义学科的若干要素之一，其他要素包括学科的现象、认识论、假说、概念、理论和方法。[2]本书对视野持更宽泛的理解，认为它是所有其他学科要素的源泉。[3]例如，里克·斯佐斯塔克(2004)说明了学科视野如何既反映又影响了学科对现象、理论和方法的选择。以下就是**学科视野的基本要素**：

- 研究的现象
- 认识论或关于哪些算证据的规则

- 就自然世界与人类世界所做的假说
- 其基本概念或词汇
- 关于特定现象成因及变化的理论
- 方法(学科搜集、运用、产出新知识的方式)

这些要素共同构成了一门学科的认知图(克莱因,2005a,第68页)。由此,学科勾勒出“宏大”课题或“持久议题和问题”,这些赋予学科基本特征和标志特征(比彻[Becher]、特罗勒[Trowler],2001,第38、43页)。每门学科的学者群体对哪些算是感兴趣的合适研究课题、哪些算是合规证据、令人满意的课题答案应该什么样子,大体意见一致(布恩[Boon]、范·巴兰[Van Baalen],2019;崔[Choi]、理查兹,2017)。

下面介绍澄清后的学科视野定义:

> **学科视野**是一般意义上学科的现实观,它包含并反映了其全部基本要素,包括现象、认识论、假说、概念、理论和方法。

学科视野的这个定义同跨学科研究的定义是一致的,那个定义强调利用学科并整合其见解与理论,以构建更全面的认识。我们应该明白,跨学科学者必须在学科视野语境下评估学科见解,该定义还描述了实际跨学科工作中存在的棘手现实——不只是一般意义上利用学科视野,更确切地说是利用与所研究问题最直接相关的学科的基本要素(假说、概念和理论)。

知识在学界组织里通常如何体现

在探讨如何运用学科视野之前,了解知识在学界组织里通常如何体现会有帮助。

关于学科与学科系统

学科是致力于深入研究特定对象的智识共同体,比如生物学。学科还包括研究生(硕士和博士)培养项目的体制结构、院系招聘和学术刊物。直到有了自己的博士和聘用群体，学科领域和跨学科才成为真正的学科。大多数学系通常就代表了某门特定学科。一群相关系组成了更大的行政单位，称作学院（college，school，faculty），比如理学院（college of science）、社会科学学院（school of social sciences）或文学院（faculty of arts）。在大多数大学设置中，学系是组织结构的基础。

学科知识以书籍、期刊、数据库和会议报告（所有这些均由学科审核）等形式生成。大学的系和项目通过专业将学科知识传递给下一代，创造新知识，并指导从事学科研究与教学的职员规划职业生涯。学科的系确定课程或教学科目，并对研究（即主题与方法）和教学模式施加影响。大多数大学的体制结构以此强化了学科视野。不去思考其学科视野的人，会在拿学位、获聘任、出书以及任职晋升方面遇到麻烦。

广泛使用的术语**学科系统**指的是称作**学科**的专业知识体系，有着百余年的历史。本书将学科用作涵盖式术语，同样包括子学科和跨学科，子学科和跨学科的定义如下：

- **子学科**是现有学科的分支。例如，人类学学科形成了若干子学科，包括文化人类学、体质人类学、宗教人类学、城市人类学和经济人类学。子学科有着很多学科特征——共有的主题、理论和方法——但无法全面掌控博士学位和岗位聘任。它们也会有与上级学科大相径庭的一系列问题、理论和方法（崔和理查兹[2017]指出，有些学科的特征也是实际工作者与理论工作者之间存在的重大分歧）。
- **跨学科**字面意思是“学科之间”的地方，也就是两门或多门学科的智识内容之间（卡尔奎斯特[Karlqvist]，1999，第379页）。跨学科可能始于跨学科领域，而随着时间推移，也会变得像一门学科，形成自己的课程、期刊、专业协会以及对跨学科研究最为重要的视野。例如，生物化学和神经科学的跨学科是作为跨学科领域出现的，最终发展成为各自的主流学科。

学科特征变动不居

当今学科显示出三个特征,在学习下文所述学科基本要素时应留意这些特征。

第一,学科不断演化并呈现新要素:研究新现象或运用新理论新方法。这必然意味着在任何时间点,学科内部都有某种多样性。但是学科的体制结构确保其始终一致。

第二,有些学科的特征是**认知失谐**(**Cognitive discord**),意思是学科从业者之间对学科基本要素意见不一。例如,美国社会学协会(American Sociological Association)(ASA,日期不详)在其网页上声称:"关于这个世界,社会学提供了众多与众不同的视野。"ASA 公开承认的社会学中这些"与众不同的视野",反映了社会学家各自支持眼下充斥该学科的不同理论和流派。不过,一般来说,他们运用这些理论的方法同使用旧理论的方法相同。

认知失谐也是艺术史的特征,这门学科遭遇了引发分歧的理论冲突。因此,艺术史家唐纳德·普雷齐奥西[Donald Preziosi](1989)认为,该学科里没有"奥林匹亚视野"("an Olympian perspective")这类情况,尽管它可以从大量教科书推断出来(第 xi 页)。其实,有些学者甚至宣称,社会科学和人文科学的几乎每门学科都缺乏跨学科文献所界定的支配性视野(多冈[Dogan]、帕赫[Pahre],1989)。

这就带来一个问题:某些学科,如处于碎片化状态的艺术史和社会学,是否还有对现实的总体视野?答案是肯定的,原因在于,以为学科通过严格遵循其基本要素(假说、概念、理论、方法等)而完全协调一致,这是一种理想化的想法。古往今来,学科体系的现实是骚动的、碎片化的。[4]*抵消这些向心力的,在很大程度上是***智识重心**,*它使得每门学科能维持其特性并具有与众不同的总体视野。只要学科能授予博士学位并做出聘用决定,就会对断定什么算是合适的社会学者、什么算是合适的艺术史家施加强大压力。*

现代学科的第三个特征是学科研究者自己跨越学科边界的做法不断增多。克莱因(1999)认为,学科互相借用概念、理论和方法,扭转了学界常规图谱所描绘的知识图景。例如,她注意到,文本性、叙事、阐释曾被认为属于文学研究领域;而如今,它们出现在人文科学和社会科学，包括自然科学研究，还有法学、精神病学职业之中。同样，对身体和疾病的研究也出现在艺术史、老年病学和生物医学之类丰富多样的学科之中。她声称，方法和分析法跨越学科边界的举动，已经成为当今知识生产的重要特征（第 3 页）。（注意，跨学科学术研究鼓励此类借用，并由此可能提升学科解答学科研究课题的能力。但是，这些新进展并不意味着学科的终结。）

跨学科工作的意义

各个层面的跨学科研究者不仅应当从相关学科特有要素中查找该问题的见解和方法开放的所在，还应当从学科之外的资料搜寻信息，如现象分类和思想流派。

学　科　类　别

表 2.1　学科类别

类别	学科
自然科学	生物学 化学 地球科学 数学 物理学
社会科学	人类学 经济学 政治学 心理学 社会学
人文科学	艺术与艺术史 历史学 文学（英语） 音乐与音乐教育 哲学 宗教研究

表2.1介绍了约定俗成的学科分类法,收录了传统学科(但绝非全部),而排除了应用领域和职业。[5]某门学科在这所大学可能会被视为某个类别的组成部分,但到了另一所大学,却属于其他类别。例如,在某些院校,历史学被视为社会科学的一门学科,而在有些院校,历史学是人文科学的一部分。尽管历史学既具有社会科学要素,又具有人文科学要素,但本书依照传统分类法,把历史学归入人文科学。

学科视野

既然学科视野在跨学科研究进程中这么重要,那么至少对最重要学科的视野进行概述是有帮助的。学生接下来可以构建可能遇到的其他学科视野。

表2.2 概述的自然科学、社会科学和人文类学科的总体视野

学科	总体视野
	自然科学
生物学	生物学将生命物质世界(包括人类世界)视为高度复杂且相互作用的整体,该整体受到解释行为(如基因和进化)的决定论原理的支配。
化学	化学将物质世界视为具有独特属性的单个元素或化合物中元素的复杂相互作用。化学通过组成元素及化合物来理解更大的物体,包括有机物和无机物。
地球科学	地球科学将行星地球视为大型物质体系,包括四个子系统及其相互作用:岩石圈(地球最外层的坚硬地壳)、大气圈(包围地球的气体混合物)、水圈(包含地球水域的子系统)和生物圈(所有生物领域,包括人类)。
数学	数学用假设、假说、公理和前提,通过抽象数量产物来观察世界,并通过证明定理进行研究。
物理学	物理学将世界视为由基本物理法则构成,这些法则将不能直接观察到的物体(原子、亚原子微粒、量子)和力(万有引力、电磁力、强相互作用力、弱相互作用力)连接起来,这些法则与力确立了可见现实和宇宙学(宇宙的形式、内容、构造与演化)的基本架构。

（续表）

学科	总体视野
	社会科学
人类学	文化人类学把一个个文化视为有机整合的整体，以其自身内在逻辑和文化作为一套符号、仪式和信仰，社会以此为日常生活赋予意义。体质人类学通过所发现的原始工具认识远古文化。
经济学	经济学将世界视为市场相互作用的复杂体，个体作为独立、自主、理性实体起作用，并把群体（乃至社会）看作其中个体的总和。
政治科学	政治科学把世界视为政治竞技场，其中个体与群体在追寻权力或行使权力的基础上做出决策，所有文化中的各级政治活动都被视为一场永无止境的争斗，以使其价值观和利益在优先权设置和做出集体选择中占上风。
心理学	心理学将人类行为视为个体为协调其心理活动而形成的认知结构的反映。心理学家还研究先天心理机制，既包括遗传体质，也包括个体差异。
社会学	社会学将世界视为社会现实，包括任何特定社会里人与人之间存在的关系的范围和性质。社会学特别注重各种亚文化群的意见、注重对制度的分析，以及政府机构和既得利益如何左右生活。
	人文科学
艺术与艺术史	艺术史将各种形式的艺术视为对造就它的文化的反映，并因此提供了观察文化的窗口。艺术史还会研究是否存在普遍的审美趣味。
历史学	历史学家将任何历史时期视为导致该时期出现的趋势与发展相互作用的复杂体，而历史事件是社会力量和个人决策的共同结果。
文学（英语）	文学认为，不理解和欣赏文化所产生的文学，就不能充分认识古往今来的文化。
音乐教育	音乐教育者认为，不理解文化所产生的音乐，就不能充分认识古往今来的文化。
哲学	哲学依赖小心求证（虽然只是偶尔对命题进行形式证明）以力求解决诸如“现实的本质是什么”“我们如何理解现实”“生活的意义是什么”等一系列“宏大问题”。
宗教研究	宗教研究将信仰和信仰传统视为人类理解现实的意义并以信奉超越日常生活的神圣国度来对付世事变迁的尝试。

注：这个**分类系统**或对所选学科及其视野系统化条理化的分类提出了这个问题：学生如何能找到本书未收录的学科、子学科和跨学科的视野？当然，获取线索的一个好地方就是本章，本章有界定学科要素（其方法论、理论、方法等）的图表。本章还提及标准、权威的学科资源。研究者还可以咨询在某些学科有专长的图书管理员。另一个策略是求教学科专家推荐资源。这种组合方法应该能够带来权威有效的帮助。第五章更详尽地解决寻求学术研究帮助这个问题。

表 2.2 里的学科视野被分成三类传统学科,并以最笼统的方式表述。这些并非对每门学科的全面概述,但主要趋向大体一致。后续段落会描述每个学科视野的每个要素(认识论、理论、方法等)。

何时使用学科视野

学科视野用于两种情形。第一种情形是在研究进程起点附近,此时关注的是识别与问题可能相关的学科(如何识别这些学科是步骤三关注的内容和第四章的主题)。一旦知晓学科关于现实的整体视野,将此视野应用于所研究问题就相对容易了。通常在某个特定群组如人文科学内与学科打交道,但是有些问题需要查阅来自两个或更多群组的学科文献。*有一条经验法则,就是让问题来决定哪些类别以及每个类别内哪些学科与之最相关*。提早识别可能相关的学科有助于在进行步骤四所要求的全面文献检索(第五章)时缩小需查阅的学科文献范围。

第二种情形是在进行步骤五"做到熟识相关学科"(第六章)与步骤六"分析问题"(第七章)时。这时要特别留意的是,*一门学科的视野同该学科生成的见解并非完全一致*。学科专家就某个问题或某类问题生发见解和理论,这些见解和理论通常反映了该学科的视野。跨学科研究者利用这些见解和理论,进行分析(尤其要探询见解是否被学科视野带偏),辨识其如何相左,通过在其中创建共识进行修正,加以整合,并构建对该问题的更全面认识。

解析学科视野的基本要素

现在,我们解析学科视野每个要素的内涵,并提供这些要素如何与特定学科关联的详细图表。*图表旨在阐明每个要素,并为从事特定研究主题或课题提供有用资源。一般来说,不必熟知每个表格里的每个条目。*

现象

现象是学者所关注的人类存在的持久特性,可以从学术上描述和解释。例如,每个人也许个性各异,但一系列个性特征始终伴随着我们(斯佐斯塔克,2004,第 30—31 页)。

本章对学科之间的区别加以整理,这并不意味着学科是静态的。

其性质一直在变化，其边界有弹性、可渗透。这个现实以及缺乏指导学科对现象的逻辑分类，产生了两个令人遗憾的后果。一是若干学科可能有着同一种现象，往往对其他学科的成果漠不关心、不去理解；比如，心理学和宗教研究都关注恐怖主义现象，但人们在其作品中很少发现提及另一门学科的理论和研究。另一个后果是学科可能完全忽视了某个特定现象。就拿经济增长原因这个例子来说，这是经济学家的关注焦点，但历史学和政治科学尚未加以研究。

跨学科学者就像和其对应的学科学者一样，必须识别与研究课题相关的现象。他们可以用以下两种方式的一种进行尝试：连续研究学科以期在其中一门或多门找到特定现象，或聚焦现象本身。表 2.3 介绍了先识别相关学科并检索其文献以期找到关于特定现象见解的传统方法。这种检索的成功和速度当然取决于研究者对每门学科的熟悉程度。表 2.3 将学科同相关现象例证连接起来。这些现象与特定学科联系在一起，为的是帮助识别哪些学科与问题相关，以决定从哪些文献采集见解。[6]此表以及本书其他地方提供的分类会帮助高年级本科生及研究生理解每门学科的视野如何促进全面认识某个头绪繁杂的问题。

表 2.3　学科及其现象例证

类别	学科	现象
自然科学	生物学	细胞、基因、组织、器官、生物系统、动植物分类
	化学	化学元素、分子、化合物、化学链、分子结构、晶体结构
	地球科学	岩石、土壤、化石、生态系统、构造板块、气候
	数学	抽象实体——数字、方程式、集、矢量、拓扑空间、几何图形、曲线
	物理学	原子、亚原子微粒、波、量子，还有星球、星团、星系等
社会科学	人类学	人类起源，世界范围的文化原动力
	经济学	经济：总产量（物价水平、失业率、个人全部动产），收入分配，经济思想，经济制度（所有制、产量、交易、贸易、金融、劳动关系、组织），经济政策对个人的影响
	政治科学	政府系统的性质和实践，以及个人和群体在那些系统内追求权力的性质和实践
	心理学	人类行为的本性，以及影响该行为的内在（心理社会学的）因素和外在（环境的）因素
	社会学	各种社会及其中人际交流的社会属性

(续表)

类别	学科	现象
人文科学	艺术史	不可复制的艺术——绘画、雕塑、建筑、散文、诗歌;可复制的艺术——戏剧、电影、摄影、音乐、舞蹈
	历史学	古往今来人类文明中的人物、事件和运动
	文学	对独创性书面文字作品的发展和检验(即传统的文学分析、文学理论和更为现代的、基于文化的语境分析与评论)
	音乐教育	对独创性有声作品的发展、演出和检验(即传统的音乐分析、音乐理论和更为现代的、基于文化的语境分析与评论)
	哲学	通过沉思探求智慧,运用抽象思维进行推理
	宗教研究	作为宗教存在物和符号、习俗、教义与教规之类宗教信仰化身的人类现象

出处:R. 斯佐斯塔克(2004),《对科学分类:现象、资料、理论、方法、实践》,第26—29、45—50页。多德雷赫特:施普林格出版社。

现象分类

直到最近,跨学科研究者能用的只有**视野研究**(**perspectival approach**)(即依靠每门学科关于现实的独特视野,如表2.2所示),因为不存在对所有人类现象进行分类的系统。斯佐斯塔克(2004)在其对有关人类世界现象加以分类的开拓性著作中满足了这一需求。他的分类方法如表2.4所示,从左边最普遍的现象到右边最具体的现象。斯佐斯塔克方法的一个实际好处是,只要知道学科的整体视野及其通常研究的现象,所有现象都能相当轻松地与特定学科联系起来。

使用表2.4应该便于把大多数主题轻松地与表格中的一个或多个具体现象迅速联系起来。例如,淡水短缺现象关系到非人类的环境。从左至右,可以看到与可能涉及问题的大量子现象(中间栏)相连的多个连接;这些子现象接着提供了可能会进一步关注的其他现象的连接,这些现象在右边栏。阅读关于若干子现象的文献会引领研究者拓宽研究,纳入经济与政治类别及其各自子现象。简而言之,使用斯佐斯塔克的分类方法,会便于将可能触及研究课题的相邻现象联系在一起。迅速建立这些联系不仅有助于研究进程(后面章节会加以说明),而且能使研究者证实他们对潜在相关学科的选择。此表乍一看可能会令人畏缩，不过你只需理解其基本结构（即不必也不应记住每个要素），就能在想到某个研究论题时用上它。

表 2.4　斯佐斯塔克关于人类世界现象的分类[a]

第一级	第二级	第三级
遗传体质	能力	意识，潜意识，发声，感知（五官感觉），决策，制造工具，学习，其他身体素质（运动、饮食等）
	诱因	食物，衣服，栖息处，安全，性，改善，侵犯，无私，公正，集体认同
	情感	爱，恨，惧，妒，内疚，同情，焦虑，疲倦，幽默，快乐，悲伤，厌恶，美感，情绪表达
	时间优先	
个体差异	能力： · 身体能力 · 身体外形 · 能级 · 智力	 · 速度、力量、耐力 · 身高、体重、对称性 · 体力能级、心理能级 · 音乐、空间、数学、文字、肌肉运动、人际
	个性： · 情绪（沉稳/多变） · 勤勉 · 感情（自私/爽快） · 智力倾向 · 其他方面 · 失调 · 性别取向 · 人际关系	· 满足，沉着/焦虑，自怜 · 周到，精确，预见，条理，坚定/随意，混乱，轻浮 · 同情，欣赏，仁慈，慷慨/残忍，好斗，挑剔 · 开明，想象，好奇，敏感/封闭 · 支配/顺从，强壮/虚弱，参与/依赖，幽默，挑衅，面向未来/面对当下，快乐 · 精神分裂，神经质…… · 自我观，他者，因果关系 · 父母/子女，同胞，雇主/雇员，爱情，友谊，一面之交
经济	总产量	物价水平，失业率，个人全部动产
	收入分配	
	经济理念	
	经济制度	所有制，产量，交易，贸易，金融，劳动关系，组织
艺术	不可复制	绘画，雕塑，建筑，散文，诗歌
	可复制	戏剧，电影，摄影，音乐，舞蹈

(续表)

第一级	第二级	第三级
政治	政治制度	决策体系,统治,组织机构
	政治理念	
	爱国主义	
	舆论	(各种)议题[b]
	犯罪	针对人/财物
文化	语言	按出身
	宗教	天意,启示,救赎,奇迹,教义
	故事	神话,童话,传奇,家世小说,寓言,笑话和谜语
	文化价值观表现: • 目标 • 途径 • 团体 • 日常规范	仪式,舞蹈,歌曲,烹饪,服饰,建筑装饰,游戏 • 抱负,乐观,财富观,权力,声望,美,荣誉,赏识,爱,友谊,性,婚姻,时间优先,身心健康 • 正直,道德规范,公正,命运,工作,暴力,复仇,好奇,创新,自然,康复 • 个性,家庭/团体,对外界开放,信任,平等主义,对老幼的态度,责任感,独裁主义,尊重个体 • 礼貌,规矩,距离效应,整洁,干净,守时,交谈规则,行动规则,小费
社会结构	性别	
	家庭类型/亲属关系	核心,延续,单亲
	(各种)等级	(各种)职业
	民族分裂/种族分裂	
	社会理念	
科学技术	(各种)领域	(各种)创新
	辨别问题	
	规划步骤	
	顿悟	
	校订	
	散播/传播	交流,采纳
健康	营养	不同营养需求
	疾病	病毒所致,细菌所致,环境所致
人口	生育	多产,偏差,最大值
	死亡率	(各种)死亡原因
	移居	远距离,国际,临时
	年龄分布	

（续表）

第一级	第二级	第三级
非人类环境	土壤	（各种）土壤类型
	地形	（各种）陆地形态
	气候	（各种）气候模式
	植物群落	（各种）物种
	动物群落	（各种）物种
	资源利用率	各种资源
	水资源利用率	
	自然灾害	洪水，龙卷风，飓风，地震，火山喷发
	日夜	
	交通基础设施	（各种）类型
	建成环境	办公室，住宅，围墙等
	人口密度	

出处：R. 斯佐斯塔克（2004），《对科学分类：现象、资料、理论、方法、实践》，第27—29页。多德雷赫特：施普林格出版社。

a. 细细研读该表，其中只有11类现象和相对较小的二级现象集合，表中的三级现象有时可以进一步拆解成从属现象。斯佐斯塔克指出，该表通过混合运用演绎法和归纳法制作，因此如果发现了新现象，还可以对该表进行扩展。

b. 表中此处及别处的“各种”意思是有许多从属现象。识别这些现象要求学生查阅更为专业化的学科文献。

认识论

认识论是哲学的分支，研究人们如何知道什么是正确的以及如何验证真理（斯特金[Sturgeon]、马丁、格雷林[Grayling]，1995，第9页）。认识论立场反映了人们对这个世界可以了解哪些以及如何了解的看法（马什[Marsh]、弗朗[Furlong]，2002，第18—19页）。每门学科的认识论都是了解在其研究领域内所考虑的那部分现实的方式（伊利奥特[Elliott]，2002，第85页）。我们会看到，学科的认识论影响了它的假说、理论，尤其是其所用的方法（并受到了它们的影响）。

学科的认知规范是关于研究者如何选取其证据或资料、评估其实验、评判其理论的一致意见。科学哲学家简·迈西恩[Jane Maienschein]（2000）声称，“正是认知信念决定了哪些可以当成能接受的实践以及理论与实践如何协力生成合乎逻辑的科学知识”（第123页）。例如,(自然科学青睐的)实验方法建立在强调实验控制和可复制性这一认识论假说基础上,而(有些社会科学青睐的)场方法则基于研究“杂乱无章、处于自身境况中的生命”的重要性(第134页)。

我们在第一章指出,跨学科研究沿着“实证派”和“虚无论”两个认识论极端之间的道路前进。我们当时意识到,跨学科学术由此同科学哲学领域大多数但不是全部的当代思维一致。这里有必要认识到,许多学者,尤其是自然科学和经济学的学者,其观点依然是极端的实证派,他们渴望获取非常精确的知识,这种精确知识可以在排除合理怀疑之后确立起来。我们可以将不注重确凿证据(反证)可能性的态度形容为现代派。人文科学许多学者趋向于虚无论,认为客观知识是不可能存在的。(后现代主义这个术语用于形容虚无论者以及对学术前景持怀疑态度但尚未沦为虚无主义的学者。)这两种认识论视野在学界广为传布。特别是社会科学,尽管多为认识论中间立场,但该领域的学者既有实证主义观点,也有虚无主义观点(贝尔[Bell],1998,克里斯[Creath]、迈西因,2000;罗西瑙[Rosenau],1992,斯佐斯塔克,2007a)。

快速辨别这些认识论立场的一些重要差异值得 做:

- 是存在我们可以感知的外在现实,还是我们在头脑中“建构”了现实?这里的中间立场承认存在外在现实,但人类因受到自身感知能力和认知能力的限制而对此无法理解。
- 我们能否客观认识现实?这里的中间立场认为,许多偏见(包括学科偏见)会影响学术研究,但可以通过细致分析并努力整合冲突见解来正视偏见。
- 我们能否证明假说或反驳假说?抑或学术研究是否各有各的见解?这里的中间立场摒弃了(数学和逻辑学领域之外的)证据(反证)观念,但认为学者会积累大量论据证据,使得某些假说得以接受。
- 语言是一清二楚的还是完全模棱两可的?这里的中间立场认为,语言天生是模棱两可的,但人类会借助各种限制歧义的策略(包括分类和跨学科实践)。

- 世界存在经验规律还是变动不居?这里的中间立场认为,精准辨识经验规律考验我们的能力,因为所有现象互相影响。甲如何影响乙可能存在规律,但难以证实,因为丙和丁也会影响甲和乙。

我们会在后文描述特定学科内最常见的认识论观点,但你应该记得,大多数学科(假如不是全部的话)存在着多样性。学生应该不只是依赖学科的认识论视野,而是在可能的情况下,设法识别作者对于这些重要差异所持的立场。

读者须知

表 2.5、表 2.6 和表 2.7 里对认识论的表述并非一成不变,而是中心趋向。对学科认识论立场的任何分类方式都会受到质疑。[7]这些表格大量引自学科专家,但要看到,没有两位学者会对其学科做出完全一致的描述。

表 2.5　自然科学的认识论

学科	认识论
生物学	生物学强调分类、观察和实验控制的重要性。实验控制是识别真正成因的途径,因此对实验方法(因为它们可以复制)的重视超过了所有其他获取信息的方法(马格努斯[Magnus],2000,第 115 页)。
化学	化学家经验与理论并用(尤其是热力学)。化学甚至比物理学更依赖实验室实验和计算机模拟。化学涉及的实地考察比地球科学和生物学要少。
地球科学	地球科学中,均变说理论(所有地质现象都可以解释为自然规律的结果和不因时间推移而变化的进程)最为突出。
数学	数学真理是通过逻辑和推理发现的数值抽象。这些真理的存在不依赖于我们能否发现它们,而且它们不会改变。这些真理或"恒定"形式让我们能对世界进行归类、整理、构造。这些数学结构——"几何图像与空间或语言(代数)表达"——"基于世界的重要规律或我们在这个世界的所'见'"(隆戈[Longo],2002,第 434 页)。

(续表)

学科	认识论
物理学	像所有的自然科学一样,物理学是经验的、理性的、实验性的。它通过获取有关物质与能量的客观、可测量的信息,试图发现这两个相关而可观察的概念的真理或法则(塔菲尔[Taffel],1992,第1、5页)。它远远比生物学和地球科学更注重实验。

表 2.6 社会科学的认识论

学科	认识论
人类学	认知多元论是人类学的特征。经验主义者认为,人们的价值观是习得的,因此价值观与他们的文化相关。体质人类学家和文化人类学家都信奉结构主义,结构主义认为人类知识由产生知识的社会背景和文化背景塑造,而不仅仅是对现实的反映[伯纳德(Bernard),2002,第3—4页]。
经济学	现代主义的认识论优势地位受到了后现代主义的挑战,产生了对现实的多元化认识。后现代主义者认为现实和自我是碎片化的,因此,人类对现实的认识也是碎片化的。不过,经济学家的信念在很大程度上仍然取决于和他们所运用的数学理论及模型直接相关的经验证据。经验主义者重视词语的固定定义,使用演绎法,并对一小组变量进行研究[道(Dow),2001,第63页]。
政治科学	政治科学信奉现代主义认识论。但是,该学科的逻辑实证主义者试图通过发现某套"涵括法则"来抛弃政治学的"科学",这套涵括法则极具说服力,哪怕单个反例都足以证明法则有误。不过,按照该学科其他人士的说法,尽管人人无疑都要服从某些外部力量,但同时在某种程度上也是有意图的行动者,能认知并能以此为基础行事。因此,这些学者在解释人类的政治活动时,把"信仰""目标""意图"和"意义"作为潜在的决定性要素进行研究(古丁[Goodin]、克林格曼[Klingerman],1996,第9—10页)。
心理学	心理学的认识论认为,心理结构及其相互关系可以通过讨论、观察以及应用治疗(临床心理学)或一系列略有变化的实验(实验心理学)进行推断。实验成功的关键要素是实验控制,即设法消除可能影响研究结果的外在因素(勒里[Leary],2004,第208页)。
社会学	现代主义(即实证主义)社会学与其他社会科学都信奉现代主义认识论,但这种认识论受到了批判社会理论的反驳;批判社会理论是个理论群组,包括马克思主义、批判理论、女性主义理论、后现代主义、文化多元主义和文化研究。把这些方法在最普遍意义上结合在一起的是,它们假设知识是社会性建构,知识存在于历史之中,假如应用得当,能够改变历史进程(阿格,1998,第1—13页)。

表 2.7 人文科学的认识论

学科	认识论
艺术史	现代主义者通过对照美学标准及技能标准来确定艺术品的价值。20世纪60年代出现的新艺术史从业者通过有关竞争群体价值观之间的论争来确定艺术品的价值,即在社会文化背景中认识它们(J.哈里斯[J. Harris],2001,第65、96—97、130—131、162—165、194—196、228—232、262—288页)。后现代评论家(约1970年起活跃至今)"指出,那些号称不偏不倚的老派艺术史家,都有意无意犯下了精英思想的错误,认为存在普遍的美学标准,只有某些上等作品才配称为'艺术'"(巴内特[Barnet],2008,第260页)。
历史学	现代主义者通过对相应原始出处及二手出处的忠实度来评估作品,注重对事件、人物或时期解释的真实、恰当。他们认为,"真理只有一个,而非各依其见"(诺维克[Novick],1998,第2页)。社会历史学家相信"结构"是认识过去的基础,注重结构和基础结构——物质结构、经济制度、社会制度和政治制度——但并不排斥个体。最近,有些社会历史学家开始采用"微历史"或新文化史(社会史与知识史的结合物)作为研究意识形态结构、心理结构(如家庭和社区概念)、孤立事件、个体或活动的方式,从人类学借用了民族志的"深度描述"("thick description")法,强调对细枝末节的细致观察,认真倾听每个声音和每个表达的微妙之处(豪威尔[Howell]、普里维涅[Prevenier],2001,第115页)。
文学	一般来说,现代主义者注重文本,并采用基于文本的研究手法。较新的研究把意义生成视为关联过程。精读文本由对文本上下文的背景研究定性,比如其作品、内容、节目周围的环境。其他新兴研究大量出现。例如,自传/传记写作观念从展示有关某人的"真相"转换成展示"某个真相";口述史被视为认识"人们想象中以及关于人们想象的文学文化现象"的作品的途径。批判话语分析检视语言运用模式,以发现某个意识形态的作品,看它如何施加控制或如何进行抵制。定量研究者使用计算机计算某个文本中某些词语出现的频次,以便更好地诠释其意义(格里芬,2005,第5—14页)。
音乐教育	对于现代主义音乐教育者来说,知识通常主要是技巧知识。因此,他们假定,经验主义的研究产生了与上下文无关的、能证实的客观"知识"和"真理"。后现代主义音乐教育者信奉更为多元的知识观,认为知识难以捉摸、稍纵即逝、昙花一现、纯属臆测。他们断言,就任何现象都能形成数量无限的潜在"真实"表述,没有单独哪种研究形式能解释任何事物的全部"真相"或现实。"那么,研究的目的就是在所能获取的有关某个现象最好、最完备的知识的基础上,不断探寻对该现象的相关描述和解释"(伊利奥特,2002,第91页)。

(续表)

学科	认识论
哲学	近来,有关知觉的哲学问题变得更加重要。对于经验主义和理性主义立场而言,其主要关注都是确定获取知识的途径是否可靠。认识论在这方面的主要关注是记忆、判断、内省、推理、“先验—后天”之分以及科学方法(斯特金、马丁、格雷林,1995,第9—10页)。
宗教研究	宗教研究关注“影响资料分析诠释的假说与成见,即理论框架和分析框架,乃至带进协调分析事实这一任务的个人情感”(斯通[Stone],1998,第6页)。尽管所有人文类学科都关注主观性问题,但几乎没有哪门像宗教研究如此勇于自我批判(第7页)。

自然科学、社会科学、人文科学的认识论

自然科学的认识论 经验主义主宰了自然科学。[8]经验主义让我们相信,观察和实验使得科学解释令人信服,而其理论的预见力也不断增强(罗森伯格[Rosenberg],2000,第146页)。但是,自然科学的认识论令科学研究无力处理价值问题(凯利[Kelly],1996,第95页)。

社会科学的认识论 比起自然科学的学科,社会科学或人类科学的学科更倾向于接受不止一种认识论,如表2.6所示。例如,考虑到后现代主义对实证经验主义和价值中立的批评越来越多,大多数社会科学家如今同意,其学科里的知识是由“个人经验、价值观、理论、假说、逻辑模型以及各种方法论研究所产生的经验证据不断相互作用”生成的(卡尔霍恩,2002,第373页)。

人文科学的认识论 人文科学甚至比社会科学更接受认知多元论,如表2.7所示。这一发展可以从“新通识论”或“批判人文科学”(女性主义、批判理论、后殖民研究、文化研究、性别研究、后现代主义、后结构主义、解构主义等)的兴起得到解释,后文会更详细阐述。人文科学珍视视野、价值观和认知方式的多样性。

关于这些方法的跨学科立场

跨学科研究试图规避现代派乐观主义和后现代派悲观主义两个极端:假如我们怀疑增进认识的可能,进行跨学科研究就没什么用了;而假如怀疑视野的重要性,跨学科研究也就没必要了。跨学科研究者应该尊重不同的认识论,但不该认为“怎样都行”(斯佐斯塔克,2007a)。

优秀的跨学科工作需要强烈的**认识论自反性**(克莱因,1996,第214页)。应该意识到,对认识论的选择往往会影响对研究方法的选择,并接下来影响研究结果(贝尔,1998,第101页)。相应地,跨学科研究者应该当心,他们对某些假说、认识论、理论、方法和政治观点的信奉,不要偏离研究进程进而歪曲所产生的认识。

正如上文所言,跨学科研究者应该谨防某些认识论看法,但在其他方面应尊重所有认识论。本书别处推荐了"两者兼具"法(即看到不同方法的价值,而不是顾此失彼),引导跨学科学者整合认识论的最佳部分,而不是局限于一种认识论。只要我们远离最极端的后现代观点(就像大多数后现代派自己那么做的),跨学科分析就是可行的;只要我们远离极端的现代派假说,跨学科分析就是可取的。

假说

从每门学科的认识论(和伦理观等)产生了一组假说,它们往往构成了那门学科内研究的特征。假说是认为理所当然的东西,是一种推测。**假说**是构成学科整体及其总体现实观基础的准则。正如该词所暗示的,这些准则被当成真理接受,学科的理论、概念、方法和课程都以此为基础。换句话说,正是假说与经验证据的相互作用,形成了一门学科的理论、概念和见解。

从整体上掌握一门学科的根本假说,为发现支撑其特定见解和理论的假说提供了重要线索。支撑具体见解的假说对跨学科进程的整合部分非常重要,需要辨别它们之间矛盾的潜在根源,假如见解或理论之间存在矛盾,人们就可以通过创建共识着手修正矛盾(步骤八)。有两种假说:科学家跨越学科群落通常会做出的"基本"假说,以及科学家在特定学科群落做出的更为集中的假说或"专有"假说。

基本假说

假说的特定组合对于每门学科都是独一无二的,但是学科可以共享假说。表2.8、表2.9、表2.10里的假说并非综合概括,而是中心趋向,因此会受到学科研究者的挑战,他们可能会选择具有代表性的不同选项。介绍这些表格有双重用意:(一)帮助研究者确定哪些学科与问题相关,这样可以从其文献中采集见解;(二)识别会在进行后续步骤尤其是步骤八时发挥作用的假说。

自然科学的专有假说 自然科学工作者做出的专有假说有两种。第一种是科学家能超越其文化经验,并对现象(事物)进行明确测定;第二种是"自然界没有什么超自然现象或其他先验属性不能潜在地被测量"(毛瑞尔[Maurer],2004,第19—20页)。[9]这个假说不同程度地反映在表2.8中强调的支撑自然科学的学科假说特性上。(注:本表及后面表格所引出处对于进一步阅读是良好起点。)

表 2.8 自然科学学科的假说

学科	假说
生物学	生物学家假定,假说演绎法(即用于从法则或理论得出解释或预测的演绎推理)优于模式说明和归纳推理(奎因[Quinn]、克奥[Keough],2002,第2页)。
化学	整体功能可以简化为其构成要素和成分的属性及其相互作用。"所有活着的有机体共有某些化学、分子和结构特征,按照清晰可辨的原则相互作用,并在遗传和进化方面遵循共同法则"(唐纳德[Donald],2002,第111页)。
地球科学	均变说原理让地质学家假定,现代是认识过去的关键。数十亿年来,地球进程并未发生显著变化,地球已经成为一个动态行星,在许多方面与构成太阳系的其他行星相似。
数学	数学中的假说(或公理)形成了对其定理进行逻辑证明的起点。它们构成了陈述"假如A,那么B"的"假如"部分。假说的结论通过逻辑推理发现,逻辑推理带领数学家发现了结论(B.席普曼[B. Shipman],私人通信,2005年4月)。
物理学	逻辑经验论假定,存在一套支配宇宙运转的有限定律,并存在发现这些真理的客观方法。相反,自然现实主义假定:(一)宇宙以定律般的方式运作,但宇宙的性质可能极度复杂,其大部分甚至可能高深莫测;(二)"科学家能建造充分接近自然界的模型以在认识特定现象上继续前进"(毛瑞尔,2004,第21页)。这种原子论知识研究进一步假定,彼此分离的部分共同构成了物理现实,这些彼此分离的部分按照定律精确关联,物理事件可以预测。

出处:摘自杰林[Gerring, J.](2001),《社会科学方法论:批判性架构》,波士顿:剑桥大学出版社;G.斯托克[Stoker, G]、D.马什(2002)"导论",见斯托克、马什(编)《政治科学的理论与方法》(第二版),第1—16页。纽约:帕尔格雷夫·麦克米伦出版社;伊利奥特(2002)《研究的哲学视野》,见考威尔[R. Colwell]、理查森[C. Richardson](编)《音乐教学研究新手册》,第85—102页。牛津:牛津大学出版社。

社会科学的专有假说 社会科学根据的一套基本假说本质上与

描述自然科学的假说相同(法兰克福—纳西米亚、纳西米亚,2008,第5页)。社会科学的假说与每门学科学术团体成员所信奉的研究方法、理论和流派密切相关。例如,关于行为研究法(心理学、传播学、人类发展、教育、营销、社会工作之类)的通俗教科书把构成科学研究和系统经验主义基础的假说表述为应用于行为科学的这些方法:“通过系统经验主义获取的数据能让研究者比仅从随机观测得出更有把握的结论”(勒里,2004,第9页)。在基于经验数据和可复制数据的“进步”“知识”之类观念上,现代主义者共持“抱怨的自信”(库伦伯格[Cullenberg]、阿马里洛[Amariglio]、鲁奇奥[Ruccio],2001,第3页)。这个现代主义假说不同程度地出现在社会科学众多学科里,但受到了后现代观念的挑战。表2.9记录了两组假说(现代与后现代)。

表2.9 社会科学学科的假说

学科	假说
人类学	文化相对主义(人们关于善和美的观念是由其文化造就的)假定,不同文化拥有的知识体系是“不可比的”(即不可比较、不可转让)(怀太克[Whitaker],1996,第480页)。文化相对主义历来就是起推动作用的人类学道德标准,但受到了女性主义者、后殖民主义者以及支持其他被边缘化群体者的挑战,因为相对主义支持其他文化中的压制现状(伯纳德,2002,第73页)。[a]
经济学	现代主义研究占支配地位。现代主义经济学家假定,同一个占统治地位的人类动机(理性利己主义)超越了国家和文化界限,过去如此,现在亦然。他们还假定,短缺情况下的理性选择(他们更爱关注)绝对有益、绝对重要。后现代主义者假定,所有事物,包括经济动机和行为,都与从事这些活动的境遇(即文化、政治和技术背景)紧密相关,因此无法普遍适用(库伦伯格等人,2001,第19页)。
政治科学	政治科学主要受到历史学的影响,而最近又受到社会学、经济学和心理学理论的影响。因此,其假说反映了它当时所吸取的学科和理论。现代主义者这么假定理性:“人类虽然无疑要服从某些因果力量,但他们……在某种程度上是有意图的行动者,能认知并以此行事”(古丁、克林格曼,1996,第9—10页)。行为主义者(他们也是现代主义者)假定,政治科学可以成为一门能够预测和解释的科学(索米特[Somit]、塔南豪斯[Tanenhaus],1967,第177—178页)。科学研究方法的支持者假定,认识政治现实最有效途径是经验和定量分析,而不是规范和定性分析。(曼海姆[Manheim]、里奇[Rich]、威尔瑙特[Willnat]、布里安斯[Brians],2006,第2—3页)。

(续表)

学科	假说
心理学	心理学家假定"通过系统经验主义获取的数据能让研究者比仅从随机观测得出更有把握的结论"(勒里,2004,第9页)。对更大群体的概括可以从有代表性的抽样群体推断出。心理学家还假定,群体行为可以简化为个体行为及其相互作用,人类通过心理结构安排其精神生活。
社会学	该学科的假说五花八门。经验主义者假定存在独立的社会现实,可以通过收集数据来感知、测量社会现实。现代主义的批评者假定,我们对社会现实的感知经过了假说、文化影响和承载价值的词汇之网的过滤,单个人的行为是社会建构的,理性、自主充其量发挥适度作用;群体、机构尤其是社会的存在不依赖于其中的个体。他们假定,人们主要受到谋求社会地位的刺激(阿维森,2002,第2—3页)。

a 正如梅瑞里·萨蒙[Merrilee Salmon](1997)所阐明的,文化相对主义并不等同于道德相对主义(所有道德体系都同样有益,因为它们都是文化产物)。注意,这种不可比假如没错的话,会使得跨学科研究行不通。

人文科学的专有假说 人文科学根据的是一套与自然科学大不一样的假说。20世纪这段时间,尤其是近几十年来,一元化知识与文化的古老假说让位于多元乃至不相容的系列假说。克莱因(2010)把这些新假说归并在"新通识"("the new generalism")名下。她解释道,这不是一元化范式,而是"以共享语言、文化、历史、概念和理论为形式的交流协作"(第30页)。这种新范式的关键词是多元和异质(取代统一和普适)、质疑和干预(代替综合和整体)。她认为,**新人文科学**"质疑占支配地位的知识结构和教育结构,目的是要改造它们",带有"拆解学科知识和边界的鲜明意图"(第30页)。克莱因断言,这种趋势在文化研究、女性和种族研究以及文学研究中尤其明显,在这些研究中,"认识论与政治是分不开的"(第30页)。

> 人文类学科抛弃了历史经验主义和实证主义语文学(文学研究及与文学相关的学科)的古老范式,渐渐注意到美学作品的背景以及读者、观众、听众的反应。文化概念也从对精英形式的狭隘关注扩展到更为宽广的人类学观念,曾经不相关联的事物被重新想象为在形式与行动之网中传播的力量。(克莱因,2010,第30页)

表 2.10　人文类学科的假说

学科	假说
艺术史	现代主义者假定,客体的内在价值是第一位的。激进艺术史家——如马克思主义者、女性主义者、精神分析派和后结构主义者——"共同持有宽泛的历史唯物主义"观点:所有的社会制度,如教育、政治和媒体,都是剥削的,且"剥削延伸至基于诸如性别、种族和性取向因素的社会关系"(哈里斯,2001,第 264 页)。通常这些评论者假定,内在价值仍然是第一位的,但认识社会背景会完善人们对作品的理解(第 264 页)。[a]
历史学	现代主义者(实证主义者和历史主义者)的史学成就有赖于"历史研究中客观性可行可取"的观念(伊格斯[Iggers],1997,第 9 页)。一般来说,社会史(如马克思的社会经济史、布罗代尔研究法、女性史、非裔美国人史、种族史)假定,传统历史写作所忽视的那些人(穷人、工人阶级、女性、同性恋、少数民族、病人)在历史变迁中起到了重要作用,却未得到认可(豪威尔、普里维涅,2001,第 113 页)。
文学	文学(广义定义)或"文本"被假定为认识某种文化中的生活的镜头,以及用以认识错综复杂的人类经验的工具。文本"包含着所有人类重要活动的连贯实质"(马歇尔[Marshall],1992,第 162 页)。另一个假说是,这些文本对读者来说是"陌生"的,意思是"文本中某些内容或我们在时空上同它的距离令其费解"。解释者的任务是通过运用极其复杂的技巧"阅读"文本来让文本"说话",以赋予文本"意义"。意义是发生在解释者与受众(即读者)之间、任何一方都不能完全掌控的"历史定位的复杂社会进程"(马歇尔,1992,第 159、165—166 页)。
音乐教育	现代主义者假定,实证调查产生了可证实的客观"知识"(在绝对可靠的理论、法则或一般陈述的意义上)以及与上下文无关的"真理"。后实证主义者(诠释主义者、批判理论拥护者、性别研究学者和后现代主义者)否认客观性是可能的,因为人类价值观总是出现在头脑中(伊利奥特,2002,第 99 页)。
哲学	关于如何获取知识,有两个学派。理性主义者假定,通往知识的主要路径是进行系统推理,并"审视我们思想的脚手架,进行概念设计"(布莱克本[Blackburn],1999,第 4 页)。理性主义者的模型是数学和逻辑。经验主义者假定,通往知识的主要路径是感知(即运用视觉、嗅觉、听觉、味觉、触觉五种感官以及使用显微镜、望远镜之类作为这些感官的延伸)。经验主义者的模型是把观察和实验作为主要研究手段的自然科学(斯特金、马丁、格雷林,1995,第 9 页)。

(续表)

学科	假说
宗教研究	宗教研究往往质疑信仰,宗教史注重把人理解为宗教性存在。该学科的一个关键假说是,关于宗教,有某样东西是唯一固有的,研究宗教的人必须这么做,不能像社会学家和心理学家那样,将其本质简化为自身以外的东西。一个相关假说是,尽管宗教承载着人类情感,但客观性还是可能做到的(斯通,1998,第5页)。

a 马克思主义者假定,阶级斗争是资本主义社会历史发展的首要引擎,其他形式的剥削要么是基本阶级对抗的产物,要么无关紧要。女性主义者假定,在社会整体内的父权主导及其艺术之间存在相关性和因果关联。精神分析艺术史家假定,全面认识"对象"需要探究体现人类心理及其意识与无意识思考的复杂本性(哈里斯,2001,第262、264、195页)。

读者须知

在相互矛盾的学科概念与理论之间创建共识的过程中,假说往往发挥了重要作用。第十章和第十一章阐释了如何修正概念和理论所依据的假说以做好整合准备。例如,以恐怖主义为话题的课堂上,学生在研究解释自杀式恐怖袭击成因的理论时发现,构成心理学和政治科学学术见解基础的一个重要假说是,恐怖分子的行为是理性的(正如这两门学科所定义的),而不是课堂上许多人一开始以为的非理性。

概念

概念是用语言表达的符号,代表某个现象或从特定事例概括出的某个抽象思想(诺瓦克,1998,第21页;华莱士、沃尔夫,2006,第4—5页)。例如,椅子有各种形状和尺寸,而一旦孩子学到椅子这个概念,就会一直把有腿有座的任何东西都称为椅子(诺瓦克,1998,第21页)。

尽管概念是本书通篇使用的重要术语,但出于两个原因,每门学科偏爱的概念的例子此处从略。一个原因是,该术语不够清晰,因为它涉及现象、因果关联、理论和方法等其他术语。斯佐斯塔克(2004)发现,许多概念都可以用现象、因果关联(即现象之间的关系)、理论或方法来定义。有些概念，比如文化，明显就是现象；有些概念，比如压迫，是现象（在这个例子中，是政治决策）的结果；还有其他概念，如革命、全球化、移民，描述了现象内或现象之间的变化进程（第 41 页）。但其中大多数可以最恰当地理解为对因果关联特征的说明——例如，艺术与人类鉴赏之间的关联（第 42—43 页）。因此最好在探讨现象、理论和方法时就研究概念。此外，在不同学科，可能会用不同名称称呼同一现象（或更常用的概念）。

除了难以区分概念与现象和因果关联之外，更令人畏惧的挑战是对付每门学科所产生的海量概念。也许这就是为什么只有那么少的学者才能对特定学科的学术概念详加审视，更别说跨越全部学科类别了。出于这个原因，本书不打算将特定概念与特定学科联系在一起。研究者当然会遇到号称概念之物，这就应查阅本章前面介绍的斯佐斯塔克的现象分类，看看该概念究竟是不是现象；假如不是，跨学科研究者应研究该概念是不是或能不能用因果关联、理论或方法慎加定义。

这里我们要指出，有些学科力求精准定义重要概念（例如物理学中的“质量”和“能量”），而有些学科容许含糊的诠释（比如，“文化”有上千种不同的定义）。人文学者米克·巴尔（2002）认为，概念“应该明确、清晰、限定”，但她指出，在跨学科的人文科学，概念“既不固定，也不确定”（第 5、22、23 页）。

理论

*理论*一词的本义是“审视或考虑、思考或思索”。有两种理论：科学理论（关于世界），对应着刚刚指出的理论的本义；和在“关于认识论”一节中论及的各类哲学理论（认识论、伦理学等）。有些“理论”如女性主义、马克思主义或文学理论，操作起来既像科学理论，又像哲学理论：它们不仅提出认识论观点，还提出关于世界的观点——这种情况有时候会带来混乱。

理论对跨学科工作的重要性

跨学科研究者需要对理论（包括科学理论和哲学理论）有个基本认识，实际原因有四。第一，如热内·唐纳德（Janet Donald）（2002）所强调的，对于从事某门学科的学生来说，他们“必须掌握该领域的词汇和理论”,因为“每门学科需要不同的思维定势”(第2页)。

第二,理论对学科内学术话语的主宰比以往更甚,还往往推动提出问题、研究现象、产生见解。克莱因(1999)指出,学科从其他学科借用理论和方法蔚然成风,在某种情况下,还把借来的理论或方法变成他们自己的(第3页)。

第三,既然这些理论解释了特定现象或局部现象,它们就提供了对特定问题的诸多学科“见解”,而学生要整合的正是这些见解,以对问题产生跨学科认识。

第四,因为理论与学科研究方法之间的相互关系,学生应该形成对理论的基本认识。在探讨如何进行跨学科研究时,斯佐斯塔克(2002)强调弄明白“哪些理论和方法与手头问题特别相关”的重要性,他说,“在进行跨学科工作时,从一门学科借用理论会对使用其方法、研究其现象、运用其世界观起到促进作用,这是互补的”(第106页)。至于现象,他提醒研究者不要忽视可能对问题解释得不够清楚的理论和方法。[10]他还提醒不要从该学科偏爱的方法中盲目接受某个理论的证据。学科选择使其理论看上去完善的方法。正是那种协同配合使得学科视野如此强大(见锦囊2.1)。

读者须知

即便笼统认识每个理论,也能让研究者用更复杂更深刻的见解处理众多论题。对理论如何真正准确用于跨学科工作的解答,留待后面探讨与理论打交道的章节。

锦囊2.1

斯佐斯塔克(2017b)指出,大多数学科假定所研究的现象存在某种稳定性。这种稳定性会受到其他学科所研究现象相互作用的挑战,就像消费者口味或天气模式的变化会让经济学家所研究的市场价格产生震荡一样。尽管学科型学者可能知道他们所研究的体系并非总是那么稳定,但还是注重推演稳定性并由此对稳定性的跨学科解释产生敌意。例如,经济学家不同意“因新技术应用造成的冲击对引发大萧条至关重要”的观点,因为他们更愿意关注经济变量之间的相互作用,这种作用通常在经济效果上产生了更强的稳定性。作为整体,学术研究既要了解稳定性,也要了解不稳定性(为什么大萧条会发生,以及为什么此类灾难不常发生),并可能由此从学科与跨学科研究之间的共生关系中受益。

方法

方法关系到人们如何进行研究、分析资料或证据、检验理论、创造新知识(罗西瑙,1992,第116页)。[11]方法是获取自然界或人类世界某方面如何运行的证据的途径(斯佐斯塔克,2004,第99—100页)。每门学科往往倾注了相当大的注意力去讨论它所使用的方法,并要求主修该学科的学生学习研究方法课程。原因很简单:学科青睐的方法反映了学科的认识论,并与研究学科所青睐的理论非常匹配。跨学科研究者尤其要提防学科方法与理论之间的这种联系:在学科所青睐的方法之外,可能还有其他不那么适宜阐明学科理论的方法。

学科方法对跨学科工作的重要性

跨学科研究者对学科方法的兴趣及其所需的知识各不相同,这取决于他们如何与方法打交道。进行基础研究的跨学科研究者要确定何时用定量法、何时用定性法,或两者并用。尽管分歧的喧嚣已经渐渐平息,学科研究者对哪种方法更可取仍然各执一词。从事基础研究的跨学科研究者应该开明对待这两种方法。**定量法**,如分子数量和臭氧层的大小,强调能在特定时段用数字表达的证据;**定性法**关注不易确定数量的证据,如某件音乐作品的文化风格和个人感受。其实,定量与定性的区别变得越来越模糊。例如,注重无意图动因的自然科学理论——如关于疾病的微生物学说或细胞学说——本来就是定性的。运用定性法的学者往往通过使用*大多数*之类的词而不是用百分比来确定数量(斯佐斯塔克,2004,第111页)。

数十年来,有关“混合方法研究”或“多元方法研究”的文献数量庞大并不断增加。这些文献通常强调结合运用定量法和定性法的重要性。这有时意味着同时运用两种方法:人们对采访记录文本可以既进行统计分析,又详加精读。有时又意味着先后运用不同方法:可以运用统计分析的成果向某个重点群体提出问题。混合方法文献同有关跨学科研究文献之间有着大量重叠的部分(斯佐斯塔克,2015a,第128—143页)

研究者必须对决定与问题相关学科的理论至少略有所知,同样,他们也必须具备那些学科所用方法的应用知识。跨学科项目的课程如果仅仅跨越少数学科界限,自然也就仅仅重视少数方法。把跨学科自身作为焦点的跨学科项目或课程,倾向于覆盖面更广的方法,尽管这个覆盖面远未穷尽一切。后一种项目明确要求学生广泛阅读学科文献,对所有标准方法至少做到大致了解。幸运的是,这些方法的数目相对较少。

表2.11列出了常用的定量法和定性法。分析每种方法的优劣留待第六章。

表2.11 重要的定量法和定性法

研究	方法
定量	实验
	调查
	统计分析
	数学模型
	分类
	制图
	研究物理轨迹
	仔细检查物体(就像地质学家研究岩石)
定性	参与者的观察
	访谈
	文本分析
	阐释
	直觉/经验

出处:斯佐斯塔克(2004),《对科学分类:现象、资料、理论、方法、实践》。多德雷赫特:施普林格出版社。

与学科相关的研究方法

表2.11、表2.12、表2.13将特定学科类别与特定方法联系在一起。与每个类别相连的方法并非固定不变，并用最笼统的说法表述。学科实践的任何表述都会受到质疑，因为它掩饰了学科实践的多元乃至矛盾属性。撰写下列描述时，我们意识到可能会受到批评。这些表格旨在帮助研究者确定哪些研究方法与问题或主题相匹配。

表2.12　与自然科学有关的研究方法

学科	方法
生物学	博物学家或实地立场与实验或实验室立场之间的方法论争议是有关何种方法(即实验室或实地)产生了"正确的科学"(克里斯、迈西恩，2000，第134页)。实验室(即实验设计和数据分析)方法将生命从其自然生态环境中抽取出来，并在可控状态下使用电子显微镜和正电子成像术(positron-emission tomography)(PET)检验样本，生成系统结构的视觉图像(贝克德[Bechtel]，2000，第139页)。系统生态学家和发育生物学家坚持运用"哲学、社会学、人类学和认知解释图示"研究活态生命(霍姆斯[Holmes]，2000，第169页)。生物学家日益意识到，科学方法必须考虑实验的伦理边界。
化学	化学不同于其他科学，它力图运用通过化学实验发现并形成的基本原理形成新物质。"认识物质的特性及其经历的变化，导向了化学的核心主题：我们所能看到的宏观特性和行为，是我们看不见的亚微观特性和行为的结果"(西贝伯格[Silberberg]，2006，第5页)。实验是化学最重要的方法。
地球科学	像物理学和化学一样，地球科学依赖各种定量法展示、分析数据，包括统计资料、地理信息系统(geographic information system)(GIS)、计算机建模如有限元和离散元、X射线衍射和荧光、大型光谱学、发射吸收光谱学、引力磁力共振、声(震)波传导(反射与折射)、使用电磁波谱遥感以及包括声波、电阻率和中子俘获在内的测量技术。不过，地质学家日益依赖实地考察，因为地质年代发生的进程无法复制(J.威克汉姆[J. Wickham]，私人通信，2006年8月)。
数学	数学完全从经验世界抽象而来，但其他经验类学科运用数学。数学家创造的世界是理性的，这只是因为理性是数学家赋予自身的必要条件。数学运用经过证明的，具有一致性、传递性和完全性的定理。

(续表)

学科	方法
物理学	像化学一样,物理学将物体拆开,研究其组成部分(原子、亚原子微粒、量子),以了解它们的关系;但与化学不同的是,它还研究总体特征,如质量、速度、传导性以及蒸发热。物理学方法分为理论方法和实验方法。"理论"物理学家运用数学模型而不是实验方法来解决问题;实验物理学家运用实验和计算机测量物体和现象,确定其数量,并检验、证实或证伪理论物理学家提出的理论(唐纳德,2002,第32—33页)。在物理学中,假说往往呈现出因果机制或数学关系形式。物理学的分支宇宙学研究宇宙的起源与演化,通常须依赖天文观测作为其方法。

表 2.13　与社会科学有关的研究方法

学科	方法
人类学	人类学运用大量科学技术和诠释技术来重构过去,包括实验、抽样、文化体验、现场调查、访谈(无结构和半结构)、结构化访谈(问卷调查和文化领域分析)、尺度与尺度转换、参与者观察、现场记录、直接和间接观察、深度描述、人际交流分析、语言、考古学和生物学(伯纳德,2002)。长期以来,文化人类学最常用的方法都是详尽的实地观测,不过近年来有所变化。体质人类学依赖对考古发掘成果的检验。
经济学	现代主义方法包括数学模型和数据分析。大多数经济数据集的与众不同之处在于,它们是为其他目的(如政府政策)生成的,往往并不直接测算经济学家感兴趣的变量,因此经济学家最终与推论指标打交道,而不只是直接测算。 但是,主流经济学经历着某种程度的方法论分裂,后现代主义者反对将人类行为与动机简化成单一目的:个人收益。他们得出结论:"话语型知识的碎片属性使包罗万象的方法论变得不可能",后现代主义彻底否认方法论的作用。一个矫正的"合成"方法采纳了多元方法论研究,认为每个经济学派的方法论应以其自身方式进行批判性分析(道,2001,第66—67页)。
政治科学	与众多学科不同,政治科学并不拥有完全属于自己的方法论手段,恰恰相反,"政治科学作为一门学科,是由其实际关注所界定的,是由其以多种形式对'政治'的痴迷所界定的"(古丁、克林格曼,1996,第7页)。 更确切地说,从业者描述合法政府并检视社会行动的思想、正统学说和计划(海尼曼[Hyneman],1959,第28页)。政治科学家严重依赖数学模型和统计检验。政治科学所特有的一个方法是有关选民行为的选举调查。和其他社会科学一样,政治科学相信,"研究应该具有理论导向和理论指导作用","研究结果[应]以可计量的数据为依据"(索米特、塔南豪斯,1967,第178页)。

（续表）

学科	方法
心理学	有两种主要研究类型：认识心理进程的基础研究，其主要目标是增进知识；和将研究应用于找到特定问题的方案。通常运用实验，尤其是在基础研究中。其他应用研究者进行评价研究，评估社会项目或机构项目对行为的影响（勒里，2004，第4页）。
社会学	社会学的智力劳动在理论工作者、方法论者和使用调查、访谈和观察方法的研究者中是分割开的，这不同于其他学科。社会学里这种认知分离的后果是“理论工作者不处理理论与证据的关系”以及由此而来的不处理理论与方法的关系（奥尔福德[Alford]，1998，第11—12页）。方法论者通常分为专攻定量和专攻定性。“定量”进一步分为应用统计学家和理论统计学家；“定性”分为种族方法论者、象征互动主义者、基础理论工作者、历史方法论者和民族志学者，他们各有其专业术语和研究技法。研究者分析的实际问题被界定为犯罪学、人口统计学、社会分层学、政治社会学、家庭学、教育学和组织社会学等学科分支领域（奥尔福德，1998，第1、11页）。尽管社会学长期由现代主义研究方法所主宰，但受到了方法论的严重挑战，人文科学所启发的方法论是定性法（即基于意义）、结构主义方法、阐释法、叙事法和语境法（位于权力、种族、性别之中）等。定性研究法并不严重依赖数学分析和统计分析，而是“研究处于自然情境中的人，并试图通过人们赋予现象的意义来理解现象”（多斯滕[Dorsten]、霍奇基斯[Hotchkiss]，2005，第147页）。

出处：斯佐斯塔克（2004），《对科学分类：现象、资料、理论、方法、实践》。多德雷赫特：施普林格出版社。

自然科学的方法　所有自然科学使用的方法常被称为“科学方法”。[12]跨学科研究者应该意识到，学术活动所用科学方法有十多种（见表2.11里的“方法”），*科学方法*一词可以大致理解为细致、定量、由假设驱动的研究，但往往认为只认可实验研究。

狭义的**科学方法**有四个步骤：（一）观察、描述现象与进程；（二）构想出一个假说以解释现象；（三）运用假说预测其他现象的存在，或从数量上预测新观察的结果；（四）完成严格实施的实验，以检验那些假说或预测。科学方法基于对经验主义（无论是直接观察还是间接观察）、可量化（包括精确测量）[13]、可复制或可重复、信息自由交换（这样其他人就能检验或试图复制、再现）的信念。

科学方法假定，对于貌似离散实体的现象如何内在统一有单独的解释（唐纳德，2002，第32页）。同样，构成跨学科基础的假说是，学科对某个复杂问题的矛盾见解也能通过修改或创造出潜在的共同概念、假说或理论做到内在统一。但是,这个假说不像构成“科学方法”基础的那个假说,因为作为结果的学科普遍“法则”适用于所有类似现象,而作为结果的跨学科认识则是“局部的”,仅限于手头的问题。

并非所有科学都以同样方式使用科学方法。自然科学,如物理学和化学,运用实验收集大量数据,从中识别相互关系并得出结论。而地质学家和宇宙学家通常不用做实验,取而代之的是对物理客体的细致观测。表 2.12 涉及的不同之处中,是每门学科如何看待数据、如何收集和加工数据。例如,化学的研究方法与其他自然科学如物理学和地球科学非常相似,它试图测量、描述观察到的现象。

社会科学的方法 社会科学在大量研究中,运用了现代主义科学技术,如数学模型和经验数据的统计分析。更具描述性的社会科学,如人类学,会采用包括通过进行视觉观察或访谈收集信息并运用“深度(即详尽)描述”记录信息的定性法。

但是,由于科学哲学的发展和后现代主义的兴起,现代主义方法和定量法近几十年来元气大伤。正是在方法论上,后现代主义通过“挫败先前认为能识别最佳实践的信心”,对社会科学和人文科学产生了强大影响(道,2001,第 66 页)。如今,H.罗素·伯纳德(H. Russell Bernard)(2002)认为,“人类学和社会学内在方法上的区别比那些学科间的区别更重要”(第 3 页)。因此,表 2.13 里对方法的描述既反映了现代主义方法,也反映了后现代主义方法。

人文科学的方法 从事人文科学的研究者借鉴了持有不同信仰的学术领域。表 2.14 显示,人文科学很少强调定量观察。跨学科整合(第八章介绍)的部分任务是通过修正概念和(或)假说,减少见解之间的冲突。一旦这些见解为整合做好准备,建构起更全面认识就成为可能。自然科学和社会科学完全没有在科学方法中考虑到知识的整合,人文科学则把知识的整合交给读者、观众或听众,而跨学科研究力求实现整合。学术事业既需要专业研究,也需要整合研究。

表 2.14　与人文科学有关的研究方法

学科	方法
艺术史	现代主义艺术史家从艺术家对合适技巧的掌握，在特定历史、政治、心理或文化背景下的结构与意义方面检验艺术品。例如，形式主义者分析一件艺术作品，主要考虑设计各组成部分所创造的美学效果，图像学研究则更注重内容，而非形式。方法论上反对形式主义的两大势力是马克思主义（研究艺术的经济社会背景）和女性主义（以“性别是理解艺术不可或缺的成分”思想为基础）。传记和自传方法依赖文本（假如有文本），并研究艺术品与艺术家生活和个性的关系。符号学（近年来源自语言学、语言哲学和文学批评的方法论研究）假定，文化以及语言、艺术、音乐和电影之类的文化表现是由“符号”组成的，每个符号都有超越其字面本身的意义（巴尔、布莱森[Bryson]，1991，第 174 页）。其他方法还有解构（根据上下文确定意义，它们本身一直处于不稳定状态）、情结心理分析法（主要处理艺术作品的无意识意义）（亚当[Adam]，1996）。后现代批评家认为艺术家与社会深度牵连，这些批评家“拒绝形式分析，倾向于把艺术品当成说明社会文化尤其是政治的作品，而不是当成独一无二的情感生产出来的优美作品进行讨论”（巴内特，2008，第 260 页）。
历史学	历史学家从事的研究涉及识别来自过去的原始材料（形式有文件、记录、信件、访谈、口述史、文物等）或二手材料。他们还进行批评分析，包括对历史文件的诠释，并以此形成过去事件的图景或特定时间地点内人类生活的特征。为撰写可靠的历史，历史学家需要一组论证周密的观点，这些观点基于兼具客观性和详尽解释的可靠证据。到了 20 世纪，以叙事、事件型历史为特征的 19 世纪专业历史编纂学，让位于“各种社会科学型历史，它们广泛运用各种方法论和意识形态范围，从定量的社会经济方法和年鉴学派的结构主义到马克思主义的阶级分析”（伊格斯，1997，第 3 页）。应用到历史学，后现代主义者质疑是否有明确定义的研究方法能获取的历史研究对象，断言每部历史著作都是文学作品，因为历史叙事是词语虚构，其内容更多是发明出来的，而不是发掘出来的（第 8—10 页）。
文学（英语）	研究方法强调以文本为中心，包括自传/传记、口述史、探究视觉符号（例如手稿插图、绘本小说、照片）的批判话语分析（即分析语言类型）、计算机辅助话语分析、民族志（关于文化和社会实践）、定量分析（即数据如何用作解释工具以及某些词出现频次及其所处上下文的计算方式）、将意义生成视为相关进程的文本分析（依靠女性主义、解构主义等研究方法）、采访在世作者和创造性写作（须同时有理论文章）（格里芬，2005，第 1—14 页）。文学理论也是对文学的研究，包括新批评（强调文本自身的卓越及其文学属性）、精神分析批评、读者反应批评、结构主义、解构主义批评、马克思主义批评、女性主义批评、巴赫金批评、福柯批评以及重视少数族裔文化视野的多元文化批评（布莱斯勒[Bressler]，2003）。

(续表)

学科	方法
音乐教育	音乐教育研究方法多样。实证主义学者运用专门技能(即对涉及艺术品创作技巧的掌握)和批评(即从美学质量、技巧运用及其在特定历史、政治、心理或文化背景下的意义来解释作品)。但是,音乐教育研究方法的基本趋势是诠释主义的研究形式(即关注人类活动、信仰、价值观、动机和态度的现象学、行为研究、民族志、叙事研究)、批判理论(强调教学与社会实践及不公正密切相关)、女性主义或性别研究(认为性别问题在所有研究方法和阐释中都是固有的,但是该领域大多数人不同意这种鲜明的女性主义研究方法论思想)和后现代主义(彻底拒绝"方法"思想,认为没有什么必须遵循的议事规则,没有什么"正确"的研究流程,但它并不信奉内省、个性化诠释和解构)(伊利奥特,2002,第85—96页)。
哲学	哲学方法是做出区分和质疑区分(区分是展示出来的差异)。哲学通过区别概念来解释,比如,负责任的行为与不负责任的行为是如何区分的(索科罗夫斯基[Sokolowski],1998,第1页)。哲学家使用各种技术检验文字作品,包括辩证法、逻辑、冥思、语言(符号)分析、辩论和讨论以及思维实验。
宗教研究	宗教学者在审视宗教现象、宗教活动、宗教团体和宗教思想时,采用了各种跨越学科界线的研究和分析方法。研究者所用方法大部分由他们所提问题及试图探究的议题决定。宗教学者之间的共识在于他们努力把宗教现象描述、解释为人类文化和经验的一个方面,并通过进行自我反省、自我批判、自我审查和自我控制而进行(斯通,1998,第6—8页)。

读者须知

本科生跨学科研究者不太可能自己运用学科方法。他们的任务是对由学科研究者使用那些方法所产生的见解进行批判性分析、解释、应用。作为单个跨学科研究者的研究生乃至资深学者也许除了识别和检验起作用学科见解之间的联系之外,还不能自己运用学科方法。但是,如果选择进行各自的基础研究,他们就应该运用学科方法,作为其整合工作的一部分。跨学科团队很可能在进行基础研究时运用了这些方法。

本章小结

本章提供的信息是跨学科实践的基础，并对做到熟识有用学科（步骤五；见第六章）和评价其见解（步骤六；见第七章）非常重要。它解释了学科的作用，并澄清了学科视野的定义（意思是学科的世界观）及其基本要素（即现象、认识论、假说、概念、理论和方法）。如何运用视野取决于正在进行的是哪个步骤。本章还提供了开启跨学科研究的两个方式。一个是斯佐斯塔克的分类法，涉及将主题与相应现象连接起来。这个方法的好处是它能使研究者更容易地识别很可能与问题相关的邻近现象，否则这些现象可能会被忽视。接下来，研究者可以拓宽其研究，而不用（至少一开始不用）关注特定学科。另一个是传统的视野研究，涉及将问题与视野包含该问题的那些学科连接起来。研究者可以有效地利用这两种方法识别与问题相关的学科，深入钻研其学术成果，从而反驳那些认为跨学科研究肤浅、缺乏严谨的零星批评。使用这两种方法表明，跨学科分析可以是系统化的、累积的。

有了学科、学科视野及其基本要素这些基础知识做武装，学生现在就能识别与问题相关的学科了。做出这项决策的是步骤三，这是第四章的主题。

注　释

1. “大多数学科往往认为它们研究的是现实的最重要部分（也就是说，它们的世界观不只是关于它们研究的是什么，而且是[关于]其在更大整体中的作用）”（里克・斯佐斯塔克，私人通信，2011 年 1 月 11 日）。

2. 早先，纽厄尔和格林（1982）等跨学科研究者选择了一个狭义的定义：“学科因其关于世界所提问题、因其视野或世界观、因其采用的一系列假说、因其围绕特定主题用来建造知识体系（事实、概念和理论）的方法而彼此区分开来”（第 24 页）。按照这个定义，“视野”只是学科四大基本要素之一，与学科关于世界所提问题、它们采用的一系列假说、它们用来建造知识体系（事实、概念和理论）的方法等量齐观。

3. 纽厄尔(1992)认为,“视野”应该用更宽泛的术语界定,甚至暗示它是所有其他学科要素的来源。他认为“那些概念、理论、方法和事实源自”“视野”(第213页)。他补充道:“跨学科研究者必须理解构成每门学科视野基础的相关概念、理论和方法是如何运作的”(1998,第545页)。热内·唐纳德(2002)显然同意,她强调“要认识某个研究领域[即学科],学生必须学习其视野和研究进程”(第xii—xiii页)。她所说的“视野”,意思是学科的认识论、词汇、理论和方法或研究进程(唐纳德,2002,第2、8页)。吉尔·维克斯(1998)表示,跨学科研究者“必须承认,不同学科有不同的认知图”(第17页)。对于休·皮特里[Hugh Petrie](1976)来说,从学科的可靠借用需要跨学科研究者非常熟悉“所用的认知和感知装置”(第35页)。

4. 罗杰斯、斯凯夫、里佐(2005)解释道,学科内部这种冲突很大程度上“可能比我们乐于(承认的)更要归咎于内部政治议程”(第268页)。学术型学科何以没有变得惰性和稳定?马乔里·加贝[Marjorie Garber](2001)解释道,原因是“学科力比多”,意思是学科试图将彼此区分开来的方式,而同时又渴望成为“其最近的邻居,无论是在学院的边缘(职业的想变成业余的,业余的想变成职业的)、学科之间(个个觊觎邻居的见解),还是学科内部(每门学科都试图创造其对象所特有的新语言,但又对能让所有人理解的通用语言心向往之)”(第ix页)。

5. 在应用领域和职业中,格尔茨[Geertz](1983)纳入了教育学、传播学、刑事司法学、管理学、法学和工程学(第7页)。在另一处,格尔茨(1980)将这些宽泛的类别形容为“相当宽松”,因为它们不明确(第156页)。玛丽·泰勒·胡贝和舍温·P.莫里阿尔(2002)使用术语学科领域来表示人文科学、社会科学和自然科学(第8页)。术语核心学科的使用暗示了知识的等级制,很多人会对此表示反对(索尔特、赫恩,1996,第6页)。

6. 不同学科的成员可能会发现他们各自学科的说明不够全面。但跨学科课堂上使用这些说明的经验证实了他们的既定目的:向学生指明与问题潜在相关的那些学科。一旦这些学科被确认,学生接下来就应该查阅每门学科的研究辅导,其中许多在本章表格中引用过了(包括证实每门学科与问题相关的手册、指南、期刊、书目)。

7. 例如，阿兰·布莱曼(Alan Bryman)称，“自然科学认识论基础没有一致意见”(第 439 页)。如，生物学里竞争性认识论价值观给“实验室里能学到多少”与“现场能学到多少”之争(换句话说，是什么构成了“可靠的科学”)火上加油。诚然，表格中的假说、认识论和偏好方法之间有所重合。

8. 经验主义受到了后现代主义者尤其是女性主义科学哲学家的抨击，女性主义科学哲学家发现了科学中价值判断的作用，主张宽容，乐意鼓励对同一科学问题有各种研究和多重意义判断(罗森伯格，2000，第 183 页)。

9. R. N. 盖尔[R. N. Giere](1999)称这种哲学方法为“自然现实主义”，并表示，它与大多数科学家采取的实际思维定势最接近。

10. 波金霍尔[Polkinghorne](1996)认为，科学哲学家甚至实践科学家，如今承认科学方法既不能证明任何理论，也不能反驳任何理论(哪怕任何狭义的假说)。不过，科学方法应用于理论为科学家提供了弥足珍贵的证据(尽管不是十全十美)，有了这些证据，他们就能判断某个理论是否符合现实(第 18—19 页)。

11. 斯佐斯塔克(2004)在《对科学分类：现象、资料、理论、方法、实践》中，细心区分了“来自技术或工具，如实验设计或仪器，或某个统计软件”的方法(第 100 页)。工具和技术等是方法的子集。

12. 亚历山大·塔菲尔[Alexander Taffel](1992)称，“科学家为实现他们追求的认识所进行的关联活动有时又叫科学方法。但没有单一的科学方法，而是各种活动，科学家使用不同的关联活动解决复杂问题。科学活动包括认识和界定问题、观察、测量、实验、提出假说和理论、同其他科学家交流”(第 5 页)。

13. 现代科学在检验假说时非常依赖统计方法(罗森伯格，2000，第 112 页)。泰普[Taper]和莱勒[Lele](2004)探讨了频率派和贝叶斯派这两个统计学派，以及这些方法如何影响数量报表。“不可能有支持单个假说的这种量化”，他们认为。科学证据“必须进行比较”，意味着“人们需要指定两个假说进行比较，而数据可能更支持其中某一个假说”(第 527 页)。

练 习 题

关于学科视野

2.1 本章认为,学科视野就像透镜,学科以此观照现实。识别三个相关学科视野并描述它们会如何看待以下情形:

- 海洋钻探石油天然气;
- 都市扩张(如在农田建设住宅小区和购物中心);
- 收入不平衡;
- 边境安全。

知识在学界组织里通常如何体现

2.2 你所在的大学组织机构中,知识如何体现?接待招待、建筑业之类的应用领域安排在组织机构的何处?

学科视野

2.3 将不同乃至矛盾的视野并置,如何帮助人们认识复杂问题、事件或行为?

现象

2.4 我们说过,学科往往对同样的现象都感兴趣。哪些学科可能会对这些现象都感兴趣?

- 撒哈拉以南非洲的极度干旱;
- 以色列—巴勒斯坦冲突;
- 莎士比亚《哈姆雷特》的一场演出。

2.5 使用斯佐斯塔克的“关于人类世界现象的分类”(见表2.4),识别很可能与这些问题、主题或议题相关的子现象:

- 帮派暴力;
- 南极洲罗斯冰架解体;
- 学生债务。

认识论方法

2.6　后现代认识论的逻辑局限是什么?

2.7　现代主义和后现代主义认识论在试图解释中东地区激进主义兴起方面有何优劣?

假说

2.8　这些研究者的假说会是什么?

- 在自然科学领域从事研究印度尼西亚火山活动日益增多的成因;
- 在社会科学领域从事研究世界发达国家人口减少的成因;
- 在人文科学领域受到“新通识论”影响,从事研究某些音乐类型中暴力歌词的含义(通常意义上)。

量与(或)质

2.9　这里的研究主题或许能用定量法或定性法解决。对于每个主题来说,描述你会如何进行定量研究或定性研究,并解释哪种方法最有可能导向对主题的最全面认识:

- 对城市犯罪高发地区进行管制;
- 18岁至24岁人群高失业率。

第二编

借鉴学科见解

第三章　开启研究进程

学习成效

读完本章，你能够

- 描述整合模式
- 描述步骤一
- 描述步骤二

导引问题

什么是跨学科研究进程？

如何实施该进程的头两个步骤？

（注意：该材料最好边学边用）

本章任务

如今，在美国、加拿大、欧洲、澳大利亚等地，进行着大量各种各样的跨学科研究。这带来一个问题：谈论一种跨学科研究进程是否有意义？答案是肯定的。不同类型的跨学科本质上是在包罗万象的研究进程内做出不同选择。

本章介绍了跨学科研究进程（interdisciplinary research process）

(IRP)的整合模式,并解释了其基本特征。我们应该意识到,个人和团队都可以实施跨学科研究。本章还介绍了头两个“步骤”或者说该模式所需的决策点——界定问题或表述研究课题(步骤一),和为使用跨学科方法辩护(步骤二)。

跨学科研究进程的整合模式

开车离家去陌生之地,要想避免无谓而耗时的绕道,旅行者就得依赖全球定位系统(GPS)。同样,从问题行进到认识问题,跨学科研究者需要地图来指引完成跨学科研究进程或 IRP。图 3.1 展示了 IRP 最简化的形式。

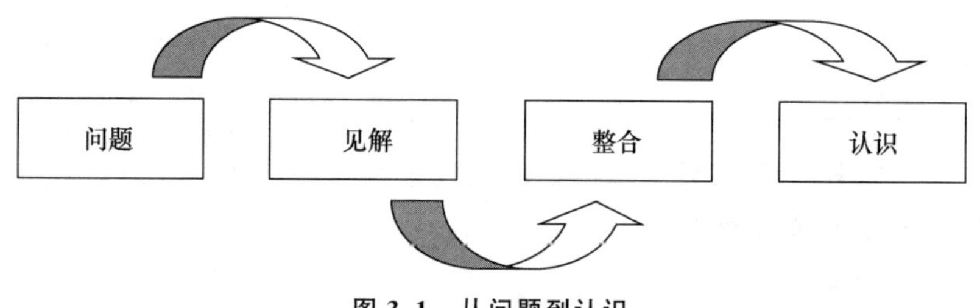

图 3.1 从问题到认识

图 3.1 虽然有用,但缺乏从问题前进到认识所必需的细节。本书介绍了 IRP 的详细模式(如表 3.1 所示),可以充当 GPS。这里介绍的模式整合了 IRP 的主要模式。[1]运用十个步骤,它提供了进行跨学科研究、发现新意义、创造新知识的已验证方法。不像 GPS 会告诉你何时转弯、上哪条道,IRP 只能告诉你何时做出决策。

十个步骤阐明了几乎任何跨学科研究项目都包含的“决策点”或“运转”。虽然从事“较柔性的”社会科学和人文科学的工作者在研究进程中可能更强调直觉、创造力和艺术要素,而不是步骤,但 IRP 尤其是 IRP 的整合部分,包含了直觉与方法、创造力与进程、艺术与战略决策点。

后续篇章会对每个步骤细致讲解。头两个步骤关注提出优秀研究课题;接下来四个步骤包括识别并评估学科见解;步骤七至步骤九聚焦整合学科见解;最后的步骤要求反思、检验并传播成果。(注:对创造性进程的描述往往提及四个步骤——预备、酝酿、启发、证明——这酷似上述四组步骤。因此，IRP 就是创造性进程[斯佐斯塔克，2017a]。)

表 3.1 跨学科研究进程的整合模式

A. 借鉴学科见解[a]
1. 界定问题或表述研究课题
2. 为使用某种跨学科方法辩护
3. 识别相关学科
4. 进行文献检索
5. 做到熟识每门相关学科
6. 分析问题并评估每个见解或理论
B. 整合学科见解
7. 识别见解间矛盾及其根源
8. 在见解间创建共识
9. 构建更全面认识
10. 反思、检验并交流该认识

出处：雷普克(2006),《学科化跨学科：教材用案例》,《整合研究问题》第 24 期,第 112—142 页。

a. 术语"学科见解"包括来自学科、子学科、跨学科和学派的见解。

将原本连贯的进程划分为泾渭分明的步骤，会造成错误印象，让人误以为这些步骤并无重叠。而这些步骤往往是重叠的。例如，粗略的文献检索始于步骤一，并在接下来的步骤中继续，直至步骤四(见第五章)全面检索完成。有些研究者在步骤一刚开始就进行全面文献检索(步骤四所示)，有些在进行后续步骤时还在继续检索。明智之举是将步骤四视为整个研究进程(其是其早期阶段)内的连贯进程。

对于每个步骤，我们会提供一套在过去证明对研究者行之有效的策略或准则，并提供从自然科学、社会科学到人文科学的学者、从业者及学生运用这些策略或准则的案例(见莫卡里·雅奇[Mokari Yamchi]等人[2018]最近对食品安全领域研究方法的推荐)。处理任何论题的跨学科研究者面临一系列共同挑战——比如应对学科视野差异(第二章)——并由此要有直面挑战的一系列共同策略。这些步骤与策略体现了跨学科学者圈内部的重要共识，当然，更多有效策略可能要到未来才会发现。尽管如此,有些学者对接受整个跨学科研究进程犹豫不定,生怕这样会不知不觉限制了跨学科研究的自由(锦囊 3.1)。值得注意的是,本书概述的步骤与策略显示出内在灵活性。

锦囊 3.1

跨学科研究者通常一致认为,须详细说明(至少在某种程度上)如何借鉴学科专业知识尤其是如何整合学科见解与理论。反对在研究方法论上更专门化的人士辩称,那样会限制活动自由,遏制创造力,阻止跨学科成为对抗约束性学科视野的良方(斯佐斯塔克,2012,第 4 页)。为研究进程提供某种架构和趋向并不会危及自由和创造力。这些批评者忽视的是,所有研究,包括跨学科研究在内,都使用某种方法或策略去处理问题。学科方法论一般更偏爱某些理论、方法和现象,而 IRP 鼓励研究者将目光投向所有相关理论、方法、现象和见解。IRP 并不会像学科那样约束研究。

跨学科研究的关键特征

跨学科研究是试探式、反复式、反省式决策进程。这里的每个词——决策、进程、试探、反复、反省——都需要解释。

涉及决策

决策是独特的人类活动,是对可选方案做出选择的认知能力。我们的个人生活、工作、整个社会和国际领域复杂问题盛行,决策也由此复杂起来。跨学科关注复杂难题或课题。这些复杂难题的一个特征就是涉及众多可变因素,每个可变因素都可以由不同的学科、子学科、跨学科或学派进行研究。**跨学科研究进程(IRP)**是围绕如何研究问题、选定哪些问题适用于跨学科研究并形成对这些问题全面认识而进行决策的实用方法和论证方法(纽厄尔,2007a,第 247 页)。

是个进程

进行跨学科研究，无论是个人完成还是合作完成，都是进程（纽厄尔，2007a，第 246 页）。**进程**的意思是遵照某个步骤或策略。

跨学科研究同所有学科研究一样，都有总体方案和方法。用最简单的表述归纳一下，所有应用研究都有这三个共同步骤：

- 该问题公认有必要进行研究。
- 用某种研究策略处理该问题。
- 该问题得到解决或想出暂时解决方案。

正如第二章所指出的，每门学科都会形成自己的方法以及首选研究策略。同样，跨学科研究也会形成一个在重要方面有别于学科方法的研究进程并囊括学科方法，如图 3.2 所示。IRP 是总揽式研究进程（那条拱形线所示），它借鉴了与问题相关的学科视野及其见解。跨学科研究进程与学科研究所用进程必定截然不同，因为整合是跨学科活动最核心所在，而整合并非学科活动的核心。

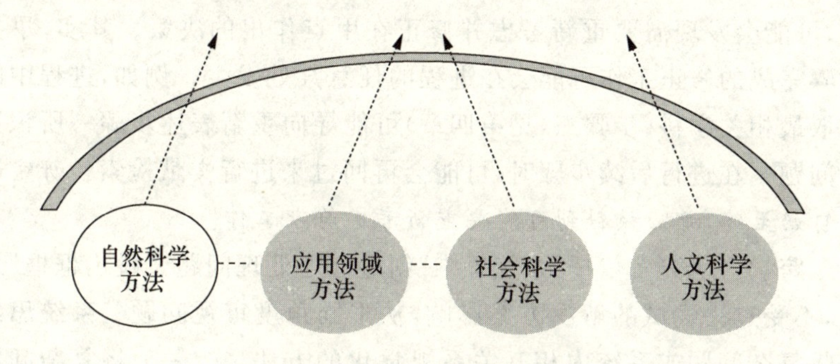

图 3.2　跨学科研究进程

注：点线将应用领域同自然科学、社会科学连在一起，表示应用领域（如教育学、刑事司法学、传播学、法学和商业）所用方法源自这些其他学科类别。

具有试探性

试探有助于认识、发现或学习。试探法并不给你提供答案，而是引导你以有效方式寻找解决方案。IRP 的试探性在于它让学生充当知识的发现者,学会如何独自或合作解决问题。IRP 通过让你在每个步骤做出决策从而助力发现。作为研究者,你在进行每个步骤的过程中仍会有推理、实验、试错、创新的余地。倘若有人发现跨学科研究"要求苛刻",那很可能是因为太多的学术知识需要"死记硬背"。学生记忆新信息却没有把它同先前的知识联系起来、没有理解其理论基础,这就造成了死记硬背。死记硬背包括不打算将新知识与已有概念、经验或对象进行整合(诺瓦克,1998,第 19—20 页)。西方的标准教育方法缺乏对整合及整体观念方面的指引,跨学科研究要考虑弥补这一缺陷。

IRP 与学生非常合得来。多国从业者成功地传授了本书的内容。致力于此的学生会掌握这个处理复杂问题的重要新方法,并设计出新的创造性解决方案,而这是学科研究或多学科研究做不到的。

具有反复性

IRP 具有**反复性**或流程上的重复性。虽然该研究进程的特点是作出决策与选取步骤,但进程绝非线形的。也就是说,该进程并非从甲点移动到乙点、再到丙点、最后到终点的简单过程,而是抵达乙点后,可能会发现需要重新考虑并修正在甲点作出的决策。其实,早先步骤完成的修正工作可能会在进程的任意某处发生。例如,进程中的选取最相关学科(步骤三,见第四章)可能导向重新表述步骤一所识别的问题。在进行后续步骤时,可能会再回过来进行文献检索。*研究进程自始至终,都应该料到可能要重新考虑前期工作。*

跨学科研究者依托"系统思维"创造性地处理问题,"跳出框框"思考,不受过去尝试的解决方案影响,从不同角度审视问题。**系统思维**是将复杂问题或系统内相互关系视觉化的方法,它(一)将复杂问题拆解成组成部分,(二)辨别哪些部分由哪些学科处理,(三)评估不同因果关系的相对重要性,(四)承认这些关系的系统要远远大于其部分的总和(我们将在第四章进一步探讨该方法)。图 4.1 绘制的**反馈环**是系统思维的核心要素,它们描述的进程需要研究者不时重新考虑先前活动。**反馈**是对有关决策、运作、事项或问题的矫正信息,它迫使研究者重新考虑先前步骤。这种矫正信息通常来自以前忽视的学术成果。

其步骤或流程包括重复一连串操作,所产生的结果逐步接近预期成果。例如，其中一个流程——步骤五（见第七章），事关熟识每门相关学科；通常，用于做到熟识一门相关学科的流程也适用于其他相关学科。在进展过程中，要定期提出以下问题

- 我对问题或课题的界定太宽泛还是太狭隘？
- 我对问题的成分辨识准确吗？
- 我识别出与问题最相关的学科了吗？
- 我收集到关于问题的最重要见解了吗？
- 我是否只是因为在某门学科工作更得心应手就更偏爱这门学科的文献或术语？
- 我是否以个人偏见来决定研究方向？

具有反省性

IRP 也有**反省性**，这意味着对可能影响研究、会歪曲对见解的评估并从而偏离最终结果的学科偏见或个人偏见自觉自知。既然所做决策事关使用何种见解、抛弃何种见解，你就要免受排除陌生的或质疑自己信仰的观点及理论方法的诱惑。其实，你应该料到，在整个研究进程中，你的偏见都会受到质疑。

关于步骤的两个注意事项

首先，避开困难步骤、提前跳到后续步骤是很诱人的。如果牢记该模式的步骤，研究者更有可能会意识到，他们漏掉一个重要步骤，需要回过头完成它。既然每一步骤通常需要至少初步完成先前步骤，经常复核早先步骤完成的工作就非常重要。例如，你可能不想花费太多时间熟识与问题相关的学科（步骤五；见第六章），就继续分析问题、评价学科对问题的见解（步骤六；见第七章）。然而，这种不耐烦“按部就班”的结果会造成惨重代价。除非你知道做到熟识（学科的相关概念、假说、理论和方法）所要寻找的特定信息是什么，否则所花费的时间和精力就可能无法带来进行后续步骤所需的优质信息。最终，你必须在有效阅读并领会学科见解前，做到熟识每门相关学科。避开困难步骤和决策会导致修正见解以及接下来整合见解的任务出问题。

其次,用步骤来描述IRP可能会带来一个印象,即每门相关学科“在进行任何整合前都是分开来采集有价值见解的,而整合的出现是突然发生的”(纽厄尔,2007a,第248—249页)。实际情况远非如此。你在启程时就应该进行部分整合,意即一边推进一边就应该把学科见解或理论吸收进对问题的更广泛认识(第249页)。

最后,每个跨学科研究项目都呈现出挑战与机遇的独特结合。本书通篇穿插的众多专业工作和优秀学生项目的案例清晰表明了创造性地进行跨学科研究的多种方式。跨学科和学科研究方法之间的重要区别会在研究之路上特别提及。

团队研究须知

本书有个引导性前提,即学生和学者可以单独进行跨学科研究。他们不必具备和专攻某个学科的研究者同样的该学科专业水平,就可以为了跨学科分析而明智地借鉴该学科。不过,大型跨学科研究往往以团队形式开展。团队每位成员都可以带来有关不同学科、理论、方法或现象的专业技能。

尽管团队具有用不同视野和技能处理单个问题的潜在优势,但不可避免地面临着跨学科沟通所固有的所有挑战。团队成员会在词语的含义认识上各有差异。这些差异可能并不总是那么明显,可能会让他们以为观点一致而其实并不一致,或者以为观点分歧而其实并无分歧。团队成员还会带来不同视野,这是沟通失误的另一重要根源,因为团队某位成员可能会提出来自不同学科的其他成员不会提出的假说。

工具箱项目(长期集中在爱达荷大学)解决了第二个挑战。该项目负责人向跨学科研究团队成员发放问卷调查表(关于认识论和方法论问题)。他们接着同研究团队探讨答案有何不同以及为何不同。调查表再次发放时,答案往往有些趋同:学科成员开始尊重他人观点并改变极端态度。更重要的是,团队成员宣称,该做法增进了团队沟通:每位成员对团队其他成员的来历有了更好的认识(见鲁尼[Looney]等人,2014;在由欧鲁克[O'Rourke]等人所写的一卷中更全面地处理了沟通挑战)。跨学科沟通的经验在于,明确学科

(以及其他)视野的属性非常有用。本书很大程度上恰恰致力于此。学生由此会在以后的生涯里为团队工作进行更充分的准备。

除了这些认知上的挑战——对付定义与视野的差异——还有心理上的挑战。团队成员必须相处融洽、相互尊重,团队每位成员必须做好分内工作。跨学科研究中,假如某些团队成员(或许潜意识地)觉得其学科(或青睐的理论或方法)在某种程度上更优越,这些挑战可能就会恶化。

团队成员必须尊重其他视野并渴望学习其他视野。他们通常必须要在智识上充满好奇心。在与他人相互配合时,务必勇于反思自身隐秘的假说。他们必须乐于应对复杂状态和不确定事态(见米斯拉[Misra]、豪尔[Hall]、冯[Feng]、斯蒂贝曼[Stipelman]、斯托考斯[Stokols],2011)。团队成员还应该同心协力、可靠尽责,并具备高效管理时间和管理信息的技能。

激发积极的团队成果有多种策略。必须有大量的协同商讨,但商讨中也要为团队每位成员定下明确任务。要有机会探究定义和视野的差异。每位团队成员都应抱持这种想法:自己的努力与协作不会白白付出。如果团队领导人是选出来的,他应该受到全体团队成员的尊敬,并善于提供积极的激励举措(必要时还能提供有益的批评意见)[2]。最好在跨学科研究进程一开始就组建团队:假如团队并未商定(及全面认识)研究课题,后期步骤里的协作就不太可能。

跨学科课程的教师会鼓励学生参与团队合作,他们可能要求做个小组方案或在课堂上进行小组介绍,或许会在课堂上进行小组训练。例如,小组里的每名学生会被要求在一张纸上概述跨学科研究课题。纸张发下来后,随后的每名学生力求阐明该课题。课堂上,这项训练既可以在某个优秀跨学科研究课题的指导方针确定前进行,也可以在确定后进行。跨学科研究进程每一步骤都可继续类似训练。学生会体验到不同头脑共谋单个项目的好处,还有可能体验到跨学科研究固有的沟通挑战。即便没有激发明确的团结协作,有关跨学科研究进程每个步骤学生所面临挑战的课堂讨论,对于学会跨学科研究以及懂得用多种视野应对某个特定任务的重要性来说,都是宝贵的策略。(关于此类小组训练的更多内容可见 https://i2insights.org/2019/03/12/idea-tree-brainstorming-tool/。)

步骤一:界定问题或表述研究课题

下表展示了研究进程的步骤。我们突出显示了步骤一并对其所涉及的决策加圈标注。

A. 借鉴学科见解

1. 界定问题或表述研究课题
   - **选取、提出需要借助不止一门学科见解的复杂问题或课题**
   - **界定问题或课题的范围**
   - **避免与 IRP 背道而驰的三种倾向**
   - **表述问题或提出课题要遵循三条基本原则**
2. 为使用跨学科方法辩护
3. 识别相关学科
4. 进行文献检索
5. 做到熟识每门相关学科
6. 分析问题并评估每个见解或理论

B. 整合学科见解

7. 识别见解间矛盾及其根源
8. 在见解间创建共识
9. 构建更全面认识
10. 反思、检验并交流该认识

界定问题或表述研究课题是人们着手进行研究或解决任何类型问题的第一步工作,也是最基本的工作。该步骤往往还需要花费相当多的时间和精力,因为你对这个问题还所知甚少,甚至还不知道能否在跨学科意义上进行研究。为此,你应该料到,在进行其他步骤时,会重新考虑对问题的界定或对研究课题的表述。

选取、提出需要借助不止一门学科见解的复杂问题或课题

适于跨学科研究的问题要具备：

- 复杂性(即需要不止一门学科的见解)，
- **能在跨学科意义上进行研究**(即来自至少两门学科的作者就该主题或至少该主题某些方面写过文章)。

倘若难以事先分辨问题是否复杂，有个初步测试会有帮助，即询问是否有不止一个审视问题的正当途径。假如有，哪些学科可能会对它感兴趣？查阅第二章里的表2.2和2.3有助于作出这种尝试性决断(关于跨学科研究标准复杂性的更详细讨论见后文。)

有把握地确定某个问题能否研究，需要进行文献检索(第五章的内容)。某个问题可能是复杂的，但出于某种原因，无法在特定学科外引起学术兴趣。“医生短缺对社会的影响”这个问题即为此例。这个问题看上去很复杂，无疑对社会也很重要，但不管什么原因，它没能吸引医学领域外更多的学术注意(尽管它是多种辩论场合的讨论内容，要利用经济学、社会学、政治学和人口统计学的视野)。(注：研究中此类罅隙的发现，为有可能富有成效的跨学科研究打开了大门。本科生也许想避开此类问题，但研究生和学者会看到机会。)

我们想要深入探究的学术问题往往不会是我们能深入探究的问题，因为粗略的文献检索不能揭示两门或多门学科对于该问题的相关见解。所以，我们必须基于检索所发现的材料对问题、课题或主题进行修正。

而我们如何一开始就识别某个研究课题？有些学生可能会从某个长期困扰他们的紧迫问题着手，并发现该问题适用于跨学科研究。有些教师可能鼓励某些研究课题，但许多学生会觉得难以阐述适用课题。其实，哪怕资深学者有时也要吃力费劲才能识别优秀研究课题，这可以让学生鼓足信心。和学者一样，学生可以通过阅读他们感兴趣的某个领域的现有文献，从而使问题显现出来。作者提出什么问题却没有回答？对他们得出的结论是否怀疑？假如读了有关来自多门学科关于同一主题的著作，理解上看起来是否有分歧有差异？记住，这

种探究式阅读本身在某种程度上是松散的:你不会提前知道可能想出哪类问题。但你应该相信,真的广泛阅读,总会有所收获。假如你对所阅读主题感兴趣,就很可能提出好问题。上文暗示,跨学科研究是创造性进程:你甚至可能在这个最初步骤就发现,某个念头会突然跳进脑海。但这只会在轻松自在、信心十足的情况下发生,在这种情况下,潜意识思维过程才能产生好主意。好主意只会出现在有准备的头脑中:你要先有意识地思考、阅读感兴趣的领域的内容,才会下意识地提出优秀研究课题。对不同作者识别的现象之间的关联进行图示大有好处:你看到可能会研究的新关联抑或新的关联体系了吗?甚至你还会发现自己想出了触及最初阅读内容的问题:某种枝节问题或相关话题也许会让你感兴趣。最后要特别提及的是,你可能会受到谈话的启迪:同朋友、同学和导师(或社区服务性学习计划的协作者)谈论你的兴趣爱好,可能会共同获取优秀研究课题。前面"团队研究须知"里提及的那种小组训练在这里可能会有帮助。[3]

界定问题或课题的范围

主题或问题一旦确定下来,下一步决策就是界定其范围。**范围**指的是予以考虑和不予考虑的界限。换句话说,你在告诉读者,对该问题打算研究到什么程度。例如,假如问题是"反复侵害配偶",你该如何着手处理这个问题?关注的是反复侵害配偶的*原因*还是*预防*反复侵害配偶?重在对施暴者的*处置*还是对受害者的*疗治*?或两者兼而有之?或重在反复侵害配偶对特定人群(比如儿童)的*影响*?尽管所有这些选项都明显与反复侵害配偶整个问题相关,但一开始就尽可能缩小问题的范围,会便于文献检索,并为研究进程中的后续步骤提供重点。要避免两个极端:把问题设想得太宽泛以至于难以把控(如既研究反复侵害配偶的原因,又研究反复侵害配偶的影响),把问题设想得太狭隘以至于不是跨学科问题或研究上不可行(如仅仅关注侵害配偶对儿童的心理影响)。

研究进程中的后续步骤可能需要重新考虑问题的原先表述或聚焦课题并有所修正。这里有个例子(课堂上提出的),即如何将"预防家庭暴力之道"这个*非常宽泛的主题*转变到对该问题更精确更清晰的*跨学科表述*:

家庭暴力问题太宽泛，提出策略以阻止其中最险恶表现“反复侵害配偶”是迫切的社会需求。但是单门学科方法仅仅关注反复侵害配偶的单个方面，而跨学科研究对该问题的考虑面面俱到，有望找到减轻这种社会祸患的措施。

学生读过更多有关家庭暴力主题的内容并开始认识到其复杂性后，这种由宽到窄的转变就成为可能。出现在引言段落中的这一表述，是若干次重复的产物，每次重复都是学生在 IRP 中采取其他步骤后进行的。

避免与 IRP 背道而驰的三种倾向

界定问题或表述研究课题时，要避免三种倾向：学科偏见、学科术语和个人偏见。这三种倾向可能适用于某些学术领域，但与 IRP 背道而驰。

学科偏见

第一种倾向是卷入**学科偏见**，意思是使用将问题与某个特定学科相关联的词句表述问题。例如，“公共教育在性教育方面的职责”这个问题的表述就片面强调教育学。*以淡化学科色彩的词语表述问题*便于为使用跨学科方法辩护。要消除上述例子里的学科偏见，就应该这么表述问题：“公共教育中的性教育：跨学科分析。”加上“跨学科分析”是为了提醒读者，该问题是从多个学科视野而不只是从教育学视野进行研究的。

学科术语

第二种倾向是使用**学科术语**，意思是使用某个特定学科的专业用语和概念，而外行普遍不懂。假如在提出问题的表述中必须使用某个专业用语或概念，就必须在接下来的一两句里加以定义。*通则是假定读者不熟悉某个术语或概念*。这里有个例子，提出的问题适用于跨学科研究，但表述中包含了学科术语：“在美国，由于对受害者造成的短期和长期心理影响，家暴累犯是个严重问题。”该问题的表述包含三个术语：*家暴*、*累犯*、*心理效应*，大多数读者可能不熟悉这些术语，需要加以定义(假如研究者想把研究限定在“对受害者造成的心理影响”,那么单一的学科方法就可以做到;否则,该表述就应该忽略心理一词,将研究扩展到其他学科。研究者必须弄清楚术语的含义,并将其归入他们所构建的跨学科框架内)。就连致力于跨学科团队研究的学科专家也必须在研究工作开启前首先制作一个通用词汇表。

以下例子由学生所写,对提出涉及多门学科问题的这些表述在学科上保持中立:

- “无论自愿与否,安乐死都是为了某个失去自主能力者所谓的好处,以行动或疏忽将其故意杀害。1993年苏·罗德里格斯[*Sue Rodriguez*]起诉不列颠哥伦比亚省(司法厅长)一案重新燃起对安乐死的争议,该案涉及一位四十多岁的葛雷克氏症(Lou Gehrig's Disease)女患者,必死无疑的她想选择死亡的时间和方式。”从字里行间,读者可以轻易辨别出学生认为与安乐死问题最相关的三门学科:伦理学、医学和法学。
- “近期美国高考(ACT)分数显示,越来越多的学生未能掌握基本的科学知识。在现代社会,科学技术扮演着主要角色。缺少受过科学技术训练的学生,医学、生物学、工程学和信息技术等关键领域就会缺乏训练有素的专业人才。即便是通常不被当成科技型的领域,包括商业、农业、新闻业和社会学,如今也大大依赖科学技术。”学生发现与该主题联系最密切的学科是生物学、心理学和教育学。

总之,跨学科问题的表述不应该赋予任何一门学科以特权。使用(也许是无意识地)学科术语或专业用语,就是暗中支持某种学科视野,而忽视了其他学科视野。

个人偏见

第三个倾向是在提出问题时加入**个人偏见**或自身观点。加入个人偏见,在许多学术场合恰如其分,但在大多数跨学科语境下不合时宜,因为跨学科的目标大不一样:构建更全面认识。有些研究者落入的陷阱是搜罗各门学科的证据以支持其关于该问题的偏见,这样只会将其个人偏见掺进学科作者有倾向性的见解中。假如个人偏见占支配地位,假如排斥与己不同的见解,跨学科认识就不会"更全面"。

我们注意到在这个学生所提问题中的偏见:"纳税人的美元不该用来为职业运动队投资兴建体育场馆。"该学生显然相信并会写篇论文提出这一观点。但是,跨学科研究者并不是要去扮演检察官或被告辩护律师的角色。跨学科研究者的作用是对问题形成的认识比学科已经形成的狭隘偏颇之见更全面、更丰富。这需要用明显不同于学科研究者的心态来处理问题。这种心态是中立(至少是暂不下判断)和客观的心态,直到所有证据在手。这意味着开明对待不同学科见解和理论,即便那些见解和理论对个人深信不疑的信念构成了挑战。跨学科工作的一个基本特征应该是通过找到冲突视野(包括自己的)之间的共识来弥合冲突。"纳税人的美元应该为职业运动队资助兴建体育场馆吗?"之类中立问题会引导研究者评估互相冲突的论点并寻找其中的共识。

遵循表述问题或提出课题的三条基本原则

假如某个问题看上去适合跨学科研究,它就应该依照这些重要的基本原则进行措辞:

- 问题表述应准确清晰。这个表述就显得不够清晰:"儿童保育特许机构(Childcare Licensing Agency)(CLA)登记的绝大多数投诉均与不安全的儿童保育设备有关。"研究的焦点不明:是投诉(无论有没有根据),还是缺乏强制执行的 CLA 安全规章,或是缺乏联邦政府对 CLA 的拨款,抑或缺乏建立起严格执行程序的法规?有时候以疑问句表述问题会更加清晰。
- 问题或焦点课题应足够狭窄,便于在短论规定的限度内掌控。"保卫美国南部边境安全"的问题对于仅需三种学科视野的短论来说太宽泛。发现有关边境安全的文献卷帙浩繁之后,学生就把问题收缩成更易于掌控的问题:

"论保卫美国南部边境安全以防范人口贩运:跨学科研究"。

- 问题应出现在解释其为何重要的语境里(最好在引言的第一段)——也就是说,为什么读者要关心。以下引言(课堂上提出的)将虐妻问题置于这样一个语境,不仅能吸引读者,更重要的是指出了该问题为何值得读者关注:

    虐妻问题在美国普遍存在。找到解决方案迫在眉睫,因为它对受害者的影响极具破坏性,包括令人衰弱的抑郁以及转嫁到子女身上的暴力。妻子的大家庭和同事也会受到其身心创痛的影响。最为悲哀的是,研究显示,在施虐家庭环境中长大的孩子往往也会虐待他们自己的孩子,从而使暴力的恶性循环延续下去。

表述跨学科问题或课题举隅

以下例子来自已出版著作和学生作品,它们对提出阐明上述标准的问题表述准确到位。学生作品用星号(*)加以识别。学生应该注意每个例子怎样与上文概述的每个基本原则相一致。

自然科学的例子。**迪特里希(1995),《西北通道:伟大的哥伦比亚河》**。威廉·迪特里希[William Dietrich]提出的问题是:西北地区哥伦比亚河系上的大坝对大马哈鱼种群以及靠大马哈鱼为生的居民有何影响:

> 对于像我这样的《西北太平洋》记者来说,这条河流难免成为一个主题。它为该地区提供了电能,它的历史决定了该地区的历史。……但是,我遇到的许多人,都是从他们个人经历的狭隘视角来看这条河流。一位同事说,就像人人都在通过一根管子在看哥伦比亚河。……每个利益团体都在看哥伦比亚河,而所见各不相同。
>
> 那种感受决定了本书的研究方法。过去的一个错误……就是倾向于狭隘地关注河流某一部分的发展而没有考虑到对整体的影响。"当我们[白人]面临复杂问题时,就想选取复杂问题的一部分并加以处理,"雅吉瓦(Yakima)印第安部落聘请的鱼类生

物学家史蒂夫·派克[Steve Parker]说。他认为,亨利·福特[Henry Ford]装配线就是这种专业化的例证。其经济上的成功说明了何以专家狭隘的关注和赞赏在美国文化中变得根深蒂固。(第23—24页)

自然科学的例子。**斯莫林斯基*(2005),《得克萨斯淡水短缺》。**乔·斯莫林斯基[Joe Smolinski]在这段条理清晰的导言中介绍了得克萨斯淡水短缺问题:

专家中几乎没人怀疑淡水是得克萨斯州最宝贵的自然资源之一,但是各门学科的专家对当前全州经历的淡水短缺蔓延的前因后果尚未达成一致认识。人口预测未来五十年居民数量剧增,这些使用权之间的竞争只会变得更加激烈。如何解决水的使用和分配,会对环境以及所有得克萨斯人的生活质量产生显著影响。(第1页)

社会科学的例子。**费舍尔(1988),《论基于因果变数整合职业性别歧视理论的必要》。**查尔斯·C.费舍尔[Charles C. Fischer]介绍的工作场合中职业性别歧视(occupational sex discrimination)(OSD)问题如下:

按照《民权法案》第七章提交给就业机会平等委员会的投诉绝大多数涉及性别歧视。性别歧视投诉主要事关薪酬歧视、晋升(及换岗)歧视和职业歧视。职业性别歧视(OSD)特别严重,因为其他形式的性别歧视在很大程度上预示着女性难以进入"男性"职业,那些"男性"职业薪酬可观,连通着长长的职位阶梯(通过职位晋升提供了向上升迁的机会),并提供了责任重大的岗位。(第22页)

社会科学的例子。**德尔芙*(2005),《根除"完美犯罪"的整合研究》。**珍妮·B.德尔芙[Janet B. Delph]用直截了当的措辞介绍了不断增加的未破凶案(她称之为"完美犯罪")问题:

> 现代犯罪调查技术并未根除“完美犯罪”的可能性。……“完美犯罪”就是犯罪进行得不为人知、罪犯永远不会被抓住(凡东[Fanton]、托勒[Tolher]、阿查切[Achache],1998)。公众总是非常关注这些可能的后果,因此感到不安全、怕遭袭。每当孩子跑得没影,父母都会体会到无言的恐惧。而“男人害怕女人会嘲笑他们,女人害怕男人会杀了她们”(迪贝克[DeBecker],1997,第77页)。高明的变态者以为他们行凶杀人而可以不用承担最严重的后果,这是不能容许的(第2页)。

人文科学的例子。**巴尔(1999),《文化分析实践:跨学科阐释揭秘》“导言”。**米克·巴尔[Mieke Bal]的导言有两个意图。首先是破解她所从事的跨学科研究对象的复杂意义:第二次世界大战后在荷兰阿姆斯特丹的红砖墙上用黄油漆写的神秘情书(如涂鸦);其次也是密切相关的意图是向读者介绍文化分析的跨学科进程(她是这方面最重要的实践者),并阐明其揭示某个对象或涂鸦之类某个文本新意义的能力。

> 作为批评实践,文化分析不同于寻常所理解的“历史”。它基于对评论者当下境况的强烈意识,从当下的社会和文化,我们审视并回顾早已属于过去的事物、用以界定当下文化的事物。……
>
> 例如,这个涂鸦成了描述阿姆斯特丹文化分析学派(Amsterdam School for Cultural Analysis)(ASCA)目标的典型。……该文本完全直译过来的意思是:
>
> 短笺
> 我抱住了你 亲爱的
> 我并没有
> 虚构出你
>
> 这个涂鸦实现了那个功能,因为它充分解释了文化分析会审视的那种对象,而更为重要的是,它如何着手这么做。(第1—2页)

人文科学的例子。**西尔薇[*](2005),《种族与性别:小说中社会身份的挪用》。**丽萨·西尔薇[Lisa Silver]写了篇口语化的个人叙述,说的是她怎样开始对她的选题——小说创作中社会身份的挪用——萌生兴趣。她的故事以其大学三年级春假期间墨西哥之旅开始。回国后,她在创作课上有了个故事,于是试图描写在墨西哥瓦哈卡山村里所遇之人。

> 而就在那时,跨学科起作用了。……在墨西哥,我们了解到,作为局外人,我们自以为能够解决他们的问题,而这也许是冒犯。带着"耐洁"(Nalgene)瓶的我们,会如何理解供水私有化和水污染的影响?穿着耐克鞋和磨砂牛仔裤的我们,会如何倾听在墨美资企业员工的悲惨遭遇?我怎样才会对瓦哈卡当地村民的生活熟悉到能去描写他们——特别是从他们自己的视角?我不能把我在墨西哥学到的社会学和政治学课程与我的虚构分离开来。我从一个大学年龄段白人女性对那个村庄走马观花的第一人称外围视角写完了故事。我在班上获得好评,但私底下对这个故事并不满意。我觉得我写了一篇写实作品。我想创造与我自己背景不同的人物,但突然之间不知道该如何去做。(第 2 页)

步骤一小结

所有这些例子都符合上述准则:它们适用于跨学科研究,仔细地界定问题的范围,并避免与跨学科进程背道而驰的三种倾向:学科偏见、学科术语和个人偏见。它们还遵循提出问题的三个基本原则:问题要表述得清晰准确,范围应该足够狭小以便掌控(取决于作者课题的规模),并在某个语境中出现,解释为何问题会吸引读者。

随着步骤的进展,可能会遇到新信息,接受新见解(包括灵机闪现),或遭遇意料之外的问题,需要重新考虑起始步骤并修正研究课题——这是跨学科研究进程的正常情况。

创造性与步骤一

我们在第一章里明确,IRP 是创造性进程。虽然我们可以识别每一步骤的有效策略,但学生还是需要在各个步骤创造性思考。至于研究课题,学生(或学者)面临权衡。范围狭小的课题可能易于回答,但答案也许不会特别令人兴奋;宽泛的问题可能较难,但得出的答案也许新颖有益。上文建议学生对感兴趣的话题稍加阅读,以识别优秀课题。假如学生阅读完全不同的学科(比如物理学和文学)内容,可能会发现难以进行有用的关联,但可能会找到极具创造性的关联:前所未有的关联。假如他们改为只阅读有些相近的学科(如社会学和人类学)内容,可能会发现提出可控研究课题容易多了,但留给创造性的余地少了。本科生通常会强调可控性,而研究生和学者可能倾向于创造性。假如是这样的话,他们会发现,追问"什么是真正的问题"大有帮助,此类疑问会引导他们找寻所处理问题的深层原因,还会引导他们为答案得以采纳而绞尽脑汁:创造性答案几乎不可避免地面临抗拒,因此创造性研究者(尤其)可能想要在构筑研究课题之际就对阻碍采纳解决方案(中心城区贫困何以棘手)的情况进行反思(斯佐斯塔克,2017a)。

步骤二:为使用跨学科方法辩护

A. 借鉴学科见解

1. 界定问题或表述研究课题
2. 为使用跨学科方法辩护
   - **确定该问题是复杂的**
   - **确定该问题的重要见解由两门或多门学科提供**
   - **确定单门学科无法全面解答或圆满解决该问题**
   - **确定该问题是尚未解决的社会需求或议题**
3. 识别相关学科
4. 进行文献检索
5. 做到熟识每门相关学科
6. 分析问题并评估每个见解或理论

步骤二是为使用某种跨学科方法辩护。虽然该步骤通常不出现在专业写作中,但对于本科生(甚至包括研究生)来说还是值得一做,因为它提供了一次机会来审视其项目是否符合为使用跨学科方法辩护常用的四条标准，这四条标准得到了国家科学院(2005)的支持。

确定该问题是复杂的

本书所用的**复杂问题操作性定义**指的是该问题有多种成分，由不同学科加以研究。第一章里出现的跨学科研究定义指出，*复杂问题需要跨学科研究*。我们知道，气候变化、淡水短缺和恐怖主义之类特定复杂问题要用跨学科来研究，舍此别无他法。也就是说，*研究复杂问题，跨学科必不可少*(纽厄尔，2001，第2页)。复杂问题的标准也适用于人文科学通常研究的那些问题，如某个对象或文本的上下文意义。[4]

复杂问题的例子包括这些：什么是意识？什么是自由？什么是家庭？“要有人性”是什么意思？为何欲望不止？不可否认，这些问题非常重要、非常复杂，需要用众多学科进行深刻分析，乃至大多数本科生都不能全面地处理。尽管如此，朝着更全面认识这些问题前进还是有可能的，哪怕学生只限定运用少数相关学科。

复杂问题的确认将会以额外采取的步骤出现，特别是步骤三“图解问题以展示其学科成分”(见第四章)和步骤四“进行全面文献检索”(见第五章)。

确定该问题的重要见解由两门或多门学科提供

有争议的问题，如全球变暖，可能会引发两门或多门学科的兴趣，每门学科都以专著或期刊文章的形式提供自己的见解或理论。这种状况使得研究该问题成为可能。不过，有时候，你打算请教的学科学者尚未就该问题发表见解，因为该问题是新近出现的。

读者须知

本科生应该致力于已经被不止一门学科研究过的问题。研究生或资深学者也许能推断出一门沉默至今的学科会如何处理该问题、会对该问题提出何种见解。在这种情况下，他们可以选择就该问题自行进行基本检索，然后将其见解或理论与现有学科见解或理论整合起来。

确定单门学科无法全面解答或圆满解决该问题

假如没有单独哪门学科能全面解答或圆满解决某个问题,这个问题就适用于跨学科研究。例如,若干学科在其各自领域内思考恐怖主义,但是没有哪门学科能创造出一个全面理论解释恐怖主义的所有复杂问题,更不要说提出整体解决方案了。政治学者一般运用理性选择理论解释恐怖主义行为,但该理论无法处理宗教和文化等可变因素。单门学科不能全面处理的其他主题包括非法移民、克隆人和基因改造食品。跨学科研究优于单门学科研究的好处在于,它能以更全面的方式处理复杂问题。

确定该问题是尚未解决的社会需求或议题

社会政策(公共政策)问题使得通常所谓的**问题导向研究**成为必要,问题导向研究关注悬而未决的社会需求、实际问题的解决以及人文科学关注的某些人工制品意义之类智识问题。问题导向研究与其他应用研究的区别在于其总体关注涉及不止一门学科。

为使用跨学科方法辩护表述举隅

运用跨学科研究的逻辑依据应该在研究项目的导言里就弄清楚。毕竟,这个逻辑依据将真正的跨学科研究与多学科研究(更不用说学科研究了)区别开来。弄清楚逻辑依据还有其他好处,可以提醒研究者注意与该主题有关的潜在问题。依照这些标准额外花时间细心甄选潜在主题,会省得在事后证明可能无益的工作上浪费精力。

确定提出的问题或主题符合上述一条或多条标准后,接着就能为运用跨学科方法提出明确依据。常规做法是在研究的导言里说明理由,正如这些来自自然科学、社会科学、人文科学的专业著作和用星号(*)注明的学生作品例子所示。

自然科学的例子。**迪特里希(1995),《西北通道:伟大的哥伦比亚河》**。人们长久以来如此狭隘地看待哥伦比亚河,这让迪特里希印象深刻。这种视野的狭隘和系统思维的缺乏,为他采取跨学科研究提供了如下理由:

我的工作是报道环境问题尤其是太平洋西北沿岸原始森林，这让我认识到生态系统思想以及众多局部与更大整体之间的相互关系。我希望全面认识这条河流，涉及历史学、地球科学、生物学、水文学、经济学以及当代政治学与管理学。（第 23—24 页）

自然科学的例子。**斯莫林斯基*（2005），《得克萨斯淡水短缺》。** 经过多年研究，斯莫林斯基担心，学科专家对日益恶化的淡水短缺问题的前因后果并不能达成一致意见。这一缺陷为采取跨学科方法提供了充分的理由。

探究整个得克萨斯淡水短缺的前因后果，任何单门学科都无能为力。对政治科学、地球科学和生物学专业文献的回顾表明，这些学科与该问题关系最为密切。每门学科就短缺如何影响得克萨斯州及其社会都提出了各自明确的理论。尽管这些理论个个都反映了其特定学科的视野，但这些解释没哪个能全面处理全州淡水短缺带来的问题。（第 3 页）

社会科学的例子。**费舍尔（1988），《论基于因果变数整合职业性别歧视理论的必要》。** 费舍尔提供的社会科学方面专业著作的例子，展示了采纳跨学科方法的明确理论依据。

看来 OSD 问题是 IR（跨学科研究）方法的优秀候选。许多学科各自分析了 OSD 问题，但这个问题非常复杂、非常宽泛，每门学科之间的界限导致了不完整的观点和幼稚的观点。

IR 的另一个重要优点是它能……通过提供动态、整体的问题观，形成更完整的认识。（第 37 页）

社会科学的例子。**德尔芙*（2005），《根除“完美犯罪”的整合研究》。** 德尔芙介绍了该主题并解释其重要性后，为运用跨学科方法进行了辩护。

为达到解决更多犯罪所必需的专业技能水平，刑事司法系统

> 必须整合来自多门学科的广泛技能。这种技能和见解的综合能充当威慑犯罪的强大力量并让社区更安全。(第2页)

人文科学的例子。**巴尔(1999),《文化分析实践:跨学科阐释揭秘》"导言"。**涂鸦主题并非社会问题,它是迫切需要跨学科研究的智识问题。巴尔(1999)将文化分析视为跨学科实践,把该领域视为对那些指控跨学科致使研究对象"模糊和方法论上混乱"的批评者的反击(第2页)。她试图纠正这个错误看法,为运用文化分析这种跨学科方法找到涂鸦中的意义进行辩护。

> 作为对象,它需要跨学科[并急需]借助文化人类学和神学的分析[以及]美学思考,这使得哲学成为重要伙伴。……人文类学科……残酷地让学者面对克服学科焦虑的需求。……博物馆分析需要语言学和文学研究、视觉研究和哲学研究、人类学研究和社会学研究的整合协作。……因此,文化分析是真正的跨学科,有着特定对象和一套特定的协作型学科,而非显得抽象、乌托邦式的跨学科。(第6—7页)

人文科学的例子。**西尔薇*(2005),《种族与性别:小说中社会身份的挪用》。**从小说课堂经验中,西尔薇(2005)发现,她并不知道如何真切地描写墨西哥山村里的人们,他们的背景与她自己的背景迥然不同。她对自己虚构作品中创造的虚假人物感到苦恼、失望,决定运用其毕业项目的角色挪用(character appropriation)主题。角色挪用指的是作者试图描写或演员试图假扮他人身份。正如西尔薇所写的,她产生了"不同学科(社会学、心理学、文化研究和创作型写作)就此事[发表看法]的意识"(第2页)。她发现这些学科都对某个重要主题提供了重要视野后,确定显然需要跨学科方法(第1—6页)。

这些例子均符合以上一个或多个标准。在大多数情况下,作者也会指出与问题相关的学科,将自己会借鉴哪些学科见解告知读者。

本章小结

本章介绍了跨学科研究进程(IRP)的整合模式及其对步骤的应

用;解释了研究进程对跨学科的重要性,将其描述为总揽式、试探式、反复式、反省式决策进程,并介绍了与运用步骤有关的注意事项。步骤一"界定问题或表述研究课题"包括如何选择问题、界定其范围、避免与优秀跨学科实践背道而驰的三种倾向、遵循表述问题的三条基本原则所作的四项决策。

步骤二"为使用某种跨学科方法辩护"包括满足一个或多个标准:(一)问题应该是复杂的;(二)问题的重要见解或理论应该来自至少两门学科;(三)没有单独哪门学科能全面处理问题或解决问题;(四)问题是尚未解决的社会需求或议题。

即使所提问题遵从这些标准,在研究进程中确切地知道问题能否研究仍然为时尚早。这个问题只有通过采取研究进程中的后续步骤才能得到解决。

一旦界定了问题(步骤一)并陈述了运用跨学科方法的理由(步骤二),就必须判定哪些学科与问题相关,这就是步骤三(见第四章)。作出这种判定需要理解第二章解释的学科以及学科视野的概念。

注　释

1. 学术上的一致存在于以下步骤:问题或关注的课题应该被界定;相关学科和其他资源必须被鉴别;这些学科的信息(概念、理论、方法等)必须集中起来;对每门相关学科必须做到熟识;课题必须经过研究,对问题的见解必须找到并加以评估;见解之间的矛盾必须加以识别,一定要揭示其根源;学科见解必须整合;新的认识必须建构或新的意义必须形成。该模式在步骤的数量、次序和特性上并不一致,没有给学生和指导老师留下整个跨学科研究进程的清晰路线图。尤为重要的是对该进程的整合部分涉及多少步骤缺乏一致意见。韦尔奇(2003)指出,当德尔菲法(Delphi Study)的参与者建议为学生提供"基本整合方法"时,就出现了应该提供何种模式及(或)提供这些模式里哪些特定步骤的问题(第 185 页)。

2. 有兴趣更多了解团队协作的学生不妨访问"团队科学学"网站(www. scienceofteamscience. org/scits-a-team-science -resources)和 td-net 的网站(www. naturwissen schaften. ch/topics/co-producing_

knowledge)。库克[Cooke]和希尔顿[Hilton]对该文献进行了概述。丹·斯托考斯[Dan Stokols]就团队科学著述甚丰。跨学科研究协会[AIS]网站的“关于跨学科”部分也概述了有关团队研究的文献。

3. 感谢沙朗·伍德希尔[Sharon Woodhill]在2018年跨学科研究协会会议上发表的这些观点。

4. “争论在于,跨学科是否仅仅研究复杂问题,抑或跨学科是否也能适用于研究不复杂的问题(议题/课题)。有些从业者认为跨学科只能研究复杂问题,而另一些人仍未被说服。这么一来,辩论就并不是关于跨学科是否对复杂问题必不可少,而是在于复杂问题是否对跨学科必不可少”(威廉·H.纽厄尔,私人通信,2011年1月7日)。

练　习　题

最佳方法

3.1 本章对比对照了跨学科研究进程与学科方法(一般意义上的),并证明两者都有用,视问题而定。以下是对问题、课题或主题的简介。根据每种情况,确定哪种方法可能最合适,并解释原因:

- 建设连接两大城市的高速铁路系统的代价是什么?
- 城市应该在失业救济人员聚居区新建演艺中心吗?
- 青少年肥胖的原因是什么?
- 科幻电影《阿凡达》的意义是什么?

整合模式

3.2 本章介绍了跨学科研究进程的整合模式。该模式哪些部分与学科研究方法最相近?哪些大不一样?

能否研究?

3.3 本章从跨学科意义上说明了确定某个问题、主题或课题能否研究的标准。以下哪个符合其中一个或多个标准?

- 阿尔茨海默病的心理特征;
- 中国制造业岗位的流失;

- 公立学校不开美术课的影响。

问题表述

3.4 以下学生作品是有关后进儿童主题的例子。根据对步骤一的讨论,该问题的导言如何换个表述,以与所提出的标准和基本原则相一致?

很多学龄儿童成绩后进。成绩后进是孩子的表现低于预期、低于孩子的能力。成绩后进意思是学习表现低于通过测试或天资所显示的潜能。

为使用跨学科方法辩护

3.5 本章指出,对从业者来说,为运用跨学科方法辩护司空见惯。对比各种例子,并辨别其共性。如果这些表述能改变的话,你会如何改变?

3.6 除了为运用跨学科方法辩护,是否应该反对就问题采取狭隘的学科立场?

第四章　识别相关学科

学习成效

读完本章,你能够

- 选择潜在相关学科
- 图解问题以揭示其学科组成部分
- 缩减潜在相关学科的数目,仅保留最相关的学科

导引问题

如何为研究课题选取潜在相关学科并确定哪些最相关?

如何图解、为何图解研究课题?

本章任务

"建造象舍"的寓言(第一章提到)表明了试图认识复杂系统或解决复杂问题时考虑所有相关学科视野的重要性。跨学科研究往往关注诸如全球变暖、内城地区枪支暴力或涂鸦的意义之类复杂问题或系统。这些问题是复杂的,因为它们包含很多变量,而这些变量通常是由不同学科研究的。

表述研究课题(步骤一)并为跨学科方法辩护(步骤二)后,下一个

任务是确定哪些学科与问题潜在相关，接下来确定其中哪些最相关（步骤三）。本章介绍了快速识别与问题潜在相关学科的方式，探讨了图解问题以揭示其学科组成部分的重要性，接着说明了如何缩减学科数目，仅保留最相关的学科。一旦识别这些学科后，全面文献检索（步骤四；见第五章）就可以进行了。

A. 借鉴学科见解

1. 界定问题或表述研究课题
2. 为使用跨学科方法辩护
3. 识别相关学科
    - **选择潜在相关学科**
    - **图解问题以揭示其学科成分**
    - **缩减潜在相关学科的数目，仅保留最相关学科**
4. 进行文献检索
5. 做到熟识每门相关学科
6. 分析问题并评估每个见解或理论

选择潜在相关学科

选择可以从中获取见解和理论的学科时所面临的挑战是，要确定哪些学科对你想要研究的问题或总体行为模式有实质性贡献。**潜在相关学科**的研究领域包括至少一个涉及问题或研究课题的现象，无论其学者圈是否认识到该问题并发表相关研究。确定哪些学科与问题潜在相关是个相对容易的过程，这个过程先要关注现象和学科视野。

关注现象

查阅表2.4（第二章）“斯佐斯塔克关于人类世界现象的分类”，看看哪些学科关注与问题、主题或课题相关的现象。该表便于将大多数主题同可能涉及该主题的特定现象联系起来。回想一下(或重新阅读第二章)淡水短缺现象这个例子。接着查阅表 2.3“学科及其现象例证”,将相关现象与研究这些现象的学科联系起来。浏览右边栏,找到涉及该问题的现象,接着在中间栏注明研究这些现象的学科。

借鉴学科视野(在一般意义上)

查阅表 2.2“概述的自然科学、社会科学和人文类学科的总体视野”,看看主题是否从整体上列入两门以上学科所研究的现象。对每个学科视野提出这个问题:“它是否阐明了问题、主题、课题的某个方面?”这一发问过程会帮助你确定哪些学科与问题潜在相关并解释每个学科视野如何阐明问题的某个方面。但是,不能因为该问题在某学科的视野和研究领域范围内就认为该学科的学者群体处理过该问题。

一旦识别了潜在相关学科后,就泛读其文献,看看其学者群体是否就此话题有过著述。跨学科研究新手往往一开始考虑问题太狭隘,因为他们先前接触的是某门特定学科;一开始表述问题更宽泛的话,会让你对问题的理解容纳所有相关视野。

正如第三章所提到的,文献回顾(步骤四)是连贯步骤,可以在步骤一开始,并持续贯穿后续步骤。学生可以在其图书馆数据库检索相关著作,留意它们所代表的学科。这里有个挑战,即不同学科往往使用不同术语表示相同现象或进程,下一章就会看到。

举例说明如何选择潜在相关学科

一位学生就克隆人主题撰写了跨学科研究论文,这个例子阐明了使用现象及视野的做法。这位学生参阅了表 2.4 和表 2.3 后,翻阅了关于视野的表 2.2,看看该主题是否从整体上列入两门以上学科所研究的现象。既然列入了,该学生接着泛读这些学科文献,并发现该主题适用于跨学科研究,但最终确认还需等到学生完成全面文献检索。但假如该学生发现克隆人仅包含在一门学科的视野内,那么该问题就很可能不值得在本科生层面进行跨学科研究,这个主题就只好修正或舍弃了。

表 4.1　与克隆人问题潜在相关的学科及其如何说明克隆人的某方面(在全面文献检索前)

学科、跨学科和应用领域	各自如何说明克隆人问题的某个方面
生物学	克隆人的生物进程和成败概率
心理学	对克隆者人格意识潜在的心理影响
政治科学	联邦政府的作用
哲学	克隆人类生命的伦理后果及对于人类的意义
宗教研究	宗教作品中反对创造人类生命新形式的禁令
法学[a]	克隆出的孩子同其“父母”的法律权利与关系
生物伦理学[b]	用于克隆人的技术流程的伦理后果,尤其是一旦失败会有什么后果

a. 在许多分类系统中,法学是应用领域。
b. 在许多分类系统中,生物伦理学是跨学科领域。

这位学生发现,实际上至少七门学科的视野包含了克隆人主题,如表 4.1 所示。将这些学科视为潜在相关的根据是其视野包含克隆人的某个方面。右侧栏的信息源自第二章表 2.2 中更普遍的信息。例如,表 2.2 在生物学总体视野里声称当生物学家冒险进入人类世界时,他们寻找的是对行为(如基因和进化)的自然规律、决定论的解释。那么,得出生物学很可能对作为生物进程的克隆人感兴趣并关注其成败概率的结论也就合情合理了。

根据学科视野是否包含研究课题来识别潜在相关学科只是一个起点。正如前面所指出的,学科视野的宽泛表述通常事关学术争论。出于这个原因,应该像这位学生所做的那样,通过识别学科通常感兴趣的现象证实视野研究的结果。用这种方法,我们可以发现研究复杂问题不同部分的不同学科。

读者须知

创建表4.1这类表格将主题与特定学科视野联系起来有诸多好处:(一)它确定了每个视野是否囊括该主题及其如何说明该主题的某个方面。(二)它可以显示出视野明显重合的情况。在克隆人的例子里,生物伦理学与哲学的视野明显有重合,但还不足以证明一开始就有必要忽略任一视野,因为每个视野可能导致不同的见解。但假如其见解证明重合太多,人们极有可能会在缩减进程中选择舍弃一个视野。(三)它可以迅速改变问题的焦点或重新界定问题。人们可以想收缩主题并提出"在发展克隆人技术上政府应该起何作用"之类的研究课题,而不是从总体上聚焦克隆人问题。我们又一次看到跨学科研究进程(IRP)的反复性,即进行一个步骤可能会引发对早先步骤的重新探讨。(四)表格资源便于查阅,在研究进程的后期应该能用得上。

图解问题以揭示其学科成分

图解很可能有助于识别相关学科。选择好与研究课题潜在相关的学科后,需要识别问题的构成成分,认识这些成分如何彼此相关、如何与作为整体的问题相关,并把问题视为一个系统。运用系统思维图解问题会促进这种认识。[1]

图示会暴露出你对问题认识的缺陷,或证实你过于注重一些学科成分而忽视了其他同样重要的成分。学科研究者往往满足于关注问题的单个部分或少数"相邻"部分,而跨学科研究者注重对作为整体的问题实现跨学科认识。

有利于跨学科工作的图示包括系统图、研究图、概念图或原理图、理论图。图解问题可能早在步骤一时就发生了,但应该在进行全面文献检索(步骤四)之前进行。

一旦把问题视为复杂整体,你就能在进行全面文献检索之前缩减学科名单,只保留必不可少的学科。检索结果会证明图示的完整、精确。

系统思维和系统图

IRP 的第二部分旨在帮助你解构复杂问题，并认识其全部复杂性。这样做的一个重要而有用的工具就是培养系统思维。第三章定义的系统思维帮助我们认识整体同其组成部分之间的关系。系统思维不仅包括将相互关系视觉化，还包括以正负反馈环进行思考，在某个时间点并随着时间推移发现整体的行为模式。系统思维为跨学科研究、整合及解决问题添加了一个强大维度[2]。

尽管系统思维通常与工程学、运行管理、计算机科学和环境科学等量化领域相关，但它也日益应用于大量质性研究问题，如 2001 年 9 月 11 日救援人员在世贸中心大楼的行动。

系统思维的主要分析工具是**系统图**，这是展示系统（复杂问题）的所有部分并说明它们之间的因果关系（即哪些现象影响了其他哪些现象）的视觉构图。此类图示有助于研究者将作为复杂整体的系统视觉化。通常，复杂系统的每个部分由各个不同学科进行研究；构建系统图有助于揭示一开始不那么明显的问题的学科成分（纽厄尔，2007a，第 246 页）。图示应用具有重复性：你应该在快开始的时候概述系统，而随着研究进展可能会添加重要元素或加以澄清。

系统图有两大要素：与复杂问题相关的现象，以及直观标示这些现象如何互相影响的箭头。（注：学生应该意识到，这些图示可以通过深思以及后期阅读复杂问题的要素慢慢累积起来。）研究者特别感兴趣的两类系统图是因果环状图和容量流量图。这些图表将系统内发生的变化视觉化，便于我们认识该系统的内部运作，以及该系统会产生的可能后果。

例如，要认识为何社区刚好会在某个道路系统拓展后遭受交通拥堵，就需要认识该系统内关键要素之间的关系。图 4.1 展示了一个因果环状图，说明了每个人如何选择驾车路线，以及人口、驾车、空气质量和口传（口头交流）之间的关系。

具体来说，图 4.1 展示了人口如何影响一个地区的车辆交通，接着交通如何对空气质量产生负面影响。

李尔·格雷登·马修[Leah Greden Mathews]和安德鲁·琼斯[Andrew Jones]（2008）对标注进行了解释：

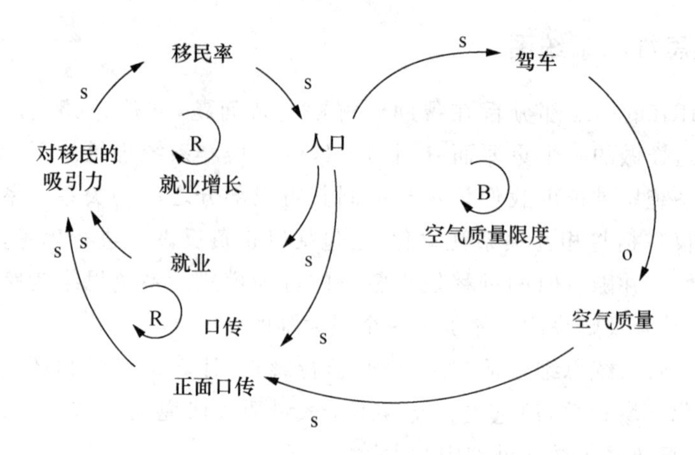

图 4.1 因果环状图

出处:马修、琼斯(2008),《运用系统思维增进跨学科学习成效》,《整合研究问题》第 26 期,第 73—104 页。

> 因果环状图里,关系箭头上的标注 s 和 o 表示两种现象是朝同一方面(s)还是相反方向(o)。空气质量下降往往会对一个地区宜居度的公众看法造成负面影响,这反过来会导致人口增长率降低乃至人口负增长。这种对冲关系被当成"平衡环",用 B[意思是平衡(balancing)]表示。同时还有其他因素起到增强人口趋势的作用,在因果环状图里用 R[意思是增强(reinforcing)]表示。随着人口增长,当人们向其亲友表达对该地区的热情时,正面的口传也会增加。正面的"流言"会导致"迁入",刺激人口增长。(第 77 页)

除了将问题拆解为各组成部分,因果环状图还有助于辨别系统的哪些部分可能由不同学科、子学科和跨学科处理。例如,关注地区道路系统及其空气质量的学科包括生态学、经济学(交通经济学)和政治科学(负责监测空气质量的地方、州、联邦等各级政府机构),还有跨学科领域的环境科学。知道了系统的关键部分,并认识到它们彼此如何关联以及与问题整体如何关联,能使研究者更专注、更有效地从事全面文献检索。

斯佐斯塔克(2017b)认识到,学科往往在它们所研究的现象中设置了“平衡环”，以至于它们所研究的系统有着某种稳定性倾向。其他学科研究的现象往往起到破坏这些系统稳定的作用（如天气变化或消费者口味变化会对经济学家研究的市场造成动荡）。学科学者可能打算不去理会这些破坏作用，从而抵触跨学科认识。开展跨学科研究的学生应该乐于询问子系统是否像学科学者所声称的那样稳定。

图 4.2 为存量流量图，帮助研究者将糖尿病发病率这个复杂系统的流量和累积量（存量）视觉化。该图的用处在于，它对特定人群内涉及二型糖尿病患者的生理状况进行了区分。

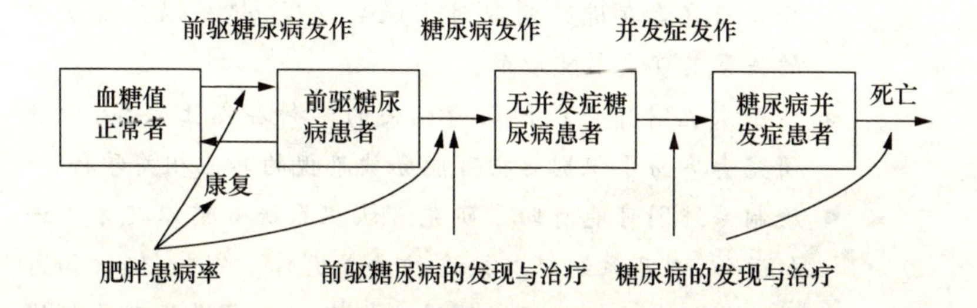

图 4.2　存量流量图显示，在公共卫生干预下，各个阶段糖尿病人的人群数量流量

出处：马修、琼斯(2008)，《运用系统思维增进跨学科学习成效》，《整合研究问题》第 26 期，第 73—104 页。

马修和琼斯(2008)对加框文字进行了解释：

> 每个框代表了各种糖尿病状况患者人数的存量或累积量；箭头表示流量或表示存量之间的关系。图 4.2 绘制的流量显示经历不同糖尿病阶段人群的流量。例如，血糖值正常者那部分人会经历前驱糖尿病发作并成为糖尿病患者人群的一部分。这些人有的会康复，并回到血糖值正常者那一类。在这两类存量之间有逆向流动。但是，有些糖尿病患者会经历糖尿病发作并成为无并发症糖尿病患者累积量的一部分。（第 78 页）

学生运用系统思维和系统图的好处

运用系统思维、绘制系统图有五个实际好处：

- 系统图弄清了不同学者或学科处理问题的哪个部分。有时看上去学者或学科意见不一致，而实际上只是在更宽泛问题下研究不同的现象或关系。
- 即便某个课题仅限于两三门学科，从而不用处理整个系统，但人们还是需要了解每门学科阐明了系统的哪些部分。研究者在进行研究时可能会发现，起初以为是次要的关系其实是最重要的。
- 绘制系统图并将人们认为相关的学科在图上定位，能使研究者更易于识别起初可能会被忽视的其他相关学科。
- 绘制系统图可能有助于研究者认识系统如何以其方式进行运作，以及系统何以按这种方式运作。例如，仅仅知道煤如何促成酸雨并不能解释为何当初选择煤而不是其他原料用作发电燃料。人们应该注重了解问题的原因（莫茨[Motes]、巴尔[Bahr]、阿塔—温顿[Atha-Weldon]、丹瑟鲁[Dansereau]，2003，第240—242页）。
- 系统图能揭示某个系统的存在，这个系统并非一开始就像个系统。系统不仅包括道路、气候之类的物理现象，还包括宗教传统和性别角色之类的文化现象。比如，系统图可以表明文化价值观如何支持（或反对）特定政治制度或政治实践。

系统图会在后续步骤中显示更多益处。研究者可以思考什么理论或方法最有效地阐明了现象之间的不同关系（评估学科研究或研究生、学者谋划其研究时有用）。此类图示可以在如何整合学科见解方法方面激发灵感。假如研究是探寻某个社会问题的解决方案，图示就会标明最好从哪些现象或关系着手。可能有必要根据复杂问题的多个要素同时进行研究。

系统思维与问题型和研究型学习之间的相似性

系统思维与问题型和研究型学习相似，它们都运用“支架策略”(scaffolding strategy)来帮助学生逐步向更深刻的认识前进，并假定学习过程中责任不断加重。该策略有助于将问题分为各不相干的部分（就像IRP所做的），接着以阶梯状方式向着整体认识问题前进（马修、琼斯，2008，第80页）。图4.3总结了学习与进行研究的系统方法。

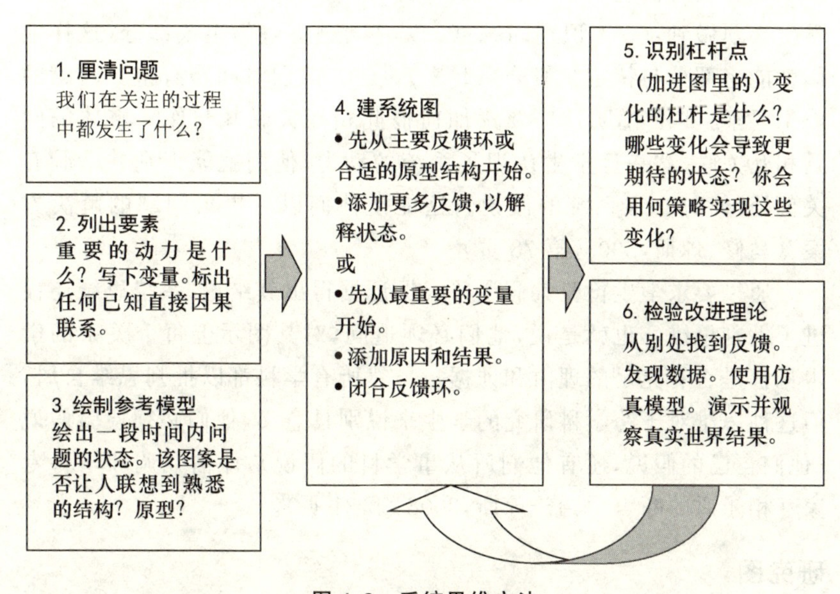

图4.3 系统思维方法

出处：马修、琼斯(2008)，《运用系统思维增进跨学科学习成效》，《整合研究问题》第26期，第73—104页。

系统思维如何促进跨学科学习并推动研究进程

运用系统思维和系统图至少能提升适用于跨学科学习与研究的四项技能：视野选取、非线性思维、整体思维和批判思维。

正如第二章所指出的，视野选取包括从所关注学科的立场审视问题，并识别它们之间的差异。学生要识别与问题潜在相关学科时，须运用视野选取。例如，在关于土地利用的跨学科课程中，学生受命假扮某个角色，他遭受劣质空气毒害，开始收集资料，交给当地、州和联邦政府的对口机构。

系统思维,连同系统图,通过寻找系统内现象或参与者之间的非线性关系,培养了非线性思维。系统某部分的小变化会导致系统其他地方的大变化——马修和琼斯称之为“杠杆点”。这些非线性关系可以想象成因果环。因果环包括平衡环和增强环,平衡环也称负反馈环(现象处于抵消关系),增强环也称正反馈环(现象朝同一方向运动)。[3]

通过让学生把系统的组成部分与系统的关系视为一个整体,系统思维和系统图促进了整体思维或综合思维。综合思维必不可少,因为学生必须做到:(一)识别问题;(二)将问题拆解为组成部分(这样他们就能将部分与特定学科联系起来);(三)识别对问题有重要贡献的因果要素;(四)说明这些要素如何彼此相互关联并与作为整体的问题相互关联。“一旦学生认识了系统的动力,他们就能识别并检验有关何处、何时介入系统的假说。这能使他们以后提出问题的解决方案”(马修、琼斯,2008,第 78 页)。

通过要求学生检验其假说并根据证据得出其结论,系统思维还促进了批判思维。也就是说,他们必须追问,对其图示上每个关系的学术见解是否有充足的理由和证据。虽然所有学科都以批判思维自居,但这种思维对于跨学科研究的学生来说别具意义,他们必须检验假说(他们自己的假说,还有他们所从事学科的假说),评估并调和学科专家互相矛盾的断言(马修,琼斯,2008,第 81 页)。

研究图

研究图帮助跨学科研究新手将研究进程从头到尾进行视觉化。乍一看,创建研究图可能偏离了“继续”该项目这个更为重要的任务;但经验表明,花费时间制作研究图(阐述问题并识别其各个成分),会在进行 IRP 后续步骤时提高效率。图 4.4 所示研究图范例,揭示了研究图的关键成分:

- 它表述了研究的目的。
- 它识别了哪些学科潜在相关。
- 它表述了每门学科关于该问题的视野。
- 它识别了每门学科的假说。

● 它识别了非学科出处或诠释。

某些课程可能会鼓励学生考虑非学科出处。例如，在关注环境的课程中，了解农民或其他当地人如何看待某个环境挑战会有帮助。实际上这也许会比评估学科见解更具挑战性，因为可能没有详细的共识以资借鉴。不过，当地人的见解也许同任何学术性学科的见解大不相同。

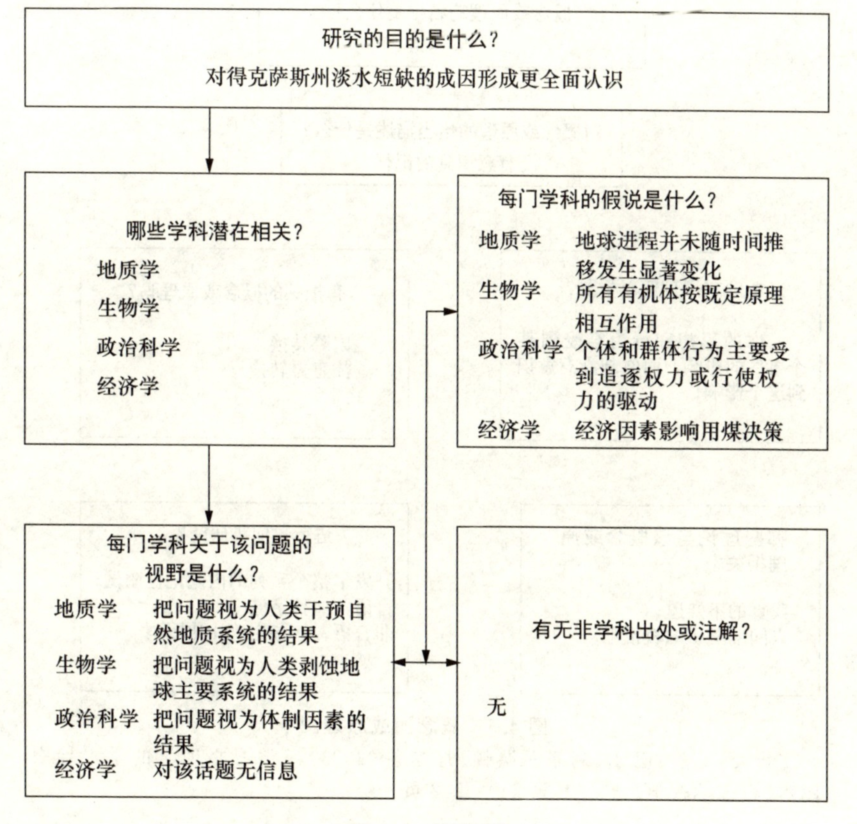

图 4.4　研究图

出处：莫茨、巴尔、阿塔—温顿、丹瑟鲁(2003)，《学习心理学的学术导引图》，《心理学教学》，30(3)，第 240—242 页。

概念图或原理图

研究更复杂或更宏大问题的更高年级学生,会得益于使用概念图或原理图。**概念图或原理图**对有关某个问题的信息进行整理,显示了问题成分之间有意义的关系,这需要仔细考虑问题的所有成分并预先考虑这些成分如何运转或发挥作用(如图 4.5 所示)。

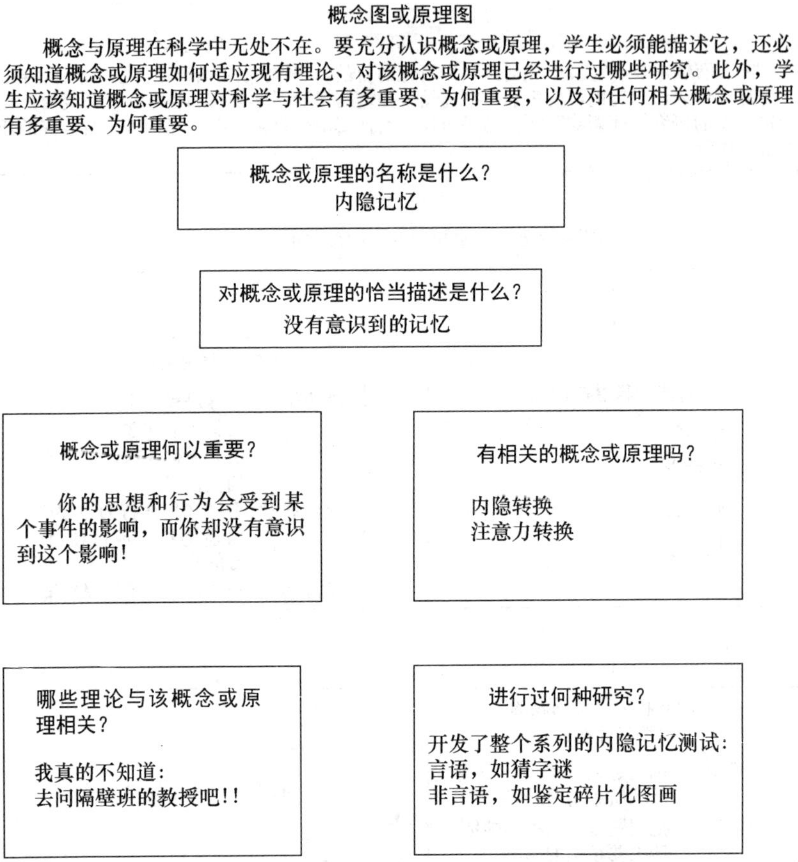

概念图或原理图

概念与原理在科学中无处不在。要充分认识概念或原理，学生必须能描述它，还必须知道概念或原理如何适应现有理论、对该概念或原理已经进行过哪些研究。此外，学生应该知道概念或原理对科学与社会有多重要、为何重要，以及对任何相关概念或原理有多重要、为何重要。

概念或原理的名称是什么?
内隐记忆

对概念或原理的恰当描述是什么?
没有意识到的记忆

概念或原理何以重要?

你的思想和行为会受到某个事件的影响，而你却没有意识到这个影响!

有相关的概念或原理吗?

内隐转换
注意力转换

哪些理论与该概念或原理相关?

我真的不知道:
去问隔壁班的教授吧!!

进行过何种研究?

开发了整个系列的内隐记忆测试:
言语，如猜字谜
非言语，如鉴定碎片化图画

图 4.5　概念图或原理图

出处:莫茨、巴尔、阿塔—温顿、丹瑟鲁(2003),《学习心理学的学术导引图》,《心理学教学》,30(3),第 240—242 页。

理论图

理论图描绘了某个理论的支撑证据和重要性,并与其他理论进行对比。接下来的章节，我们会看到理论非常重要，大多数专业著作和学生课题都运用理论来阐明跨学科研究进程。例如，一位研究得克萨斯州淡水短缺成因的学生发现，每门相关学科的见解都以该学科内众所周知的理论表达。假如一个或多个学科理论涉及某个研究，你就必须做到熟识每个理论，熟识产生理论的每门学科。我们会在步骤五（第六章）详细探讨理论。而做到熟识的准备工作，是图解问题。图 4.6 所

理论图

要充分理解某个科学理论，学生应该能描述该理论，知道支持和反对该理论的证据，知道该理论何以重要，知道有无类似理论和竞争理论。

理论的名称是什么？
皮亚杰的认知发展理论

何为对该理论的恰当描述？

我们的行为基于我们可获取的图式。遇到新情况，我们要么将新信息吸收进老图式（即以老方式回应），要么通过创建新图式容纳新信息（即以新方式回应）。

阶段
感知运动阶段（0—2岁）：通过本能反应对感觉刺激做出反应；似乎不懂物体的持久性（按皮亚杰的说法）；
前运算阶段（2—7岁）：发展语言；能用词语和符号在大脑中表达物体；显示物体持久性；缺乏守恒概念；
具体运算阶段（7—11岁）：懂得守恒，能对具体物体进行逻辑推理；
形式运算阶段（11岁以后）：能对抽象和假定概念进行逻辑推理

有何支持及反对该理论的证据？

支持　皮亚杰测试每个阶段的方法（物体持久性与守恒）揭示了儿童完成某些任务的能力或缺乏这种能力；皮亚杰发现了智商测试中犯的推理错误；
反对　阶段是不连贯的；有关年龄估算和困难原因的争辩（如：物体持久性出现得太早，不能守恒可能应归咎于需求特性，因为重述问题会改变结果）；

假如研究者说明从大肚玻璃瓶换成长颈玻璃瓶的原因，体积守恒会发现得更早；其他文化的研究

该理论何以重要？

对发展心理学和认知心理学有重大影响和重要贡献

有无相似或类似理论？

新皮亚杰理论关注科学或逻辑方面，第五阶段理论家

哪些理论与此竞争？

贝利[Bayley]、盖塞尔[Gessell]、维果茨基[Vygotsky]的“最近发展区”，信息加工理论家

图 4.6　理论图

出处：莫茨、巴尔、阿塔—温顿、丹瑟鲁（2003），《学习心理学的学术导引图》，《心理学教学》，30（3），第 240—242 页。

示的理论图是有关皮亚杰[Piaget]认知发展理论的,该图可以轻松地修改成关注任何理论的其他方面。

将潜在相关学科缩减为最相关学科

一旦选取了与问题潜在相关的学科,就要确定其中哪些是最相关的。对每门潜在相关学科进行一次粗略的文献检索,识别与问题最相关的学科。**最相关学科**往往有三四门,这些学科与问题最直接关联,就该问题产生了最重要的研究,并提出了最具说服力的理论来解释该问题。这些学科或学科组成部分所提供的关于问题的信息,对于形成全面认识不可或缺。

区分潜在相关与最相关学科要问三个问题

为了识别最相关学科,要对每门确认与问题潜在相关的学科问三个问题:

- 该学科就此问题是否有清晰可辨的视野?
- 该学科就如此重要、无法忽略的问题是否已经有了大量研究(即见解和支撑证据)?
- 是否已有一个或多个理论以解释该问题?

在进行粗略文献检索时回答这些问题。

将这些问题运用在与各类话题潜在相关的学科

表 4.2 学科及其如何说明克隆人问题的某个方面(全面文献检索前)

学科、跨学科和应用领域	就有关克隆人的综合问题表述的视野
生物学	克隆人在科学上的后果是什么?
心理学	发现被克隆对克隆者会产生何种心理影响?对其他知情者的观念会产生何种影响?

（续表）

学科、跨学科和应用领域	就有关克隆人的综合问题表述的视野
政治科学	就此议题，政府应发挥什么作用？
哲学	克隆人会如何影响人性？对人类意味着什么？
宗教研究	克隆人科学是否合乎宗教著作？尤其是否合乎"它对人类意味着什么"的看法？
法学	克隆人的法律后果是什么？参与克隆人实验的那些人的权利是什么？
生物伦理学	用于克隆人的生物技术有什么样的伦理后果？

表 4.3　学科及其如何说明哥伦比亚河生态系统的某个方面

学科	就有关哥伦比亚河生态系统的综合问题表述的视野
生物学	大坝系统对当地大马哈鱼种群有何后果？
经济学	大坝系统对该地区居民有何经济上的收益和负债？
地球科学	大坝对该地区水文体系有何影响？
历史学	关于那个历史时期的民族自信，哥伦比亚河系建坝告诉了我们什么？
政治科学（政治学）	关于大坝系统的未来，各级政府的作用应该是什么？

表 4.4　学科及其如何说明就业性别歧视的某个方面

学科和学派	就有关就业性别歧视的综合问题表述的视野
经济学	就业性别歧视的经济诱因是什么？
历史学	有助于解释就业性别歧视的历史背景是什么？
社会学	就业性别歧视如何反映社会中的广泛社会关系？
心理学	就业性别歧视的实施者和受害者的行为如何反映个体为弄清其处境而形成的心理建构？
马克思主义	就业性别歧视如何成为维持资本主义制度的必要举动？

表 4.5 学科及其如何说明涂鸦(即墙上涂写)的某个方面

学科和子学科	就有关涂鸦的综合问题表述的视野
(文化)人类学	涂鸦表现了荷兰当代"流行"文化吗?
艺术史	涂鸦仅仅是有关其文字的解说吗?
语言学(叙述学)	涂鸦象征着什么?
哲学(认识论)	涂鸦让人联想到的是真实还是虚幻?
文学	荷兰诗歌里什么可以与涂鸦相提并论?
心理学	涂鸦是内心哀悼失恋的文本吗?

问题一:该学科就该问题是否有清晰可辨的视野? 在研究进程的早期阶段,你应该能解释每门学科的总体视野如何阐明该问题或该问题的某个方面。这么做(也许是获取对问题的新见解)的一个方法是按照关于该问题的综合问题(如表 4.2、表 4.3、表 4.4 和表 4.5 所示)改造每个视野。在泛读每门学科的文献时,编排这个表格。

问题二:该学科就如此重要、无法忽略的问题是否已经形成了大量研究(即见解和支撑证据)? 这里,焦点在于每门学科已发表研究的重要性。既然任何跨学科研究努力的目标就是尽可能地实现对问题的最全面认识,纳入那些学科以生成对该问题的重要见解就是可取的,无论见解的数目是一个还是多个。在克隆人的例子里,学科包括生物学、心理学、政治科学、哲学、宗教、法学和生物伦理学。

课程标准通常决定了学生能合理期望掌握多少学科并阅读多少文献。根据*其见解的相对重要性*,有些学生也许要将所用学科数目限定为只有三四门。评估见解重要性的方法包括

- *看看该见解被其他作者引用的频次*
- *请教学科专家*
- *注意发表时间*

在处理易受时间影响的议题(如快速发展的生殖技术)时,最后一点尤其重要。你应该关注在经过同行评审的大学出版社及学术期刊上发表的研究。互联网上有大量材料,其中一些经过同行评审,但很

多没有。你的导师会就如何评估未经同行评审的信息提供指导(这些指导在雷普克等人[2020]的著作中进行了探讨)。

确定学科及其见解的相对重要性时,不应受到某门学科有关该问题研究的数量的影响。假如某门学科刚开始处理该问题,或假如该问题是最近才出现的,就不难发现,该学科的专家仅仅发表了一个或少量见解。但那些寥寥无几的见解可能是极为重要的,因为它们基于最新研究,并可能提出某个重要理论。由某门学科某位带头人独自对问题的处理可能以非常有力的方式影响探讨,乃至人们无法避而不谈。在这种情况下,下一个问题可能特别重要。

问题三:是否学科已有一个或多个理论以解释该问题? 有关某个问题的原因或结果(真实的或可能的)的理论应该是对每门相关学科做到熟识的一部分(步骤五;见第六章),也许还是学科见解间冲突的潜在来源(步骤七;见第九章)。无论是否牵涉理论,都只能靠进行全面文献检索才能回答。

读者须知

高年级本科生和研究生苦于时间等限制,必须以某种方式缩减潜在相关学科的数目,只保留与问题最相关的学科,并迅速这么做,做法还不能危及最终结果的完整。更多资深学者是进行独立研究的单兵作战式跨学科研究者,在识别相关学科及其见解与理论上拥有相当大的自由度。对于他们来说,减少学科数目不像对研究生和本科生那么必要,因为专业研究理应全面,这样才不至于遗漏任何重要见解或理论。在跨学科研究进程中,一位学者必定不完善的研究是其他学者研究的基础。没有哪项研究完美无缺。缩减过程可能发生在协作研究中,跨学科团队在协作研究中进行的基础研究受限于其预算或可利用的特定学科研究者。识别最相关学科可能包括对研究课题构想的重新探讨(步骤一)以及进行全面文献检索(步骤四)。

回想一下,第三章这一步骤中,可控性与创造性之间存在着折中。研究生和学者可能希望留意那些与问题只是看上去略有关联的学科,这恰恰是因为这些学科可能会有新的贡献。只要没有真正面临紧迫时限约束,任何研究者都会发现,广观博览会收获宝贵、新颖的见解。

尤其对于问题二和问题三,有必要记住,在进行上述图解时,特定学科可能只对涉及研究课题的一部分关系有见解或理论。图解的一个目的其实是引导你识别最相关学科。你务必做到所纳入的学科能处理研究中想要处理的每个关系。

将这些问题运用于克隆人问题

头脑里带着这些问题阅读关于克隆人问题的文献,能让学生对相关学科中学科活动的总量及其不同见解都有进一步的了解。通过对每门相关学科询问这三个问题,学生能把先前名单上与克隆人问题最相关的七门学科减至五门。这里列出了这些学科及其入选理由:

- 生物学:粗略文献检索发现,撰写关于克隆人的生物学家比任何其他学科的学者都要多。这可以理解,因为克隆人本身就是一个生物流程。学生还发现生物学家就克隆人提出了一些最重要的理论,并就该议题表达了最多样的观点。
- 生物伦理学:生物伦理学家写的论文包含了重要的桥接概念和方法。生物伦理学家写的论文可能看上去跟哲学家写的论文差不多,但有一个重要方面不一样:它们是以科学为基础的。
- 哲学:虽然哲学家写的论文看上去与生物伦理学家写的论文重合,但还是有重要区别。首先,论文不是基于科学的,而是以人道伦理学为基础,并由此就该议题提供了与生物伦理学家形成鲜明对照的视野;其次,哲学家往往摒弃生物伦理学家通常使用的重要的桥接概念和方法。
- 宗教研究:宗教和世界上主要的信仰传统对当今社会有着最强有力的影响。这就解释了为什么美国国会就克隆人之类“敏感”社会议题进行听证时通常要采纳主要信仰传统代表的证词。因此，考虑到宗教研究学者为此议题付出的大量关注、大众对其观点的兴趣以及有必要认识基于信仰而非基于经验的价值体系，研究宗教观点就显得合情合理。

- 法学：尽管法学就此议题的学术成就数量远远少于其他学科，但它还是提供了从一个独特视野研究该议题的见解，因此也是相关的。

最后，受课程约束，需要将学科数目限制为三门。基于前面提到的标准，做出将生物学、哲学（即人道伦理学）和宗教视为与克隆人问题“最”相关学科的决定。无论用这些标准还是其他标准来区分一开始看上去相关的学科与实际上最相关的学科，本质上都是形成某种方法，以此识别并证明最终所用的学科，并使得这个决策进程清晰明确。IRP 后续步骤会证实所选学科是否确实最相关。

本章小结

跨学科研究进程的步骤三包括采取三个举动：（一）选取与问题潜在相关的学科，因为它归入其研究领域；（二）图解问题以识别其不同学科部分；（三）减少学科数目，只保留最相关的学科。学生最好仔细思考问题，并同时运用现象分类法和视野法来识别与问题潜在相关的学科。此外，识别相关学科的步骤要求学生对他们所研究问题的总体行为模式有清晰的认识。鼓励学生图解问题以揭示其学科成分和因果联系。使用传统的单门学科方法无法理解处理复杂问题所必需的联系和因果关系。

正是在处理复杂的现实世界问题时，跨学科研究进程显示出其分析威力，并展示出其建构更全面认识的无与伦比的能力。例如，一张简单的研究图就能帮助不熟悉跨学科研究的学生将从头到尾的过程视觉化。从事更复杂问题研究的高年级学生能得益于运用概念图、理论图和系统图将问题拆解为组成部分并查看部分如何与整体相关。通过对每门潜在相关学科提出三个指定问题，学生应该不难识别那些最相关的学科。这个过程派上三个实际用途:(一) 它深化了学生对问题的认识;(二) 它会表明有必要加工或重述研究课题;(三) 它能使全面文献检索更有成效。

注 释

1. 问题或系统内部结构的心理表征可以用文本格式表达或用所谓的概念图、知识图等视觉空间技术描述(朱克瑞[Czuchry]、丹瑟鲁,1996,第 91—96 页)。知识图主要由各种形状、大小和颜色的节点组成,辅以有意义的连接线,用以标明节点之间的关系。每个节点加上简要说明,连接线用字母缩写标出。连接线可以表示特征、成分、结果、活动方向、后果、预料、子集或分主题,因此,要收录图例以解释连接线标记的含义。图中节点的空间布局可以是分级式、辐射式(星形)、链式、流程图或多维式;有些图示设计者将节点安置成树形、梯形、桥形、火箭形等适合图示主题的象征形状。图示结构最重要的目的是描述每个节点里概念各方面之间的关系,因此,节点也可以用来表示包含、排除、重叠概念或时间顺序。斯佐斯塔克(2004)提到,在相关现象中绘制因果连接,以显示哪些现象涉及特定研究课题及其如何相互关联。研究者还可以根据不同的连接线绘制涉及了哪些理论。从事社会科学或人文科学工作时,绘制此类图示有个有用的基础,就是出现在第二章表 2.4 里的现象列表。表 2.3 有助于识别自然科学现象。

2. 迈克尔·吉斯特拉[Machiel Keestra](2012)介绍了系统思维特定用法的一个例子。他发起了一场有价值的讨论,探讨致力于机械装置的好处,学者可以通过一个个机械装置的部件或运作进行干涉、刺激或激活试验,并以检验有关人类的理论时通常无法做到的方式在测量仪上寻找结果。

3. “人们发现非线性关系时,它们通常处于增强(即正反馈)环而非平衡环。但并非所有的增强(正反馈)环都包含非线性关系。正反馈环可能仅仅增强或强化了某个关系(这种情况下可能不包含非线性关系),但其中有些可以产生新的(不只是增强的)结果,因为这种强化关系已经达到临界点(复变理论家称之为分歧点)或门槛(这种情况下可能包含非线性关系)”(威廉·H.纽厄尔,私人通信,2011年1月8日)。

练　习　题

潜在相关学科

4.1　识别可能对下列问题感兴趣的学科:

- 应该继续为国际空间站拨款吗?
- 关塔那摩湾关押所谓恐怖分子的战俘集中营应该关闭吗?
- 公立学校的文学课上,能使用带有种族歧视字眼的小说吗?

思维体系

4.2　系统思维促进了跨学科学习,并推动了跨学科研究进程。创建一个系统图,描绘某家工厂倒闭对当地经济的影响。

图解

4.3　本章认为,你应该图解问题,作为识别相关学科进程的一部分。识别能极大帮助你认识以下每个问题并解释原因的图解类型:

- 无家可归的原因;
- 夫妻何以离婚;
- 如何创造新业务。

获取关于问题的视野

4.4　运用表4.2到表4.5所介绍的例子,表明学科及其视野如何解释青少年中学辍学问题的方方面面。

第五章　进行文献检索

学习成效

读完本章,你能够

- 解释"文献检索"的含义
- 识别进行文献检索的原因
- 识别跨学科研究者面临的特殊挑战
- 解释如何进行初始文献检索
- 解释如何进行全面文献检索

导引问题

进行跨学科文献检索时有何不同?

进行跨学科文献检索与学科文献检索在方式上有何差异?

进行跨学科文献检索面临哪些挑战?如何对付这些挑战?

本章任务

任何研究成果的基础都是系统搜集与问题相关的信息:文献检索。第三章介绍的跨学科研究进程(IRP)整合模式将全面文献检索放在步骤四。但是,这种安排略嫌随意,因为查找信息是动态、不规则的活动，贯穿了IRP的多个步骤。既然对于每个研究课题来说没有采取该步骤的“正确时间”，文献检索就必须从早期开始，往往分阶段进行，始于（乃至先于）步骤一“界定问题”。

本章从跨学科研究背景界定了文献检索，接着介绍了进行系统性文献检索的理由，重点在于如何进行基于图书馆的跨学科文献检索。检索过程分为两个子步骤：初始检索和全面检索。我们详细探讨了检索带给跨学科研究者的独特挑战以及对付这些挑战的策略。一旦检索完成，你就可以继续编制提要目录（如有需要的话）、撰写跨学科文献综述（如有需要的话），但这些内容超出了本章和本书的范围。对该进程以及提要目录和文献综述给跨学科研究者带来的任务的详细说明见纽厄尔的著作（2007b）。

A. 借鉴学科见解

1. 界定问题或表述研究课题
2. 为使用跨学科方法辩护
3. 识别相关学科
4. 进行文献检索
    - **认识文献检索的含义**
    - **领会进行文献检索的原因**
    - **跨学科研究者面临的特殊挑战**
    - **初始文献检索**
    - **全面文献检索**
5. 做到熟识每门相关学科
6. 分析问题并评估每个见解或理论

文献检索的含义

就特定主题搜集学术信息的过程是**文献检索**的领域，不过自然科学和社会科学通常使用的术语是文献综述（*literature review*）（瑞西夫［Reshef］，2008，第491页）[1]。这种检索认真审核先前期刊、图书和会议文献里的研究,看看其他研究者是如何处理该主题的。文献检索还有助于显示对该问题的学科文献熟悉程度,展示当前课题如何与先前研究相关联,并就该问题已知内容进行概述。

进行文献检索的原因

实施该步骤前,思考进行文献检索的原因很有帮助。

原因一:*省时省力。*一开始就发现有关该问题哪些是已知的,会防止无意中重复早已做过的工作,可能还会引导你从新的方向观察课题。

原因二:*发现不同学科就该主题已有哪些学术知识。***学术知识**是由某个学科的学者圈经同行评审过程审查过的知识。**同行评审**意思是将某个作者的学术论文或书稿交由该领域专家审查,专家按照学科成员认为公正、缜密的特定学术标准加以评估。学术知识包括期刊文章、著作(由大学、研究机构或商业出版社出版)。会议文献往往未经同行评审;即便经过同行评审,根据的也是远非那么严格的标准。因此,会议文献比起期刊文章来就不那么可靠,但至少大体上比网站里的文章可靠多了。大部分此类文献的学科属性易于辨识。但是,跨学科及其刊物数量不断增加,使得按学科明确区分学术来源的任务复杂化了。学生使用网络文献应慎之又慎,因为这些文献可能未经专家评审。你应该咨询图书管理员和学科专家,以评定网上文档的可信度。

原因三:*缩小主题范围并突出研究课题的重点。*例如,你也许对恐怖主义主题感兴趣,但很快发现该主题太宽泛了,有关文献数量太庞大,无法在限定时间内研究。但这并不意味着要放弃该主题。相反,你应该缩小主题范围,关注恐怖主义的某个方面,如特定形态的恐怖主义,或特定地区、特定历史时期的恐怖主义,或某种形式恐怖主义的成因。缩小主题范围会使得文献检索更可控、更有收获。但是,假如该主题的焦点范围太过狭隘,可能两门或多门学科有关该主题的文献不够充足。这很可能意味着,本科生无法对过分狭隘的主题进行跨学科分析,而研究生、学者或跨学科团队也许不用学科分析就能完成。文献检索会帮助你确定该主题是否适合跨学科研究。

原因四:*解释问题如何随时间推移促进问题而变化。*每个问题都有一段历史。跨学科作品往往追踪某个问题的历史进展。将“历史进展”信息纳入论文导言大有裨益。

原因五：*识别先前学科研究并了解所提跨学科计划如何拓展我们对该问题的认识。*阅读处理过该问题的每门学科的文献，会揭示关于该问题的学科视野，并深化认识学科关于该问题的见解。

原因六：*将问题置于情境或上下文中。*总的来说，这包括辨别该问题所处的相互关系网络。这些联系往往出现在第四章所述运用系统思维解决该问题和绘制系统图的过程中。

原因七：*对相关学科做到“熟识”*（这是研究进程的步骤五和第六章的内容）。做到熟识包括识别每门学科视野的基本要素，并留意相关学科生成的学术成就如何经常用不同的术语（即概念）和不同的阐释（即理论）来描述相似问题。因此，及早识别相关学科并对比其术语、找寻含义异同很关键，阅读时必须了解此类信息。

原因八：*证实步骤三结束时识别的可能关注该问题的学科是真正相关的。*只有进行文献检索，才能缩减学科数目，只保留最相关学科。

原因九：对于打算就该主题独自从事研究的研究生或学者来说，文献检索会凸显出哪种研究会有价值：哪些理论和方法适用于该问题？现象之间哪些新关系可以进行深入研究？研究生和学者有必要“体会言外之意”，对写到的和没写到的同样多加考虑。

跨学科研究者面临的特殊挑战

尽管许多研究活动是学科研究和跨学科研究共有的，但跨学科研究者在文献检索时面临着特殊挑战。

须检索更多文献

跨学科研究者研究的问题比单门学科学者研究的问题更复杂，也往往更宽泛。因此，确实会有更多文献要检索。跨学科研究项目需要整合源于多门学科的见解与理论。相比之下，学科研究项目需要查找的只是单门学科的文献。其实，术语*文献检索*（*literature search*）确属不当，因为跨学科研究项目通常需要进行若干不同的文献检索（literature searches），每次检索每门潜在相关的学科（纽厄尔，2007b，第92

页)。

研究者会有受到学科专家所言误导的风险

不熟悉跨学科的学生有受到现有文献诱惑的风险。这种诱惑可能导致在*对该如何以跨学科方式研究问题首先形成明确认识*前受到特定作者研究方法的过度影响。这可能意味着在课题一开始就断定特定作者或特定理论是全面认识问题的关键。可能如此,但也许不是。*跨学科工作的性质是搁置判断,并耐心完成进程,让进程来揭示人们早先的假说是否真的正确无误*。(阿维森[Arvidson,2016]探讨了IRP的步骤与现象学哲学推荐的步骤之间的相似性。他强调现象学也鼓励研究者搁置判断。)

图书馆和数据库的编目方法对跨学科研究者不利

通行的图书馆编目方法对跨学科研究者的用途不大,因为它是按学科界线编排,而不是根据现象、概念、理论类型、方法等综合性名目编排。图书类目不是为了连接不同学科所研究问题的不同部分(或连接相关问题)而设立的,也不是为了识别由不同学科归入不同类别的相同或相似问题而设立的。当前的分类系统也使得按照现象的*名称*进行检索困难重重。(马丁[2017]探讨了跨学科文献检索的挑战,着重探讨了图书管理员如何助长这些挑战。斯佐斯塔克、尼奥利[Gnoli]、洛佩兹·维尔塔斯[Lopez-Huertas][2016]探讨了如何改善图书分类以帮助跨学科研究。)

此外,不同学科用不同术语描述同一现象。例如,健康科学心安理得地使用"*残疾*"(*disability*)一词来描述体能缺陷;而心理学家和社会科学家意识到不同的人对身体缺陷有着不同的反应,他们逐渐使用"*障碍*"(*impairment*)一词,用以表示挑战而非纯粹失能。有时,同一词语可以表示不同事物,如"*投资*"(*investment*)一词,对经济学家来说,这意味着在建筑物或机器上花钱可以用来提高未来的产量;而对于会计师来说,它意味着每次支出都打算赚取资金回报。

另一个陷阱是使用某门学科所用术语检索另一门学科的文献。诚然,图书可能按多个主题进行分类,如迈阿密大学在线目录对约翰·拉纳[John Larner]1999年的著作《马可·波罗与世界的发现》

(*Marco Polo and the Discovery of the World*)的附注这个例子。点击标题及其列出的作者、地址、主题、格式、材料类型、语言、读者、出版、国会图书馆分类法、外形著录、目录、主题归属,人们会发现

马可·波罗游记

航行旅行

旅行,中世纪

亚洲——描述和旅行——1800年前的早期著作

波罗,马可——马可·波罗游记

波罗,马可,1254—1323?马可·波罗游记

假如你对亚洲历史、旅行、航行或中世纪研究感兴趣,这本书或许投你所好。但是,没有查询目录表或索引,人们就不能分辨出它论述的是城市规划、宗教、马术、纸币发明还是其他议题(威廉·H.纽厄尔,私人通信,2011年1月30日)。

这些主题有的跨越了学科,但这仅仅部分缓解了问题。克服这一局限的一个方法是识别哪些学科最有可能对问题感兴趣(如第四章所解释的),然后利用每门学科特有的资源——书目和指南、词典、百科全书、手册和数据库。通过这种方法,检索可以系统、有成效地跨越相关学科继续下去。更充分地探讨图书馆和数据库编目的通行方法以及克服其局限的策略,是下一节的主题。

初始文献检索

文献检索往往分两个阶段进行:初始检索和全面检索。选取某个主题并确定是否在跨学科意义上值得研究,就开启了初始阶段。假如值得研究,全面检索就可以启动了。第二阶段先于步骤五“做到熟识相关学科”(见第六章)并(或)与步骤五重合。

启动检索时,研究者有责任尽其最大能力从方方面面仔细思考问题。没错,不知道其他人如何“看”问题,就不可能真的想透问题;但是,仅仅关注学科专家“所见”会带来束缚自己全面“看”问题的能力的危险(斯佐斯塔克,2002,第106页)。*跨学科研究还包括寻找学科研*

究者没能看到的东西。听从纽厄尔(2007b)的忠告是明智的:"跨学科学者开始时要眼界宽广,随着主题成型,要收缩焦点,对准更专业化的资料"(第85页)。通过泛读看看学科领域的专家是否就该问题发表过研究。宁可一开始看错了学科,也胜过贸然断定某门学科不相关。广泛阅读,很可能会有新颖的发现,还可以通过花时间跟踪阅读时产生的外围问题来增强创造力。

读者须知

检索过程从头至尾,(一)要避免受到学科专家所说"所见"的影响,(二)搁置对问题的判断(当然,这很难做到,尤其是所处理的议题里道德立场或信仰传统左右了你的观点)。总之,假如开始文献检索时带着明确的看法,就应该尽力不让它影响所阅读的文献以及视为相关的文献。

检索当地图书馆馆藏

一般来说,检索先从图书开始,然后再查阅期刊文献。但是,从事自然科学、部分社会科学以及一些新出现的领域如酒店管理的研究,要从期刊和网上出版物开始,因为这些(而非图书)是交流研究的主要方式(纽厄尔,2007b,第85页)。

图书与期刊文献

图书种类繁多:专著、重要学术研究报告、由不同专家就问题撰写的系列章节。跨学科工作中每种图书的用途取决于所研究的问题、所涉及的学科和研究所需的深度。

对于易受时间影响的主题,书中的材料应该注明日期,因为图书要花更多时间来研究和出版(从写完到出版大概要一年)。即便如此,图书材料往往提供了相关背景信息,是研究的重要成分。

专家坚持首先在期刊文献上公布其成果,包括同行评审的学术刊物如《社会科学季刊》(*Social Science Quarterly*)和半学术专业出版物如《美国人口统计》(*American Demographics*)。期刊文章通常并不按照图书所用的主题词进行分类。有大量期刊数据库允许对一门或多门学科的期刊进行检索。专家还会在专业会议递交的论文、学位论文、政府文件或政策报告上公布其成果。百科全书文章可能可靠，也可能不可靠，这取决于作者的学术资质。和互联网出处一样，使用它们应该倍加谨慎。学生查阅W.劳伦斯·纽曼[W. Lawrence Neuman](2006)所著《社会学研究方法》(*Social Research Methods*)(第6版)的表5.1“出版物类型”会有帮助，该表说明了出版物类型、各种类型的例子、作者类型以及各类出版物的用途与优劣。

图书馆的图书编排与分类反映了在研究生产知识中学科的影响力。因此，图书馆为学科学者提供的服务优于为跨学科学者提供的服务。美国的两种图书编排与分类体系是杜威十进制系统(Dewey Decimal System)和国会图书馆分类(Library of Congress Classification)(LCC)系统，不过世界其他地方的图书馆采用了不同的系统。但是，所有大型图书馆都以学科为基础。杜威系统和LCC系统主要根据西方学科如何划分知识来对知识进行分类，靠的是控制性词汇，这是图书管理员制定的描述性语言，用于主题标目，以减少学科术语的使用(费谢拉[Fiscella]、吉美尔[Kimmel]，1999，第80页)。

文献分类的两种系统

杜威十进制系统主要用于美国的公立图书馆和小型学术图书馆。它是两种系统里较早出现的，因此所依据的学科知识已经不那么通行。[2]它按学科主题(从一般到更具体)分级编排成类目、子类目、专门主题以及各级分主题。该系统旨在方便浏览，下文探讨其中一种检索策略(许多欧洲公立图书馆和学术图书馆使用国际十进位分类法[Universal Decimal Classification]，该分类法原本基于杜威系统，但数十年来，两种分类法各自发展。国际十进位分类法近来努力开发能跨学科运用的术语表)。

大量美国研究型和学术图书馆使用的是国会图书馆分类法(LCC)。其类目更多(最基本大类使用字母而非数字)，更多考虑到了知识进步的路径。LCC意在通过按学科类目编排知识以满足学科需求，能让学科研究者轻松找到其专业方面的书籍。不过许多学科的图书所包含信息超出了学科边界，这种进展目前尚未在LCC系统中反映出来。因此,学生要浏览实体书架或检索网上目录寻找线索。

跨学科研究者不仅要辨识处理其主题的图书,而且要识别草草提及该主题的图书。后面这些图书对 IRP 很重要,因为它们可能凸显了学科视野之间的对比。这些图书及其来源名录也会辨识出与该主题相关的其他概念、理论或信息的重要联系,或至少提供了相关线索。第四章里的系统图对于识别要查找的现象和关系或许非常有用。

幸运的是,分配给 LCC 图书编码的图书目录词条往往列出不止一个 LCC 主题标目以反映图书的内容。这些主题标目尽管远远不够详尽,但起码反映了书中的某种主题多样性(西林[Searing],1992,第 14 页)。一旦辨识出与问题或主题相关的主题标目,这些主题标目即可用来进行更高级的检索,会就该话题生成更多参考书目。[3]

主题检索和关键词检索

通过运用*主题检索*和*关键词检索*进行检索。假如你有了一个明晰的问题或课题,检索主题和关键词就是最有成效的,即便还无法确定是否可以研究。检索对于识别文献中的空白、验证事实、核对引文与参考书目的准确性也有帮助(A. 福斯特[A. Foster],2004)。

主题检索 检索图书类目时,应先用主题检索,而不是关键词检索(下文探讨)。主题标目由图书管理员确定,他们专攻特定学科,并仔细检查图书以确定其内容。选定的主题标目将使用不同术语、行话或专业用语的著作放在一起。检索结果通常与主题相关。可惜,许多图书类目倾向于强调关键词检索(因为这样更容易,尽管效果不佳),因此学生往往要先弄明白如何进行主题检索。就主题检索和关键词检索而言,学生应记住,不同学科有着不同的术语。

关键词检索 关键词检索主要适用于学科文献*内部*。既然学生往往要识别来自陌生学科的信息,关键词检索就必须对不同学科使用的术语敏感,这样才不至于遗漏重要著作。研究者经常遇到学科用不同关键词描述问题某个方面的情况。在克隆人的例子里,关键词包括"控制""立法""影响",用来描述与问题相关的权力概念。学科手册、词典、百科全书、入门教科书等资料来源是做到熟悉每门学科常用术语的有用工具。关键词检索还有个好处,能让研究者"考虑不同的人如何看待这些相同的概念并思考概念如何关联"(纽厄尔,2007b,第 86

页)。假如学生未在特定学科找到足够的著作,查阅同义词词典(如下文所述)、用同义词替换学生所用的检索词可能有所帮助。

检索索引、数据库和其他馆藏

跨学科研究者特别感兴趣面向主题的索引、数据库等资料,它们整理了跨学科研究者必须汲取的大量学科学术成就。它们都有自己的词库(收录某门特定学科所用词语及其同义词的图书,为不同学科的术语体系提供桥梁)或基于来自某个领域标准化术语的分类系统。LCC 主题标目的可控词汇连接了不同的目录、数据库和索引(不论是学科的、跨越学科的还是综合的),而词库的分类方案在特定跨越学科的数据库或索引的内部连接了不同学科。

> 在这两种情况下,它们在不同学科的术语之间架起了桥梁。人们可以在特定学科内部进行关键词检索,但接着需要在对其他学科就同一主题进行关键词检索前,通过主题标目检索或分类检索发现其他学科及其术语来加以扩充。许多数据库允许研究者在特定领域检索关键词,比如某个主题标目,假如一开始并不知道确切的主题标目。这是在不知道确切的可控术语情况下进行更精确检索的方法。(纽厄尔,2007b,第 87 页)

有利于跨学科研究的索引和数据库列在附录里(本章重点是主题检索,而附录强调关键词检索)。

尽管许多数据库仍限于特定学科并按其术语编排,但新数据库日益跨越学科界线,其词库也提供可控词汇连接相关学科的著作。对于跨学科研究者来说,幸运的是,如今可以访问的主题数据库跨越了学科,查阅这些数据库会提供学科学术成就的重要出处,跨学科研究者对这些出处必须加以利用。查找相关期刊文章时,主题数据库特别有用。

研究者在学科之间游弋,寻找对相同主题的不同见解,这时他们需要查验每门学科的词库以发现要查找的术语。先用恰当的关键词和布尔检索法(附录里说明)帮助找到合适的描述符——比如索引里常说的主题标目。纽厄尔(2007b)举了心理学学科的例子,该学科就

“性别差异”(gender differences)做了大量工作:

> 在词库中检索关键词“gender differences”会产生大概10000个结果,但查阅美国心理学会数据库(PsycINFO)的词库,会显示那不是有效的主题标目,换用“human sex differences”(“人类性别差异”)会生成差不多60000个结果。(第87页)

跨学科研究者还可以“通过以先前学者发现的联系为基础连接不同学科的学术成果”(纽厄尔,2007b,第87页)。一旦识别了关于所研究主题的某部重要著作,你就可以使用引文索引来识别大量引用了那部重要著作的后续著作。*科学引文索引*(*Science Citation Index*)、*艺术与人文引文索引*(*Arts & Humanities Citation Index*)之类的引文索引涵盖了整个学术领域。引文索引通常会收录所有相关著作,除非一开始就未被引用过的著作,因为其他人没去查找它们。(引文索引在人文科学领域的用途比在自然科学领域要小得多,因为常常未能收录人文科学领域作品中的引文。)

环境可持续研究之类新近出现的跨学科领域最好通过主题标目与引文索引的组合进行检索。既然跨学科研究探讨的主题跨越了学科,跨学科研究者最后在杜威十进制系统和国会图书馆分类系统之间来回奔波,查询经过分类的知识、由学科发展出来的专业系统,以及由图书管理员和商业信息供应商设计的更通用的系统。

在互联网上检索

学生网上检索通常速度更快,但不够深入。面对无数页的条目(“检索集合”),他们往往只选取检索结果头几页的条目。这种做法的潜在危险是遗漏深藏在检索结果中的重要出处。假如关键词检索产生了非常庞大的检索集合,这可能是使用不精确的术语造成的。使用更精确术语有助于减少检索集合的量。

在互联网上检索普遍是跨越学科的,科学和医学研究者大概更喜欢用电子资源检索(海明格[Hemminger]、卢[Lu]、沃恩[Vaughn]、亚当斯[Adams],2007)。搜索引擎允许同时检索大批多种多样的出处。不过,互联网往往会把人们引向非学术来源:这些来源通常是最近的

(遗漏了经典著作)、引用较多的(遗漏了关注范围冷僻的著作)。互联网检索面临着上文探讨的关键词检索所面临的同样挑战。[4]

检索策略

进行文献检索初始阶段的策略包括浏览、探析、速读、评判和决策。

浏览

浏览大量已汇编信息或可获取信息,对致力于快速发展的新领域研究的跨学科研究者至关重要(帕尔默,2010,第183页)。对于能选取其主题或问题的学生来说,浏览著作和(或)期刊文章很可能是作为步骤一的一部分开始的。[5]但是,*假如主题或问题以及用以采集见解的学科都已预先选定,学生就会跳过初始阶段,进行全面文献检索。*

在实体图书馆浏览印刷品有可能导致偶然的发现,因为浏览往往广泛、灵活,会带领研究者找到那些用直接检索无法找到的材料(帕尔默、特福[Teffeau]、皮尔曼[Pirmann],2009,第13—14页)。艺术、人文、区域研究和语言学的研究者为了偶然的发现更有可能考虑浏览印刷品。

尽管浏览图书馆书架上的印刷品仍然重要,但是浏览基于网络的材料日益增多。网络对于我们浏览什么、如何浏览以及我们翻阅一系列不同数字资源的速度影响深刻。根据一项研究,用户往往忙于"跳转"或"翻页",从一个网站快速转到另一个网站,并不时回过头来深入探寻材料(尼古拉斯[Nicholas]、亨廷顿[Huntington]、威廉姆斯[Williams]、多布罗沃斯基[Dobrowolski],2004)。例如,网站允许学生轻松浏览图书期刊的目录。网页浏览器能带领研究者找到用其他方法可能查不到的更多常规图书资源。

探析

当正常检索或浏览技术无能为力时,跨学科研究者就运用探析找到处于其学科或专业领域外的相关信息。鉴于浏览本质上往往是临时的,探析就成为找到被认为相关的学科信息的更审慎的努力。"研究者探究其专业技能外的边缘领域",帕尔默(2010)解释道,"以拓展视野,生发新思想,或探究类型丰富、来源广泛的信息"(第183

页）。

为协助探析，在列出潜在相关学科目录之后，要查阅学科研究辅助工具，包括书目、百科全书、词典、手册、指南和数据库。例如，从事社会科学研究的学生的必备学科参考资料是《社会科学参考资料》（*Social Science Reference Sources*）（李，2000）。

读者须知

探究陌生学科的文献以及遇到并不完全理解的新思想、新概念、新理论和新方法时，你要做到熟悉术语以开展研究。消除词汇和术语之间的分歧需要“翻译工作”。帕尔默（2010）认为，这项工作必不可少，因为“有效的跨学科研究必须基于深刻认识概念、方法和结果如何适应形成它们的论述与实践”（第183页）。课题自始至终，跨学科研究团队都在不断进行“翻译工作”。帕尔默说，其实，“充分获悉驱动合作者兴趣的视野和问题显然成为跨学科研究团队成功的关键因素”（第183页）。

速读

速读在课题的初始阶段完成：（一）以确定主题或问题能否在跨学科意义上进行研究，（二）在全面文献检索阶段查阅更专业期刊文献前，对问题及其组成部分形成总体认识。你应该先粗略检索，然后在下文述及的全面检索期间缩小范围，检索更专业资源。

速读印刷品包括翻阅图书馆的某本书和（或）期刊，先从摘要（期刊文章）、前言或导言（著作）或目录（著作）中寻找关键成分，然后翻阅章节标题、列表、概要或结论、定义和图解。这一过程适用于数字文档，其检索功能（比如亚马逊网站提供的图书“查内页”功能）使得准确查找关键词、理论等轻而易举。研究者对全文数据库里期刊摘要的利用日渐增多（尼古拉斯、亨廷顿、雅马里[Jamali]，2007）。但是，学生要注意，别用速读代替最终阅读出版物全文。学者往往先速读文档正文前部分，如目录和导言；假如看起来对其研究很重要的话，他们就会阅读文档（特努皮尔[Tenopir]、金[King]、博伊斯[Boyce]、格雷森

[Grayson]、保尔森[Paulson],2005)。

读者须知

对于想要知道特定学科会如何处理主题或问题的本科生、单兵作战的跨学科研究者和研究生来说,对于常常期望其学科成员进行新的学科研究的跨学科团队来说,速读均有裨益。粗略检索会就关于该主题已经写了什么、写了多少提供一个初步(而非结论性)的判断,能让人们对学术对话形成某种“感觉”。但是,明智的做法是:直至全面检索完成,仔细阅读所有作者的见解以辨别他们说的是不是一回事,再对主题可行性作出最终判定。

评判

速读图书和期刊文章时,你必须对其关联度和实用性做出快速判断。就每本图书和每篇期刊文章要提出一些问题:

- 它涵盖了整个主题还是至少其中某个部分?
- 就主题或其中某个部分,它有值得关注的内容吗?
- 是新近出版的吗?
- 它经过同行评审(即是否发表在学术期刊上,或发表在由出版学术著作的大学、研究机构或商业出版社出版的图书上)了吗?
- 被评论过(假如是图书)吗?

出版物越新,其书目和尾注(或脚注)就越有价值,因为它们提供了关于其他著作的可靠链接。

决策

初始文献检索的目的是确定该问题是否有足够的信息使之可在跨学科意义上进行研究。一旦得出结论,就要注意这可能不是最终结论,除非你已经进行了全面检索并仔细阅读了相关学科见解。

开始文献检索时要避免的错误

跨学科研究新手在文献检索初始阶段通常会犯两个错误。一是未能密切关注所收集图书文章的学科出处。这种疏忽的一个意外后果是最终从一两门学科选取了大量材料,而忽视了其他同样重要的学科。在此基础上的跨学科研究不可能成功。*了解哪门学科产生了哪些见解很重要*。缜密的跨学科研究需要做到学科深度与学科广度并重。但是,这种平衡在本科教育中很少能做到,本科生通常局限于仅从两三门学科搜集少量见解。

第二个错误是受到某门学科就该问题所生成文献数量的过度影响。例如,倘若初始检索发现,社会学就该问题仅发表了一两篇论文,人们可能错误地得出结论,社会学不像已经产生若干见解的其他学科那样与研究相关。*某门学科生成材料的数量绝不该左右学科相关性*。为什么?可能某位文化人类学家写的一篇论文(且是所有文化人类学家关于该问题的唯一一篇论文)包含的信息非常重要,没有它,对该问题的跨学科认识就是不全面的。

但是,针对社会学尚未处理过锐舞(rave music)之类特定主题的情形,又该如何呢?人们能得出结论说社会学对该讨论毫无贡献吗?未必。社会学家可能处理过浩室乐(house music)、朋克摇滚或锐舞出现前的音乐亚文化,或研究过影响锐舞的其他一些社会现象。研究者对起初不起眼的可能性应该不抱偏见。许多主题原来是更大主题的子集。人们不该一发现社会学未研究过锐舞就放弃了社会学,而是应该观察更大的背景——这个例子里,是锐舞出现前的音乐。假如某门学科已经探讨过与某个主题或现象有因果关联的较普遍的类别,倘若该论述不直接适用于较狭小的主题,那会相当奇怪。

学生有时会惊讶地得知,某门起初看上去不相关的学科最终产生了对该问题的见解。这些发现只有进行全面文献检索才有可能。这方面,学生又可以好好利用表 2.4(第二章)相互检验传统的学科检索。

读者须知

研究生和从业者应该查看一下来自某门特定学科的核心概念或理论应用于该主题是否有所裨益,即便该学科还没人这么做过。

全面文献检索

一旦确定课题应该是什么内容并可以进行研究,初始检索就迅速演变为全面文献检索。进行全面文献检索包括对我们已探讨过的检索策略的更复杂应用,还包括识别有关该话题的*所有*相关见解和理论。

全面检索基于跨学科的一个基本假设:在过去几十年或几百年来,没有哪个学者团体在完全浪费时间。该假设会激发那些对认识特定问题以发现其他人就该问题有何著述真正感兴趣的人。跨学科问题的解决和学术成就需要整合多种学科出处的见解与理论。这些应以不偏袒任何一个视野、理论或观点的方式集中在一起,并整理成协调的整体(斯佐斯塔克,2009,第 9 页)。

全面文献检索既关注学科广度(即有多少学科就该主题写过文章),也关注学科深度(即某门学科就该主题生成见解的数量、质量和种类)(见锦囊 5.1)。*各层次研究者在全面检索过程中应该宁可始终多一些包容。*勉强相关的见解会在以后识别,然后摈弃。但是*包罗万象*并不意味着"没有限制"。包罗万象指的不是学科见解的数量,而是其质量与多样。学生的任务是将其保持在可操控的数量内。

锦囊 5.1

进行全面文献检索反映了许多跨学科研究者的信念:跨学科研究与学科研究或专业研究之间应该存在共生关系。正如斯佐斯塔克(2009)所指出的,正因为有成千上万学者跨越所有学科的共同努力,跨学科整合才有可能。其见解既提供了学科深度,也提供了学科广度,使得跨学科整合成为可能。因此,这些见解没有哪个可以视为理所当然。必须根据学科视野的特征、理论与方法,跟踪了解每个见解,接下来再与其他见解对比对照(斯佐斯塔克,2009,第 7 页)。

读者须知

对于研究生和从业者来说,全面文献检索是潜心于该主题的学术对话并做到掌握问题全部复杂性的途径;对于早已知道课题内容的他们以及研究团队成员来说,全面文献检索提供了关于问题的基础知识,并让准备专攻问题一个方面的团队成员对他们可能不熟悉的其他方面也变得博学多识。全面文献检索还有助于辨识现有研究缺失的内容,为进一步研究做好准备。

知识的学科来源

进行全面文献检索需要为了特定内容而仔细阅读来自多种学科文献的见解,并整理该信息。

仔细阅读多种学科文献

跨学科研究者面对着学科研究者不用面对的阅读任务。学科研究者只负责阅读其学科与问题相关的文献,跨学科研究者还负责阅读多种学科文献的见解。更特别的是,他们必须留意每门学科关于该问题的视野(在总体意义上)并跟踪了解每个见解的理论、关键概念和方法。仔细阅读每个见解时,要识别以下内容:

- 作者的姓名和学科
- 见解的学科视野
- 见解的论点或论据及其在学科文献中的地位
- 构成见解基础的假说
- 理论的名称
- 嵌入见解的关键概念
- 所用的(学科)方法
- 处理的现象及其关系(这对于图解问题和整理见解极为有用)
- 见解的偏见(道德偏见或意识形态偏见)

整理信息

即便是仅从事少量学科、阅读少数见解的文献检索,也需要收集、整理、理解大量信息。为避免在阅读过程中变得不知所措,要鼓励学生以某种系统方式整理信息,以便该信息可以在进行IRP后续步骤时易于获取。*经验表明,整理和记录这种关键信息所花费的时间,完全足以抵消进行研究进程后续步骤时检索同样信息所需要的时间。*

表5.1展示了对与每门学科见解相关的信息进行整理的有效方式。该表用Word或Excel创建,有助于让你将检索过程视觉化,就是否需要进一步检索作出决策,辨别哪些学科与该问题最相关,选取哪些应该细致阅读的见解。

学术论文和著作往往围绕标题进行整理:不同章节描述所研究的理论与方法,以及所用的现象(资料)。你应该留意可能遇到的几种陈述类型,包括观点陈述和动机陈述。作者可能受到道德戒律的支配,并对此可能直言不讳,也可能讳莫如深。你应该了解所遇到的任何道德陈述。我们会在第十章探讨如何处理可能引发见解冲突的道德冲突(有关批判性阅读文本的详细建议,参见雷普克、斯佐斯塔克、布赫伯格[2020])。

表5.1　就每个见解所追踪事物的资料表

作者	学科视野	论文	假说	理论名称	关键概念	方法	处理的现象	偏见
波斯特	心理学(认知)	"政治暴力本身并非工具,而是目的。起因成了恐怖分子被迫犯下恐怖主义行径的逻辑依据"(波斯特,1998,第35页)	人类通过心理建构组织其精神生活	恐怖主义心理学	专用逻辑(波斯特,1998,第25页)	个案研究	个人主体	自杀式恐怖分子是非理性的

注:假如用Excel建表,表格应易于横向扩展,以收录有关见解的更多信息;还应易于竖向扩展,以添加尽可能多的见解。对于本科层次的跨学科工作,该表的用处会随着跨学科研究进程的推进而越发明显。最好使用作者自己的话来排除曲解作者用意的可能性,这种曲解会在转述时发生。跨学科、学派以及应用领域应以研究传统学科的相同方式加以对待。

咨询学科专家

跨学科研究者要经常咨询学科专家。该主题(或其某个方面)的专家能对课题可行性提供可靠的反馈信息,告知研究者当前正在进行或接近完成的研究活动,并指引研究者找到最重要的文献,包括会议文献和已发表或即将发表的期刊文章及书籍。从事自己选定主题的学生最好咨询能提供涉及课题可行性、查阅重要出版物及实用建议的有价值见解的教师。

知识的非学科来源

跨学科研究者并不假定*所有*相关知识都已由学科产生。他们知道,相关信息有时来自非学科的出处。这种知识并未由训练有素的学科学者提出,也未经学科审查;可能不为学科关注,或可能受到学科忽视,但可能还是与研究相关。这种知识可能包括口述史、目击者证词、统计数据和图表、人工制品和艺术创作。正如我们在第一章中所看到的,跨学科研究积极寻求让学术圈外的人士参与其中。知识的这些其他来源在特定语境下或对于广泛思考某个特定主题来说有所裨益甚至必不可少。

跨学科研究者深深意识到,比起经历过专家审查检验过的知识来,这种知识在学术世界有着极其不同的地位。*一切知识并非同样有效*。在某种情况下,这些其他知识来源可能会做到学术上可靠乃至进入学科文献,例如,女性研究中,“生活体验”扮演着重要作用;土著研究中,“通过口头传说和长辈解释保存了数百年的传统知识是最重要的”(维克斯,1998,第 23 页)。考虑使用非学科知识来源的意愿基于“知识积累”的假设及“人们从他人成就中学习并以此为基础”的假设(纽曼,2006,第 111 页)。今天的知识是昨天研究的成果,明天的知识基于今天的研究。

而相比知识的这些其他来源,学科产生的知识通常被视为现代学界的真正中心。理查德·M. 卡帕[Richard M. Carp](2001)鼓励跨学科研究者不要将其研究局限于与学科相关的信息,原因很简单,就是他们的知识结构是不完善的(第 98 页)。他认为,跨学科研究者应该更富有想象力,更爱刨根问底,对他们乐意运用的知识有更多反省(第

84 页)。历史学家、社会学家、人类学家以及其他学科专家,为了他们各自的学科目的,不断开发这些多样化知识来源,并常常继续发表其成果。以此方式,非学术知识进入了学界。比如,口述史就是以学科学者可以接受的方式收集、展示这种非学术知识的好例子。研究卫生保健的高成本可能要收录医护人员的证词作为研究的一部分。(跨学科学生可以试着自己收集、分析非学术知识,但在专家审核前不要使用。一旦经过审核,就可以使用,只要明确辨别并以学术方式使用。一般来说,学生应该对未经专家仔细检验过的见解存疑。)

本章小结

文献检索本身是范围更大的 IRP 中的一个进程,并贯穿该进程的早期步骤,始于步骤一。本章从跨学科意义上界定了术语*文献检索*,介绍了进行文献检索的原因,探讨了跨学科研究者面临的特殊挑战。本章主要关注如何进行基于图书馆的跨学科文献检索。它把检索进程分为(有些任意)两个子步骤:初始检索和全面检索。初始检索始于人们选择某个主题并确定它能否从跨学科意义上进行研究。一旦做出决定,全面文献检索就可以进行了。成功的检索会证实该主题可以研究并真正适用于跨学科研究。对研究进程的后续步骤最重要的是,成功的全面文献检索会识别最相关的学科视野及其见解,尽管最终确认还得等到完成步骤七和步骤八(见第九章和第十章)。本章告诫不要将阅读限定在熟悉的学科而忽视了陌生学科。本章鼓励研究者按学科视野对见解分类,学科视野是与跨学科研究截然不同的研究实践。本章还鼓励研究者设计某种整理信息的方法,以便能在 IRP 后续步骤中轻松地检索出来。

假如文献检索太仓促,就可能不会揭示所有相关学科。对跨学科研究进程不熟悉的那些人,有时会在发现由少数学科或少数专家生成的少量资源后就想提前结束文献检索。但研究进程的后续步骤会将早期步骤中未完成的工作暴露出来。下一章通过解释如何做到熟识相关学科来推进研究进程。

注 释

1. 从社会科学视野对文献综述的全面探讨见纽曼(2006)和哈特[Hart](1998)的著作。*文献综述*是个涵盖术语,指的是包括背景综述、历史综述、整合综述、方法论综述和理论综述在内的专业化综述(纽曼,2006,第112页)。社科学者通常在其研究一开始就进行文献综述。亦见L.G.阿克逊[L. G. Ackerson](2007)的著作。阿克逊是杰出的工程与科学图书馆员和学者,其专业领域是"用户信息搜寻行为"和"跨学科研究的信息资源",他更喜欢用术语*文献检索*。文献综述通常包括解释学科迄今为止如何处理问题,学科学者如何努力通过形成更好认识该问题的概念、理论和研究方法来改进先前研究,但这些概念、理论和研究方法未能提供对该问题的全面认识,也未提供令人满意的解决该问题的办法,故而跨学科方法成为必须。

2. LCC和杜威系统均最早形成于19世纪,并随着学科演进努力适应出现的新主题与新的跨学科。

3. 从跨学科视野对此主题的最佳处理见费谢拉和吉美尔(1999)著作的第六章。

4. 对出处问题、出处的可靠性及在互联网上发现并评估出处的出色探讨见布斯[Booth]、科伦布[Colomb]和威廉姆斯(2003)著作的第五章以及雷普克等人(2020)著作的第十一章。

5. 与同行评审的期刊文章相比,学科依附相关著作的重要性有所不同。人文科学的学者以著作形式发表其研究的可能性与在同行评审期刊上发表的可能性差不多,社会科学的学者以著作形式发表其研究的可能性相对就少了,自然科学更少。

练 习 题

特殊挑战

5.1 就所研究的问题或主题,你在"跨学科研究者所面临的特殊挑战"中所探讨的初始检索中会遇到哪些挑战?有没有遇到该探讨忽视的某个挑战？

初始检索

5.2　建造优质建筑取决于两件事：使用优质材料，具备建筑组件及其关系的蓝图或图纸。这适用于建造建筑物的地基。图解问题并表述之（或设计研究课题），对于构建研究课题的基础至关重要。就你的课题而言，需要收集什么材料才能使你确定该主题可否从跨学科意义上研究？

5.3　你使用什么主题标目和关键词查找关于主题的文献？检索贵校数据库或使用谷歌、必应之类商业检索引擎时，这些主题标目和关键词更有帮助吗？

5.4　浏览、探析、速读、评判等策略如何帮助你确定该主题可以从跨学科意义上进行研究？反思“开始文献检索时要避免的错误”后，要使该主题能从跨学科意义上研究，你必须做什么？

进行全面检索

5.5　你是如何处理课题涉及的整理任务的？你在继续全面检索时，你的整理方案能容纳不断增加的见解以及相关零散信息吗？

5.6　选取最近发表的见解（无论是书籍还是期刊文章）并阅读，找到小标题“整理信息”下所列出的以及表 5.1 举例说明的特定内容。然后，仔细检查出处（书目）和注释（尾注），与主题相关的其他出处建立联系。

5.7　图解问题并进行全面文献检索后，假如要收录知识的某个非学科来源，你有没有发现现有研究中可能要填补的空白？

第六章　熟识相关学科

学习成效

读完本章,你能够

- 解释“熟识相关学科”的含义
- 解释如何做到熟识相关学科
- 解释如何做到熟识学科方法
- 演示如何在基础研究中运用和评估方法
- 演示如何提供学科熟识度的正文证据

导引问题

对某门学科要了解多少才能有效评估其见解?

如何做到充分了解所借鉴的学科?

如何在作品中表明充分了解每门学科?

如何评估对学科理论与方法的运用?

本章任务

本章阐述了跨学科新手如何做到熟识与问题相关的学科。做到熟识包括判定每门学科的见解需要多少知识及何种知识,还包括识别相关理论并认识学科方法。本章研究了关于方法的跨学科立场、定量研究与定性研究之争，以及学科偏爱的方法同其偏爱的理论如何关联。本章探讨了高年级本科生与研究生如何将自己的基础研究纳入跨学科进程，最后解答了提供学科熟识度的正文证据何以重要。

A. 借鉴学科见解

1. 界定问题或表述研究课题
2. 为使用跨学科方法辩护
3. 识别相关学科
4. 进行文献检索
5. 做到熟识每门相关学科
   - **解释熟识的含义**
   - **做到熟识理论**
   - **做到熟识学科方法**
   - **在基础研究中运用并评估学科方法**
   - **提供学科熟识度的正文证据**
6. 分析问题并评估每个见解或理论

熟识的含义

熟识（跨学科意义上）是对每门相关学科认知图的一种认识，这种认识足以识别关于问题、认识论、假说、概念、理论和方法的学科视野，为的是认识和评估学科关于该问题的见解。

熟识需要明白研究课题的目标

根据经验，目标越远大，所需的知识（即学科深度与广度）就越多。假如你的目标只是整合少量见解或理论，所需的学科知识就很有限，而构建的认识就是不完全的。这是本科生作业的特征。但是，假如你的目标是实现整合并就该问题构建起比专家迄今所获取的更广泛的认识，那就需要较多的知识。而假如你的目标是将基础研究与就该问题的现有研究进行整合,所需的知识就更多。最后这种情况所需的具体知识会在后面“进行基础研究时选定使用哪些学科方法”这个标题下进行探讨。

熟识包括借用每门相关学科

跨学科研究者从学科借用见解。为利用这些见解,你必须对学科的概念、理论和假说做到一定程度的熟识。借用的是每门学科对研究课题的见解、用以表达的概念、所基于的理论、所根据的假说。借用还需要在可信度(是否经过同行评审?)和关联度(是否阐明了课题的某个部分?)方面仔细评估所借用的见解。

我们在第二章看到,学科研究者在其研究中会受到学科视野的影响。由此可见,假如在学科视野的背景下研究学科见解,反而会理解和评估学科见解。正如在下一章会看到的,接下来我们会被引导询问见解是否因视野而产生偏差。遗憾的是,许多所谓的跨学科研究者略过“熟识学科”这一关键步骤,从而未能在视野背景下评估见解。他们接着不知不觉接受了学科偏见,并限制了自己形成对问题更全面认识的能力。

学科学者很早就担心跨学科研究会注定比较肤浅,因为跨学科研究者对其借鉴的每门学科不可能拥有学科学者所具备的认识深度。本章及本书的论点是,跨学科学者能够做到足以理解、评估和整合学科见解的学科熟识度。但这项任务并不那么简单,并非说跨学科学者只是阅读某门学科的一两篇文章而不用反思那门学科的属性。那种“打一枪换一个地方”式的学术研究的确肤浅。

熟识包括了解哪些学科要素适用于该问题

做到熟识需要确定哪些学科视野的要素(即现象、认识论、假说、概念、理论和方法)最适用于问题。第二章提供的信息对此应该有所裨益。阅读每个学科见解时,要了解它所包含的要素。在某些情况下,认识论和假说可能非常重要,但作者很少明确提及(假如需要更多学科深度,就翻阅第二章图表里提及的专业化学科研究助手。)

读者须知

对于研究生乃至单兵作战的研究者来说，“多少”很可能包括对相关学科视野及要素的评判，以及识别和检验其见解与理论之间的联系。[1]

熟识包括知晓学科内的争论

上文强调了知晓学科视野的重要性。跨学科研究者应该认识到，学科学者相互之间会意见相左。其实，所有类型的学术研究都经由分歧而进步：学者对支持相互竞争假设的证据进行整理，随着时间推移，通常会出现某种意见一致的倾向（往往吸收了不同假设的要素）。假如只阅读一门学科的一篇文章，对学科争论的感知就非常有限；假如阅读了少量文章，很可能会对学科学者同意什么、反对什么有所认知；运用在其学科内受到广泛质疑的见解应当小心谨慎，除非看上去那门学科的视野对该见解抱有偏见。

通过广泛阅读关于研究课题的某门学科，跨学科研究者吸收了学科对其见解的评价。研究者接下来可以评估关于学科视野的这些见解（见第七章），学科学者未必会这么做。（两种类型的评估——学科评估与跨学科评估是互补的。）跨学科学者因此最有可能察觉出每个见解的优劣。

所需的熟识程度不一

对于本科生来说，所要求的深度与广度通常比较适中，并取决于所进行研究的篇幅与复杂程度。*根据经验，学科越少，越容易做到熟识*。这在关于得克萨斯州淡水短缺成因的本科生论文例子中得到了证明。与该课题最相关的三门学科包括地球科学、生物学和政治科学。该学生先前学习的地球科学和生物学课程为课题的科学成分提供了必要的学科“深度”。此例中的*熟识*意思是学生对这两门学科的重要理论、关键概念和研究方法（即如何收集和使用资料）有着应用知识。但是，该学生缺乏政治科学的“深度”，而这是形成论文的政策成分并对全面认识该问题提供必要学科“广度”所必需的。对于这位学生来说,做到熟识政治科学包括就决定州有关淡水资源管理规章的理论、关键概念和研究方法形成应用知识。

相比之下,威廉·迪特里希(1995)对哥伦比亚河系的跨学科研究涉及的学科知识更深更广。迪特里希是《西雅图时报》的科学记者,1990年因报道“埃克森·瓦尔迪兹”号油轮(Exxon Valdez)石油泄漏事件获普利策奖。全面研究庞大而复杂的哥伦比亚河系,要求迪特里希做到熟识多门学科及学科专业,包括环境科学(跨学科领域)、化学、物理学、政治科学、美洲原住民的历史与文化(跨学科领域)和经济学。

学生研究的问题比迪特里希的更为简单,可以做到对相关学科不同程度的熟识,如以下例子所示。

例一 需要相关学科起码的深度广度。大学二年级水平的课程引进的跨学科研究领域,需要学生就预先选择的克隆人主题识别相关学科及其视野。尽管没有哪位学生事先研究过这个特定主题,但他们都使用了关于学科视野的表2.2(见第二章)。他们能从该表识别两门潜在相关的学科,这是指定要求的数目。但是,将这些学科视野应用于该主题后,结果有更多任务,包括阅读来自每门学科的两篇同行评审文章,并以此为基础查明三个基本要素:关键概念、假说及理论。练习自始至终,指导教师起到了引导和教练的作用。

例二 需要相关学科较大的深度广度。大学三年级水平、有关跨学科研究进程的问题型课程上,要求学生从三个预选主题中挑选一个进行研究:自杀式恐怖袭击的成因,关于安乐死的论辩,或关于非法移民的论辩。学生要图解问题以帮助他们将复杂问题视觉化并将其组成部分与特定学科联系起来。他们还要查阅表2.4(第二章)。表2.5“自然科学的认识论”也有用处。这些对策有助于学生核实其研究结果并可能发现与其他学科的关联。此外,学生还要选取他们认为与问题最相关的三门学科。对这些学生来说,证明熟识包括识别每门学科就该问题至少两个经过同行评审的见解,并创建资料表,包含每个见解的关键概念、假说、理论和方法论。

例三　需要相关学科更大的深度广度。学生带着被认可的同其专业或学术目标相关的问题、课题的研究计划进入毕业班水平的跨学科顶级课程。他们还对同其所选课程相关的三门学科中的两门具备了学科深度,并在大多数情况下,在完成跨学科研究进程和理论课程之外,完成了一门学科研究方法课程。对于这些学生来说,证明熟识包括图解问题,查阅斯佐斯塔克分类表(表2.4),识别每门相关学科(包括跨学科和学派)关于该问题的至少三个理论,并用来自它们的信息填写资料表(第五章介绍过)。

小结

学科意义上的熟识有两个关键(且互补)的因素:

- 了解所利用的每门学科的视野(诸方面)
- 了解这些学科内部的争论(以及在此学科内如何评估见解)

从基础课题到中级再到高级课题,任何层次的学生都要像专家一样,必须做到熟识与问题相关的那些学科(包括子学科、跨学科或学派)。层次之间的深度广度大不相同,取决于问题的复杂程度、研究的目标、有无合作者及其作用。本科生不必一开始就带着大量专业化知识去进行跨学科研究。

假如问题需要复杂的资料处理,或要精通高深的专业术语,或需要正式课程作业才能掌握的知识,就离不开更多深度、更倚重学科专家。但假如运用少量来自每门学科的入门级概念和理论就足以说明该问题,而且可以轻松简单地获取适度信息,那么单枪匹马的跨学科研究者乃至本科一年级学生也能对付。幸运的是,运用少量来自每门学科的相对基础概念和理论也能对极为复杂的问题形成某种有用的初始认识(纽厄尔,2007a,第253页)。

读者须知

尽管富有挑战,跨学科研究还是能在各个学术层次上做到。对于学生来说,要遵循某个研究进程,从一开始打算去识别相关学科视野,到批评性分析其见解以创建见解之间的共识,再到形成对该问题更全面的认识。本章和后续章节将提供大量学生和专业人士的范例,这些范例都是面向自然科学、社会科学和人文科学的跨学科研究。

熟识理论

有些本科生往往觉得理论可畏,但当认识到理论是什么、用理论做什么后,他们的焦虑通常会缓解下来:理论帮助学者认识自然界或人类世界的某个方面。它们解释特定现象的变化、系统的组成部分如何相互作用及其原因。理论由事实和研究加以检验,并试图解释可用的证据。学科专家运用理论生成对特定问题的见解,没有理论的话就不可能做到。

为何要认识理论

研究者需要对所选理论有个基本认识,其现实原因在于理论是学科见解的重要来源。*未在某种程度上涉及理论就对大多数学科的任意主题进行研究,这几乎不可能*。对于来自自然科学和社会科学的见解来说尤为如此,哪怕有些人文类学科如艺术史和文学也是如此。理论对学科的学术成就非常重要,因此,*做到熟识相关学科必须包括了解与研究问题相关的理论*。至少你应该能在阅读相关见解时识别理论。高年级本科生和研究生通常用现有理论工作;研究生、单兵作战的跨学科研究者特别是跨学科团队很可能发展出新理论。

概念及其如何与理论相关

每门学科都会创造大量概念,它们构成了学科的专业行话或术语。入门级学科教科书是概念及其定义的最佳出处。尽管每门学科都有自己的专业化词汇，但很容易会发现，一门学科里的概念也会出现在另一门学科的词汇里，但意义稍有不同。例如，社会学里的“理性”概念可以指对群体或整个社会来说正常的价值观或行为，而在宗教里，同样这个概念就可能取决于人们的信仰以及受到宗教信仰传统作品支配的行为。

*跨学科研究者对概念感兴趣是因为，概念一经改进，往往就可以成为创建共识及整合见解的基础。*概念能推动建立起跨越学科界线的普遍联系。例如，*作用*这个概念广泛运用——商业研究消费者的作用，社会学研究社会结构中个体的作用，历史学研究在某个事件或进程中个人的作用。其他广泛运用的概念还有*地区*和*性别*。

概念如何与理论相关？概念是任何理论最基本的“积木”。[2]有些概念仅见于单个理论，但许多概念见于多种理论。例如，*阶级*、*社会经济地位*和*社会阶层*概念见于多种社会学理论。正如前面所指出的，概念通常描述了一个或多个现象、某个理论所包含的因果关联，但有些概念可能表达了理论的其他属性。[3]

如何进展

*识别与问题相关的所有主要理论，对于维护学术严谨、生成综合性的跨学科认识必不可少。*正如必须在选择最相关学科前识别与问题潜在相关的所有学科一样，在选择那些最相关的理论前识别所有相关理论同样不可或缺。*进展的方式是识别单门学科内与问题相关的主要理论，然后对其他相关学科按顺序重复这一过程，直至识别所有重要理论。*作者一般会说明采用了哪些理论，除非其学科处理某个特定问题时顽固墨守唯一的理论。

识别单门学科内的理论

步骤四（第五章）主张按学科对理论进行归类。花费时间这么做，会使得将每门相关学科与一系列特定理论联系起来变得容易，如以下作者所做。阅读（或重读）发表这些理论的出版物时应该记住这个问题：“每位作者提出了什么理论解释了我正在研究的问题？”该问题适用于几乎任何主题，包括这些：

- 青少年肥胖增多
- 为职业体育场馆提供公共基金
- 处方药能否购买
- 文艺复兴艺术作品中视觉透视的发展
- 加利福尼亚等干旱地区淡水短缺
- 非法移民

下列例子与由同一学科就特定主题提出的理论有关,引自已出版的著作和学生课题。

表 6.1 单门学科就得克萨斯淡水短缺成因的理论

相关学科	单门学科就得克萨斯淡水短缺成因的理论
地球科学	1. 全球变暖理论 2. 过度开发理论 3. 下渗理论

自然科学的例子 **斯莫林斯基*(2005),《得克萨斯淡水短缺》。** 斯莫林斯基在与得克萨斯淡水短缺问题相关的地球科学学科内发现了多个理论,如表 6.1 所示。

地球科学家可能信奉"全球变暖""过度开发"或"下渗"这三个主要理论中的一个,以解释任何场所的淡水日益短缺的现象。斯莫林斯基只有把已发表的地球科学文献作为基础,才有可能确定这些是最相关的理论。为确保其研究的时效、全面,斯莫林斯基与一位地球科学教授合作,并向受雇于公共部门和私营部门的专业人士咨询,更多地得到证实的见解。

社会科学的例子 **费舍尔(1988),《论基于因果变数整合职业性别歧视理论的必要》。** 在介绍其有关职业性别歧视(OSD)的跨学科论文中,费舍尔写道,"回顾心理学、社会学、经济学、哲学和历史学领域的文献,展现了对 OSD 的大量解释,每个解释都反映了相关的特定学科(或学派)的'窥镜'"(第 22 页)。这一表述适用于跨学科论文,原因有二:(一) 它告诉读者,研究者已经完成了深入的文献检索,(二) 它识别了与问题最相关的学科。

费舍尔发现,四门学科和一个学派(马克思主义)就此问题生成了重要见解。由此，他从经济学开始，识别了有关 OSD 的四个重要经济学理论，如表 6.2 所示。

表 6.2　单门学科就职业性别歧视(OSD)成因的理论

相关学科	单门学科就 OSD 成因的理论
经济学	1. 买方垄断剥削理论 2. 人力资本理论 3. 统计歧视理论 4. 偏见理论

人文科学的例子　**弗莱(1999)，《塞缪尔·泰勒·柯尔律治：〈古舟子咏〉》**。保罗·H. 弗莱(Paul H. Fry)识别了用来诠释塞缪尔·泰勒·柯尔律治(Samuel Taylor Coleridge)复杂而晦涩的古典浪漫诗歌《古舟子咏》(*The Rime of the Ancient Mariner*)意义的五个文学理论。这些理论(分析)方法(有些情况下用"批评"表示)在表 6.3 中标出。

表 6.3　单门学科就《古舟子咏》意义的理论

相关学科	单门学科就《古舟子咏》意义的理论
文学	1. 读者反应批评 2. 马克思主义批评 3. 新历史主义 4. 心理分析批评 5. 解构主义

总结与分析　在每个例子中，作者所选的那套理论代表了对问题的重要解释。每个理论产生特定假说，以某些概念表达自身，并鼓励运用特有方法。跨学科研究者往往必须与提供了对问题矛盾解释的一系列学科理论打交道。这种状况下要避开的诱惑是为减少矛盾而提前缩减这些理论的数量。

识别其他每门相关学科内的理论

在单门学科内识别了相关理论后，重复该进程以找到其他一系列理论，如下述学生作品和专业著作的例子所示。

自然科学的例子。　**斯莫林斯基*(2005)，《得克萨斯淡水短缺》。**

斯莫林斯基将他用来识别和认识重要地球科学理论的同一研究进程运用于生物学和政治科学学科,如表6.4所示。

表6.4 相关学科就得克萨斯淡水短缺成因的理论

相关学科	相关学科就得克萨斯淡水短缺成因的理论
地球科学 生物学 政治科学	1. 全球变暖理论 2. 过度开发理论 3. 下渗理论 4. 单系统理论 5. 蚕食理论 6. 市场理论 7. 边界理论

当学生在跨学科研究进程中采取更多步骤时,他们会修订并扩充该表,以跟踪快速激增的信息碎片,这些信息碎片一般随着研究进程的进展而积累起来。

社会科学的例子 **费舍尔(1988),《论基于因果变数整合职业性别歧视理论的必要》。**费舍尔研究了来自其他每门相关学科的文献,以识别有关OSD成因的其他重要理论,如表6.5所示。

表6.5 相关学科就OSD成因的理论

学科或学派	相关学科就OSD成因的理论
经济学 心理学 社会学 历史学 马克思主义[a]	1. 买方垄断剥削理论 2. 人力资本理论 3. 统计歧视理论 4. 偏见理论 5. 男性支配理论 6. 性别角色取向理论 7. 制度理论 8. 阶级斗争理论

总结与分析 这些表格能使研究者跟踪快速激增的信息碎片,这些信息碎片一般随着跨学科研究进程(IRP)的进展而积累起来。在每个例子中,进行IRP中更多步骤会涉及重新探讨这些列表,有必要的话也许要对它们修订或扩充。

学者圈就某个特定问题提供两个或更多理论并不稀奇。出现这种情况时，研究者接受费舍尔(1988)的策略是明智之举，即在处理其他学科(这些学科可能每门仅仅提出一两个理论)前，先识别提出多个理论的学科。原因何在？因为来自同一学科的理论往往比来自不同学科的理论更容易整合，这在步骤八中会变得明朗。

理论选择何时用演绎法(针对高年级学生和从业者)

在这些范例中，跨学科研究者致力于早已吸引了学科学者相当大注意力的问题。他们归纳性地进行研究，也就是说，通过大量阅读文献并记下所用理论进行研究。但是致力于学术研究寥寥无几的问题会怎样呢？抑或致力于仅仅提出某些类型理论的问题又会怎样呢？看到文献中的这种缺陷，你可能希望提出某个理论能解释学科专家所忽视的问题。如果还不知道某个合适的理论，从若干类型或类别的理论中选择某个理论就要使用演绎方法。这包括(一)选择合适的理论类型(当心它不能是学科研究者早已使用过的同样类型)，然后(二)从类型中选取某个理论。

为帮助做出该决策，斯佐斯塔克(2004)提供了“理论类型分类法”。他建议我们通过向每个理论类型提出五个“W”问题来开始缩减进程：

- *Who*(何人)(作用者)？作用者是谁？回答：作用者可以是有意的(即能思考、能决定)，也可以是无意的，可以是个人、群体、社会机构、独立国家和国际团体。
- *What*(什么)(行为)？作用者做什么？回答：作用者可以是主动的，也可以是被动的，或表达态度。
- *Why*(何故)(决策)？作用者如何抉择？回答：无意的作用者不做抉择(因此我们只能将其行为归因于其内在属性)，但有意的作用者诉诸五种类型的决策(理性决策、规则型决策、价值型决策、传统型决策、直觉决策)。
- *When*(何时)(时间路径)？因果进程遵循什么样的时间路径？回答：因果进程必须是均衡的、循环的、单向的或随机的。
- *Where*(何处)(概括)？理论的概括性如何？回答：概括性

可以根据通则(表意)连续体来评估,这里通则代表概括性,表意代表特异性。

提出这些问题有个额外的好处,即展示(或确认)学科研究中疏漏之处。因此,哪怕研究者并未提出自己的理论而只是评估他人理论,这些问题也有裨益。例如,若你识别的所有理论都是关注个体活动的,而你认为群体行为很重要,这就会引导你去琢磨个体层面理论有哪些遗漏。同样,回答五个"W"问题会暴露理论类型间矛盾的来源。注重群体的理论得出的结论很可能不同于注重个体的理论。表 6.6 说明了这些问题如何应用于若干重要理论。

认识理论何以矛盾是为创建共识并进行整合做准备。表 6.6 展示了若干常用理论如何用五个"W"问题加以分类。该表去除了一个要点,即循着每个维度,理论各异,因此可能每个理论较适用于处理不同的研究课题或单个研究课题的不同方面(例如,在特定场合,也许会有对个体和群体活动均适用之处)。

表 6.6 斯佐斯塔克的所选理论类型分类法

对每个理论提出的问题					
理论	何人? 作用者	什么? 行为	何故? 决策	何时? 时间路径	何处? 概括性
除生物科学外的大多数自然科学	非有意的作用者	被动	非主动决策进程	不一	不一
进化生物学	非有意的普通个体	主动	内在	并非同样平衡	通则
进化人类科学	有意的个体(群体)	主动	不一	并非同样(任何平衡)	通则
复杂性(描述现象间互动系统;跨越自然科学和人类科学应用)	灾难,混沌	主动和被动	并非严格的理性,但必须包括适应要素	看法不一	常为通则

（续表）

对每个理论提出的问题					
理论	何人？ 作用者	什么？ 行为	何故？ 决策	何时？ 时间路径	何处？ 概括性
行为(包括实践理论)	有意的个体(关系)	行为与态度交替	往往是理性的，但可能是潜意识的、反复无常的	不一	常为表意
系统(承认社会生活模式不是偶然的)	不一	行为与态度	不一；强调约束	不一	常为通则
心理分析	有意的个体	态度	直觉；其他可能	不一	绝对通则
符号互动论	有意的关系	态度	不一	随机	表意；有些通则
理性选择	个体	行为	理性	通常平衡	通则
现象学	关系(个体)	态度(行为)	不一	不一	不一

出处：R. 斯佐斯塔克(2004)，《对科学分类：现象、数据、理论、方法、实践》，第82—94页。多德雷赫特：施普林格出版社。

右边栏出现的术语**通则**指的是适用于广泛现象的理论。**通则理论**假设两个或多个现象之间存在普遍联系，通则研究者注重证明广泛的适用性。**表意**指的是仅适用于有限现象并处于一系列限定条件下的理论。**表意理论**假设仅在特定状况下的联系，表意研究者希望解释处于一系列限定条件下理论命题的关联（斯佐斯塔克，2004，第68、108页）。

熟识学科方法

这里探讨的学科研究方法不能与IRP本身混为一谈。IRP是总的研究进程，包含了学科方法论。在本书所面向的读者中，做到熟识学科方法相差迥异。本科生必须熟悉作者使用的方法并懂得这些方法怎样歪曲其见解和理论。有些研究生和单兵作战的跨学科研究者会自己运用学科方法,而有些仅需了解所用方法,以识别、批判、检验起作用学科的见解与理论之间的联系。跨学科团队通常会运用学科方法。本节对学科方法加以界定并探讨如何做到熟识学科方法。

界定学科方法

复习一下,**学科方法**指的是学科从业者开展、组织、介绍研究所用的特定步骤、工序或技术。方法暗示做事方式有序、合理。尤其是在自然科学和社会科学,方法是用来证明自然界或人类世界某方面如何运作的手段(斯佐斯塔克,2004,第100页)。[4]

用于自然科学、社会科学和人文科学的方法

幸运的是,比起学科所赞成的理论的数量来,学科所用的方法数量很少。自然科学、社会科学和人文科学的主要学科所用的大多数方法可归入以下某个类别。

自然科学

自然科学通常注重定量研究策略:[5]

- 实验(通常在实验室环境下)
- 数学模型
- 分类(对自然现象)
- 图解
- 统计分析
- 仔细研究物质实体(如地质学家研究岩石)

社会科学

社会科学定量、定性研究策略并用:[6]

- 实验(通常在应用环境下)
- 统计分析
- 调查(定性)

- 访谈(定性)
- 民族志/非干扰度量(定性)
- 实物踪迹(如考古学或古生物学)
- 经验/直觉(如用于诠释资料)(定性)
- 分类(对人类现象)
- 三角互证或混合方法[7]

人文科学

人文科学通常注重定性研究策略：[8]

- 文本分析(内容分析、话语分析和历史编纂)
- 阐释学/符号学(研究符号及其意义)
- 经验/直觉(如用于诠释/欣赏创造性作品)
- 分类(对时期、学派等)
- 文化分析(文本分析与符号学分析的结合)

关于学科研究所用方法的跨学科立场

关于学科方法的跨学科立场是：有许多方法，每个方法各有利弊，在跨学科工作中，没有哪个方法或综合方法比任何其他方法更优越。跨学科研究者不应该受到学科研究者觉得方便的理论—方法组合的束缚。该观点来自这种信念：每门与某个问题相关的学科都对认识该问题有所贡献。跨学科立场是主流，如今对此达成了哲学上的一致乃至科学上的一致，即没有哪个方法或实证主义之类宽泛的科学研究方法独自激活了当今的知识结构(斯佐斯塔克，2004，第100页)。

熟识学科必须包括认识学科研究方法

熟识学科必须包括认识学科研究方法，原因在于：既然见解所根据的证据来自方法的应用，分析这些见解就必须包括熟悉这些方法的潜在缺陷。

一般来说，大多数本科研究涉及整合来自已发表研究的见解和理论,尽管有些跨学科课程和高级课题确也进行田野作业。在此层面上,对方法的注重关键在于认识学科如何选择并确实选择了那些擅长(并偏重)其钟爱的理论的方法,这反过来也影响了所生成的见解和理论。本科生可以利用其对特定方法潜在缺陷(见下文)的认识来对运用这些方法所生成的见解进行分析;研究生和学者可以思考不同方法如何生成不同见解。他们可以自己探究此类方法。

熟识学科包括了解有关定量法与定性法之争的跨学科立场

熟识学科包括了解涉及定量法与定性法之争的议题以及跨学科对此的立场。历史上,学科学者对定量法与定性法的价值产生过分歧。**定量研究策略**强调可以量化的证据,如分子中原子的数量、河水流速、风车产生的能量值。**定性研究策略**关注某样事物的性质、状态、时间和地点——其实质及其环境。因此,定性研究指的是不用从数量上评估和表达的物或人的意义、概念、定义、性质、比喻、象征和说明(贝格,2004,第2—3页)。定性研究往往对新问题(或研究课题)或以新方式表达老问题、老课题更有用处。大多数定量研究靠的是数字,而定性研究往往靠的是词语、形象和说明。[9]

定量、定性之争基本结束了。如今,关于研究方法论的大多数作者都强调方法的结合而不是方法之间的区分(豪尔、豪尔[Hall & Hall],1996,第35页)。然而,从业者承认,这两个宽泛方法的相对重要性会随着研究问题的性质不同而发生变化。跨学科从业者和学生对定量和定性方法应兼收并蓄,因为每种方法都长久使用、得到认可、受到鼓励并有所帮助(塔沙克里[Tashakkori]、特德利[Teddlie],1998,第11页)。现在,这种方法上的包容成为社会科学中众多主要著作的特征,包括布鲁斯·L. 贝格[Bruce L. Berg](2004)的《定性研究方法》(*Qualitative Research Methods*),它既是写给学者的,也是写给学生的(见锦囊6.1)。他鼓励研究者"考虑定量和定性这两种研究策略的好处"(第3页)。[10]对于注重识别不同作者关于某个问题的视野的跨学科学生来说,这是个合理的建议。

锦囊 6.1

关于定性研究有两个常犯的误解。第一是相信数字带来的结果比定性研究所能提供的结果更确切、更有效。从事社会科学的那些人要特别当心对量化取向过于看重的趋势。其实，定性法不仅富有成效，还能提供比单靠定量法所能达到的认识更深刻的认识。贝格(2004)说，尽管有些定性研究课题完成得很蹩脚，但是不能因为有些研究未能正确运用定性方法就将其摒弃。他补充道，定性法能够也应该非常系统化，并能被后来的研究者所复制。"毕竟，可复制、可再现对于创造与检验理论及其被科学界认可至关重要"(贝格，2004，第 7 页)。和学科研究者一样，跨学科研究者应该关注的是，其研究经得起检验，即后来的研究者用同样学科、见解、概念、理论和方法研究同样问题并得出同样结果。

第二个误解是这种趋势：有人把定性研究同单一的参与观察技术联系在一起，还有人将其对定性研究的认识扩展到包括访谈在内(贝格，2004，第 2—3 页)。其实，定性研究策略也包括"实验自然环境观察、摄影技术(包括数码记录)、历史分析(历史编纂)、文档文本分析、计量社会学、社会剧及类似的民族方法学实验、民族志研究以及大量非干扰技术"之类的方法(贝格，2004，第 3 页)。[11]实际上，采取定量法的研究者往往会公布定性资料(例如，解释用于收集统计资料的进程)，而用定性法的研究者往往会确定数量("大多数受访者认为……")。

假如人类只用定量法进行研究，会出现结论(尽管计算精确)可能无法适应现实乃至歪曲现实的危险。定性法提供了对真实的人及其留下的人工制品(如艺术、文学、诗歌、照片、信件、报纸报道、日记等)这些不可量化的事实进行评价及认识的方式。定性技术探寻人们如何安排其日常生活、学习，并了解自身和其他人。因此，研究者使用定性法，就能认识并赋予人类及其活动以意义。[12]

读者须知

研究生尤其应知道,关于“混合方法研究”有大量文献(有关精彩概述见黑塞—比博[Hesse-Biber]、约翰逊[Johnson]的著作[2015])。这种文献探讨了在单个研究项目中运用多种方法的好处与策略。此类文献与IRP之间有大量共同之处,这也不足为奇(相关探讨见斯佐斯塔克[2015a])。混合方法文献大多强调定量法与定性法并用的好处,但其技术可以应用于并已经应用于多种定量法或定性法。它倾向于不像本书那么关注“学科视野”,但仍然意识到不同方法都建立在理论、认识论和概念集合体的基础之上。探讨混合方法研究的缘由是本章的一个要点:承认不同方法各有利弊。我们因此会鼓励跨学科研究者进行研究时运用混合研究法,就像我们会鼓励学生评估他人见解以探寻不同方法所生成的见解一样。

基础研究中运用并评估学科方法

术语*基础研究*指的是运用上述研究方法中的一种来收集、分析资料以证明现有假说、理论、观念或提出新的假说、理论、观念的科学研究。跨学科研究者(无论是单兵作战还是团队出击)进行基础研究的主要原因是为了处理不同学科所研究现象之间的潜在联系——这些联系往往不为学科研究者所关注;一个次要原因是为了防止学科研究者选用方法中的偏见:跨学科研究者随后可以将另一门学科偏爱的一种方法运用在学科学者已检验过的因果关系上。跨学科研究者接下来会将其基础研究的成果同学科研究者的研究加以整合。整合生成的成果不同于学科的研究成果,但与之互补。

跨学科研究者从事的研究有基本的研究内容,要决定如何选取适用于问题并最好能提供新见解的方法,这种新见解能同现有见解整合以产生更佳认识。*使用学科方法进行基础研究是跨学科研究的一部分,不应等同于或替代本书所说的研究模式,而应与之结合使用。IRP接纳所用的任何学科方法。*(即便未使用学科方法开展基础研究,下文探讨中介绍的信息对于就所用方法评估学科见解也有裨益。)

社会科学的大多数学科研究者至少拥有一项他们觉得用起来最得心应手的研究策略或方法论技术，这"往往成为他们最中意或唯一的研究方法"（贝格，2004，第4页）。自然科学以及人文科学的研究者可能也是如此。但是，跨学科研究者不应在这方面效仿学科研究者。选取任何研究方法都会对成果形态产生重要后果，跨学科研究者在决定使用何种研究方法时必须意识到这些后果。

识别不同方法的利弊

我们运用五个"W"问题来识别表6.6里不同类型的学科理论。我们可以同样使用这些问题再外加五个问题来识别不同学科方法的利弊。

- 可以研究多少作用者？有的方法详细关注一两个，而有的可以涵盖数百万个。
- 可以研究因果论证的四大要素吗？研究者寻找原因与结果之间的相互关系、时序（原因发生在结果之前），识别原因与结果之间的中间变量/进程，并想方设法排除替代解释。
- 该方法考虑到归纳吗？也就是说，它容许材料让人联想到新的假说吗？有些方法就是为了检验假说而不是联想到新的假说。
- 可以在时间上关注作用者吗？
- 可以在空间上关注作用者吗？

表6.7将五个"W"问题外加以上问题运用于前述学者常用方法里的10种。表格显示，不同方法有着不同的利弊。因此该表可以用于提出能产生对任何问题替代认识的方法，并提供关于哪些方法最适用于某个特定项目的建议[表6.7支持两种重要意见：（一）有些方法比其他方法较适于处理特定研究课题，（二）任何复杂研究课题会得益于多种方法的应用，因为复杂课题无疑会包含不同类型的作用者、因果关系等]。

就拿实验的弊端来说吧。这种方法虽然非常适用于探究自然物体间的特定因果关系(如化学反应),但对于研究有意识作用者的决策就不那么适用了,因为它们在可控场景下的行为可能不同于在现实世界里的行为。假如考虑到对人类主体进行实验的效用,你会有充分理由质疑是否参与者可能举止“逼真”(即像他们在其他场景中一样)。而假如考虑到对无意识作用者进行实验的效用,你应该意识到自然进程会受到环境因素的影响,可能会阻止某个反应的发生。

表 6.7 方法利弊分类

标准	参与式观察	物理痕迹	统计分析	调查	文本分析
作用者类型	所有	所有;但在自然实验中只有群体	有意识的个体,间接关系	有意识的个体,其余间接	所有
调查数量	所有	很少	很少	一个	所有
因果类型	行为(演化)	被动,行为	态度,间接作用	态度	所有
识别因果关系的标准	均有帮助,但有限	可能四个都有	可能对每个提供见解	关于相互关系的某种见解,暂时	所有;关于中间体有限,替代物
决策进程	间接见解	一些	一些见解,片面	是,可能产生误解	一些见解
归纳	很少	一些	假如开放	是,偏见	很少
普遍性	双方	双方	具体	具体	双方
空间性	一些	受限	凭记忆	凭记忆	难以模仿
时间路径	无见解	很少见解	很少见解	很少见解	强调均衡
时序	一些	受限	凭记忆	凭记忆	简化
作用者类型	有意识的个体;关系群体?	所有;群体与间接关系	所有,群体与间接关系	有意识的个体,间接群体	有意识的个体;其余间接
数量	很少;一个群体	很少	很多/所有	很多	一个/很少
因果类型	行为(态度)	被动,行为	行为,态度	态度;间接作用	态度,行为
识别因果关系的标准	所有,但很少完成	对所有四个的某种见解	相互关系与时序,其余可能	关于相互关系的某种见解	关于所有的某种见解

（续表）

标准	参与式观察	物理痕迹	统计分析	调查	文本分析
决策进程	所有	无	无	很少	某种见解，片面
归纳	很多	很多	一些	极少	很多
普遍性	具体，来自众多研究的通则研究	具体，来自众多研究的通则研究	双方	双方	具体，来自众多研究的通则研究
空间性	很好，一些限制	或许推断	受限	很少	可能存在
时间路径	某种见解	某种见解	强调均衡	很少见解	某种见解
时序	适于月度	或许推断	静态，往往频繁	稍微纵向	可能存在

出处：选自 R. 斯佐斯塔克（2004），《对科学分类：现象、数据、理论、方法、实践》，第 138—139 页。多德雷赫特：施普林格出版社。

注："标准"反映了上文所列 10 个问题。

实验的另一个弊端在于本质上不具备归纳性（它们为的是检验某个假说）。实验设计中的一个差错有时可能会产生出人意料的结果并提出一个新的假说（就像弗莱明[Fleming]偶然发现了青霉素对细菌的功效）。不过，假如你希望生成新的假说，可能就要考虑文本分析或观察之类更多的归纳性方法。

确定在进行基础研究中使用哪些学科方法：举例说明

前面探讨理论时，我们鼓励你跟踪了解相关理论。对于方法，我们同样鼓励你这么做。与理论相比，方法更易于追踪，因为学科所用的方法只有大概十来个。不过，要知道，文本分析之类宽泛的方法运用了若干不同技巧，这些也要去掌握。

一旦将合适的学科方法数目缩减到少数几个，就必须确定其中哪些应该使用。就拿前述学生研究课题来说，它关注的是哥伦比亚河系与斯内克河系里大马哈鱼种群减少现象。正如前面指出的，某个主题可以采取任意数量的研究方向。在这个例子中，该学生将主题缩减为两条可能的研究路径：

选项甲：解释河坝系统建成后发生的大马哈鱼种群减少 80% 的

现象。

选项乙:调查哥伦比亚河与斯内克河里大马哈鱼种群的现状。

该学生确定了与这两个选项最相关的学科是生物学、经济学和历史学(作业限定学科数目为三门)。查阅表 6.8“每门学科常用的研究方法”,轻松地将每门学科同其偏爱的研究方法联系起来。

表 6.8　每门学科常用的研究方法

相关学科	研究研究方法
生物学	· 实验 · 数学模型 · 自然现象分类 · 图解 · 模拟(计算机)
经济学	· 数学模型 · 经验资料的统计分析
历史学	· 识别过去以文件、记录、信件、访谈、口述史、古迹等为形式的一手资料出处或以书籍和文章等为形式的二手出处 · 以将历史文件诠释为过去事件图景或特定时空内人类及其他生命形式的批判分析

下一步任务是确定其中哪些方法对每条研究路径最适用。注意,每个选项都以影响方法选择的方式界定主题。选项甲试图解释该问题如何形成、何人或何事该负责。表 6.9 表明最适合选项甲的方法是图解(生物学)、统计分析和批判思维(经济学)、历史文献的鉴定与解读(历史学)。

选项乙探寻对哥伦比亚河与斯内克河里大马哈鱼种群现状的更全面认识。表 6.10 表明哪些方法是纳入该选项的可能候选。该主题的选项乙版本导致了跨学科研究者可用的合适方法数目大量扩充。

确定应该使用哪些学科研究方法主要取决于你是否准备对问题进行基础研究。它还取决于关注它的学科,取决于产生相关见解的理论,取决于时间限制和资源限制。研究者将根据跨学科课题的要求或限制,确定哪些方法最相关。

表 6.9　选项甲使用的合适方法

相关学科	研究方法	纳入并验证的可能候选
生物学	实验	否。主题关注的是过去发生的事情。
	数学模型	否。它不适用于对该问题如何形成的历史解释。
	自然现象分类	否。不涉及需要分类的主题。
	模拟(计算机)	否。计算机模拟并不适合解释过去的决策。
经济学	数学模型	否。它不适用于对该问题如何形成的历史解释。
	经验数据的统计分析	是,只要所用统计信息能证明建造大坝的最初决策。
	批判思维	是。
历史学	识别一手出处材料	是。可以采访那些支持和反对建坝者;可以分析原始研究以及过去和现在的政府听证会。
	以诠释历史文献的形式批判分析	是。必须诠释历史文件以回答研究课题:"该问题如何形成?谁该负责?"

表 6.10　选项乙使用的合适方法

相关学科	研究方法	纳入并验证的可能候选
生物学	实验	可能。最近完成或正在进行的实验可以说明大坝系统如何影响各种大马哈鱼种群。
	数学模型	可能。模拟大马哈鱼在不同条件下的季节性洄游会有用处。
	自然现象分类	否。不涉及需要分类的主题。
	图解	可能。此方法能说明过去决策对大马哈鱼种群的累积影响。
	模拟(计算机)	可能。计算机模拟对预测不同情况下的不同后果有用。
经济学	数学模型	可能。原因已说明。
	经验数据的统计分析	是。大量近期或当前统计数据很可能有用。
	批判思维	是。
历史学	识别一手出处材料	是。可以采访目前那些支持和反对建坝者;可以分析原始研究以及过去和现在的政府听证会,以提供背景信息和当下情境。
	以诠释历史文献的形式批判分析	是。必须诠释文件和资料来源以回答研究课题:"哥伦比亚河与斯内克河里的大马哈鱼种群现状如何?"

某门学科的首选方法同其首选理论如何关联

表 6.7 在某种程度上依赖表 6.6 所用的同样五个“W”问题，这也从经验上证实了某些方法更适用于研究某些理论：那些就五个“W”问题提供了相似答案的理论。例如，倘若人类遵照不同(或随机)的决策策略，数学模型和统计分析就并不特别适用于研究人的决策。但如果假定人类随机作出决策，那就只需知道其偏好(他们想要获得什么)及其选项：我们能确定他们会作出何种决策，而不用研究他们怎样进行决策。如果假定某些偏好(如人人想要收入最大化)，我们就可以对其决策进行建模或从统计上进行评估。然后依据理性选择理论，经济学家就能运用这些定量法；否则，这些定量法就对研究人类决策束手无策。假如研究者想要从理论上说明非理性决策——比如每个人都受到文化或同伴压力的影响——他们就可能要运用不同方法：社会学家会使用调查、访谈和观察，行为经济学家(他们不假定理性)会使用实验。

学科研究者不会任意选择理论与方法，而是选择特别擅长研究他们所赞同的理论的方法；他们还会选择研究非常适合其理论与方法的现象。比如，经济学家因此通常不太关注文化，文化与理性选择理论并无直接关联，也难以在数量上衡量。既然每门学科通常重视自己的理论、方法和主题，跨学科认识的巨大障碍就显露出来了。社会学家声称其访谈表明了对个人决策的重大文化影响，经济学家会不屑一顾，认为这是运用了错误方法和错误理论来研究错误现象。要一如既往地警惕学科视野的力量。

知道了一门学科可能会选择使其理论看上去特别合适的某种方法，思索其他方法若应用于该理论可能表明什么会有裨益。想要自己运用学科方法的研究生或学者可能会尝试考虑不常用于研究某个特定理论的方法。正如贝格(2004)所告诫的那样，研究者错误地以为选择方法与选择理论关联不大或毫无关联，“他们未能认识到方法给现实强加了某种视角”(第 4 页)。因此，我们必须慎之又慎，不要认为学科视野理所当然，不要只是因为学科研究理论时使用了某种方法就信奉这种方法。(费舍尔[1988]表达了相关看法，他认为，我们不应忽视某门学科中可能已经失宠的方法。)

贝格(2004)举例分析了这种挑战。研究者决定调查某个地区并安排与居民会谈,讨论他们对某个社会问题的观点。他说,研究者决定使用这种数据收集方法,意味着他们早已做出了理论假设,即现实是完全不变的、稳定的;同样,当研究者对事件进行直接观察,他们就假定现实受到了所有参与者(包括他们本人)活动的深刻影响。因此,每种方法(会谈和非干扰参与观察)都展示了同一社会问题略有差异的一面。

假如其中一门学科来自“更可靠”(即定量型)的社会科学如心理学,那么实验和统计分析之类的方法很可能被学科研究者运用,但定性法也许适用并能生成大不一样的见解。另一方面,假如其中某门学科来自人文科学,就会用上符号学或某种类型的文本话语分析等方法,但其他方法也可能证明有用。对于某些科学课题来说,一种方法明显胜出:实验。对于分析无意图作用者,实验无可匹敌。但是,即便是对于科学课题,实验也难免出错。致力于科学方面主题的跨学科研究者应该用其他方法得出的证据补充实验证据(斯佐斯塔克,2004,第27—28页)。

方法与认识论

方法的选择也与认识论的选择密切相关。青睐定量法的那些学科倾向于这种认识论观点,即我们能获取对世界精确而不变的认识。青睐定性法,尤其是在人文科学(但也在许多社会科学)中,往往与更具怀疑性且认为“不同的人必然会对世界有不同认识”这种认识论态度联系在一起。近几十年来,随着后现代主义以及相关认识论的出现,认识论上的这种差异扩大了。

我们在第二章看到,跨学科研究者应该力求尊重不同的认识论,就像他们应该尊重不同的方法一样。因此,鼓励运用“两者兼具”的方式处理现代主义与后现代主义(乃至各种类型的现代主义与后现代主义)以及同其相关的方法。

研究方法论中的三角互证概念

三角互证或利用多线型见解常与勘测、绘图、导航和军事演习联系在一起,三角互证可以从形式上定义为通过从已知点画出三角来识别某个点(在地图或地面上)。测绘员通过从多个位置选取视线会更精确。三角互证为跨学科研究提供了一个有用的比喻。每种方法都提供了径直朝向同一点或同一研究课题的不同视线,通过组合若干见解线路,研究者可以生成该问题的完整画面,并有了核实理论化概念的更多路径。[13]

研究方法论的三角互证包括使用多种资料采集技术研究同一问题(系统/进程)。以此方式,研究结果可以互相检验、证实、确认。贝格(2004)解释说,三角互证的重要特征,“并非不同类型数据的简单组合,而是试图将其联系起来,以抵消对每种数据所验明的有效性的威胁”(第5页)。术语*有效性*指的是“我们使用的测量法在多大程度上真正代表了所关注之物(想要测量之物)的真实状况”(瑞姆勒[Remler]、冯·拉尔金[van Ryzin],2011,第106页)。[14]换句话说,既然不同的方法有不同的偏见,我们就可以运用多种方法克服偏见。

至于“在跨学科研究课题中应该使用多少方法”这个问题,答案是“它取决于问题、问题如何表述、研究的抱负怎样”。最终,特定课题中所用学科研究方法的数目取决于多种因素,最重要的因素是问题的疆域和复杂性,以及人们是否确定将自己的研究结果与学科专家的研究结果进行整合。

提供学科熟悉度的正文证据

学生要提供正文证据表明他们已经做到熟识所用学科。**学科熟悉度的正文证据**可以以多种方式表现,如与问题相关的学科要素、重要理论家的学科渊源、所用学科方法等方面的表述。假如这种确认信息已经收集并以易于检索的方式整理好,将此证据融入叙述中就相对比较容易。而在进行步骤六(第七章)的分析时,展示熟悉度可能尤其容易,在步骤六中,学生要将见解置于视野特别是理论与方法背景中。

当然,熟识度要求使用与问题相关的最通用、最权威的学术成果。跨学科工作往往关注复杂问题和真实世界问题,或不一定是真实世界的智力问题。有些问题对时间敏感。例如,在克隆人的例子中,学术成果来自多门学科和跨学科对流程上的重大突破、试图立法控制这种复制技术的回应。每个进展都提出了新问题,引发了新一轮的学术意见，往往使得早期的分析一无是处乃至过时废弃。与时间敏感类主题打交道时，应该查阅最新学术成果。

提供熟识学科的正文证据有两个实际原因。第一，它体现了学术严谨。跨学科学生在进行研究时比学科学生承担了更重的责任，因为跨学科研究者必须熟识两门或更多学科。因此，学生应该注重按照越来越多的跨学科作者的所作所为——识别与问题相关的那些学科，为所用的跨学科研究方法辩护，将使用特定方法、应用特定理论的理由融入叙述——来抵制可能出现的“外行肤浅”批评。

提供熟识学科正文证据的第二个实际原因是突出与学科研究特征相比的研究课题的独有特征。*注意，跨学科研究进程不仅仅包括经历其各种步骤，它还涉及自觉地跨学科。*这意味着反思你的偏见（学科偏见与个人偏见），面对矛盾观点时要做诚实的中间人，并始终牢记从一开始就推动研究的最终成果。

本章小结

熟识意味着知道有关每门学科足够多的信息，对它如何研究、说明、描述问题有基本认识。有两个关键要素：

- *重视总体的学科视野，尤其是学科理论与方法*
- *重视有关所研究问题的学科辩论，以及学科对特定见解的评估*

对于进行基础研究、打算将结果与就同一问题已发表的学科见解进行整合的人来说，还要考虑到应用。他们表述问题的方式强烈影响了他们可能使用的方法。该决策的一个后果是，跨学科研究者可能要重新表述问题或者重新阐述研究课题。我们强调，*无论用什么学科方法进行作为跨学科研究组成部分的基础研究，该方法都不应该等同于IRP或替代IRP，而是应该与之一起使用。*结果，跨学科研究者必须就哪些理论、哪些方法最适用做出艰难决策。跨学科研究者不仅可以自由做出这些决策，还有责任使之显而易见。无论是否听从劝告选择使用表格存储、并置资料，他们开发出某种方法以跟踪了解所收集的信息都很重要,这样在进行后续步骤时,就不会丢失或忽视任何重要信息了。

显然,跨学科研究者必须比学科学生进行更多的预备工作。假如有系统地完成,预备工作就不会繁重:它必须完成 IRP 后续步骤。步骤六就是决定步骤五所选学科要素(即见解及其假说和理论)是否充分说明了问题以及如何充分说明问题。

注 释

1. 有些跨学科研究者,如哈尔·福斯特[Hal Foster]认为,要想跨学科,人们必须"学科优先",意思是专业上"以一门学科、最好两门为基础"(第 162 页)。

2. 米克·巴尔(2002)主张,人文科学中,概念是跨学科方法的本质,其运用包括社会科学方法论(第 5 页)。

3. 但是有些哲学家会认为,概念是以理论为基础的:你应该先认识理论再认识概念。在概念理论中,这种方法称为"理论论"。

4. 斯佐斯塔克(2004)认真区分了方法和"技术或工具,如实验设计或实验仪器、或特定的统计软件包"(第 100 页)。工具和技术等是方法的一部分。他写的关于"分类方法"一章对于学生来说是必读的。

5. 有关科学方法的入门教科书包括斯蒂芬·S. 卡雷[Stephen S. Carey](2003)的《科学方法新手指南》(*A Beginner's Guide to Scientific Methods*)(第二版)和小休·G. 高奇[Hugh G. Gauch, Jr](2002)的《科学方法实践》(*Scientific Method in Practice*)。

6. 有关社会科学研究方法的教科书包括琳达·E. 多斯腾[Linda E. Dorsten]和劳伦斯·霍奇基斯[Lawrence Hotchkiss](2005)的《研究方法与社会:社会调查基本原理》(*Research Methods and Society: Foundations of Social Inquiry*)、W. 劳伦斯·纽曼(2006)的《社会学研究方法:定性法与定量法》、约翰·杰林(2001)的《社会科学方法论》(*Social Science Methodology*)、夏瓦·法兰克福—纳西米亚和大卫·纳西米亚(2008)的《社会科学研究方法》(*Research Methods in the Social Sciences*)(第七版)。有关面向社会科学领域的研究方法,见弗兰克·E. 哈根[Frank E. Hagan](2005)的《刑事司法与犯罪学研究方法精义》(*Essentials of Research Methods in Criminal Justice and Criminology*)、威廉·维尔斯曼[William Wiersma]和斯蒂芬·G.于尔斯[Stephen G. Jurs](2005)的《教育研究方法导论》(*Research Methods in Education: An Introduction*)。

7. 布鲁斯·L.贝格(2004)说,三角互证第一次用于社会科学是"作为描述多重操作论或交互验证形式的比喻",意思是"旨在评估单个概念或构想的多种数据收集技术"(第5页)。对于众多社会科学家来说,三角互证通常限于用三种数据收集技术研究同一现象。

8. 贝格(2004)的《社会科学定性研究法》虽然是为社会科学所著,但也可以有效地用于人文科学。与社会科学相比,有关常用研究方法的人文类著作寥寥无几。其中包括凯瑟琳·马歇尔[Catherine Marshall]和格雷琴·B.罗斯曼[Gretchen B. Rossman](2006)的《定性研究方案》(*Designing Qualitative Research*)、约翰·W.克里斯威尔[John W. Creswell](1997)的《定性研究与研究设计:从五种传统中选择》(*Qualitative Inquiry and Research Design: Choosing Among Five Traditions*)、马修·B.迈尔斯[Matthew B. Miles]和迈克尔·休伯曼[Michael Huberman](1994)的《定性资料分析:原始资料大全》(*Qualitative Data Analysis: An Expanded Sourcebook*)。用于特定人文类学科的优秀研究方法教材的范例包括劳里·施耐德·亚当斯[Laurie Schneider Adams](1996)的《艺术方法论导论》(*The Methodologies of Art: A Introduction*)、马塔·豪威尔[Martha Howell]和沃尔特·普里维涅[Walter Prevenier](2001)的《有根有据:历史学方法导论》(*From Reliable Sources: An Introduction to Historical Methods*)、詹姆斯·J.舒里奇[James J. Scheurich](2007)的《后现代研究方法》(*Research Method in the Postmodern*)。

9. 有关各方面定性研究的有用著作包括约翰·W.克里斯威尔(1997)的《定性研究与研究设计:从五种传统中选择》、约翰·W.克里斯威尔(2002)的《研究设计:定性法、定量法及混合法研究》(*Research Design: Qualitative, Quantitative, and Mixed Methods Approaches*)、诺曼·K.邓金[Norman K. Denzin]和伊冯娜·S.林肯[Yvonna S. Lincoln](编)(2005)的《世哲定性研究手册》(*The SAGE Handbook of Qualitative Research*)。

10. 贝格(2004)指出,定性方法尚未在社会科学领域占据支配地位(第2页)。其"混合方法流程"一章提供了该方法的全面总结以及对有关该主题文献的概述。

11. 就下面所要探讨的方法,摄影可以视为一种观察,历史研究通常包括文本分析,但有时访谈或考古调查、民族志实验融合了实验与观察。

12. 定性研究的通用源自符号互动的理论视野,符号互动是若干与社会科学相关的理论学派之一。它关注对人、符号、客体以及关于人、符号、客体的主观认识和感知。人类行为取决于学习,而非生物本能。人类通过符号交流我们学到的东西,其中最常用的就是语言。贝格(2004)解释道,作为研究者的符号互动学者,其核心任务就是"捕捉这一解释不同符号意义或赋予不同符号意义过程的实质"(第8页)。相反,实证主义者使用从自然科学借来的经验方法论来研究现象。他们关注的是提供严谨、可靠、验证过的大量资料和对经验假说的统计检验。另一方面,定性研究者主要关注个体及其所谓活生生的世界。"活生生的世界包括情感、动机、符号及其意义、共鸣以及其他与自然进化的个体和群体生命相关的主观方面"(第11页)。

13. 此外,玛丽莲·丝黛波[Marilyn Stember](1991)也在《通过跨学科事业促进社会科学》中提出了这个观点。有关三角互证,见R.斯佐斯塔克(2004)《对科学分类:现象、数据、理论、方法、实践》第151—153页。

14. 对"有效性"的详尽探讨以及牵涉确定某个度量是否有效的困难,见D.K.瑞姆勒和G.G.冯·拉尔金(2011)的《研究方法实践:类型与因果关系策略》(*Research Methods in Practice*:*Strategies for Description and Causation*)第106—115页。

练 习 题

决策

6.1 做到熟识与问题相关的学科涉及哪些决策?

理论

6.2　犯罪统计资料是动态指标，有时候因为某些因素而增加，有时候又因为其他因素而减少。找出你所在城镇的犯罪统计资料情况，并对比十年时间跨度的统计资料。借鉴或规划两个理论，解释你所在社区犯罪（或特定类型犯罪）的升降，确保每个理论来自不同的学科视野。

6.3　相关问题有：地方官员使用哪些理论解释犯罪率升降？每个理论反映了特定学科视野吗？提出的各种理论全面解释了犯罪增减吗？

空白

6.4　假设你在研究一个问题，学科学者关注度相当高，他们提出了各种理论来解释特定现象的表现或某个行为的原因。假如研究中有空白，你是如何发现的？你会如何提出一个理论以解释学科专家忽视的问题（如其原因或表现）？

方法

6.5　就上述你所在社区犯罪的例子而言，构想理论解释犯罪原因并由此建章立制打击犯罪，用定性法或定量法会更有帮助吗？

6.6　假如你偏爱定性法或收集数据的定量法，你会提出什么假说？

熟识

6.7　就正在研究的主题，你如何提供学科熟悉度的“正文”证据？

第七章 分析问题并评估见解

学习成效

读完本章,你能够

- 从每门学科的视野分析问题
- 评估每门学科所产生的见解

导引问题

如何评估学科见解?

为评估学科见解,如何做到熟悉学科视野?

特别是如何评估与学科见解相关的理论、方法、资料和现象?

跨学科分析如何强化学科内部进行的对见解的评估?

本章任务

学科为观察同一问题并阐明其组成部分提供了不同的透镜或(一般意义上的)视野。步骤六的任务是通过每门相关学科的视野观察问题,然后评估每门学科对该问题的见解以揭示其利弊。动向是从一般(每门学科就该问题的视野)到具体(就该问题的每个见解)。本章介绍了评估见解的不同策略。这项分析视野、评估见解利弊的工作是为准备整合见解打下基础，整合是第三部分的重点。

A. 借鉴学科见解

1. 界定问题或表述研究课题
2. 为使用跨学科方法辩护
3. 识别相关学科
4. 进行文献检索
5. 做到熟识每门相关学科
6. 分析问题并评估每个见解或理论
   - **从每门学科的视野分析问题**
   - **评估每门学科所产生的见解**

从每门学科的视野分析问题

从每门学科的视野分析问题涉及从一门学科转向另一门学科、从一个视野移向另一个视野。纽厄尔（2007a）描述了这个“转移”过程：

> 随着每门学科检验完毕，我们必须取下一组学科透镜，再装上另一组学科透镜。这么做可能发生的最初影响是“智力眩晕”，直到人们的大脑能重新聚焦。有经验的跨学科研究者形成了灵活的头脑，能使他们从一个学科视野轻松地转向另一个。他们这么做，就跟操持多种语言的人不用真的费力思考其所作所为就能从英语轻松地转到法语再转到德语差不多。（第255页）

分析问题需要通过每个学科视野的透镜来观察问题，主要是从其见解和理论的角度。例如，假如你想构建对《古舟子咏》的学科认识，就自然应该从英国文学学科中采集见解和解释性理论。但是，假如你想对《古舟子咏》构建更全面的综合认识，就应该查找从读者反应批评、马克思主义批评、新历史主义、心理分析批评、文化分析和解构主义等不同理论立场研究该文本的学科及跨学科领域内的作者所产生的见解。(从事人文科学工作,人们通常与学科和跨学科混合领域打交道。)

如何从每门学科的视野分析问题

酸雨问题是旨在说明选取学科视野的课堂练习。表 7.1 从每门相关学科的视野观察问题,用可以对任何问题提问的*什么*或*如何*这种综合问题来表述。

表 7.1 学科及其就酸雨问题所提综合问题表述的视野

学科及跨学科	以所提综合问题类型表述的视野
物理学	发电导致酸雨的基本物理原理是什么?
工程学	导致酸雨的能源生产过程是如何设计的?
化学	酸雨产物及其影响背后的分子变化如何?
生物学	酸雨如何影响动植物?
经济学	什么样的公共政策能鼓励公司少生成酸雨?
政治科学	(这些)公共政策如何才能通过并生效?
法学	(这些)公共政策如何才能实施?
环境研究	酸雨问题如何成为复杂环境系统的一部分?
科技研究	酸雨问题如何反映了社会的科技创新与社会、政治和文化价值观之间的关系?

注:环境研究和科技研究是跨学科。

每门相关学科或跨学科提出的综合问题都反映了其视野(一般意义上),如第二章表 2.2 所指出的(除了未加考察的法学、环境研究和科技研究)。提出构成每门学科视野的综合问题*什么*或*如何*有个好处,即这些问题可以揭示学科偏见。表 7.1 通过所提问题揭示了学科偏见;学科可能也会在其提供的答案中有所偏好。

跨学科研究的真正前提是学科很少能解释复杂问题的所有方面。处理酸雨之类的复杂问题时,通过像图 7.1 那样图示该问题以及像表 7.2 那样将问题与每门相关学科的视野联系起来,你就会发现它有多复杂。表 7.2 由选取每门学科的一般视野(第二章里的表 2.2 所提供)构成,并应用于酸雨这个特定问题。

例如,按表2.2(第二章)所表述的,经济学的一般视野是它重在研究市场相互作用,个体充当独立、自主、理性的实体,并把群体(乃至社会)看做其中个体的总和。换句话说,几乎任何问题都被视为"市场相互作用"的"理性"(因此可以预见和量化)结果。所以,应用到美国的酸雨这个复杂问题上,经济学就视之为由理性参与者所做决策引起的市场问题。(经济学家在理性问题上越来越灵活。市场不会给污染定价,经济学家往往建议政府来定价。)

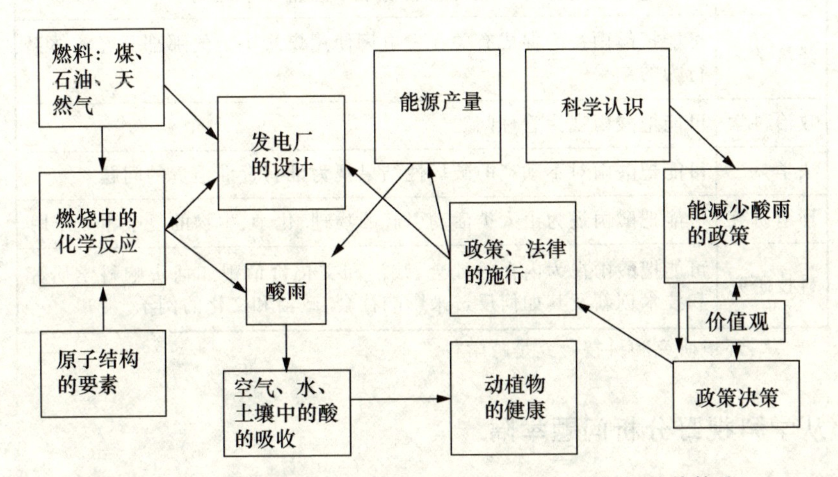

图7.1　关于来自表7.1的视野的简单系统图(可添加其他箭头)

不过我们关注的焦点并不在于整个酸雨问题(即其前因后果),而仅仅是其成因。系统图图7.1揭示了问题的各部分,包括生产电力的发电厂,其能量来源主要是煤炭,发电厂排放物的化学性质,联邦政府和州政府的条例等。因此,运用于酸雨问题的经济学视野就是,酸雨是由促成有关在发电厂使用煤炭决策的那部分经济体系的行为所致。如果不先图解问题并认识其组成部分如何彼此作用,这种将一般学科视野运用于特定复杂问题或其局部的"叠缩"策略就无法做到。表7.2说明了每门学科的独特视野如何让它仅仅密切关注酸雨这个复杂问题的一个方面。

表 7.2 与酸雨问题相关的学科视野

相关学科或跨学科	一般意义上关于酸雨的视野
物理学	可能把酸雨视为构成生产电力的发电厂运转基础的热力学基本原理的后果
工程学	可能把酸雨视为发电厂设计问题
化学	可能把酸雨视为一系列化学过程的结果
生物学	可能把酸雨视为对下风处动植物带来的生物学问题
经济学	可能把酸雨视为促成有关在发电厂使用煤炭决策的那部分经济体系行为的结果
政治科学	可能把酸雨视为管理问题
法学	可能把酸雨对不动产的破坏性结果视为谁有责谁担责的问题
环境研究	可能把酸雨视为由人类活动引起的物理、化学、生物的复杂相互作用
科技研究	可能把酸雨视为内在的社会、政治和文化价值观如何影响科学研究和技术创新及其如何反过来影响社会、政治和文化的例子

注:环境研究和科技研究是跨学科。

从学科视野分析问题举隅

从各种学科视野分析问题由若干来自已发表著作和学生作品的复杂例子来说明。这些例子的分类针对研究者训练领域及主题定位,而不只是见解所来自的学科。

自然科学的例子。 **斯莫林斯基*(2005),《得克萨斯淡水短缺》。** 斯莫林斯基在步骤三(第四章)就已识别了与得克萨斯淡水短缺这个复杂问题最相关的学科,这些学科列在表 7.3 里的左边栏。使用表 2.2(第二章)提供的关于学科视野的信息以及文献检索收集的信息,他得以将每门相关学科的一般视野应用于得克萨斯淡水短缺这个特定问题上,然后表述这些收缩了的一般意义上的视野。即使每门学科包含两个或多个解释问题何以存在并提供合适解决方案的矛盾理论,这也可能做到。

表 7.3 与得克萨斯淡水短缺问题相关的学科视野

与问题最相关的学科	概括表述的关于问题的视野
地球科学	把该问题视为人类介入自然地质系统的后果
生物学	把该问题视为人类剥蚀地球主要系统——大气圈、生物圈、岩石圈和水圈的后果
政治科学	把该问题视为制度因素和利益集团因素的反映

每种学科视野应用于该问题的这些概括表述,让我们有机会看到它如何做到最终整合每门学科内的矛盾理论。

社会科学的例子 **费舍尔(1988),《论基于因果变数整合职业性别歧视理论的必要》**。费舍尔设法解决的复杂社会问题涉及若干学科和一个学派(即马克思主义)及其视野。虽然大学生或研究生不大可能要像费舍尔那样与这么多的学科及理论打交道,但其研究的启发性在于,他以精炼的叙述简要描述每个视野,以此方式为我们简化进程。表 7.4 显示,每门相关学科的一般视野再次应用于该问题,费舍尔用简练语句表述了这些收缩了的视野。

表 7.4 关于职业性别歧视(OSD)问题的学科视野

与问题最相关的学科或学派	概括表述的关于问题的视野
经济学	OSD 是由男男女女所做的理性经济决策造成的。
历史学	OSD 是由长期存在的制度力量造成并维系的。
社会学	OSD 是由不同于男性的女性社会化过程造成的,这一过程反过来直接反映在其职业结构中。
心理学	OSD 是由男性维持传统男女劳动分工造成并维系的。
马克思主义	OSD 是维护资本主义制度的必要行为。

注:马克思主义是学派。

社会科学的例子。**德尔芙*(2005),《根除“完美犯罪”的整合研究》**。德尔芙在她的高年级课题中使用了一门跨学科(刑事司法学)和两门子学科(司法科学和司法心理学)来研究如何才能根除或至少大大减少“完美犯罪”(即罪犯逍遥法外)。跨学科将其他学科的方方面

面集纳在一起,关注某个复杂现象如犯罪。作为一门跨学科,刑事司法学将司法科学(生物学)和司法心理学(心理学)这些子学科以及关注犯罪行为的社会学要素集纳起来。刑事司法学生成了它自己的理论,并运用了从生物学、心理学和社会学借来的各种研究方法。从一开始,德尔芙就将其研究限定在表 7.5 列出的跨学科和子学科。在应用于该问题时,其视野用概括的词语简要表述。

表 7.5 与根除"完美犯罪"问题相关的学科视野

与问题最相关的跨学科或子学派	概括表述的关于问题的视野
刑事司法学	把"完美(即无法破案的)犯罪"的持续存在视为调查进展不力的结果
司法科学	把"完美犯罪"的持续存在视为犯罪调查中司法科学运用不当的结果
司法心理学	把"完美犯罪"的持续存在视为对犯罪心理剖析技巧不够重视的结果

注:司法科学和司法心理学是子学科。

人文科学的例子。 **巴尔(1999),《文化分析实践:跨学科阐释揭秘》"导言"。** 巴尔以合乎跨学科研究的方式,概括表述每门相关学科对她重点研究的涂鸦这种艺术品的总体视野。表 7.6 之类的表格对于了解分析中涉及的若干视野很有用处。以此方式将这些视野并置,能使研究者更容易识别潜在的重合领域及它们之间的矛盾之处,这是步骤六所要求的。

表 7.6 关于涂鸦意义的学科视野

学科或跨学科	概括表述的关于问题的视野
艺术史	把涂鸦视为反映荷兰文化某个时期的手迹艺术品,并因此提供了了解那个文化的窗口
历史学	把涂鸦视为荷兰历史的产物及了解荷兰文化的窗口
语言学	把涂鸦视为自我指涉
文学	把涂鸦视为文学变体
哲学	把涂鸦视为认识论的论证
心理学	把涂鸦视为心灵痛苦的表现
文化分析	把涂鸦视为体现文化分析程序的"文本—图像"

注:文化分析是跨学科。

人文科学的例子。**西尔薇[*] (2005),《种族与性别:小说中社会身份的挪用》**。西尔薇研究了小说作者笔下的社会身份挪用的道德标准,这个主题在现实中受到忽视,尤其是受到小说作者自己的忽视。"挪用"指的是演员、导演和小说家常常假扮其他人社会身份的举动。挪用,或"设身处地",能帮助艺术家或作者对被挪用者获取更多的个人认识。她引用的挪用例子中,有约翰·霍华德·格里芬写的《像我这样的黑人》,以引起对种族不平等的注意。通过挪用黑人的身份,格里芬成为直接经历了只有黑人才知道的那种待遇的白人知情者。西尔薇从三门学科的视野探究了这一主题:社会学、心理学和文学。她将每门学科的总体视野运用于挪用问题,如表 7.7 所示。

表 7.7　关于小说中社会身份挪用问题的学科视野

与问题最相关的学科	概括表述的关于问题的视野
社会学	认为该问题来自社会上建构的权力动力学和影响种族及性别关系的负罪感
心理学	认为该问题来自作者试图唤起其读者的移情
文学	认为该问题来自作者要实现的某种真实感

从学科视野分析问题的好处

仅从少量学科的视野分析问题可能会显示该问题太宽泛了,有必要进一步收缩。假如这样,就得重新考虑步骤一,该问题的陈述要改变措辞以反映收缩了的焦点(见第三章)。对酸雨问题的分析表明,它是个非常宽泛的问题,若要做到真正全面认识其成因,需要查阅相当多的学科。确定关注该问题的哪个部分,很可能会造成学科数目减少(叠缩),减少到与收缩了的焦点最相关的那些学科。*研究进展是从界定该问题到识别其组成部分、再到识别专门研究那些部分的学科。*

值得将每门学科的一般视野应用到问题上并扼要表述此视野,原因有四。

(1)"叠缩"策略迫使我们以演绎方式思考,从一般进展到特殊。

(2)将一般学科视野应用到特定复杂问题或问题局部,要求我们图解问题并认识其组成部分如何彼此相互作用。我们完全能识别学科视野之间的罅隙。

(3) 假如一门学科就某个问题的原因产生了两个乃至更多矛盾的见解或理论,这些矛盾的见解或理论仍然可能共享学科的一般视野以及该视野收缩过的表述,在这种意义上,用精炼的措辞写下每门学科收缩的视野的做法就是整合。

(4) 如此认真地关注视野,能使我们验证先前所选学科是否与问题相关。

读者须知

创建表格获取信息是一项有价值的活动,因为它们对学科视野的并置揭示了异同,不然的话,这种异同就可能会被忽视。比较相近之物比起比较远隔之物要容易。并置相关学科的视野便于看到每个视野的局限以及继续进行跨学科研究进程(IRP)的必要。整合只有在我们先识别视野及其见解之间的异同(有时是罅隙)后才能进行。至少该策略能使你更有效地完成步骤七,这包括识别见解或理论之间的矛盾。

评估每门学科所产生的见解

通过每门学科视野的透镜分析问题后,我们现在可以从视野转向见解。你应该在进行完步骤四“文献检索”及步骤五“确认相关性”后识别这些见解。

评估见解涉及使用不同策略,这些策略按以下标题整理:(一) 学科视野(一般意义上);(二) 用于生成见解的理论;(三) 用作证明见解的资料;(四) 所用方法;(五) 见解所包含的现象。

你应该认识每个策略如何单独运作,但你往往会发现,协力使用下文阐明的这些策略时,进行评估效果最佳。评估见解需要精读以查明作者的认识、解释或论点。

策略一:运用学科视野评估见解

评估相关学科产生的见解,目的是认识到每位作者对问题的认识如何被歪曲。术语**歪曲的认识**意思是见解反映学科视野固有偏见的程度以及作者由此认识问题的方式。歪曲的认识源自作者的故意决策或忽视与问题相关的某些信息的无意识倾向(见关于学术偏见的锦囊 7.1)。

锦囊 7.1

每位学者,跨学科学者也好,学科学者也罢,往往都会把自己的个人偏好或根深蒂固的偏见带进特定问题中。例如,社会学创建以来,比经济学更不拘一格,还有各类“研究”(如女性研究、环境研究乃至宗教研究),往往比其对应的学科更不拘一格。值得强调的是,跨学科研究者重视视野的多样性,并找出他们不赞同的矛盾观点。他们能接受意识形态的多样与张力,也尊重差异与歧义。他们要避免掉进的陷阱是:过度利用他们赞同或更熟悉的见解与理论,无论这么做是有意还是无意(纽厄尔,2007a,第 252 页)。

整个 IRP 自始至终,必须牢记目标——构建对问题的更全面认识。假如排斥了某些观点或受制于某些观点,这种认识就不会真正全面;假如学术成果的标尺有偏差,课题的严谨、全面和理智上的健全就会大打折扣、甚至遭受毁灭性破坏。

和先前步骤一样,实施步骤六可能涉及重新考虑早先步骤。这里,将问题的每个部分同那些关注该问题并就该问题已产生重要见解和理论的学科联系起来很重要。周密完整实施步骤六能使人们识别哪些视野最有说服力、哪些(或许)被遗漏。

研究者最好质疑学科视野的认识论要素、形而上要素、伦理要素和意识形态要素(学科视野的其他要素会在下文探讨)。不看好学术认识潜力或怀疑外在现实存在的学科,比起坚信朝着准确认识既定现实进展的学科来,可能会产生更含糊的见解。认为某个特定成果合适的学科同认为该成果糟糕的学科可能研究起来各不相同。最后一点也很重要——政策意义或许会影响学术结论(通常是下意识地)。

在下面的例子中,雷普克(2012)根据被其他作者引用的频次检视了被视为关于自杀式恐怖袭击成因专家的心理学学科重要作者:杰罗德·M.波斯特(Jerrold M. Post)、阿尔贝特·班度拉(Albert Bandura)、阿里尔·梅拉里(Ariel Merari)。表7.8显示了雷普克从对该问题的视野、其根本假设、利弊等方面对他们每个见解的评估。

表7.8 评估来自心理学的见解

作者	见解的视野	假说	见解的利弊
波斯特	恐怖分子思考符合逻辑,但运用了他所谓的"特殊逻辑"或"精神变态逻辑"。	恐怖分子是天生的,不是造就的。	利:对认为大多数自杀式袭击者心理正常的其他研究构成挑战。 弊:未能说明文化之类的外在影响。
班度拉	恐怖分子使用各种技术使其暴力行为合理化。	恐怖分子是造就的,不是天生的。	利:处理了外在于个体袭击者的因果要素,包括政治要素、文化对人们认同感的影响、宗教信仰的影响。 弊:就可能影响决策的个人认知倾向和个性特征未置一词。
梅拉里	恐怖分子需要特殊心态执行由各种因素左右的自杀袭击。	恐怖分子是造就的,不是天生的。	利:考虑到个性因素,特别是破碎家庭背景的心理影响,但将首要责任归为招募组织及其有感召力的教员。 弊:未能处理心理学之外的研究所证明的对自杀式袭击者成长有深刻影响的政治、文化、宗教等因果要素。

心理学通常把人类行为视为对个体协调其心理活动所开发的认知结构的反映。心理学家还研究内在心理机制,既有共同禀性,也有个体差异。心理学坚信朝着认识这种现象进展,并生成了以精确(尽管有时自相矛盾)认识恐怖分子行为为特征的见解。应用于自杀式恐怖袭击时,心理学家一般通过个体认识该问题,个体的行为是心理结构和认知重组的产物。心理学家试图识别个人决定加入恐怖组织并犯下骇人听闻的暴力行径背后的潜在动机,并自觉意识到其研究结果有着政策意义。他们倾向于赞成并没有单一的恐怖思想倾向,研究结果使得在更系统、更精确的基础上描绘恐怖组织及其头目的努力大大复杂了(第130页)。

虽然通过视野评估见解在各个领域都很重要,但在人文科学中可能特别重要,在这个领域,可以识别各种各样关于艺术作品或文学作品的视野。

人文科学的例子。**巴尔(1999),《文化分析实践:跨学科阐释揭秘》"导言"。**在这个例子里,巴尔借鉴了各种重要研究对象及文本的视野,以尽可能形成对涂鸦的最全面认识。这些概括表述的方法及其视野包括读者反应批评、马克思主义批评、新历史主义、心理分析批评、解构主义和文化分析(如表7.9所示)。

巴尔的涂鸦这个人文科学范例说明了如何处理大量见解与理论。来自每一门学科的潜在见解和理论要乘上与主题相关学科的数目。在巴尔的这个例子中,意味着六门学科文献乘以与涂鸦有关的每门学科所生成的见解与理论数——即便对研究生和从业者来说,这也是难以对付的挑战。一个解决方案是不过于关注每个重要方法,而是像巴尔那样关注每个方法的视野在应用到特定对象和(或)文本时如何揭示新意义。在这个例子中,下一步任务(见下文)就是将每个视野应用到涂鸦上以揭示其意义。

表7.9　概括表述的重要方法及其视野

重要方法	视野
读者反应批评	涂鸦的读者直接引用文本里的引文进行显示,文本世界对应着读者所处的世界。
马克思主义批评	涂鸦是工作的产物,本身应该被视为复杂社会经济关系网络的产物,也是绝大多数人不加辨别就赞同的主流意识形态的产物。
新历史主义	涂鸦的评论者(读者)在将文本置于其历史(文学)背景中之前就充分意识到乃至讨论先入为主的概念。
心理分析批评	涂鸦是心灵的发明,提供了作者和读者的心理研究。
解构主义	涂鸦是有歧义的文本,包含了来自决定它的众多著述的词语,其意义最终是不确定的。
文化分析	涂鸦强化了人们对其现实处境的意识,人们从社会和文化现状观看涂鸦。

每个见解的假说

这些假说并非广义的哲学假说,而是作者实际上要在出版物上发表的较为狭义的假说。识别这些假说往往富有挑战性,因为作者并不总是明确提出假说(无论是广义的还是狭义的)。

即便这样,通过将作者的学科视野运用到问题上,从该视野发现作者的假说,这么做是可行的。在表7.8中,没有哪位心理学作者表述了他们的假说,因此雷普克把心理学的学科假说应用到每位作者对自杀式恐怖活动问题的研究中。这个过程并未产生一致的结果,如中间栏记录的两个截然不同的假说所示。但在这些不同的假说背后,学科更大更基础的假说显而易见,我们会在第十一章看到,这个假说能充当整合由心理学所产生见解的基础。

每个见解的利弊

只有在仔细阅读每个见解并彼此对照后,你才会识别每个见解的利弊以及关于问题的哪些见解假定是正确的。纽厄尔(2007a)注意到,“每门学科有自己特有的优点”,而“那些优点的背面往往就是其特有的缺陷”(第254页)。

> 心理学之类的学科在认识个体方面比较得力,而在认识群体方面比较乏力;它对部分的关注意味着它对整体的看法是模糊的。社会学之类的学科主要关注群体,观察个体就不那么清晰;其实,它最多把个体视为附加现象——不过是其社会的产物。社会科学和自然科学中以经验为基础的学科看不到人类现实中那些精神和想象的方面,它们对合法、基于规则或规范行为的关注使得他们忽视了特质的、自我的、任性的和杂乱的人类行为,或将之归入不可名状的异类。另一方面,人文主义者被这些方面吸引,又往往对关注可预见行为变得不耐烦,感到它错过了人类存在最有趣的特征。(第254页)

这里,我们应该强调,跨学科学者为评估学科见解这项任务提供了两个重要策略:在学科视野背景下评估这些见解,并对比来自不同学科的见解。学科学者不太可能运用其中任何一个策略。

策略二：评估用于生成见解的理论

第二个策略是评估生成相关见解的理论，识别其利弊。评估理论有两种方法。一种是表述理论，检验其假说，识别其解释的利弊。另一种是提出第六章介绍的五个“W”问题，以评估每个理论与问题的匹配度。先看第一种方法。

表述理论，检验其假说，识别其解释的利弊

在自然科学和社会科学中，作者通常使用理论解释原因或行为，这些理论也反映了他们的学科视野。因此，从事自然科学或社会科学时，你应该既要和理论打交道，也要和理论产生的见解打交道。因此，评估的进展就是从学科视野到学科理论。为了评估由理论生成的见解，你必须评估理论本身，就像范·德·莱克[van der Lecq]和费舍尔在下面例子里所做的那样。

自然科学的例子。**范·德·莱克(2012)，《语言进化起源的跨学科研究》。**她研究的焦点问题是：“人类语言所选择的首要功能是什么？”识别所有相关学科及其见解后，她评估了学科理论回答研究课题的能力（见表7.10所示）。

表7.10　学科理论及其解释语言进化起源的利弊

学科或子学科	理论	理论之利	理论之弊
生物学，人类学	“梳毛与八卦理论”（社会化大脑假说）	邓巴[Dunbar]（1996）：该理论解释了语言为何出现以及为何只有人类有语言，并假定语言的首要功能是社会功能而非工具功能。（工具论假定语言演化为的是交流技术信息，如解释如何制造工具或配合打猎。）（第201页）	1. 我们无法真正确定对我们来说是真实的东西（我们谈论的主要是社会议题）是否符合我们祖先的实情。 2. 它没有解释如今语言为何远比社会交往所需的更为复杂。 3. 它没有明确人类交往时要谈论什么，在这种意义上，它过于笼统。

(续表)

学科或子学科	理论	理论之利	理论之弊
认知科学,生物学	政治假说	德萨勒[Dessalles]:“语言是一种生物学特征,不可能仅仅是文化产物”(第202页)。	1. 该理论假定利他行为与达尔文进化论相悖,这是靠不住的,因为利他行为在灵长类中是固有的,并与达尔文进化论完全一致。(第203页) 2. 该理论“缺乏解释功效,因为很难相信驱使我们使用语言始终就是为了争取地位”。 3. 该理论对生物学与文化之间差异的过分强调过时了。(第203页)
生物学,人类学,进化生物学	生态位构建	奥丁—斯密[Odling-Smee]:该理论“处理人类进化中人类行为和文化进程的重要性。它还是跨越对语言演化的自然(自然法则)解释和文化解释之间边界的跨学科研究”。它“所根据的假说是:语言是一种文化现象并逐渐显现”(第208页)。	1. 确定竞争理论正当性的标准尚未形成。 2. 该理论根据的假说是:语言是一种文化现象并逐渐显现(第208页)。

出处:R.范·德·莱克(2012),《我们为何交谈:对语言演化起源的跨学科研究》。载A.F.雷普克、W.H.纽厄尔、R.斯佐斯塔克(编)《跨学科研究的个案研究》,第191—223页。加州千橡:世哲出版公司。

社会科学的例子。 **费舍尔(1988),《论基于因果变数整合职业性别歧视理论的必要》。**费舍尔通过每门学科提出解释问题的理论,从每门相关学科的视野分析了职业性别歧视(OSD)问题。注意,出现在表7.11中每个理论的见解反映了产生它的独特而收缩的视野,并显示了每组理论解释上的利弊。费舍尔通过仔细阅读(在某些情况下是反复阅读)他先前识别的与OSD问题最相关的各种理论获取了这些信息。

不应该仅仅因为理论在解释上有弊端,就取消运用该理论的资格。但是,这些弊端确实意味着见解被理论认识问题的方式所歪曲,跨学科研究者应该像费舍尔所做的那样承认这一点。

假如一门学科内有多个理论，跨学科研究者通过阅读学科文献就能对这些理论的利弊知晓更多。跨学科研究者可以通过对比来自不同学科的理论加强学科分析。例如，来自认知科学的某个理论提出利他主义在进化上不明智，而通晓进化论的会提出相反看法（见表 7.11）。

表 7.11 解释 OSD 问题的学科理论及其利弊

学科或学派	理论	理论的见解	理论解释之利	理论解释之弊
经济学	买方垄断剥削	OSD 是由注重劳动需求的理性决策造成的。	它解释了雇主的经济动机。	经济学家假定个体是理性的、利己的，因此未能解答对雇用妇女不利的偏见、性别角色歧视和“口味”。
	人力资本	OSD 是由注重劳动供给的理性决策造成的。	它解释了雇主的经济动机。	经济动机无法解答对雇用妇女不利的偏见、性别角色社会化和“口味”。
	统计歧视	OSD 是由注重与女性雇员相关的较高周转“费用”的理性决策造成的。	它解释了雇主的经济动机。	它假定个体是理性的、利己的，因此未能解答对雇用妇女不利的偏见、性别角色歧视和“口味”。
	偏见	OSD 是某些雇主放任自己性别偏见的结果。	它接受延伸到经济动机以外的因素。	它假定个体是理性的、利己的，因此未能解答对雇用妇女不利的偏见、性别角色歧视和“口味”。
历史学	制度发展	OSD 是由长期存在的制度力量造成并延续下去的。	1. 它识别了可能造成该问题的历史趋势。 2. 它将问题置于广阔的背景。	1. 它不能分析群体行为。 2. 它不能解答个体的心理动机。

(续表)

学科或学派	理论	理论的见解	理论解释之利	理论解释之弊
社会学	性别角色取向	OSD是由不同于男性的女性社会化进程造成的,女性社会化反过来直接同其职业结构相关。	1. 它识别了社会群体和制度之间的冲突。 2. 它解答了成年男女在成长方面的差异。	它关注群体,但未能解答由复杂心理因素或遗传倾向所诱发的个体行为。
心理学	男性支配	OSD是由男性维持传统男女劳动分工造成并延续下去的。	它解释了个体行为和决策进程。	它不能研究群体行为。
马克思主义	阶级斗争	OSD是维持资本主义制度必不可少的行为。	它解释了宏观趋势和发展。	经济因素不能解释所有群体或个体的行为。

注:马克思主义是学派。

提出五个"W"问题以评估每个理论的匹配度

要确定每个理论与手头问题的匹配度,读者可以向它提出五个"W"问题。

- 作用者:"作用者是谁?"假如每个理论都在个体层面上运作,而有人觉得群体进程对该问题很重要,你就要问,假如考虑到群体作用者的话,见解会如何变化? 关于群体作用者的理论应包括要整合的理论。注意,费舍尔所研究的上述理论分别处理有意图的个人、有意图的群体和无意图的作用者(制度)。
- 行为:"作用者做什么?"费舍尔例子中的抉择是是否研究OSD。费舍尔考虑的初步的少数理论强调行为:雇主或工人作出的决策。后来的理论更注重解释态度。注意,偏见理论在解释行为时采取某些态度,因此它易于同试图解释偏见如何产生的理论相整合。
- 决策:"作用者如何抉择?"这个例子说明了如何质疑由每

个理论所处理的决策进程。就经济理论而言，费舍尔(1988)评论道，“据称，‘经济人’是以墨守成规和严谨的方式作出经济决策，总是意图明确、深思熟虑，从不一时兴起、毫无私心，知道其行为的后果，并做到使自己的经济利益最大化”(第24页)。问这个问题的价值在于：假如某个理论建立在某个决策形式上，但是人们认为其他决策形式对该问题必不可少，那就需要考虑如何通过对来自建立在不同类型决策上的理论的见解进行整合来改变见解。费舍尔考虑的理论描述了传统型和价值型决策的要素，或许还有直觉(因为偏见和社会化可能主要是潜意识进程)。

- 时间路径：“何时?”费舍尔关注的是解释特定(且长期存在的)结果。这里的理论均倾向于设想某种相似的因果进程(产生某种均衡状态，OSD在其中长期存在)。值得去寻找可能解释亲近[远离]OSD的理论吗?
- 概括：“何处?”理性选择理论高度概括化，而强调特定态度或传统、惯例的理论也许只适用于某些社会。研究者可以思考OSD在不同的社会是否有着显著差异。

既然学科往往偏爱多处雷同的少量理论，学科学者就不太可能就其学科的某个理论提出所有这些问题。因此，通过提出这些问题，跨学科研究者可以增进对特定理论的学科评估。

读者须知

这里有个实例，人们“边干边整合”，在展望IRP整合阶段的同时进行某种整合。假如问题涉及基于其他动机的社会、宗教或文化行为(如OSD的例子)，来自经济学学科、假定个体是理性与利己的见解就可能需要重新考虑。纽厄尔(2007a)说，“使用歪曲的见解时，跨学科研究者要同他们所借鉴的学科视野保持一定的心理距离，从它们那里借用，但不要一股脑地采用”(第254页)。

费舍尔(1988)在他的OSD研究中考察了四种主要的经济学理论后得出结论,即经济学家界定该问题主要(但不是专门)是从雇主的经济动机出发。他正确地断定,这些经济学理论个个都适用于该问题,尽管每个都“提供了对OSD成因非常有限且不完整的解释”。因此,有必要“拓展分析以容纳OSD的其他重要理论”(第31页)。这一措辞提醒读者注意经济学理论的总体缺陷,并解释了为何费舍尔发现有必要检验由其他相关学科提出的理论。

范·德·莱克和费舍尔的例子所说明的通过评估生成见解的理论来评估见解,这种策略适用于任何状况,只要人们已经识别来自两门或多门学科的两个或多个理论。

*但是,仅仅评估来自多门学科的理论并不构成完整的跨学科,而只是构成了多学科。*完整的跨学科只有靠继续IRP并真正整合最重要理论、在此基础上建构对问题的更全面认识才能实现。这是本书第三编的内容。

策略三:运用见解所需的证据(资料)评估见解

评估见解的第三个策略是关注作者用作证明其见解的资料。跨学科研究者必须强烈地意识到,学科专家提供的资料也可能会被歪曲。每门学科都有一个认识论,或者认知方式,而它收集、整理、提供资料的某种方式就与这种认知相一致。学科专家提供的资料可能被“歪曲”,这么说并不是断言资料是伪造的、胡乱收集的或以偏颇的方式提供的(尽管以上情况有时均会发生)。恰恰相反,这是说专家可能出于种种原因遗漏或未能收集某种资料。这是因为专家关注某些类型的问题并积累资料回答这些问题,而没有自觉地认识到他们可能排除了其他资料,假如这些资料纳入研究中,会修改乃至否定研究结果。识别见解中的矛盾(第九章)的部分任务就是识别并评估每门学科或每个理论用来支持其见解的各种证据。一门学科视为证据的,另一门学科可能不予考虑或认为不妥。因此,*跨学科研究者应该对每门学科或每个理论所用的各种证据产生的潜在矛盾保持警觉。*

当然,资料与研究者所用方法密切相关(下文会论及)。正如先前所指出的,自然科学和较为实证的社会科学运用了实验、建模和统计等方法,所有这些都构成了可以被认为有说服力的证据。不同学科看待证据的依据，使得某种知识有说服力而其他知识没有说服力。例如，在女性研究中，“生活体验”被认为有说服力，而“在原住民研究中，通过口口相传和长者诠释、留存数世纪的传统知识是最重要的”（维克斯，1998，第23页）。这两种证据都不会被那些遵循实证主义（经验主义）方法论并使用定量证据的人视为有效。

另一方面，历史学家把许多人工制品视为证据，包括日记、口头证词和官方文件，这些不会被自然科学认可或认为合适。文学批评的证据在于将理论——包括表7.9探讨的理论——富有想象力地应用到文本。对于巴尔（1999）来说，算作证据的是文本中使用精读技巧所发现的每个理论印记的痕迹。这些可以被概括进动词“曝光”的意义中。有个例子可以说明这一点。“短笺”是涂鸦文本的开始，精读该词“显示”出形式最纯粹的言语活动：直接向当前的读者讲话，但充满了“往昔感”（第7—8页）。与某个理论（或一系列理论）打交道的学生必须充分扎根该理论，以识别作者的证据。

阅读和思考收集的原始资料时，人们应该问这两个问题：

- *在这门学科中什么算证据？*
- *学科作者忽视的何种证据会提供对问题的更多认识？*

支持性证据如何反映学科视野举隅

学科视野与学科从业者通常所用支持类证据之间的密切联系，由来自两门学科和一个职业的学者所著研究论文加以说明，论文围绕这个问题：学校应该采纳计算机辅助教育吗？（我们要注意，这场辩论持续数十年，而后来，教室里计算机变得日益司空见惯。）

论文一：学科：通信（信息）技术　克利福德·斯托尔[Clifford Stoll]（1999）在《高科技异端：为何计算机不属于教室及一个反计算机者的另类思考》中认为，学校不应该采纳计算机辅助教育。他在信息技术领域的专门知识延伸到其商业方面，这反映在他提出支持其案例的那种证据上：隐藏的计算机财务费用，引用学科杂志《教育技术新闻》上的支持性论文，学校不得不在进行必要修理和购买技术之间做出艰难选择的例子，以及仔细检查源自自动化教育管理的节省虚拟

成本。

论文二:学科:心理学(学习理论) 国家研究委员会(National Research Council)(NRC)是国家科学院的研究部门,是民间非营利学术团体,就科技事务向联邦政府提出建议。其有影响的研究《人们如何学习:大脑、心灵、经验和学校》认为,计算机辅助教育能提高学习质量(布拉兹福德[Bradsford]、布朗[Brown]、库金[Cocking],1999)。NRC 使用的支持性证据包括引用尖端学习软件和 GLOBE(造福环境的全球学习与观察计划)之类的实验项目,GLOBE 收集了来自 34 个国家逾两千所学校学生的资料(布拉兹福德等人,1999)。

论文三:职业:教育 1999 年,儿童联盟发布了报告《徒劳:批判审视计算机之于童年》,后来发表在一份重要的教育期刊上。该报告认为,计算机辅助教育对幼童无益。这一观点在教师行业内是激烈辩论的内容,但还是收录进教育部 1999 年对高度贫困地区九所问题学校的研究,还大量援引了包括斯坦福(教育学)教授拉里·库班[Larry Cuban]、理论家约翰·杜威[John Dewey]、奥地利改革者鲁道夫·斯坦纳[Rudolf Steiner]和麻省理工学院教授雪莉·特克尔[Sherry Turkle]在内的著名教育专家的研究(儿童联盟,1999)。

对这些例子的思考

这些例子表明了每门学科或职业如何积累并展示反映其认识论的证据。但是,所有这三个例子中,专家们都忽视了其学科或职业范围以外的证据。因此,“事实”并不总是像它们看上去得那样——它们反映了该学科及其专家圈所感兴趣的东西。

对于学生和公众来说,容易受到“专家”就问题生成的资料的诱惑,错误地假定资料必定是“正确的”、客观的,因为它们来自权威出处。这里的教训是,读者必须评估学科作者所用的证据,认识他们如何使用证据,并追问其他类型的资料是否可能改变见解。

跨学科研究者对特定见解所用资料进行评估时再次运用两种重要策略。首先,人们询问学科视野,以及这可能会令哪些资料被视为合适。其次,对比来自不同学科的见解,以询问哪些资料可能对评估来自另一门学科的见解有所裨益。

策略四:运用作者所用方法评估见解

对评估见解有用的第四个策略是关注其作者所用的方法。第六章介绍了科学家使用十来种不同方法(往往组合使用)以进行研究并产生新知识。这里关注的是承认这些方法如何被歪曲的重要性。斯佐斯塔克(2004)认为,和对待理论一样,应该对所用的方法提出这些重要问题,第六章介绍过这些问题,但这里有必要对此详细说明。

问题一:研究的是谁?方法关注的是有意的作用者还是无意的作用者?有些学科(以及由此而来的学科方法)对个体比对群体更关注。和对待理论一样,跨学科研究者应该质疑某个特定方法与手头问题固有作用者类型有多匹配。

问题二:这里的一个附带问题包括某个方法研究的作用者数目。例如,调查牵涉大量人物,访谈牵涉少量人物,而观察(尤其是参与式观察)牵涉更少量人物。斯佐斯塔克(2004)说,这些方法的问题在于,假如研究相关人群的任何子集(从一到多),研究者会面临取样问题:"样本有倾向性吗?它代表更大群体的平均水平吗?或许是更大群体的最常见属性(这与平均水平会大相径庭)?"(第104页)

问题三:研究的是什么?有些方法研究行为(有些专门研究反应),而有些研究看法(斯佐斯塔克,2004,第105页)。对于许多研究课题来说,我们既要了解人们如何思考,又要了解他们如何行事。

问题四:因果解释的哪些要素可以处理?哲学家意识到,关于任何因果关系要提出四个重要问题。方法在处理每个要素的成效上大不相同。该方法能让我们在因果之间建立联系吗?该方法能让我们确定因先于果吗?该方法能让我们识别因果之间可能起作用的变量或进程吗?最后,该方法会让我们摒弃替代解释吗?(在所有情况下,"因"这个字用的是其最常用的意义,指的是一种现象对另一种现象可能施加的任何类型的影响。还要注意,跨学科学者应该始终接受多种影响产生特定后果的可能性。)

问题五:方法可以检验何种决策?和在理论的例子中一样,该问题关注的是作用者所使用的决策过程,包括无意识作用者的被动决策。斯佐斯塔克(2004)注意到,特定方法"证明最适于回答某类问题,但方法应用于不同类型决策各有差异"(第107页)。

问题六:该方法具有潜在的归纳性吗?有些方法检验特定假

说,因此通常在提出替代假说上能力有限。

问题七:该方法能研究何种因果进程?它能探究平衡过程、特定方向的变化过程、循环过程或随机过程吗?

问题八:所研究现象或进程的位置或背景何在?现象可以在一个位置上或在变动中进行分析。分析可以在自然背景或人工背景下进行。人工背景允许研究者控制变量,从而将某个特定因果关系孤立出来,但会有作用者的表现不同于在自然背景下的风险(斯佐斯塔克,2004,第108页)。

问题九:该方法的结果是高度概括的吗?易于推断由该方法得出的结果可以在另一个不同场景下获取吗?访谈可能比包括化学反应在内的实验更不容易推断。

问题十:何时(在什么时候)可以研究现象?斯佐斯塔克(2004)问道,研究者是在时间上的某个点还是连续一段时间或是在时间上几个不相关联的点分析一系列现象?他们是在同一时间还是不同时间分析所有现象?连续一段时间的好处是研究者可以研究变化过程,但在特定时间点分析更容易(第109页)。[1]

我们在第六章提供了表6.7,简要总结了这十个问题的答案。不过,你可能发现表7.12更易于驾驭,该表提供了对所选方法某些利弊的概要。这些概要不全,仅应用作进一步研究的起点。希望获知更多详情的学生可查阅斯佐斯塔克(2004)著作的第四章。

假如关于问题的某个见解是由某个研究个体的方法提供的,而你认为该见解反映了群体互相影响的进程,那你就有理由怀疑是否其他方法更适用,会为问题的见解提供支持。对以上所列十个问题,同类分析均适用。这里的挑战是运用这些问题来思考所研究课题的属性,并同用于研究的方法进行对比。对研究者所用方法不要不加质疑就接受,要意识到没有哪种方法完美无缺,并思考特定见解是否由所用方法的弊端所导致的。

就像对待理论一样,学科研究者很可能强调其所青睐的方法的好处。虽然学科文献会检验特定作者运用某个方法是否合适,但不太可能询问该方法是否适用于所研究课题。在提出上述十个问题时,我们要仔细检验学科视野的特定要素。至于学科视野的其他方面,我们可以获得跨学科对比的帮助:一位作者所用方法阐明而其他作者所用方法未能阐明的是什么？

表7.12　学科方法(不全)的利弊

方法	利	弊
实验	实验主要是演绎工具，借助实验，以特定方式操控对象，结果可以测量。它们可能非常可靠，因为“可以按研究设计轻松重复各种微妙变化”。实验最善于识别简单的因果关系，并“能说明决策的某些方面，如人们受他人观点影响的程度”(第119—121页)。	对群体行为的分析通常(但不总是)难以实现。因为实验涉及控制和操纵，定性研究的拥护者，包括女性主义者，往往反对实验。“对有意的作用者来说，研究者必须担心向对象发出期待的结果的信号”(第118、120—121页)。
调查	重在个体层面，其结果往往根据群体分解。结果“围绕群体成员的一般趋势而非群体进程本身”(第135页)。它们能显示群体成员之间的重要差别。它们能就某个时间点上的看法提供量化资料(第135页)。	它们可能包含太少的因果变量，且通常仅仅直接围绕关系(但是网络分析能通过调查相互影响之人来识别关系)(第135页)。
统计分析(二手资料分析)	社会科学中这种最受欢迎的单一方法涉及分析他人收集的资料，包括由调查或实验产生的资料。资料往往用于大量人群，可以聚合起来显示群体趋势以及群体内的差异，既用于无意作用者，也用于有意作用者(第131页)。该方法可以极好地建立起关联。	“二手资料不能对任何有意作用者如何形成看法提供详尽见解。”建立某种关联后，研究者推断原因时须使用判断并依托理论(希尔弗曼[Silverman]，2000，第6—9页)。麦克吉姆[McKim](1997)声称，假如被貌似有理的理论和来自其他方法的直接证据所证实，统计分析就会仅仅被视为某个因果关系的证据(第10页)。斯佐斯塔克(2004)指出，研究者“还必须考虑关系的长处；研究者往往颂扬某个结果的‘统计意义’，而没有采取必要(本身是定性的)步骤问问关系是否重要。他们可能因此过于轻易地接受某个解释功效有限的理论，或排斥某个解释功效强大的理论，因为他们的样本规模太小，致使统计证据无法成立”(第131页)。研究者“必须观察如何记录资料，并询问这些报告或这些记录是否有可能被歪曲”(第134页)。

(续表)

方法	利	弊
内容或文本分析	该方法包括各种技术,往往基于对某个文本意义的不同理论认识。文本最直接围绕作者的意图,并"能对作者认识群体、关系和无意作用者提供有价值的见解"。作者往往揭示他们或他人为何这么做决策,尽管他们可能会是错的或故意歪曲(第136—137页)。	理论家不同意任何文本的核心信息能在某种程度上识别。尽管文本能提供各种不同解释,但是能从文本得出的见解有局限性。"没有什么文本在与其他文本隔离的情况下可以充分认识,因为语言具有象征意义。"更大的局限是,研究者只能指望作者(有意无意)提供的信息(第136—137页)。斯佐斯塔克提醒研究者,作者也许歪曲了他们对事件的认识。"内容分析是能潜在识别作者都未意识到的意图的一种技术,通过内容分析,对文本中出现的特定思想或措辞的频率进行定量分析"(第137页)。
参与观察(PO)(包括民族志实地调查)	PO是观察式分析最常见的形式,但孤立观察也用。PO研究者注重有意作用者,并强调看法,但也可能研究行为以及抑制(刺激)。在决策时,PO研究者在一段时间跟踪对象,并常常询问对象以解释为何他们这么做。PO可能是研究某些事件或独特事件、识别阻止规则运作的癖性的最好方式(第127—128页)。派力斯[Palys](1997)指出,PO几乎总是用于配合访谈、调查和(或)文本分析,允许研究者比较人们的言行,减少研究者偏见问题。	以往只有少数个体和关系可以研究(第127页)。戈登堡[Goldenberg](1992)指出,观察者一出现,就可能会造成参与者举止不同并假装出不同的态度。他还说,许多研究者认为,该方法较适用于探究(归纳)而非检验假说(第322页)。尽管PO研究本来就是归纳的,但是研究者可能会忽视同其期待的结论矛盾的证据(斯佐斯塔克,2004,第128页)。斯佐斯塔克指出,协议分析(参与者借此被要求执行某个任务并口头描述他们这么做时的想法)"有效地结合了PO要素和访谈。它比其他类型的PO更诱人。它还更虚假,因此会带来问题:参与者的所做所思是否同在不那么虚假的环境下的所做所思一样"(第129页)。

（续表）

方法	利	弊
访谈	访谈比调查代价更大，因此往往涉及更少的人。访谈擅长识别激发某些行为的态度（但往往人们并不知道为何他们看似知道）。问题可以诱发深入了解客观作用者所实施的抑制（刺激）（第122页）。叙述分析通过要求人们讲述他们自己的故事，克服了研究者偏离其课题结果的问题（第123页）。	访谈只能间接围绕关系和群体进程。“它们局限于能识别暂时的重点……并取决于研究者询问合适的问题”（第122页）。受访者可能会在他们为何这么做（想）方面被误导，有时是蓄意的，有时是记忆有误（第122页）。因为访谈必须涉及少量人，“进行概括需要整合众多研究的结果”（第123页）。
个案研究（通常吸收了文本分析、观察和/或访谈的混合方法）	个案研究以丰富的细节提供了对特定议题或理论的见解（而统计研究往往从大量个案选择模式）。个案研究可以是定量和（或）定性的（第140页）。	“研究者应该小心谨慎，不能仅仅报告那些似乎适于概括的观察；其他信息可能有助于多种理论的发展或对现有理论局限性的认识”（第141页）。

出处：R.斯佐斯塔克（2004），《对科学分类：现象、数据、理论、方法、实践》。多德雷赫特：施普林格出版社。

策略五：运用见解涉及的现象评估见解

用来评估见解匹配度的第五个策略是关注每门学科在其研究领域内考虑的现象。作者的见解受到他们界定问题（即他们所忽视问题的那些部分）方式的歪曲。其见解还受到他们对其确实所见之物的观察方式的歪曲。这要归咎于他们选择研究的现象或行为。总的来说，他们对现象的选择影响了他们对方法的选择，这反过来又影响了他们对理论的选择。关注现象表明了首先图解问题的重要性，图解问题（见第四章）为的是了解问题的哪些部分被学科涵盖。费舍尔和巴尔的例子，在不同程度上说明了图解问题（有意或无意）如何帮助他们识别相关学科、理论及其就手头问题产生的见解。

社会科学的例子　**费舍尔（1988），《论基于因果变数整合职业性别歧视理论的必要》**。费舍尔明确识别了基于每门学科通常所研究现

象的相关学科的利弊。费舍尔不是探讨他认为与OSD问题相关的所有五门学科,而是将其探讨限定在经济学和历史学。作为训练有素的经济学家,费舍尔对其学科有着专业上的精通。他认为,经济学的优点在于,它把OSD问题视为与经济行为有关。但这个优点也是它的缺点。他认为,经济学的问题在于,其理论与方法被歪曲了。从前,政治经济学家(他们自己这么称呼自己)认为,社会、文化、心理、政治因素跟经济因素同样是其学科的一部分。但1900年以后,正统经济学家将该学科转化为科学的意愿导致了他们将政治经济学缩减为"经济学本身",意思是经济学家限定关注"经济人"的行为,排除规范化议题(如认识论议题)。

图解问题(费舍尔的例子是下意识地图解)后,费舍尔问及哪些现象被特定见解排除在外。他得出结论,关于OSD的经济学理论忽视了该问题的许多关键因果维度(包括特定习俗和文化心态),并提供了"不全面、缺乏说服力的解释"(第26页)。费舍尔说,这种歪曲了的研究,解释了涉及西尔斯·罗巴克公司(Sears Roebuck and Company)雇员性别歧视大案所用的专家证人为何是历史学家而不是经济学家。费舍尔指出,历史学家"认识到导致并延续OSD的长久习俗影响力的重要性,这个领域被绝大多数经济学家忽视了"(第26页)。

一旦某门学科关注了职业性别歧视之类的复杂问题,它就立刻以允许学科利用其特有要素的方式重新界定了该问题。结果是作者提供了关于该问题强大但有限的(有时是歪曲的)理论和见解。这不奇怪,因为如前所述,学科专攻不同类型的问题和问题的某些部分。

费舍尔对学科何以如此轻松地歪曲其处理某个问题的方法的解释,对跨学科研究者来说具有启发性。不图解问题以揭示其关键部分,就连专家也会轻易相信歪曲了的学科视野。假如对专家来说如此,对学生来说很可能同样如此。这强调了图解问题并将每个部分与研究该部分的某门学科联系起来对跨学科研究者的重要性。它还强调做到熟识每门相关学科(此例中是它们通常研究的现象)的必要性,但要避免被其歪曲了的视野、理论和见解左右。*评估任何特定见解时,你应该将牵涉特定见解的现象与你认为牵涉所图解问题的现象进行对比,然后追问如何处理这些可能改变见解的其他现象。*

显然,费舍尔这位训练有素、对其学科利弊了如指掌的经济学家并非训练有素的历史学家。但是，他花时间做到了熟识历史学，达到了解其关于OSD主题视野的程度。

人文科学的例子。**巴尔(1999)，《文化分析实践：跨学科阐释揭秘》"导言"。**巴尔使用了文化分析，因为它是跨学科领域，有自己的理论和方法，能使从业者对涂鸦之类复杂对象的费解意义做出比传统学科方法更全面的解释。例如，在其关注观者当下境况及其试图将过去理解为观者所处当下一部分的方面，文化分析不同于传统历史学研究(第1页)。历史学倾向于将过去(无论是人、事还是物)看作导致它的进化趋势和发展的产物，它试图用丰富的细节描述社会力量和个人抉择。因此，按照通常做法来运用历史学，会忽视历史学家有意无意强加给过去的无声假设，从而歪曲人们对涂鸦的认识。

艺术史(方向日益跨学科)的优点是，它能通过品质之类的概念、艺术品的视觉吸引力、艺术家如何与艺术大师的真传相融、艺术品的社会背景、风格分析的运用和误用、艺术史与后现代主义、女性主义之类运动的关系来研究艺术品(菲尔涅[Fernie]，1995)。尽管艺术史对人们认识涂鸦贡献良多，但没透露的也很多。首先，涂鸦独一无二，作者不为人知，这就无法融入伟大艺术和艺术家的经典。艺术史也不能就涂鸦在哲学上的深刻意义发表看法，不能评估其诗歌结构，不能解释它如何体现"文化"概念。

哲学及其子学科认识论关注我们如何能知道何者为真、何者不真。但是，在涂鸦这个例子中依赖认识论哲学，会歪曲我们对文本的认识：

> 短笺
> 我抱住了你 亲爱的
> 我并没有
> 虚构出你

这个文本包含了一个非虚构陈述："我并没有虚构出你。"但是，这个陈述似乎与称呼——"短笺"相矛盾——它把一个真实的人物(匿名作者的心上人)变成了短笺自我指涉的描写；也就是说，有所指的"亲爱的"变成了自我指涉的"短笺"或短信。这就把短笺变成了一篇虚构散文(巴尔,1999,第3页)。假如短笺是虚构的,那么认识论哲学就对加深我们认识文本意义无所裨益了。相反,我们会转向文学,因为它很容易搁置本体论问题(即考虑存在之物),并毫无困难地区分虚构与现实。

文学评估涂鸦的优势在于它能使人们从不同的理论视野进行研究,并从传记、批评、历史方面对其定位。但是,这些优势被文学的弊端抵消了:它不能从文化上定位这种评估,不能把它作为艺术品加以认识,不能从语义上解释,不能从认识论和本体论上进行探究。

心理学的优势是探究个人心理的隐秘处,或者是艺术家,或者是艺术品的观众。但是,在文化和历史背景下定位艺术品、检验其诗歌形式和叙事模式或将其作为美学和伦理学表现加以认识,心理学并不胜任。

图7.2对联合起来创造涂鸦的力量进行了图解,包括作者的个性、经历、价值观、哲学观和文艺悟性。由此我们可以像巴尔那样,借鉴来自研究这些内容的若干学科的见解。

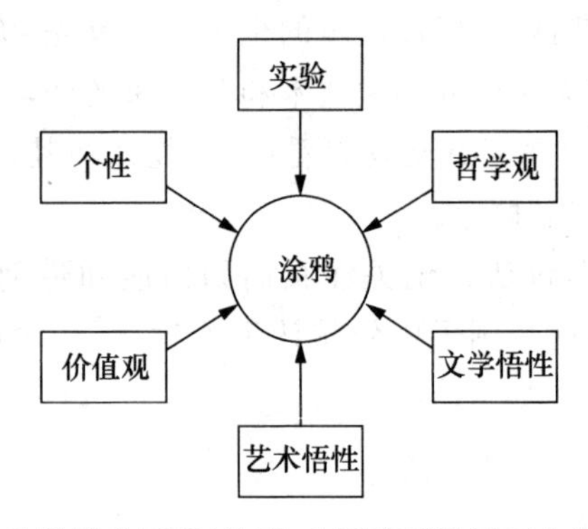

图7.2 影响涂鸦的因素(注意,也可在影响因素之间画上箭头)

遗憾的是,有些声称从事跨学科工作的作者并不像巴尔那样自觉地谈论其方法论。弄明白作者的方法论,一个途径就是阅读对作者著作的评论;另一个途径是仔细阅读作者关于该主题的文章,尤其注意可能包含重要方法论线索的脚注或尾注;第三个途径是咨询学科专家,在任何情况下都应该拜访学科专家以证实人们的认识。

用于评估先前研究的清单

读者在识别见解与理论中的矛盾并找到其根源(第九章)前,可以有效利用这个清单以评估先前有关该问题的研究(即见解和理论):

- 对你自己或专家可能带进问题的偏见进行自我批判式反思。斯佐斯塔克(2002)的见解此处值得一提:“虽说学科是偏见的重要来源,但人性、个体心理和人们在社会上扮演的各种角色也是偏见的来源”(第112—113页)。
- 识别每位学者的学科背景(假如未在文献检索过程中完成)。作者使用的理论或方法通常会反映学科的一般视野。人们应该追问这个视野如何影响作者所提的问题、所用的理论与方法以及所产生的认识。
- 确定某些重要现象(如问题的组成部分)是否排除在先前分析及其影响之外(斯佐斯塔克,2002,第112页)。
- 识别每位学者的学科通常认为正当的证据。分析为每个见解提供的证据,并追问不同证据是否指向不同方向。
- 识别每位学者的学科通常所包含的方法论(此处的任务可能是发现作者是否具有现代主义立场,或接受某个较新的批判立场)。追问这对该学者的方法以及见解的性质有多大影响。
- 识别决定每位作者见解(假如见解是理论型的)的理论,并熟悉其利弊。询问学者如何将该理论应用到问题上。
- 识别每位学者使用的研究方法并熟悉其利弊。就理论而言,目的是确定见解在多大程度上反映了方法的弊端。

我们自始至终多次强调,你在进行这些不同活动时要做两件事:深思学科视野(的要素);对比来自不同学科的见解。

本章小结

为分析某个问题并评估关于它的见解和理论,必须重视每门学科视野(一般意义上)的优点及对应的弊端,并意识到这些利弊主要源自所研究现象和所用理论与方法的差异。现象之弊最好通过图解问题来识别;理论及其见解之弊最好通过提出五个"W"问题来识别;方法之弊最好通过提出第二个系列十个问题来识别。只有那样才能评估每门学科的作者圈所产生的见解与理论,并确定其与问题的相关性。

在 IRP 的这一步骤,你可以决定用在早期步骤中似乎只是勉强相关的某门学科取代一门相关学科。例如,费舍尔(1988)最初发现,在解释 OSD 成因上,与现代经济学家提出的更微妙的理论相比,马克思主义只是勉强相关。在此关键时刻,你可能意识到有必要扩展文献检索,以对某个特定学科或学派提供的更多见解、概念或理论有更多了解。你可能会发现,曾经看上去中立(即没有显得特别偏爱任何一门学科)的问题措辞,如今似乎对某门相关学科的视野亏欠太多。或许你可能意识到正是问题的概念过度反映了某个特定学科。

在步骤六的结尾,你会最终确定问题的哪些部分要去研究以及因此哪些学科的见解和理论真正与问题相关。通过完成这一步骤并反思先前的工作,你现在就可以准备进行 IRP 的整合部分了。这是第三编第八章到第十二章的重点。

注　释

1. 对这十个问题更全面的探讨,见斯佐斯塔克(2004)著作第四章。

练 习 题

风电场选址

7.1　为响应公众要求,减少对煤炭的依赖并转向可再生能源,一家公用事业公司提议在浅水区建造一个大型风电场,那里有好的海滩房产、高级度假酒店、豪华私家公寓,它们的税收是地方经济收入的重要来源。假定来自附近某所大学的学科专家应当地管委会提议进行研究,为使公职人员对建设风电场赞成与否做出完全有根据的决定,什么样的学科视野应该算入?该问题应该先进行图解,以揭示问题的组成部分,并识别相关学科。

无家可归问题

7.2　假设你在参与一个关注城镇特定区域无家可归问题的服务学习课程,在进入该“领域”前,你要就该主题撰写一篇简短的背景文章。你在商业方面做过大量的学年作业,更喜欢从商业视野研究该问题。

a. 这可能是跨学科课程吗?为什么是?或者为什么不是?

b. 你会如何利用在某种程度上与跨学科研究相适应的商业背景?

c. 你如何以不偏向任何学科视野的方式表述研究课题?

研究进展

7.3　假如你仅限与两三门学科打交道,哪些学科视野会促成对问题最完整的认识?为什么?

个人偏见

7.4　对于安乐死议题,你立场坚定,认为在某种情形下,它在伦理上可行,甚至可取。在评估见解时,你如何保持忠于自己坚定的立场并仍能就此议题进行跨学科研究?

视野缺陷

7.5　选取上述 7.1 或 7.2 里的一个问题,并识别影响形成全面认识的三门学科视野的弊端。

7.6　考虑到学科视野的弊端及其被歪曲的事实,通过多种学科透镜审视复杂问题怎样帮助我们认识该问题?

评估理论

7.7 巴尔的著作如何说明了在形成平衡学科深度与理论广度的研究策略中随机应变的重要性?

支持性证据如何反映学科视野

7.8 上述提议近海风电场计划的例子中,何种资料(证据)会被每门起作用学科的专家认为有效?通常来说,事实信息可能被学科性质以何种方式歪曲?

方法如何被歪曲

7.9 从表 7.12 中选取一个方法,并在应用于 OSD、涂鸦或风电场时讨论其利弊。向任何学科方法提出那十个问题如何能就学者对问题的认识提供重要见解?

见解所接受的现象

7.10 参考上述无家可归问题,如果仅仅考虑经济学和心理学学科,探讨潜在原因会忽略什么现象?该问题应该先进行图解,以揭示问题的组成部分并识别相关学科。

7.11 文化分析虽然是跨学科研究,但在认识涂鸦之类对象时,其研究方法有何局限?

第三编

整合见解

第八章　认识整合

学习成效

读完本章,你能够

- 解释何为跨学科整合
- 探讨对整合的通识论者批判
- 探讨整合论者的立场
- 解释视野选取和培养特定心理素质的重要性
- 描述本书所用的整合模式
- 回答有关整合的三个基本问题

导引问题

我们所说的跨学科整合是什么意思?

为何整合对于跨学科不可或缺?

如何整合学科见解?

整合的结果看上去怎样?

本章任务

本章介绍了跨学科研究进程(IRP)的第二部分并展现了跨学科整

合的概貌。它解释了跨学科整合是什么,探讨了就整合应在跨学科工作中扮演何种角色所产生的争议,并强调了视野选取和培养特定心理素质的极端重要性。本章还从整合什么、如何整合以及整合的结果看上去怎样等方面介绍了本书所用的整合模式。本章结尾提出并回答了有关整合的三个基本问题。

B. 整合学科见解

7. 识别见解间的矛盾及其根源
8. 在见解间创建共识
9. 构建更全面认识
10. 反思、检验并交流该认识

何为跨学科整合

仅仅研究不同学科视野的某个行为或对象,本身并不构成跨学科工作。不加整合的话,这些不同的视野只会导致多学科工作(海金[Hacking],2004,第5页)。美国诗人约翰·戈弗雷·萨克斯[John Godfrey Saxe](1816—1887)写的一首诗里说明了原因,这首诗取材于一则印度寓言,说的是六个盲人和一头大象。每个人都对这头庞然大物的某个部分彻底研究了一番,每个人都断然得出结论,他所"观察"到的很像一堵墙(象身)、一根矛(象牙)、一条蛇(扭动的象鼻)、一棵树(象腿)、一把扇子(象耳)、一根绳(象尾)。该诗结尾写道:

印度斯坦诸人
大声争论不休,
人人各持己见
强硬不肯让步,
虽说部分正确,
其实全都不对!

教训是，简单地让来自六门不同学科的六位不同专家研究某个对象，很可能会就该对象产生至少六种不同的见解或理论。这就是多学科系统的属性。当然，缺乏的是尽可能将这些矛盾见解整合为对该对象的综合描述或该对象的整体形象，以提供更全面认识。这种认识并不“属于”任何一门学科或见解。这种类推可以延伸到包括代表跨学科研究者的第七个盲人，他质疑其他六个人对该对象的看法，然后对六位学科研究者提供的信息进行整合，试图构建对大象的更全面认识。[1]

跨学科研究者一般都认为，整合是跨学科和跨学科研究进程的中心[2]，他们还就“整合应该涵盖什么”接近意见一致。克莱因(2010)断言，“整合被普遍视为跨学科的石蕊测试”(第 112 页)。尽管整合并不容易，但它是可行的，哪怕是对该领域的新手而言。

整合的定义

着手定义词语的一个好方法是查看其词源或历史起源。英语单词 *integration*(整合)可以上溯到拉丁词 *integrare*，意思是“成为整体”。作为动词，*integrate* 意思是“结合或融为一个功能性整体”。克莱因(2012)认为，经历了数百年，“‘整合’这个概念与‘整体论’‘统一体’及‘综合’联系在了一起”(第 284 页)。

整合的同义词是名词 *synthesis*(综合)。因为术语“整合”和“综合”在含义上非常接近，许多从业者交替使用它们。本书用的是“整合”，因为它出现在著名的跨学科研究定义和第一章介绍的定义中。本章既研究整合的*进程*，也研究整合的*产物*。

文献里出现的两个有关整合的重要思想应该纳入其定义。从业者一再把跨学科整合称为*进程*而不是*活动*。这并非一时冲动。*进程*表达的概念是朝向特定(但往往是意料之外的)结果的逐渐变化，*活动*的含义则更有限，表示充满活力的行为，而不必涉及实现某个目标。

此外，从业者认为整合进程的结果是达致更为全面的新认识。这种认识有时被称为“整合结果”“新的整体”“新意义”“整合产物”“延伸的理论解释”“概念融合”或“认知进展”。尽管这些词意思相近，但本书一般用的是“更全面认识”。实现这种新认识需要融合来自学科、子学科、跨学科、学派以及有时来自学界以外视野的专家见解。*跨学科*

研究的前提是,学科本身是跨学科必不可少的先决条件和基础。

> **跨学科整合**是批判评估学科见解并在见解间创建共识以构建更全面认识的认知进程。这种认识是整合进程的产物或结果。

因此,整合是实现研究进程目的或目标所凭借的手段。克莱因(1996)称,“综合意味着通过一系列整合行为创造跨学科结果”(第212页)。这些“整合行为”、决策或步骤是第九章到第十二章的主题。

整合的特征

伴随术语整合的若干特征有:

- 它们传达了解决问题、回答疑问或辨析议题等目标驱动行为的意义。
- 整合活动的核心是批判性评估学科见解。
- 整合进程的本质是创造性组合或合并。
- 组合、合并或融合的是用以生成学科见解的学科概念、假说或理论。
- 整合的结果仅对特定问题或背景有效。
- 该进程的目的是创造性地形成新的且大于(也不同于)其组成部分总和之物——更全面认识。

有关整合的争议

就跨学科研究中整合的地位,有两种立场:“通识论者”和“整合论者”。从业者各执一端。

通识论者批判

通识论者不同意“整合应是真正的跨学科研究与教学的基本特

征”这种看法。他们认为跨学科大致意味着“两门或多门学科之间任何形式的对话或互动”,而低估、掩盖或完全排斥了整合的作用(莫朗,2010,第14页)。

有些通识论者把术语跨学科和整合视为协同教学或研究团队跨学科交流中协同工作的同义词;有些通识论者更喜欢通过主要关注所提问题种类来区分跨学科类型,而不是关注整合并容许“质疑整合”(拉图卡,2001,第4、78、80页)。还有一些甚至拒绝对跨学科研究的任何定义,认为这些定义“必然优先注重在字面意义上实现综合或整合”(理查兹,1996,第114页)。

通识论者立场的要点在于,在大多数情况下,整合简直难以实现。通识论者辨识了将整合复杂化、妨碍乃至阻碍整合的至少四种因素:(一)学科碎片化;(二)无法攻破的认识论隔阂;(三)矛盾视野和意识形态;(四)各种可能结果。

学科碎片化

通识论者指出,每门学科都碎片化了,而且“碎片也碎片化了”(达根、帕赫,1990,第5页)。虽然专业化能增进知识,但也会将子领域彼此隔绝。心理学家伊莲·哈特菲尔德[Elaine Hatfield]和历史学家理查德·拉普森[Richard Rapson](1996)指出,数以百计专业化的子学科,每门都“自说自话,采用自己的定义和方法论,提出各自的问题,而难得相互解决问题”(第viii页)。随着截然不同的专业化的扩张,实现全面认识更困难了。

认识论隔阂

通识论者指出了给整合造成困难的第二个因素:学科间无法攻破的认识论隔阂。结果是“概念无法比较,分析单位不一,世界观、期望值、标准和价值判断各异”(罗杰斯、斯凯夫、里佐,2005,第268页)。理查兹(1996)声称,有些类型的知识在性质上如此截然不同,以至于在任何情况下都不容许整合。比如,人们试图组合来自科学(自然科学与[或]社会科学)的分析演绎型见解和来自人文科学的主观评价式见解时,这种问题据说就会发生。他断言,在这种情况下,“无法攻破的认识论隔阂会阻止真正的整合”(第122页)。这些隔阂还对学科间共同交流所要形成的共同词汇或基础造成困难。因此,通识论者怀疑寻求"作为统一解决至关重要差异的途径"的共识是否有效,因为"在选择某种共识而非其他共识时,会出现共同认可的竞争性版本"(福希曼,2009,第79页)。

矛盾视野和意识形态

通识论者认为整合的第三个障碍是学科内及学科间的矛盾视野和意识形态。海兰[Hyland](2004)强调学科内的矛盾。他认为,"大多数学科以若干竞争性视野为特征,还往往包含激烈较量的信仰与价值观"(第11页)。另一方面,斯佐斯塔克(2002)强调学科间的矛盾,因为作者通常使用其主修学科青睐的理论与方法(第111页)。生物学家恩斯特·迈尔[Ernst Mayr](1997)解释道,这个事实使得学科内和学科间的一致难以实现,因为"意见相左的科学家坚持不同的潜在意识形态,使得某些理论为某个群体接受,而不为另一个群体接受"(第103页)。

各种可能结果

反对整合的第四个理由是,跨学科的条件具备了,各种可能结果也就具备了。如果所有相关学科见解都被整合进与可获取的经验证据一致的单一、协调、全面的新认识或新理论,就会是**完全整合**;如果只有某些见解被整合并仅应用于问题的某个(些)部分,就会是**部分整合**;如果同一问题的两项以上研究以及用同样材料生成了不同认识,就会是**多重整合**;如果利用两门或多门学科文献不能解决问题、且使用跨学科研究的条件得不到满足,就会是**未整合**。

通识论者指责跨学科组合的数目不断增加只会制造众多更全面认识或竞争性元理论,而这些会导致理论上的困惑。考虑到这些可能的结果、认识论隔阂、意识形态偏好,一位批判者得出结论:"作为单一连贯实体,整合概念不再完全适用。"(福希曼,2009,第79—80页)结果,通识论者看不到有什么正当的理由将整合纳入跨学科研究的任何定义。

由于以上四个论点,通识论者往往流露出对理论竞争和另类整合的偏好。通识论者喜欢为读者提供竞争性理论的清单,其中每个理论都回应一系列不同而重合的问题,而不是介绍一个综合了多个竞争性理论要素的整合式理论。例如,有些犯罪学家认为,犯罪学理论应该保持独立、不平衡,“理论竞争”更优于理论整合(阿克斯[Akers],1994,第 195 页)。[3]

这种偏好与在美术与舞台艺术以及通常研究它们的人文科学中所采取的立场相似,那些领域的学者喜欢为读者或观众安排一系列备选整合供考虑,而不是提供一个。这么做的理由也许包括想吸引他人加入该议题,认为表态会显得冒失,感觉宣布某个整合“最佳”显得草率,或认为最佳整合取决于每种情况的特性(纽厄尔,2012,第 299—314 页)。不追求进一步整合最有说服力的理由是承认文艺作品本来就有多重意义。

整合论者立场

整合论者将整合视为跨学科与众不同的重要特征,视为完全跨学科工作的目标。其立场的核心是,整合是能够做到的,研究者应该尽可能接近实现整合,只要所研究的问题和学科见解由其支配。他们指出,以下进展使得整合能够实现、令人满意:

- 支持整合的认知心理学理论
- 以证实实现整合的技术为特征的跨学科研究进程新模式
- 有关众多复杂问题的突破性整合著作的发表(见锦囊 8.1)
- 重要跨学科和超学科组织关于整合中心论的主张(见锦囊 8.2)
- 在竞争性解释和理论之间进行裁决的有效方式

支持整合的认知心理学理论

整合论者断言,通识论者忽视了由认知心理学家就共识与认知跨学科提出的重要理论,这些理论表明,整合是自然的认知进程。其实,克拉克与布罗姆的理论(第一章介绍过)以及尼基蒂娜提供的理论前提构成了跨学科整合的基础。深入研究这些理论,会增进我们对共识概念及其如何促成整合的认识。

克拉克的理论 克拉克“共识理论”的核心是注重日常交往中的语言。例如,他发现,所有人都把身体感觉、公共词汇(即每个社会中的成套话语惯例)以及文化事实、规范和礼仪等人类属性当做共识(1996年,第106—108页)。克拉克解释道,如要协调某个联合行动,“人们不能仅仅依赖他们关于彼此的信息,他们必须建立起恰如其分的共识,那取决于他们发现共识的共同基础”(第93、99页)。应用到跨学科工作,克拉克的共识理论意味着跨学科研究者应该期待发现见解间潜在的语言共性(即共识),这些来自不同学科的见解往往能为整合打下基础。

布罗姆的理论 布罗姆(2000)提出了认知跨学科理论,他和其他人将之应用在跨越学科(尤其是自然科学)的交流中。布罗姆的一个重要发现是,在跨学科交流中,只有合作伙伴(即相关学科)“发觉其使用的相同概念有着不同意义,或使用不同术语表示大致相同的概念”,共识才会频频“显露”(第127页)。

布罗姆的理论直接适用于整合论者所提出的跨学科研究进程。该进程要求跨学科研究者在试图发现共识之前,先识别不同意义的概念或提供不同解释的理论,无论他们是否形成了协作语言或试图整合矛盾的学科见解。一旦这些识别了,跨学科研究者就能继续创建“**共识集成**”——即*假说、概念或理论*,这些矛盾见解(无论是学科见解还是攸关者见解)以此可被整合。我们在后续章节会探究达成共识的各种策略。

尼基蒂娜关于跨学科认知的著作 尼基蒂娜(2005)在她关于跨学科认知的先驱性著作中将整合视为经常且自然发生的认知进程。她介绍了描绘该进程的两个比喻。首先是音乐和弦,因为每个音符都对综合性整体有着独一无二的贡献,而这个整体大于其组成部分之和;第二个比喻是色彩,色彩是“我们的大脑与世界之间某种合作之物”,她认为色彩是“一种心理物理的协调,既由物理现象定性,又由个体感知定性,两种视野都不是决定性的”(第406页)。

这些理论如何引发关于整合作用之辩

这些理论至少从五个方面引发了关于“跨学科工作中整合的作

用”之辩：

1. 它们声称确立共识的活动是人类交流正常而基本的特征，因此也是自然的、能做到的。整合论者所断言的是办得到的，认知心理学家发现，人们每天都按部就班行事。

2. 假如对来自不同社会背景的人来说能建立共识并进行交流，那也应该能在人类构建的学科间以及攸关方（即社会上与某个社会议题有利害关系者，也许还被列入某个跨学科研究项目或面试成为某个高级跨学科研究项目的成员）间建立共识。

3. 假如共识是自然的、能实现的，那么整合的结果——更全面认识——也应如此，因为那是源自日常交谈的共识。

4. 而假如整合是自然的、能实现的，就没有理由像通识论者不得不做的那样，将整合从跨学科定义中分离出去。

5. 既然认知心理学家断言，人们通常不用有意识地思考就在进行整合，整合论者就会有把握地断言，自觉关注进程的跨学科研究者应该能有目的地进行整合。

因此，整合包括一系列正常的认知活动，可以通过与众不同而反复出现的精神活动来解释。

以证实实现整合的技术为特征的跨学科研究进程新模式

以证实实现整合的技术为特征的 IRP 新模式的发展强化了整合立场。这些模式在四个关键点意见一致：

- 整合应该是跨学科研究事业的目标。
- 整合是个进程。
- 假如人们认真关注进程，整合就能做到。
- 整合是我们使用能实现更全面认识目标的技术创建之物（雷普克，2007，第 13 页）。

本书介绍的模式将跨学科整合视为认知进程，这一进程使用技术与策略（步骤）演示创建共识、整合理论、构建对问题的更全面认识。

而通识论者也许会将整合视为几乎不可能实现的理想,但实际上,它是完全能做到的。

就众多复杂问题发表的突破性整合著作

锦囊 8.1

整合论者的立场得到了将整合视为跨学科主要方法、数量不断增加的出版物的支持。这些出版物包括:里克·斯佐斯塔克(2004)的《对科学分类:现象、数据、理论、方法、实践》;美国国家科学院(2005)的《推动跨学科研究》;莎朗·J.德里、克里斯蒂安·D.舒恩[Christian D. Schunn]和莫顿·安·盖恩斯巴赫(2005)的《跨学科协作:新兴认知科学》;约翰·阿特金森[John Atkinson]和马尔科姆·克劳[Malcolm Crowe](2006)的《跨学科研究:科学、技术、卫生和社会中的诸方法》(*Interdisciplinary Research: Diverse Approaches in Science, Technology, Health and Society*);大卫·麦克唐纳[David McDonald]、加布里埃尔·巴默尔[Gabriele Bammer]和彼得·迪恩[Peter Deane](2009)的《用对话方法研究整合》(*Research Integration Using Dialogue Methods*);里克·斯佐斯塔克(2009)的《经济增长原因:跨学科视野》(*The Causes of Economic Growth: Interdisciplinary Perspectives*);马蒂亚斯·贝格曼[Matthias Bergmann](2012)等人的《超学科研究方法:实践入门》(*Methods for Transdisciplinary Research: A Primer for Practice*);艾伦·F.雷普克、威廉·H.纽厄尔、里克·斯佐斯塔克(2012)的《跨学科研究中的个案研究》(*Case Studies in Interdisciplinary Research*)。这些著作提供了大量成功的跨学科整合案例,有些相当翔实。它们连同一大批期刊文章提供了对跨学科研究的各种见解,并认识到整合是处理我们所面临复杂问题的最佳途径。还可参阅斯佐斯塔克(2019)的《跨学科宣言》(*Manifesto of Interdisciplinarity*),该文为整合的核心地位鼓与呼。它们展示的案例并未完全解决跨学科整合的困难,但对于那些认为碎片化、认识论、意识形态和视野的障碍使得整合难以实现的主张来说，它们是令人信服的反证。

整合并非无法办到的最有力证据就是，纵观包罗万象的论题，实现整合太常见了。

重要跨学科和超学科组织关于整合中心论的主张

锦囊 8.2

《超学科研究手册》(*Handbook of Transdisciplinary Research*)把整合称为"支撑超学科研究进程的核心方法"(波尔[Pohl]等人，2008，第421页)。比如，在景观研究领域，议题不是要不要整合，而是"如何运用新的跨学科和(或)超学科专门技术"(特莱斯[Tress]、特莱斯[Tress]、弗莱[Fry]、奥丹[Opdam]，2006，第i页)。2009年，瑞士艺术与科学院超学科研究网络就该主题专门召开国际会议。位于澳大利亚的"整合与实施科学网络"为综合有关知识、概念和方法以处理复杂问题提供了学术基地(巴默尔，2005)。跨学科研究学会(AIS)长期推动整合成为跨学科与众不同的特征和跨学科研究的目标。

在竞争性解释和理论之间进行裁决的有效方式

通识论者喜欢提供一组竞争性学科解释、理论和意义，而不是一个整合过的解释、理论或意义，以免增加更多解释、招致困惑。整合论者对此做出两点抗辩。首先，假如遗漏了整合过的解释，角逐最佳解释本身就是不平等的。例如，犯罪学领域的整合论者在整合现有学科型理论时，就看到了一些与众不同的优点。他们认为，整合

- 促进了若干理论共有的核心概念的发展，
- 为一系列令人眼花缭乱的碎片化理论提供了连贯性，并由此减少其数量，

- 实现了全面和完备,并由此增强了解释功效,
- 推动了科学进步和理论发展,
- 整合了有关犯罪动因和社会控制政策的思想(亨利、布蕾西[Bracy],2012,第 261 页)。

整合论者表示,所需的不是更颗粒化、更矛盾的解释,而是这些解释中最佳要素的整合。

其次,整合论者认为,通识论者对“理论竞争”的担忧过头了,因为它假定在竞争性理论之间无法作出裁决。正如本书其他章节所表明的,其实在竞争性理论之间有多种裁决方式。一个检验是询问:“哪种认识既最符合起作用的概念与理论,又最符合可获取的经验证据?”假如不止一个综合性认识通过了这个一致性检验,第二个检验就能轻松区分它们:“应用于所研究的复杂问题,哪种认识产生了最期待的解决方法?”但是,该问题并没有大量的整合解释,而是缺少整合解释。我们需要超越学科理论之间的辩论,探讨并批判性评估通过跨学科整合产生的更全面认识(尤其是在它们构成了公共政策基础的情况下)。(见锦囊 8.3)

锦囊 8.3

整合的哲学

整合对于跨学科至关重要,对此尽管已经达成大量共识,但该术语的确切含义尚不明朗。欧鲁克、克罗利和高内曼[Gonnerman](2016)研究了这个概念所附带的不同含义。他们发现,我们强调过的思想的认知整合类型与社交整合类型之间存在差异,社交整合需要在跨学科研究团队中提前进行,团队成员通过社交整合互相了解,并认识到他们可能作出的贡献。我们意识到这种大不相同的整合形式非常重要:假如学生进行小组作业,他们就应该意识到团队理解的必要性。他们需要达成共识,以便于在实现我们强调的那种认知整合前进行交流。欧鲁克等人(2016)还区分了两种人,一种人相信实现整合有清晰的策略,另一种人觉得只会提

供大致指导。我们在本书走中间路线：重视已证明对以往研究者有用的策略，但也意识到整合是创造性活动，意识到研究者未来可能发展出更有用的策略。欧鲁克等人(2016)进一步将“重在整合矛盾见解”与“更一般的整合处理”区分开来。我们接下来会一再强调矛盾——因为这既普遍存在又难以解决，也会再三承认，有时整合包含汇集互补见解。

上文提到全面跨学科与部分跨学科之间的区别。我们对此进行的探讨暗示，全面整合总是切实可行的(人文科学是个例外，我们对艺术作品的认识可能总是会出现歧义)，故而应成为跨学科探究的目标。而既然整合是创造性活动，我们就应该对仅仅实现部分整合的研究者报以掌声。他们的工作可能为别人实现更充分的整合奠定了基础。在研究团队中，不同成员可能贡献了部分整合，而这汇聚成了充分整合。

视野选取的重要性

我们强调视野选取的重要性：正如第二章指出的，这意味着从某个立场而非个人自身立场看待某个问题、对象或现象。跨学科工作中，视野选取包括重视可替代的学科视野。这并不意味着抛弃人们自己的学科信念、投向其他学科的观点，它意味着认识到解释自然与社会现象和进程的原因不止一种途径。例如，在《捕光捉影：光与意识交错史》(*Catching the Light*: *The Entwined History of Light and Mind*)中，物理学家扎荣克[Zajonc](1993)描述了哲学和心理学论证如何影响对光线性质的认识：

> 光……被物理学家以科学方式探讨，被宗教思想家以符号方式探讨，被艺术家和巧匠以实用方式探讨。他们每一位都揭示了我们对光的部分体验。放在一起看，都在说一样东西，其性质和意义是人类数千年来关注的对象。最近三百年来，光的艺术与宗教层面同其科学研究层面被严格区分开来。……欢迎它们回归的时刻到了，精心绘制任何一门学科都无法提供的更全面光图的

时刻到了(第8页)。

重要的是,跨学科对其他视野的接受具有特殊性质。它包括探究学科见解间矛盾的根源,这是步骤七(第九章)的重点。这里要强调的观点是,跨学科思维往往超出了仅仅重视其他学科视野(即多学科)——它评判其处理问题的能力并评估其相关性。

培养特定心理素质的重要性

成功进行整合并着手视野选取需要有意识地培养这些心理素质:

- 思维开阔,兼收并蓄,不能有所排斥
- 回应每个视野,但不受任何视野的支配(即不让人们在某个特定学科的优势影响到人们对待其他不太熟悉的相关学科的态度)
- 保持思维灵活
- 归纳思维与演绎思维并重
- 考虑整体,但同时研究局部[4]

宽泛模式的整合

本节处理本书探讨的跨学科研究进程中有关整合的三个关键问题:(一)整合什么?(二)如何整合?(三)整合的结果看上去怎样?

该模式整合什么

宽泛模式整合关于特定复杂问题的见解,这些见解是由学科、子学科、跨学科、学派、职业领域和人们的基础研究产生的。其中有些见解可能来自认识论上偏远的学科。见解并不限于学界内产生的,也可以包括来自学界外利益攸关方的专门知识。这种专门知识也许来自政府部门、私营企业或非营利组织。此类专门知识可能部分反映了相关方的学科背景和(或)相关方所代表组织的学科倾向,以洞察问题的形式表达。它们产生的理论与见解连同它们的概念和假说构成了用于整合的“原料”。依靠产生它们的学科的组合,这些理论与见解通常并不会自然而然或轻松地装配在一起(自然科学例外),尽管它们也许在某种程度上是互补的。

宽泛模式的灵活性使得它能与学科理论及自然科学及社会科学的重要概念打交道。该模式还能与文本、照片、胶片等人文科学与实用艺术关注的特殊物件打交道,并使用来自一组特定协作学科的工具进行分析。此外,该模式能以时间、文化、个人经验的结构整合多学科材料,并处理有关人类状况的永恒问题。

声明

学科的视野并非被整合之物。跨学科研究进程涉及就特定问题整合学科的见解——而不是学科的视野。正如在前面章节看到的,我们在整合见解前运用学科视野评估学科见解。三个案例阐明了我们的观点:

- 地球科学把地球这颗行星视为规模庞大且高度复杂的系统,包含了地圈、水圈、气圈和生物圈四个子系统。若将该视野应用到某个特定问题上,比如在哥伦比亚河上建坝,地球科学可能生成的见解(以学术专著、期刊文章或公共机构报告的形式)是,考虑到哥伦比亚河流域的地质特点,建设河坝系统是可行的。
- 社会学把世界视为社会现实,包括任何现有社会里人与人之间存在的种种关系。把这一视野应用到特定问题上,比如反复侵害配偶,社会学家就该问题可能生成的见解是,它是由男性失业或父权控制欲造成的。
- 艺术史把各种形式的艺术视为特定时间点某个文化的表现并由此提供了观察该文化的窗口。把这一视野应用到特定艺术作品上,比如南北战争后克里尔[Currier]与艾夫斯[Ives]的版画,艺术史家对该作品意义可能生成的见解是,它表达了某种文化的乐观主义,那种文化信奉通过征服自然而进步的观念。

该模式如何整合

跨学科研究进程使用进程法实现整合。它以阶梯状方式前进,但也包括反思先前步骤以及或许重新考虑先前步骤。它有三个组成部分:(一)识别见解的矛盾并找到其根源(步骤七,第九章的内容);(二)在矛盾的学科概念或假说(步骤八a,第十章的内容)或理论(步骤八b,第十一章的内容)之间创建共识;(三)构建对问题的更全面认识(步骤九,第十二章的内容)。虽然这些步骤能有效地分别加以认识,但每一个步骤都与前后步骤密切相连。(虽然在后续章节我们关注整合矛盾见解,但那些章节概述的许多策略可以在学科见解互补的情况下使用。)[5]

跨学科研究进程如何整合小结

跨学科整合的基本特征如下:

- 它通过将整合进程拆解为需要思考早先步骤的分离步骤,使其明确清晰。
- 它图解复杂问题,以揭示其复杂性和因果关联。
- 它连接了认识论上或远或近的学科。
- 它使用了与问题相关的所有学科的方法论工具及哲学工具。
- 它借鉴了所有相关学科理论与见解,包括那些源自人们的基础研究以及学界外攸关方的理论与见解,并对此进行批判性评估以找到矛盾的根源。
- 它运用各种技术(见第十、十一章)来修正见解与理论以创建共识。
- 它融合了有关特定现象的见解,直至每个见解的贡献变得密不可分。
- 涉及进行整合的认知进程既令人信服,也难以捉摸。令人信服是因为整合的思想得到理论的大力支持;难以捉摸是因为除了宽泛模式,没有哪个专业方法详细描述了能(但不是在每种情况下都必然发生)在更广阔背景下实现整合的明确行动、操作或步骤。

整合结果看上去怎样

跨学科研究者并不总是清楚如何实现整合，他们对整合的结果甚至更不清楚。早先表述的整合定义明确指出，整合进程应该产生具有某些特征的结果。纽厄尔（1990）讲述了他和其他从业者以往是如何把整合看作类似完成拼图游戏的（第74页）。这个类比风行一时。但是，将整合的结果与完成的拼图比较，至少在三个重要方面是有问题的。探讨这些会让我们对既是过程又是结果的整合加深认识。

整合的结果顺应认识论差异

作为结果的整合的第一个特征是，它*顺应*（但不是完全化解）认识论差异。拼图的组件细致地切割以尽可能紧密地拼接在一起。学科见解并非如此，它们涉及特定问题或对象，因此在那种有限的基础上有些“匹配”。匹配的问题在自然科学中不重要，在自然科学里，只要调和同一现象的不同概念化就能做到匹配。例如，处理能源危机时，物理学可能关注发电厂如何工作（即热力学的可选方程式），而化学关注能源如何从碳的化学键中释放出来。见解可能完全互补，但需要使用重新定义技术（见第十章），也许能按程度处理差异（纽厄尔、格林，1982，第25—26页）。但是，当某个议题将自然科学与人文科学或社会科学联系在一起，如在胚胎干细胞研究论战中，见解的互补性变少了，因此匹配的问题变得更具挑战性（凯利，1996，第95页）。

整合的结果新颖且更全面

作为结果的整合的第二个特征是，它新颖且更全面。组合拼图部件形成的图案并不是新的，因为它在部件组合前就存在了（即拼图盒上的图案）。而至于学科见解，并没有预先规定的图案可供参阅，看看是否“弄对了”。其实，同学科理论与见解打交道，类似在没有图案指引下，对付来自不同拼图、混在一起的拼图部件。如果从事的是社会科学和人文科学，来自不同学科的理论与见解往往矛盾更尖锐，图案的缺席尤其富有挑战性。例如,考证耶路撒冷圣殿山对于犹太教、基督教和伊斯兰教的意义,宗教研究学者可能根据这些信仰传统的圣书关注圣殿山的神圣性,而政治学家可能关注该场所身体控制与管理控制的政治内涵。这些差异使得创建共识的任务颇为困难,但并非做不到。一旦共识创建起来并进行了整合,你就可以发现新认识是否与矛盾的学科见解相容或顺应矛盾的学科见解。

学科见解整合后,它们通常形成真正新的东西——新认识、新意义或拓展的理论解释。[6]当学科专家对某个问题产生了见解,且该见解以面向学科读者的著作形式出版或以文章形式发表在专家评审的杂志上,该见解就在学科观点上被视为新颖、完整、权威的。遗漏来自其他学科的某些部件是察觉不到的。但是,从跨学科立场看,同样的见解只是片面的,只是对问题或对象的众多可能的解释、诠释之一,尤其是当其他学科也对之产生了见解时。

这个作为结果的整合或更全面认识在四个方面是"新的":

- 它是明晰、自省、反复的整合进程的结果。
- 它包括相关学科的见解,但不受其中任何一个见解的支配。
- 它在对独立学科理论与(或)见解的整合前不存在。
- 它不仅仅是独立学科见解的组合或以多学科方式的并置。

整合的结果虽然新颖,但应被视为只是暂时的,除非按第十三章介绍的标准检验过。并非每个新思想都是好思想。

整合的结果"大"于部分之和

作为结果的整合的第三个特征是,它"大"于其组成部分之和,不是空间上,而是*认知*上。拼图切割前的图案包含一个预先确定的区域,该区域用平方英寸或平方厘米表示。部件拼接到一起后,完成的拼图并不大(或小)于部件的总和。相反,整合活动创造的新认识构成了波伊克丝·曼西拉(2005)所谓的"认知进步",意思是它不太可能由单个学科途径完成(第16页)。新的完整认识或更全面认识在另一方面大于其构成部分：它无法还原成它所脱胎的一个个学科见解（纽厄尔，1990，第 74 页）。因此，该认识在认知上比起仅仅收集单个专业见解并用它们以多学科方法从一系列学科视野观察问题所能做到的"更大"。该认识在不排除任何相关物方面同样"更大"。学科倾向于排除，而跨学科力求容纳。

整合结果基本特征小结

整合结果的基本特征小结如下：

- 它由工具主义目标所激发，旨在使用作为结果的整合认识以解决现实世界的问题，更好地认识人类境况（过去与现在），开辟研究新路径。
- 它由学科及攸关方的见解构成，这些见解并未自然或轻松地拼合在一起，但它们可能在某种程度上互补。
- 它是在没有事先存在的整合模式情况下创造的（尽管使用了实现整合的公认方法）。
- 它具有不同于任何起作用的见解的特征。
- 它包含相关信息，因此往往混杂了各种说明。
- 它可能是片面的，也可能是完整的，取决于研究者所能接受的学科范围。
- 它可能假定有种类繁多的形式（这些形式的例子参见第十三章）。

由探讨整合提出的问题

整合改变了什么？

整合仅仅改变了每门学科的成分？或者学科本身以某种方式发生了变化吗？前半部分问题的答案是，每门学科的成分改变了，因为在见解被修正以创建共识之前，人们无法整合见解。大多数从业者同意，学科成分——即假说、概念和理论——必须为整合成功而改变。发生改变的确切情况会在第十章和十一章说明。跨学科研究与学科研究是共生的:源自整合的跨学科见解可以回馈学科研究;激发新问题;改变概念、理论和方法;鼓励跨学科研究者关注更广泛的现象。后半部分问题的答案是,对起作用学科本身的回馈效应既非不可避免,亦非绝对必要,但是它会发生。

对于"成功"且真正跨学科的研究来说,整合必定带来对问题的明确解决方案吗?

这个问题的答案是"未必"。人文科学以及美术与表演艺术中的研究抗拒提供单个最佳整合(或最佳意义)的冲动,更喜欢代之以尊重其批判性研究的艺术品中固有的歧义,并列出整合的各种可能性。相反,自然科学与社会科学的跨学科研究者出于其他原因寻求整合,将其新的更全面认识作为完成的产品或"明确的解决方案"加以介绍。即便整合的努力揭示了新认识或要研究的新领域,但因为缺少可行的解决方案,就认为整合的努力"失败"了,这种结论是错误的。只要整合产生了认识复杂问题的某些"新"东西,乃至日益了解其复杂性、整合的各种可能性或研究的新路径,这个工作就应该视为成功的。评估跨学科工作是第十三章的重点。

整合总能解决所有矛盾吗?

这个问题与前一个问题部分重合。塞佩尔[Seipel](2002)提醒说,我们不应该指望整合进程总是会带来简洁、有条理的解决方案,不应该指望这个解决方案里,可选学科见解之间的所有矛盾都会得到解决。"跨学科研究",他写道,"可能真的很'棘手'",因为它所研究的问题棘手(第3页)。他认为,关于问题的不同见解和学科之间伴随的紧张状态不仅会提供进一步认识,还应该被视为跨学科的"健康表现"。最多产的跨学科工作源自以整合、创建新知识为目的,解决学科知识体系之间这些紧张与矛盾的研究进程(第3页)。此类整合工作的一个范本是威廉·迪特里希(1995)的《西北通道:伟大的哥伦比亚河》,这在前文介绍过,后面的章节还会提到,以说明整合进程的某些步骤。[7]

本章小结

本章既研究了整合的进程,也研究了整合的产物。作为跨学科的基本特征,整合将跨学科与多学科区分开来。本章探讨了通识论者与整合论者之间就整合在跨学科工作中应扮演的角色所产生的争议,强调了视野选取和培养特定心理素质的极端重要性,解释了宽泛模式如何整合。本章最后回答了由探讨整合所提出的三个问题。

接下来,第九章到第十二章解释了 IRP 的步骤七至步骤九。步骤七要求识别见解之间的矛盾并找到其根源;步骤八要求通过创建概念和(或)假说之间的共识修正见解和(或)理论;步骤九要求构建对问题的更全面认识。

注　释

1. 但纽厄尔(私人通信,2011 年 1 月 8 日)声称,跨学科研究者"必须最终接受见解之间的联系"。

2. 有些跨学科研究者坚持反对关于整合的进程概念。驳论参见斯佐斯塔克(2012)的《跨学科研究进程》,载雷普克、纽厄尔、斯佐斯塔克《跨学科研究中的个案研究》,2012,第 3—19 页。

3. 此处的一个例证是雷蒙德·C. 米勒[Raymond C. Miller]的国际政治经济研究,他在书中概述了三个竞争性理论,但拒绝整合它们。

4. 皮索[Piso]、欧鲁克、威瑟斯[Weathers](2016)辨识了跨学科研究进程每个步骤所产生的一长串能力。

5. 雷普克、纽厄尔、布赫伯格(2020)探讨了本书所主张的跨学科研究进程如何实现目标,同时避免了语境化、概念化和问题求解等整合策略的弊端。

6. 近年的跨学科工作表明,更全面的认识并非必然新颖。例如,玛丽莲·泰勒(2012)得出的更全面认识是,其中一个立场自始至终正确,我们现在才意识到(其方式就连其倡导者也没有意识到)它为何正确。她的认识是狭义上的"新":从新角度揭示了旧立场。

7. 整合结果的重要性并不在于目的本身,而是它使得更全面认识、认知进步或新产物成为可能。玛莎·邦迪·西贝利[Marsha Bundy Seabury](2002)道出了她的期望:学生应该*走向*整合,并由此达到更全面认识。"走向整合"的比喻并不意味着"学生借以从较低形式的思维逐步走向更整体的更抽象的思维,最终到达页面右上方象限的曲线图般的进展"(西贝利,2002,第 47 页)。有时"目标"可能不是*位置而是运动*,意思是学生应该能在抽象和概括层面活动,这是整合进程的一部分(第 47 页)。

练 习 题

界定整合

8.1 对比整合的定义与第一章介绍的跨学科研究的定义。整合的定义在你对跨学科和跨学科研究进程的认识中添加了什么见解?

通识论者

8.2 通识论者认为认识跨学科"不严谨"的最有力证据是什么?

8.3 解释*通识论*跨学科研究者会如何着手制定一项政策打击本土恐怖主义的政策。

整合论者

8.4 整合论者坚称完全整合是跨学科目标的最有力证据是什么?

8.5 解释*整合论*跨学科研究者会如何着手制定一项政策打击本土恐怖主义的政策。

支持性理论

8.6 克拉克和布罗姆的理论如何补充尼基蒂娜的理论?所有这三个理论又如何强化了跨学科的理论基础?

视野选取

8.7 探讨视野选取对我们认识第二章所介绍的视野有何帮助?

语境化或概念化

8.8 本书描述的宽泛整合模式会如何研究下列情况？

a. 雾霾部分归咎于卡车货车柴油排放物；

b. 申请对 100 英亩耕地和林地再次分区，批准建设住宅建筑（单户或多户）和商业建筑，会增加经济萧条地区就业；

c. 提议立法，禁止身穿掩盖身份的宗教服装。

第九章　识别见解间矛盾及其根源

学习成效

读完本章，你能够

- 识别矛盾见解
- 找到见解间矛盾的根源
- 与合适受众交流你的研究

导引问题

如何识别学科见解间的矛盾？为何识别？

如何识别学科见解间矛盾的根源？为何识别？

如何把见解间的矛盾写下来？

本章任务

来自不同学科的学者所提见解之间的矛盾反映了他们所采用的不同视野。矛盾的存在并非只是阅读关于某个问题的文献时莫名其妙突然出现的某种不便；相反，它是跨学科活动所特有的、必然发生的、最重要的现象。矛盾是人们通常从多门学科视野审视某个复杂问题时发现的，但也不一定。下文会处理见解不同但偶尔互补这种情况。

学生初次遭遇学者间的分歧有时会不知所措，分歧动摇了他们对整个学术事业的信心。而矛盾对学术发现进程来说必不可少。学者意见不合，他们接下来就会罗列支持竞争性假说的证据和理由。随着时间推移，学术界逐渐达成某种一致意见，往往围绕某个观点综合了竞争性假说的要素。学科内部的分歧推动了学科研究，学科之间的分歧往往被忽视或不受重视。因此，跨学科研究者在识别并试图克服见解中的跨学科分歧方面担当了重要角色。

本章解释了识别学科见解间矛盾并找到其根源的重要性。结尾建议如何以研究论文的形式交流该信息。识别矛盾并找到其根源（步骤七）是为创建共识（步骤八，见第十、十一章）并构建对问题的更全面认识（步骤九，见第十二章）做准备。

B. 整合学科见解

7. 识别见解间矛盾及其根源
    - **识别矛盾见解**
    - **找到见解间矛盾的根源**
    - **与合适受众交流你的研究**
8. 在见解间创建共识
9. 构建更全面认识
10. 反思、检验并交流该认识

识别矛盾见解

在这个步骤，跨学科研究者的任务是识别学科见解之间的矛盾。这个任务必不可少，因为这些矛盾妨碍了创建共识以及接下来的实现整合。对于整合的需求通常源自矛盾、争议和差异（无论大小）。

见解间的矛盾往往是在进行全面文献检索时发现的。此类矛盾可能在学科内部出现，也可能在学科之间发生。

学科内部的矛盾

对某个问题的矛盾见解可能是由某门学科内的作者造成的。在自杀式恐怖袭击这个复杂问题中,文献检索揭示了来自心理学子学科认知心理学的三个见解(这些见解的相对重要性部分取决于其他作者引用这些见解的频次以及它们产生了多少学术争议)。尽管这些见解来自同一学科,但每位作者的见解明显矛盾(如表 9.1 所示)。

表 9.1 同一学科内对自杀式恐怖袭击成因的矛盾见解

子学科	作者见解
认知心理学	个体被驱使犯下暴力行径,“他们心理上是被迫犯下的”(波斯特,1998,第 25 页)。
	“自我约束会被认知上重构杀戮的道德价值所解除,结果杀戮就会在不受自责的约束下进行”(班度拉,1998,第 164 页)。
	“在大多数情况下,行凶者以民族主义思想而非宗教思想的名义牺牲自己”(梅拉里,1998,第 205 页)。

有些学生可能想掩饰这些见解的差异,但这么做会有忽视每位作者的见解如何有别于其他作者的见解的重要迹象的风险。这些差异往往细微而不显著,因为它们都在一门学科内部,都反映了这门学科的视野。只有精读每位作者的措辞,才能查明这些差异。

学科之间的矛盾

表 9.2 学科内部及学科之间对自杀式恐怖袭击成因的矛盾见解

学科或子学科	作者见解
认知心理学	个体被驱使犯下暴力行径,“他们心理上是被迫犯下的”(波斯特,1998,第 25 页)。
	“自我约束会被认知上重构杀戮的道德价值观所解除,结果杀戮就会在不受自责的约束下进行”(班度拉,1998,第 164 页)。
	“在大多数情况下,行凶者以民族主义思想而非宗教思想的名义牺牲自己”(梅拉里,1998,第 205 页)。

（续表）

学科或子学科	作者见解
政治科学	“恐怖主义可以被理解为政治策略的表达”（克伦肖[Crenshaw]，1998，第 7 页）。
	“各种恐怖活动之间在手段上最重要的区别源于各自使用的特殊理由和判例”（拉波波特[Rapoport]，1998，第 107 页）。
文化人类学	自杀式恐怖行为出于发自肺腑的为群体（文化）福祉而自我牺牲的普遍人类情感（阿特朗[Atran]，2003b，第 2 页）。

注：文化人类学是人类学的子学科。

面对不同学科作者所生成见解之间的矛盾，你首先要确定作者是否在谈论同一件事。断定他们是否如此的方式是图解每位作者的见解。他们可能只是在谈论不同现象或现象间的关系——在这种情况下，你会发现不同见解是互补的，可以组合成更全面认识（图示本身充当了连接这些不同见解的共识）。

但是，你往往会发现作者对同一现象或因果关系意见相左。第三章介绍的巴尔（1999）对神秘涂鸦的研究就是一例。历史学关注涂鸦的“过去”，艺术史认为书写从属于图像本身及涂鸦所涂抹的墙壁，这两个观点互相矛盾。同样，语言学关注涂鸦的话语“短笺”（Note）（或“注意”），修辞分析的关注更广泛，不仅帮助我们“阅读”该诗的字词，还帮助我们“阅读”墙壁上的红色和砖块砌法，这两者也互相矛盾（巴尔，1999，第 8—9 页）。

一般来说，学科之间的见解有机会产生更多矛盾，因为其视野和假说不同（如表 9.2 对自杀式恐怖袭击成因的研究所示）。

找到见解间矛盾的根源

发现矛盾见解可能一开始会令人不安，但学生应该自信，他们能认真细致地继续识别这些矛盾的根源。矛盾的根源通常会在学科视野的要素中找到，这不足为奇。*见解间矛盾的三个最常见根源是：概念、理论以及构成概念与理论基础的假说。*概念是表示现象或理念的术语，是见解的基本成分。假说指的是作者就问题所作的推测，且通常体现了学科的哲学假说（第二章强调过）。理论日益支配着学科内的学术话语,大大影响了所提的问题、所研究的现象以及所生成的见解。考虑到理论对跨学科工作的重要性,下文接着对理论进行更详细的探讨。高年级学生和专业人士往往发现自己不得不对付一个或多个理论生成的见解,还要确定这些基于理论的见解何以矛盾。

我们鼓励你在阅读时按照本章表格所示内容整理信息。表 9.2 是按学科整理相关见解的例子。紧密并置见解使得识别矛盾之处更容易,否则这些矛盾可能就不会引起你的注意。

读者须知

学科对要研究的现象也会有分歧。如果学科见解不同是因为关注不同现象,最佳策略(我们会在第十章称之为"整理")就是图解不同见解。正如上文所指出的,接下来有可能综合见解,强调如何在不同学科相互影响下突出现象。就某种犯罪行为,社会学家可能强调社会影响,而心理学家强调个人影响。跨学科研究者可以综合这些见解,强调社会力量如何影响个体。学科见解也可能有分歧,因为它们建立在运用不同方法和资料来源的研究基础之上。研究生尤其应该意识到这种可能性(研究时可参考第七章中对方法的探讨)。方法上的差异通常会与理论上的差异相关联——因为学科选择互相兼容的理论与方法——故而会在下文研究矛盾的理论根源时被识别。

作为见解间矛盾根源的概念

见解的矛盾往往包括嵌入其中的术语或概念(不过,美术和表演艺术中的情形很容易就能说明,见解并不专门用语言表达,还可以用形式、运动和声音表达)。跨学科研究者通常会遇到两个关于概念的问题。

当同一概念掩盖了相关学科见解中的不同上下文意义时,一个问题就出现了。当两门学科使用同一概念描述问题的某个方面时,研究者需要仔细寻找意义的差异。就第七章里的酸雨一例而言,警觉的跨学科研究者会发现,"效率"概念有着相关而不同的含义,对生物学家和物理学家来说是“能量输出/能量输入”，对经济学家来说是“美元支出/美元收入”，对政治科学家来说是“施加影响/花费政治资本”（纽厄尔，2001，第19页）。同一概念掩盖不同上下文意义时创建共识相对容易，因为整合的概念（本例中是“效率”）已经存在，只是等待发现。

当*用不同概念描述相似思想*时，另一个问题出现了。表9.3表明，在自杀式恐怖袭击的复杂例子中，认知心理学这门子学科使用的是“专用逻辑”概念，而政治科学使用的是“战略逻辑”概念。重要的是，两个概念共有同一假说：作用者（即恐怖分子）是理性的。换句话说，共识基础已经存在于这两个概念之间，也因此存在于它们所嵌入的见解以及产生它们的理论之间。这是“边前进边整合”的例子。但是，这种部分整合应该被视为*临时的*，因为在此阶段，我们不知道理性的假说是否同样应用于其他概念、见解或理论。这要等到完成步骤八才会明朗（见第十章和十一章）。

学生应该意识到，矛盾的概念根源往往最容易对付。这是因为这种矛盾有名无实：学者们似乎意见相左，因为他们以不同方式运用术语。一旦识别了术语上的差异，学生就能运用“重新定义”策略来创建可清除或减少见解间矛盾的术语（见第十、十一章）。

表9.3　学科理论处理自杀式恐怖袭击成因所用的不同概念

学科或子学科	理论	概念
认知心理学	恐怖分子心理逻辑	专用逻辑
	自我约束	移置作用
	自杀倾向的恐怖主义	思想灌输
政治科学	集体理性战略选择	战略选择
	激进恐怖活动	战略逻辑
文化人类学	家族利他主义	宗教交流

作为见解间矛盾根源的假说

跨学科研究者一旦发现假说是见解间矛盾的根源，就是在与假说打交道。第二章证实，每门学科都会提出大量假说。这些假说包括哪些构成了真理、哪些被当成证据或证词、问题该如何阐述、学科的总体观念是什么(沃尔夫、海恩斯,2003,第154页)。主修某门学科的本科生通过进修学科高等课程接受这些假说并逐渐融入该学科。但是,并未修习特定学科更多课程或任何课程的跨学科学生需要找到这些假说以实现整合。

假说可以分为三类:

> 甲．本体论假说(就"现实"属性而言):举例来说,每门社会科学均就个体理性做出本体论假说:它们有的是理性的,有的是非理性的。例如,倘若学生试图对执行自杀式爆炸的那些人形成跨学科认识,就很可能遇到有关携弹者精神状态的各种学术假说,从理性到非理性。社会科学还有些本体论假说涉及人们是自主行事还是作为其文化产物行事。
>
> 乙．认识论假说(就那个"现实"的知识属性而言):认识论主要回答这个问题:"我们如何知道且如何能知道我们所知道的东西?"本质上,认识论是检验任何信仰或真理命题的方式。每门学科以不同方式检验真理。例如,生物学中,"所有植物都需要阳光"这个假说可能看上去不言而喻,但是,为了证明这是正确的,生物学家必须进行实验以令人信服地不断证明没有阳光植物就会死亡。实验往往带来新知识,比如,人工光的形式能帮助植物生长,再比如,有些植物不怎么依赖光。相反,人文科学中,认识论变得更加主观。一首诗并非因为受到很多人喜爱就会被认为合理,而是因为其意义经受了时间的考验。
>
> 丙．特定价值观假说:社会科学就多样性、正义和真理提出价值观假说;人文科学往往直接与价值观问题打交道;自然科学就哪些问题值得研究、哪些知识值得拓展做出价值观判断。(纽厄尔,2007a,第256页)。

巴尔(1999)对涂鸦的分析借鉴了众多学科,对该分析的研究表明,本体论、认识论和特定价值观的假说多么容易相左。就本体论假说而言,正如学科圈对执行自杀式爆炸者的心态持不同意见,学者也会对书写涂鸦者的心态各执一词。此人的心态,就像携带自杀式炸弹者的心态一样,范围从理性到非理性。另一个可能引起相关学科学者争论的本体论假说是关于涂鸦者是自主行事还是仅仅作为文化产物行事。

相关学科运用认识论假说的问题也不少。应用到涂鸦上,人们无法通过进行实验证实它有着单一的意义。人文科学中的认识论比社会科学或自然科学中的认识论更主观。

做出关于涂鸦的特定价值观假说也成问题,因为这些也可能产生矛盾。正如巴尔(1999)所说,“阐述一直也是论证”(第5页)。那么,在这种情况下,研究者要做什么呢?他们应该认识到,矛盾的假说是跨学科景致的自然特征。

各类层次的学生都应该留意学科假说,以更轻松地识别学科见解间的矛盾根源。探究某门学科假说的一个有效方式是从关于问题的学科见解中抽出身来,并提出这个简单问题:“作者是如何看待这个问题的?”例如,通过从经济学家关于职业性别歧视(OSD)的见解(如后文表9.8、表9.11、表9.13所示)中抽出身来,人们就可以清晰地发现,经济学把OSD视为经济学问题和理性决策的结果。

学生应该知道,处理假说中的分歧有各种策略。比如,我们会在第十章探讨“转换”策略。学生能认识到,理性与非理性之类对立假说之间存在着连续区。通过确定决策者可能在该连续区所处的位置,学生可以恰如其分地利用理性化理论或非理性化理论。

作为见解间矛盾根源的理论

理论在IRP的整合阶段发挥了重要作用。本节探讨如何识别理论间的矛盾,后面几节探讨理论本身及其所依托的假说如何成为学科内及学科间见解中矛盾的重要根源。每节探讨都包含一个对所收集信息进行整理的表格(见锦囊9.1)。

锦囊9.1

对关于理论的信息进行整理,此处所用方法同先前用于见解的方法一样:制作一个最相关理论的分类系统,无论这些理论来自单门学科还是多门学科。这个分类系统应该包括每个理论的名称、用作者自己的语言(这样避免歪曲其意义)表述的对问题的见解、用以表达理论的重要概念及关于问题的核心假说。经验证明,在类似表 9.5 的分类系统中有条理地并置每个理论的基本要素,大大方便了在进行 IRP 后续步骤时所要做的查明潜在共性及矛盾根源。在每部著作、每篇文章中找到这些要素,需要密切留意词、句法以及语句与思想的表达次序。收录信息最好宁滥毋缺,原因很简单:无法预先知道哪些信息最终证明对创建共识和进行整合至关重要。

例如,有必要指出,表 9.6 包含的主要是引文,而不是对每个作者原话的转述。转述作者精心构思的措辞会冒无意中曲解原意或歪曲复杂而陌生的概念的定义的风险。但有时作者对理论的解释太庞杂(且从未简练总结过),学生别无选择只好转述。

理论及其见解

理论本身是见解的根源。理论将概念聚合起来,并就其关系提出主张。

*关注每个理论的概念。*就拿自杀式恐怖袭击这个复杂例子来说,表 9.4 展示了相关理论及其对自杀式恐怖袭击成因的见解。这些理论及其见解显然有矛盾,但若不通过关注每个理论的概念(表 9.3 中所示)进行更深入的探究,就难以找到矛盾的根源。

表 9.4 关于自杀式恐怖袭击成因的理论及其见解

理论	理论的见解
恐怖分子心理逻辑	个体被驱使犯下暴力行径,“他们心理上是被迫犯下的”(波斯特,1998,第 25 页)。
自我约束	“自我约束会被认知上杀戮的道德价值观重构所解除,结果杀戮就会在不受自责的约束下进行”(班度拉,1998,第 164 页)。
自杀式恐怖主义	“在大多数情况下,行凶者以民族主义思想而非宗教思想的名义牺牲自己”(梅拉里,1998,第 205 页)。
集体理性战略选择	“恐怖主义可以被理解为政治策略的表达”(克伦肖,1998,第 7 页)。

（续表）

理论	理论的见解
激进恐怖活动	“各种恐怖活动之间在手段上最重要的区别源自各自使用的特殊理由和判例”（拉波波特，1998，第 107 页）。
家族利他主义	自杀式恐怖行为出于发自肺腑的为群体（文化）福祉而自我牺牲的普遍人类情感（阿特朗，2003b，第 2 页）。

关注每个理论的假说。学者发展出关于问题的理论时提出假说。这些假说通常反映了生成该理论的学科的更普遍假说。拿自杀式恐怖袭击这个复杂例子来说，表 9.5 右边栏展示了每个理论的假说如何倾向于反映生成该理论的学科的更普遍假说。

表 9.6 综合了表 9.3 和表 9.5。

表 9.5　自杀式恐怖袭击成因相关理论的假说反映了生成该理论的学科的更普遍假说

学科或子学科	学科或子学科的普遍假说	理论	理论的假说
认知心理学	群体行为可以简化为个体行为及其相互作用，人类通过心理建构组织其精神生活（勒里，2004，第 9 页）。	恐怖分子心理逻辑，自我约束，殉道	人类通过心理建构安排其精神生活。
政治科学	个体和群体行为主要受追求权力或行使权力之欲驱动。“虽然人类无疑要服从某些因果力量，但他们……在某种程度上是有意图的演员，能认知并在此基础上行事”（古丁、克林格曼，1996，第 9—10 页）。	集体理性战略选择，认同[a]	“恐怖主义可能遵循能被发现并解释的逻辑进程”（克伦肖，1998，第 7 页）。宗教与政治之间没有隔阂。宗教认同解释了“政治”行为。
文化人类学	文化相对主义（人们关于善和美的思想是由其文化造就的）假定，不同文化拥有的知识体系是“不可比的”（即不可比较、不可转化）（怀太克，1996，第 480 页）。	虚拟亲缘关系	个人关系塑造了人们关于何为善的思想。

出处：A. F. 雷普克、W. H. 纽厄尔、R. 斯佐斯塔克（编）（2012），《跨学科研究中的个案研究》，加州千橡：世哲出版公司。

a. 认同理论早已是跨学科理论，但不够完善。

表 9.6 自杀式恐怖袭击问题的相关理论分类系统

理论	用一般术语表述的理论的见解	概念	假说
恐怖分子心理逻辑	“政治暴力本身并非手段而是目的,成因成为恐怖分子被迫犯下的恐怖行径的逻辑依据”(波斯特,1998,第35页)。	专用逻辑(波斯特,1998,第25页)	恐怖分子是理性行动者,他们通过心理建构安排其精神生活。
自我约束	“可以通过重构行为以服务道德目的、通过掩盖有害活动中的个人作用、通过无视或歪曲受害者的不公正后果或通过谴责受害者并侮辱受害者人格等方式来解除自我约束”(班度拉,1998,第161页)。	道德认知重构(班度拉,1998,第164页)	
殉道	“恐怖分子的自杀基本上是个体现象而非群体现象;它是由想要为个人原因而死的人完成的。在自杀式恐怖袭击中,个人因素似乎起到了关键作用……破裂家庭背景似乎是重要因素”(梅拉里,1998,第206—207页)。	思想灌输(梅拉里,1998,第199页)	
集体理性战略选择	“这种方法允许构建能测算理性程度的标准,战略推理在多大程度上受到了心理学和其他限制的修正,并说明现实如何诠释”(克伦肖,1998,第9—10页)。	集体理性(克伦肖,1998,第8—9页)	“恐怖主义可能遵循能被发现并解释的逻辑过程”(克伦肖,1998,第7页)。
激进恐怖活动	“神圣”或“激进”恐怖活动是“支持激进目的或神学上证明合法的恐怖行径的恐怖主义活动”(拉波波特,1998,第103页)。	“神圣”或“激进”恐怖活动(拉波波特,1998,第103页)	
认同	“宗教认同确定并决定了激进主义者所接受的选择范围。它延伸至生活的所有领域,且不考虑个人与政治之间的隔阂”(门罗[Monroe]、克雷迪[Kreidie],1997,第41页)	认同	宗教认同解释了“政治”行为。

（续表）

理论	用一般术语表述的理论的见解	概念	假说
虚拟亲缘关系	效忠一帮亲密同伴，他们在情感上与同一宗教情感及政治情感维系在一起（阿特朗，2003a，第1534、1537页）	宗教交流（阿特朗，2003b，第6页）	个人关系塑造了人们关于何为“善”的思想。
现代化	解释历史与文化变迁进程以及为何有些文化在政治上、经济上、技术上遵循西方模式“现代化”或变革自身，而有些文化则没有这样（B. 刘易斯[B. Lewis]，2002，第59页）。	现代化	恐怖分子在回应这些外在因素时表现理性。

来自同一学科的理论及其见解

来自同一学科的理论很可能矛盾甚少，因为它们通常反映了学科的视野（一般意义上）。不过，这些理论可能在重要路径上有矛盾，这就取决于学科的内在一致性。例如，理论浑然一体是经济学的特征（尽管我们看到经济学中关于 OSD 的竞争性理论），而英国文学以理论碎片化为特征，并有着大量理论研究方法。以下来自自然科学、社会科学和人文科学跨学科工作的例子均表明，理论是特定问题矛盾的根源。

自然科学的例子。 **斯莫林斯基*（2005），《得克萨斯淡水短缺》。** 表 9.7 图解了来自与全球性淡水短缺问题相关的三个地质学理论的矛盾见解，这些理论接着应用于得克萨斯淡水短缺这个地方性问题。在没有事先讨论这些理论方法的情况下，每个理论的见解在运用到该问题前用一般术语表述。

社会科学的例子。 **费舍尔（1988），《论基于因果变数整合职业性别歧视理论的必要》。** 表 9.8 辨识了就 OSD 提出见解的四个主要经济学理论。对于每个理论来说，运用于特定的 OSD 问题时，见解间的矛盾明显尖锐。

表 9.7 来自同一学科对得克萨斯淡水短缺问题的矛盾理论及其见解

学科	理论	用一般术语表述的理论的见解	运用于该问题的理论的见解
地球科学	全球变暖	温室气体的生产造成并将持续造成这个星球温度的上升,这会对可用淡水产生负面影响。	全球变暖会显著增加蒸发率,加重得克萨斯业已严重的淡水缺乏问题。
	过度开采	过多的水采自地下蓄水层(含水岩层),这种做法会严重降低这些蓄水层里剩余容量的水质。	水从得克萨斯奥加拉拉地下蓄水层脱离的速度不断加快,再加上灌满的速度降低,导致地下水位(奥加拉拉地下蓄水层所容纳水的最高限度)总体下降。
	下渗	地下水系统里满足需求用水绰绰有余,但受到咸水的不断污染。	在得克萨斯,咸水和微咸水渗透并污染了剩余的地下水。

表 9.8 来自同一学科对职业性别歧视(OSD)问题的矛盾理论及其见解

学科	理论	用一般术语表述的理论的见解	运用于该问题的理论的见解
经济学	买方垄断剥削	"追求利润最大化的垄断买方……雇用劳动力直至劳动力边际成本与边际收益(或边际价值)相等,……因此支付工人工资少于他们对公司贡献的价值"(第 27 页)。	关注 OSD 的需求方,将其解释为"男性雇主在歧视女性中共谋行为的结果"(第 31 页)。
	人力资本	"每个工人[人力资本]被视为天生能力与原始劳动力加上通过教育和训练所获特殊技能的组合"(第 28 页)。	"关注 OSD 的供给方,女性的特点——尤其是她们的教育水平和训练水平"(第 31 页)。
	统计歧视	"若根据所属群体的平均特征而非个人特征评估个体,统计歧视就出现了"(第 29 页)。	"注重女性求职者群体(而非个体)特征。正是女性的群体特征使得雇用妇女成为雇主趋利避害的下策"(第 31 页)。
	偏见	该模式"基于有些雇主在做出雇用及其他个人决策时沉溺于其自身性别偏见(或其雇员与客户现实的或意识中的偏见)的观念"(第 30 页)。	据说"男性雇主不雇用妇女的原因在于他自身品位或喜欢歧视女性"(第 31 页)。

出处:C. C. 费舍尔(1988),《论基于因果变数整合职业性别歧视理论的必要》,《整合研究问题》第 6 期,第 21—50 页。

人文科学的例子 **弗莱(1999),《塞缪尔·泰勒·柯尔律治:〈古舟子咏〉》**。柯尔律治的《古舟子咏》说明了识别矛盾理论及其对文本或艺术品见解的重要性。在文学中,对文本的评论文章通常使用不同的理论方法开场(第 v 页)。这些让跨学科研究者深感兴趣,因为它们由一组协调一致的假说决定,这些假说能在推进整合进程时表达、对比并修正。表 9.9 显示了五种理论方法及其对该文本的见解。

从两个或多个理论方法的立场研究某个文本,虽然有价值,但其本身并非跨学科。将其并置并由读者决定以某种方式实施整合及创造新意义也不是跨学科。完全跨学科地分析文本需要识别能修正并整合这些矛盾诠释基础的理论、概念或假说。

表 9.9 来自同一学科对《古舟子咏》意义的矛盾理论方法及其见解

学科	理论方法	方法的见解	运用于该文本的方法的见解
文学	读者反应批评	作品的意义不是其内在形式所固有的,而是由读者(他们带给文本之物)与文本合作产生的(马芬[Murfin],1999c,第 169 页;1999e,第 108 页)。	该诗的主要争议之处不是其暗含的伦理价值观,而是实现伦理价值观的过程,该过程是有关阅读的(弗格森,1999,第 123 页;马芬,1999e,第 108 页)。
	马克思主义批评	文学是反映主流社会及文化意识形态的物质媒介,并"超越或识破了意识形态的局限性"(马芬,1999b,第 144 页)。	《古舟子咏》适于历史研究法,显示出生态关怀的早期事例,对催眠术萌生兴趣,这提出了关于自由意志、选择、选举和天谴的新教徒议题,以及关于"认识论一致"的更宽泛的哲学问题(辛普森[Simpson],1999,第 152、158 页)。
	新历史主义	"文学领域并非同与之相关的历史互相隔绝或泾渭分明"(马芬,1999c,第 171 页)。	重构《古舟子咏》之类文学文本的历史背景本身相当难以实现,而之所以如此,是因为我们受到了我们自己所处时空的制约(马芬,1999c,第 171 页)。
	心理分析批评	"文学作品是幻想,或是梦幻,心理分析有助于解释产生作品的头脑"(马芬,1999d,第 225 页)。	《古舟子咏》是由语言和符号联合建构的世界,其实是"对害怕失去恋母期之前世界的反应;在这个没有边界的世界上,婴儿、母亲与自然世界浑然一体"(马芬,1999d,第 232 页)。
	解构主义	"文本不是独一无二、与世隔绝的密封空间,而是始终允许新语境下的理解,并有可能每次阅读都不一样"(马芬,1999a,第 268 页)。	《古舟子咏》应通过其"语言陌生化(激发读者弄懂它的一系列错位:转换、移置、转喻)"加以理解(爱伦伯格[Eilenberg],1999,第 283 页)。

来自同一学科的理论及其基本假说

来自同一学科的理论很可能矛盾少得多,因为它们通常共享学科的基本假说。每个理论都得到了通常反映其学科起源的一个或更多假设的支持。不过也有仅限于某个特定理论的假说,这些更具体的假说往往由作者明确表达(但也不总是如此)。

自然科学的例子。**斯莫林斯基*(2005),《得克萨斯淡水短缺》**。尽管来自同一学科的理论往往共享其基本假说,但表 9.10 表明,如果这些理论关注某个特定问题,其关于该问题的假说就仍然差别迥异。解释得克萨斯淡水短缺成因理论的例子就是如此。这种情况使得学生创建理论之间共识的任务更具挑战性。

表 9.10 来自同一学科对得克萨斯淡水短缺问题的矛盾理论及其假说与见解

学科	理论	理论的假说	运用于该问题的理论的见解
地球科学	全球变暖	全球变暖是农业与技术快速进步的产物。	全球变暖会显著增加蒸发率,加重业已严重的淡水缺乏问题。
	过度开采	主要针对农业的严格的环境保护立法会解决这个问题。	水从得克萨斯奥加拉拉地下蓄水层脱离的速度不断加快,再加上灌满的速度降低,导致地下水位(奥加拉拉地下蓄水层所容纳水的最高限度)总体下降。
	下渗	淡水短缺早就存在,要么是全球变暖引起的,要么是过度开采引起的。	在得克萨斯,咸水和微咸水渗透并污染了剩余的地下水。

社会科学的例子。**费舍尔(1988),《论基于因果变数整合职业性别歧视理论的必要》**。费舍尔的研究是专业跨学科研究者如何看待必须阐明由特定学科(本例中是经济学)所提理论的矛盾假说的范例。识别处理 OSD 四个主要的主流经济学理论后,费舍尔对每个假说一一说明。例如,他说,买方垄断理论假定男性在其作为丈夫、雇主、员工、客户和立法者的角色中,有权支配女性的职业选择(第 26 页)。这些经济学理论、假说以及就 OSD 问题的相应见解在表 9.11 中加以概述。

既然这些理论来自同一学科,因此它们共享学科的总体视野(世界是个理性的市场)及其基本假说(人类受理性的私利驱使)。但是,这些理论在处理OSD成因时,显然矛盾多于重合,哪怕它们来自同一学科。正如费舍尔所做的,对于研究者来说,解释为何需要超越这些特定理论是合适的。他认为,其中每个理论都提供了"对OSD成因的不完全解释","假如要实现跨学科认识",就需要拓展分析,以容纳"有关学科的相关工作"(费舍尔,1988,第31页)。

表9.11 来自同一学科对职业性别歧视问题的矛盾理论及其假说与见解

学科	理论	理论的见解	运用于该问题的理论的见解
经济学	买方垄断剥削	OSD是经济需求问题。	关注OSD的需求方,将其解释为"男性雇主在歧视女性中共谋行为的结果"(第31页)。
	人力资本	"OSD是经济供给问题:女性根据家庭责任和职业承诺作出理性选择"(第29页)。	"关注OSD的供给方,女性的特点——尤其是她们的教育水平和训练水平"(第31页)。
	统计歧视	OSD是经济需求问题:"歧视存在是因为……它对雇主的利益超过了其成本"(第30页)。	"注重女性求职者群体(而非个体)特征。正是女性的群体特征使得雇用妇女成为雇主趋利避害的下策"(第31页)。
	偏见	OSD是经济需求问题:"性别角色的社会化帮助形成雇主的品位……例如……雇主往往认为女性不能也不该做重体力活……且不能承担责任"(第31页)。	据说"男性雇主不雇用妇女的原因是他自己的品位或喜欢歧视女性"(第31页)。

出处:C.C.费舍尔(1988),《论基于因果变数整合职业性别歧视理论的必要》,《整合研究问题》第6期,第21—50页。

人文科学的例子。**弗莱(1999),《塞缪尔·泰勒·柯尔律治:〈古舟子咏〉》。**表9.12中展示的读者反应理论、马克思主义批评、新历史主义、心理分析批评和解构主义在文学批评中盛行(弗莱,1999,第v—vi页)。它们并非统一的学派,相反是涵盖性术语,每个都涵盖了各种文本批评方法。因此,与每个理论联系在一起的见解并非一成不变,而是表现了每个批评家将理论运用到文本的方式。

表 9.12 同一学科内对《古舟子咏》意义的矛盾理论及其假说与见解

学科	理论	理论的假说	运用于该文本的理论的见解
文学	读者反应批评	《古舟子咏》说的是作者与受骗的读者。	《古舟子咏》的主要争议之处不是其暗含的伦理价值观,而是实现伦理价值观的过程,该过程是有关阅读的(弗格森,1999,第123页;马芬,1999e,第108页)。
	马克思主义批评	"《古舟子咏》受到对再度神化世界'实际作为'的驱使,因此逐渐削弱了读者对理性及理性主义理论的信心"(辛普森,1999,第158页)。	《古舟子咏》适于历史研究法,显示出生态关怀的早期事例,对催眠术萌生兴趣,这提出了关于自由意志、选择、选举和天谴的新教徒议题,以及关于"认识论一致"的更宽泛的哲学问题(辛普森,1999,第152、158页)。
	新历史主义	"《古舟子咏》反映并挑战了许多意识形态或价值体系,范围从基督教信仰到有关法国大革命乃至奴隶贸易的激进政治观点"(莫迪阿诺[Modiano],1999,第215页)。	"重构《古舟子咏》之类文学文本的历史背景本身相当难以实现,而之所以如此,是因为我们受到了我们自己所处时空的制约"(马芬,1999c,第171页)。
	心理分析批评	"《古舟子咏》最核心的'恐怖'是一种自我尚未摆脱母亲及(联系松散的)符号并被父亲和象征所取代的症状"(马芬,1999d,第231页)。	《古舟子咏》是由语言和符号联合建构的世界,其实是"对害怕失去恋母期之前世界的反应;在这个没有边界的世界上,婴儿、母亲与自然世界浑然一体"(马芬,1999d,第232页)。
	解构主义	"所有文本,包括《古舟子咏》,最终都是不可阅读的(假如阅读的意思是将文本简化为单一的同质意义)"(马芬,1999a,第269页)。	《古舟子咏》应通过其"语言陌生化(激发读者弄懂它的一系列错位:转换、移置、转喻)"加以理解(爱伦伯格,1999,第283页)。

来自不同学科的理论及其基本假说

来自不同学科的理论的见解,虽然关注同一问题,但通常因为反映了其相应学科的不同假说而产生矛盾。必须确保作者谈论的确实是同一件事。正如我们早先探讨概念时所看到的，很可能不同学科的作者会用貌似相同的术语探讨完全不同的问题或特定问题的不同方面。

找到来自所有相关学科的理论间矛盾的根源，对进行步骤八至关重要。以下复杂作品的例子说明了来自不同学科的理论如何因为其关于特定问题的基本假说有矛盾而产生了矛盾。

社会科学的例子。**费舍尔（1988），《论基于因果变数整合职业性别歧视理论的必要》。**表 9.13 是表 9.8 的扩展，收录了来自其他相关学科关于 OSD 成因的理论。经济学理论与其他相关学科理论之间的矛盾以此方式并置后变得明显起来。

表 9.13　学科内及学科间就 OSD 问题的基于理论的矛盾见解及其对应假说

学科或学派	理论	假说	运用于该问题的理论的见解
经济学	买方垄断剥削	OSD 是经济（供需）问题。	关注 OSD 的需求方，将其解释为"男性雇主在歧视女性中共谋行为的结果"（费舍尔，1988，第 31 页）。
	人力资本		"关注 OSD 的供给方，女性的特点——尤其是她们的教育水平和训练水平"（第 31 页）。
	统计歧视		"注重女性求职者群体（而非个体）特征。正是女性的群体特征使得雇用妇女成为雇主趋利避害的下策"（第 31 页）。
	偏见		据说"男性雇主不雇用妇女的原因是他自己的品位或喜欢歧视女性"（第 31 页）。
历史学	制度发展	OSD 是历史问题。	"随着时间推移，进公司时的性别隔离延续下去，而这么做无须更公然的性别歧视"（第 34 页）。
社会学	性别角色趋向	OSD 是社会问题。	"女性社会化促成了对家务劳动职责以及儿童保健抚育与帮助适应的认可。……另一方面，女性社会化阻碍了权威感或攻击性、讲究体魄、量化或机械化倾向。这说明性别角色趋向在女性中产生了不同特征，雇主根据他们对这些特征的认识来确定哪些工作应该是'女性工作'"（第 34 页）。

(续表)

学科或学派	理论	假说	运用于该问题的理论的见解
心理学	男性支配理论	OSD 是男性问题。	“男性在社会与经济因素诱发下,坚持在劳动力市场独占其特权地位,他们通过维持传统家庭生产的男女分工最大限度地做到这一点”(第 36 页)。
马克思主义	阶级斗争	OSD 是意识形态问题。	“有些工人——尤其是女性——被引导从事不那么理想的工作,并与其他工人隔离开来,以防工人全体形成阶级觉悟并联合行动推翻资本主义。这里,OSD 被视为维持资本主义制度的必要举动”(第 32 页)。

出处:C. C. 费舍尔(1988),《论基于因果变数整合职业性别歧视理论的必要》,《整合研究问题》第 6 期,第 21—50 页。

识别了就 OSD 问题所有基于理论的相关见解后,费舍尔准备进行步骤八 b“修正理论”,这是第十一章的内容。

人文科学的例子。 **巴尔(1999),《文化分析实践:跨学科阐释揭秘》“导言”。**在一些方面,巴尔对涂鸦的探讨揭示了不同学科所用相关理论研究方法之间的矛盾。一方面,通过强调文化分析在方法论上的精确性,巴尔含蓄地挑战了蔑视精确与方法的后现代主义(第 4 页)。同样,文化分析对自我反思的重视使得该理论与注重客体及(或)文本甚于观者及(或)读者的现代主义格格不入(第 6 页)。对于巴尔来说,用精读法在意义层叠文本中的发现才算是证据。意义层叠的一个例子就是涂鸦开头的“*短笺*”一词:在一个层面,是直接向当前读者诉说;而另一层面,是对过去某个人诉说(第 7—8 页)。

比起矛盾的其他根源,我们花了更多时间处理理论,这是因为它们比概念或假说中的差异更难对付。一旦识别了理论中的这些差异,学生就能确定最佳应对策略是什么。除了上面简要介绍的“整理”“重新定义”“转换”等策略,我们还会在第十一章介绍“理论延伸”策略,学生按照这种策略,将一个理论的要素添加进另一个理论中。

与合适受众交流你的研究

一旦识别了所有相关见解与理论，并找到其矛盾根源，就应该向合适的受众交流该信息。对于本科生而言，用短文简要总结步骤七的结果往往就足够了；对于研究生、研究团队成员和从业者而言，可能需要更详细的说明。在任何情况下，你都要对所识别的矛盾及其根源的确切性质心中有数；你可能还要弄清楚自己是如何识别这些矛盾的。这么做有多种方式，正如费舍尔（1988）和巴尔（1999）用作检验标准的例子所示。这些例子提供了两种不同类型的跨学科文献，其中每种各针对略有差异的受众。

社会科学的例子。**费舍尔（1988），《论基于因果变数整合职业性别歧视理论的必要》。**费舍尔关于 OSD 的专家评审期刊文章向专业读者阐明了跨学科研究进程。其意图中最重要的是理论，他对理论的探讨在文章中占首要地位，但方式清晰明确。首先，费舍尔注重精确描述每个理论及其暗含假说。例如，思考一下他对人力资本理论的描述：

> OSD 的人力资本理论关注雇用女性往往要经历的相对较高的流动性和不稳定性。……因为家庭责任，女性往往比男性更频繁就业、失业，因此接受的岗位培训（on-the-job training）（OJT）比男性对手要少。有人认为，这从两方面对女性就业机会造成了不利影响。首先，在需要丰富工作经验的岗位，能获取足够人力资本的女性比男性要少；其次，女性一旦失业，她们的工作技能就贬值了。因此，对于考虑间歇就业的女性来说，选择获取必备工作技能用时较少以及所需工作技能不用时不会迅速贬值的职业就比较明智。减少工作经验和想要减少工作技能损耗的双重影响，致使女性集中在服务、销售、文书和劳务工作，而在技术员、经理和专业人士中数量不足。（第 28—29 页）

其次，费舍尔将每个理论与先前的理论进行了对照。对照差异先于对比差异。下文中，费舍尔对照了买方垄断理论（第一个经济学理

论)与人力资本理论(第二个经济学理论):

> 买方垄断理论关注 OSD 的需求侧,而人力资本理论提供了 OSD 的供给侧解释。每位工人都被视为先天能力与原始体力的组合,再加上通过教育培训获取的特殊技能。后者通常被称作人力资本。(第 28 页)

再次,费舍尔将该理论专门并明确运用于 OSD 问题上:“总而言之,OSD 的人力资本理论认为,经济诱因导致妇女将自己隔绝在女性职业内。对于妇女来说,继续从事传统女性工作在经济学上是合乎情理的。”(第 29 页)

最后,费舍尔简要评判了每个理论。关于应用于 OSD 问题的人力资本理论,他认为,“它势必引发争议,因为它暗示,OSD 在很大程度上是女性根据家庭责任和职业承诺所做选择的结果;也就是说,它倾向于‘谴责’OSD 的‘受害者’”(第 29 页)。

人文科学的例子。 **巴尔(1999),《文化分析实践:跨学科阐释揭秘》“导言”。**巴尔的跨学科论文在两方面不同于费舍尔的著作。首先,费舍尔假定读者对该主题或与之相关的理论事先所知甚少,巴尔与之不同,他假定读者早就熟悉了文化分析的理论和概念;其次,与费舍尔相比,巴尔对文化分析理论的偏好超过了其他研究方法。费舍尔力求对各门学科一视同仁,但他最终还是将其安排在一个框架内,这个框架本质上是经济学框架,使用了诸如需求、供给、劳动力市场等经济学概念。但是,巴尔偏爱文化分析,因为“它是跨学科实践”(尽管不那么十全十美)(第 1 页)。她用涂鸦来演示文化分析能够做什么、应该做什么,并回应了指责文化分析缺乏“明晰方法论”的批评者(第 4 页)。

她将其他研究方法与文化分析进行了对照,先从历史学开始:

> 作为批判实践,文化分析不同于通常意义上的“历史学”。它基于对批评者当下境况的强烈意识,从社会与文化现状,我们观察并回望始终已属过去之物,用以界定我们当下文化之物。(第 1 页)

一旦解释了这个基本对照，巴尔就能对此进一步阐述，强调三点区别。第一点是，文化分析探究“历史的无声假说，以认识不一样的过去”(第1页)。当然，目的不仅仅是为了认识到不同，而是认识到：之所以不同是因为它是可以整合的从而也是跨学科的。第二点是，文化分析并不试图规划过去从而规划所谈论的对象，她称之为“客观主义‘重建’”(第1页)。她的意思是，文化分析承认，即便人们对该时刻及其中可能出现的对象进行了最全面的检验，还是会留下歧义与神秘的要素。巴尔的第三点对照是，与众多历史学写作相比，文化分析并不试图将“进化论路线”强加给过去——“进化论路线”的意思是，客体是可知历史“进步”不可避免的产物。

这些例子表明了跨学科研究者如何为不同受众写作、研究不同问题、使用不同方法、描述矛盾理论。费舍尔的研究方法能有效地应用于和几乎任何问题相关的理论上。

本章小结

步骤七需要识别见解与理论之间的矛盾并找到矛盾的根源。同一学科的专家往往研究同一问题，但就此生成的见解不同。例如，艺术批评者研究同一幅油画，却对其意义得出了完全不同的认识；当不同学科的专家研究同一问题时，这一倾向会更显著。这些见解通常是矛盾的。但是，仅仅说见解有别乃至矛盾是不够的。跨学科研究者必须更深刻地探究并发现它们产生矛盾的根源。对步骤七的探讨强调了学科见解间矛盾的三个可能根源：见解内含的概念、潜在的假说及其理论。

本章一个重要见解是跨学科工作显著的多样性，费舍尔(1988)、巴尔(1999)和雷普克(2012)的范例即显而易见。不同的受众、不同的问题和不同的写作目的，不可避免地反映在跨学科工作的不同研究方法中。综合运用叙述和图表对处理众多变量颇有裨益。专家可能不会使用本书所描述的跨学科研究进程的每个要素，但他们通常处理矛盾的见解和理论。识别矛盾及其根源是步骤八“在见解与理论之间通过修正其概念与假说创建共识”的基础。

练 习 题

见解内含的概念

9.1 识别来自学术期刊或著作的两个见解,每个见解来自不同的学科视野,聚焦可持续或可持续性概念。比较并对照每位作者如何界定该术语以及使用该术语的上下文。确定下列(如果有的话)问题情境哪个适用于此处:

甲. 尽管概念相同,但它们隐藏了不同的语境意义。

乙. 概念用于描述相似(但并不完全一致)的思想。

丙. 所用概念在意义上大不相同,不修正其意义的话就无法克服差异。

假说

9.2 从每位作者对可持续性的见解(如上)确定各自所做假说类型:

甲. 本体论假说;

乙. 认识论假说;

丙. 特定价值观假说。

理论

9.3 识别来自同一学科关于可持续性主题的两个理论并回答下列问题:

甲. 每位作者使用了什么概念?

乙. 每位作者作出了什么假说?

丙. 每个理论提出了什么见解或论点?

9.4 重复练习 9.3 题,使用来自两门不同学科的两个理论并回答同样的问题。

第十章　在见解间创建共识:概念与(或)假说

学习成效

读完本章,你能够

- 识别关于创建共识的六个核心思想
- 解释如何在矛盾概念或假说之间创建共识
- 识别用于修正概念与假说的四种方法
- 解释道德立场矛盾时如何创建共识

导引问题

何为共识?

如何在矛盾概念或假说之间创建共识?

道德分歧时如何创建共识?

为何我们说“创建”共识?

本章任务

跨越学科的协作交流及整合矛盾见解的基础是创建共识。在跨学科工作中,创建共识无疑是人们在跨学科研究进程(IRP)中所面对的最具挑战性的任务。它需要综合原创思想、精读、分析性推理、创造力和直觉。

本章分为两节:第一节探讨界定跨学科共识并提出构成创建该共识的六个核心思想;第二节解释如何创建共识。虽然不能保证在每种情况下都能达成共识,但是本章和下一章的指导思想是,只要方法使用得当,在矛盾的学科见解中创建共识就是行得通的。[1]

IRP的步骤八要求在矛盾见解间创建共识。虽然创建共识是单个步骤的重点,但我们将这一探讨分为两个子步骤:首先处理在概念与(或)假说之间共识的创建(本章内容),其次对付在理论之间共识的创建(第十一章内容)。

B. 整合学科见解

7. 识别见解间矛盾及其根源
8. 在见解间创建共识
   - **识别有关创建共识的六个核心思想**
   - **在矛盾概念与(或)假说之间创建共识**
   - **在矛盾道德立场之间创建共识**
   - **在具有理论基础的见解之间创建共识**
9. 构建更全面认识
10. 反思、检验并交流该认识

关于跨学科共识

跨学科共识需要修正一个或多个概念或理论及其基础假说。假说巩固了概念与理论,概念与理论反过来又巩固了假说。共识与整合并非一回事,但共识为整合作准备,整合离不开共识。[2]

创建共识就像建造桥梁以跨越鸿沟。这边是矛盾见解与缺乏共同语言的所在(步骤七;见第九章);对面是整合进程的产物:更全面认识(步骤九;见第十二章)。除非跨学科研究者先建造共识之桥以连接两端,否则整合项目就无法成功。

桥梁的比喻是有用的,因为它表明,在操作方面,整合进程中的三个步骤(识别矛盾、创建共识调和矛盾、产生更全面认识)如何有合又有分。

对共识的这种定义和描述有赖于六个核心思想，这些核心思想构成了创建整合的基础：整合性思维，创建共识司空见惯，它对于协作交流来说不可或缺，狭义与广义跨学科情况下创建共识进展不一，整合离不开共识，创建共识需要运用直觉。

整合性思维

心理学家告诉我们，人类大脑生来就是整合式地加工信息。例如，决定在菜园里种什么、何时种、种哪里、如何种、种多少，这项出奇繁复的任务需要整合性思维以应对营养、口味嗜好、可用土地以及费用等需要考虑的因素。我们用不着有意识地反思此类决策的所有组成部分，因为我们先天就有整合式加工信息的能力。

但是一个人的先天思维进程与习得思维进程处于明显的反差状态。诸多现代教育教导学生以三种非整合方式进行思考：

- 学科分门别类。从幼儿园开始，学生就被教导按学科类别进行思考。他们被告知，知识可以在明确标记的“盒子”或被称为数学、社会研究、语文、艺术的学科里找到(勒努瓦、克莱因，2010)。学生发现，学问存在于知识碎片化、分区化和简单化的进程中。
- 答案非错即对。学生受训以非对即错的问答方式思考。标准化考试倡导注重事实胜于注重推理，导致了类似这样的教育：让学生阅读《汤姆·索亚历险记》之类的小说，并判定哈克·芬[Huck Finn]对汤姆的影响是好是坏，哪怕我们大多数人都承认人是好与坏的混合体，且这个混合体会随着环境变化而变化，而“好”与“坏”概念本身也值得商榷。
- 不赞成就反对。尽管就争议性主题进行辩论是吸引学生并传授辩论技巧的有效方式，但它们强化了这种观念：获胜才是硬道理，面对备选视野，无非是选择一个、舍弃其余。

但是,跨学科工作不同于起诉案件、为当事人辩护或仅就议题早已有的众多正反意见上添加另一个赞成或反对意见。相反,跨学科工作关乎架起连接的桥梁,而非竖起分隔的高墙;关乎创建共识而非加剧分歧;关乎融合而非排斥;关乎产生更全面的新认识和新意义,而非使用单一学科研究方法。这要求不同类型的思维和分析模式,这种思维和分析模式借鉴了(批判性而非赞同式)大多数(甚至全部)可利用的学科视野及其见解。因此,跨学科工作者不会问哈克对汤姆的影响是好是坏,而是会问有关哈克对汤姆的整体影响(积极、消极及混杂的影响),还可能问汤姆对哈克的影响。

创建共识司空见惯

在我们的日常生活中,创建共识司空见惯。平时交流,我们会在种种事情上遇到有着不同视野的人。既然我们——还有他们——对事实与事件的日常感知取决于观照特定情境的不同方式,我们就只能通过经常达成共识来相互理解。

认知心理学通过探究我们的大脑建构感知、观察和行动的方式,解释了具有不同视野的个体间的成功交流。共识理论认为,“每个交流行为都把互动伙伴之间的共同认知参照系假定为共识”(布罗姆,2000,第119页)。“互动伙伴之间的共同认知参照系”的说法仅仅指的是日常社会交往——在日常社会交往中,两个人考虑彼此的参照系,试图探讨某个问题,力求识别就此产生分歧的根源,并共同达成解决方案。共识理论进一步假设,“对相互理解过程的所有贡献有助于建立或明确共识并不断维系这种共识”(第119页)。该理论既应用于口头交流,也应用于书面交流。

该理论认为,任何语言上的成功接触都代表了双方的合作行为。我们交流时,这么做是为了实现某种目的或对特定问题做出反应,无论是否用言语表达。虽说发展共识理论是为了解释日常互动,但如今认知心理学将其应用于跨越学科的交流。

协作交流,共识不可或缺

协作交流有赖共识。有一种情况需要创建共识,即人们(或学科)使用不同概念或术语描述同一事物。例如,术语城市与郊区在不同学科有着不同的意义。第二种情况是，人们对源自矛盾假说或价值观的特定议题采取相反立场。假如这些是差异乃至完全矛盾的根源，解决方案就必须是创建共识。但是，有时候作者看上去意见不一，其实可能并非如此，因为他们谈论的是不同事物——完全不同的现象或变量，在这种情况下，共识就不需要了。图解其论点会揭示是否如此。或者，我们可以把图示视为连接这些见解的共识。这是整理技术（下文探讨）所涉及的内容。

需要创建共识的其他场合包括：（一）受过不同学科训练的研究型科学家需要形成协作语言时；（二）规划者需要对社区发展进行全面研究时；（三）商家要制定生产销售新产品的综合策略时；（四）律师要使打算离婚的伴侣重归于好时；（五）政策制定者要对特定立法行动形成广泛支持时。

但是，涉及直接对立的道德观、根深蒂固的宗教信仰或激烈冲突的政治理念等议题时又会怎样呢？此类议题往往充满情绪化，可能会把共识观念降格为纯粹的一厢情愿。但是，即便处理此类议题，往往也能创建共识（见下文对矛盾道德立场的探讨）。

狭义与广义跨学科情况下创建共识进展有别

狭义跨学科利用的是认识论上接近的学科（如物理学和化学）；**广义跨学科**利用的是认识论上相距较远的学科（如艺术史和数学）。自然科学的认识论前提促使关注事实——关注某物是什么及其如何运作。人文科学的认识论前提准许我们进入道德的现实层面，而科学前提不许我们像人文科学认识论前提那样赋予事实以价值（道德或伦理意义上）。这意味着，发现自然科学就某个问题（考虑到其认识论焦点的相似性）所产生见解间的共同点，比起发现跨越认识论大不一样的自然科学与人文科学的学科所产生见解间的共同点应该更容易。通常，学科间认识论距离越大，在其见解间创建共识就越难。

整合离不开创建共识

由哈佛大学教育学院跨学科研究项目（项目零[Project Zero]）实施的一项研究确定了创建共识与进行整合之间的关联。它研究了大学前、大学和职业级别跨学科工作的出色实践。研究发现，大脑进行一系列复杂认知活动(其中整合了学科思想)时,跨学科思维就出现了。在学科的接合处,大脑参与了两项认知活动:(一)克服固有的单一学科属性(即偏爱单个或简单化的学科视野);(二)实现整合。该研究的一个重要成果是,可能存在"核心认知进程",它表达了人类大脑的对话倾向,以跨学科思维展示自身(尼基蒂娜,2005,第414页)。

创建共识需要运用直觉

许多跨学科研究者相信,创建共识需要运用直觉。**直觉**是无须自觉运用理性、分析或推理就能立刻认识或感知事物的天生能力(韦尔奇,2007,第3页)。这个定义可能会让从事人文科学的学生满意,人文科学珍视创造力和自发性;而可能会令从事高度重视理性或逻辑方法的自然科学与实证型社会科学的学生感到困惑。在科学中,直觉通常被视为常识的一种形式。其实,科学的进步与其说是靠知识的递增式扩充,还不如说往往是靠创造性或直觉性思维的突变飞跃(契克森米哈[Csikszentmihalyi]、索亚[Sawyer],1995,第242页;库恩[Kuhn],1996)。科学史家一般认为,逻辑和直觉均与科学发现有关。科学家辛勤致力于某个问题,并搜集相关信息,但见解往往在他们从工作中抽身休息、边漫步公园或边洗澡边让其潜意识起作用时出现。

体验直觉认识的方式很多。它可能出现在

- 快速评估复杂状况或对象的时刻;
- 某个社会状况里的"内在本能"——发自内心的、情绪的、移情的(D. G. 迈尔斯[D. G.. Myers],2002,第33—38页);
- 就某个"搁置"在我们大脑中的问题琢磨出来的结果,"对从意识中消失的某个难解之谜的见解'出乎意料'显现出来"(韦尔奇,2007,第3页);
- 对"深植于集体文化标准的平常决策复杂性"的"常识"见解(格伯[Gerber],2001,第72页);
- 与灵感、想象、艺术表现和象征认识过程交织在一起的创造力(D. G. 迈尔斯,2002,第59—61页;达尔贝莱[Darbellay]、穆迪[Moody]、塞多卡[Sedooka]、斯特芬[Stef-

fen],2014)；

- 认识问题潜在结构并对其完全不同要素之间关系实现综合的见解(契克森米哈、索亚,1995,第 329 页；多明诺斯基[Dominowski]、巴罗布[Ballob],1995,第 38 页；迈尔斯,1995,第 28 页)。

直觉是认知心理学中广泛研究的课题。根据詹姆斯·韦尔奇(2007)的说法,潜意识思维进程处理现实的方式优于意识进程。我们的潜意识思维不仅对周详的经验信息数据进行分类,而且积累了合适的多维关联矩阵(第 6 页)。

直觉洞察力不只是灵光一现。阿瑟·米勒[Arthur Miller](1996)认为,它们是心理孕育过程不可避免的结果,是一段时间特意关注某个特定问题的训练有素的思维能力(第 419 页)。这一结论对跨学科研究有着重要意义,其特征是一个"重复进程,通过生成过程与认知过程相交织努力达成解决方案,而不是像宇宙大爆炸那样突然出现后就不再出现"(西尔[Sill],1996,第 144 页)。越战纪念碑的设计者林瓔[Maya Lin]谈到,她在"孕育"出"伤疤"这个理念、设计出划破地球之肤的纪念碑之前,就这场战争进行了长期的思考与阅读。

就直觉在跨学科研究中的作用,跨学科研究者意见不一。有人反对不加批判地接受直觉洞察力,认为对现实的任何有效认识都必须基于逻辑与经验方法;有人从后现代主义视野出发,声称跨学科"必须是高度个人的、不具体说明的、制度上不受约束的"(韦尔奇,2007,第 7 页)。而斯佐斯塔克(2002)认为,结构与直觉之间的这种对立本质上是错误的。他以出色的跨学科方式,论证了结构与直觉都是形成新的整合方法所必需的(第 131—137 页)。韦尔奇(2007)表示赞同并为他所谓的理智与直觉间的均衡辩护。他用所谓的"**整合智慧**"来表达这种均衡,将此定义为"灵感、理智与直觉"之间的综合相互作用(第 149 页)。

> 智慧是合成所有途径的洞察力——理性洞察力、经验洞察力、直觉洞察力、物理洞察力、文化洞察力和情感洞察力。(它)打破了知识门类之间的所有界线,并使之恢复(到)整体认识。智慧

在这些才能之间创造了均衡,将它们各自的弱点降至最少并实现了协作增效。(韦尔奇,2007,第149—150页)

直觉如何有助于达成共识举隅

直觉如何有助于在两个无法彼此交流的人之间达成共识?海伦·凯勒[Helen Keller]的故事提供了范例,虽然这个故事不够十全十美。婴儿期的一场疾病,让海伦此后看不见也听不到,因此也无法说话或跟任何人交流。尽管人人都对海伦不抱希望,但她的年轻老师安妮·莎莉文[Anne Sullivan]并未灰心,她相信能找到方法与海伦交流。有一段时间,安妮竭尽全力,到头来一无所获。海伦变得越发无可救药——直到有一天,在她们所住小木屋外的水井旁,海伦碰翻了安妮刚打上来的一桶饮用水。就在那一刻,水变得不只是水了。安妮直觉一闪,她意识到可以用溅出来的水在海伦湿漉漉的手掌上比划"水"。这个方法奏效了。海伦理解了,安妮与海伦达成了共识。水成为终结海伦严重孤立状态并让她能理解世界、与世界交流的关键。成果是一个创造力惊人的新生命。(这个例子忽视了这一事实:人们通常要重新定义学科概念以创建乃至发现共识。而若未使用重新定义或本章所探讨的其他整合技术,共识就很少能达成,因此整合也很少能做到。)

本书体现了斯佐斯塔克对平衡的重视以及韦尔奇对理智与直觉间均衡的呼吁。说到直觉,韦尔奇(2007)认为,跨学科研究,"及其对解决实际问题的重视,无法不去考虑对整合性认识有着如此强大的潜在认知能力"(第148页)。

同样,遵循步骤式研究进程并不能自动解决所有问题,包括创建共识这样富有挑战性的问题。这就是为什么会建议学生最好要为"直觉式飞跃"或"灵光乍现时刻"留下空间,某些情况下要留下很大空间——经过一段时间的努力、思考和分析,在"直觉式飞跃"或"灵光乍现时刻",他们会突然发现如何创建共识。

我们应该强调该探讨对于学生或学术工作模式的意义。工作不够努力非常容易:除非你有意识地收集了充足的相关信息,否则就无法下意识地形成共识。还有可能工作过于努力,没有留给大脑处理潜意识思维并将其输入意识所需的空闲时间:在公园里漫步或洗个澡。还要注意,假如你把研究拖延到论文刚好交稿前,就没时间放松并让灵感涌动了。

在矛盾概念与(或)假说间创建共识

在矛盾概念或假说间创建共识的任务先要确定如何进行。接下来由研究者选择使用哪些技术修正概念或假说。另外考虑道德立场矛盾的情况下创建共识。

决定如何操作

研究者在早期步骤中确定了其研究会有多全面:会包含多少见解与学科。他们可能会发现有必要重新考虑该步骤的决策,因为跨越大量见解与学科创建共识的难度较大。研究生和学者应努力开拓眼界,他们甚至还应该辨别出创造性与可控性之间的平衡:跨越不同见解的共识可能生成非常新颖而有益的更全面认识,但可能具有挑战性。

我们在早期步骤中建议研究者图解同研究课题相关的现象及其相互作用。假如已识别的每个见解处理图示中的不同部分,那么该图示本身就可以视为将这些见解(仍须进行评估)整合为一个连贯一致的共识(见下文的"整理"策略)。这些见解的作者可能貌似意见不一,而其实他们谈论的是两码事。在处理同一现象或(更有可能)两个现象之间的关系时,见解往往会部分相同,研究者就需要确定如何在重叠的见解间创建共识。他们创建共识的方式应该由最容易到最困难,先审视概念,如有必要接着审视假说,直到如有必要再审视理论。

确定研究有多全面

研究者需要确定其研究有多全面。大多数本科生乃至一些研究生会发现,他们所能利用的学科数目有限。但这些学生能够并应该设法对他们所利用学科的见解进行全面整合。对于跨学科研究团队成员和单个从业者来说,他们的研究应该是全面的:他们会借鉴所有相关学科以及所有相关见解,并寻求全面整合。

为何在对付假说前应关注概念呢?有两个原因。第一,概念易于识别,而假说难以识别(因为作者运用概念公开而明确,但对其大多数甚或全部假说往往未加告知)。第二个原因不那么明显:探究概念间矛盾的根源很可能揭示出矛盾假说。

*开始寻找概念。*回到早先创建的资料表(见第五章,表 5.1),看看哪些见解明确提及一个或多个概念。你可能发现,只有少数作者提及一个或多个概念,而其他作者根本没提到。*要运用概念创建共识,所有作者就都必须使用以某种方式涉及问题的一个或多个概念,即便这些概念可能有着(表面或真正)不同的意义。*因为某个概念要用作创建共识的基础,它就必须适用于所有见解,而不仅仅是部分见解。为此目的修正概念的例子见下文。

*看上去大有希望时与假说打交道。*查阅先前创建的资料表,以识别每位作者见解的假说。假如该信息事先没有采集,就得现在做。搜寻假说的一个策略是,识别产生每个见解的学科并参考第二章里有关学科假说的图表,运用每门相关学科涉及该问题的总体假说。这往往需要仔细重读见解,看看它如何反映产生它的学科的总体假说。例如,政治学者玛莎·克伦肖[Martha Crenshaw](1998)写道,她认识自杀式恐怖袭击成因的方法“允许建构一个标准,可以衡量理性程度、被心理学及其他限制所修正的战略推理程度,并对如何诠释现实加以解释”(第 9—10 页)。作为政治学者,克伦肖可能同样抱持表 2.9 里记录的该学科的一个主要假说。她就衡量“理性程度”重要性的表述(以及她在论文中的其他表述)似乎反映了现代主义和世俗的假说:“人类……在某种程度上是有意图的行动者,能以此为基础认知和行动”(古丁、克林格曼,1996,第 9—10 页)。因此,根据克伦肖见解的文字以及表 2.9 里有关政治科学假说的表述,构建如下假说表述就相对容易了:“自杀式恐怖分子遵循可以被发现和解释的逻辑进程。”

*与理论性解释打交道仅在所有作者用它们解释所谈论行为成因时进行。*社会科学的作者通常将其见解建立在理论性解释或因果解释的基础上。如何整合对同一问题的不同理论性解释是下一章的内容。

另一种常见情况是与来自应用领域(如教育或商业)和(或)跨学科领域(如生物伦理学或女性研究)学者的见解打交道。这些领域的基本要素在第二章里没有收录。因此,研究者必须认真检验每个见解，并寻找透露作者假说的表述(即作者就该问题认为是正确的表述)。

同概念和假说打交道的最佳做法

同概念和假说打交道的最佳做法是遵循最小作用量原理。这意味着确保其中发生的变化尽可能最少而仍能创建足以构建更全面认识的共识。使用该原理的依据本质上基于热力学守恒定律：耗能最少乃自然之道。它还使得与合适受众交流研究成果变得更容易。

用于修正概念与假说的技术

四种主要技术与创建共识密切相关。研究者往往会发现，他们要综合运用这些技术。而每种技术适用广泛，研究者可以先从这些准则开始：

- 因术语不同导致见解矛盾的情况下，推荐“重新定义”技术，该技术力求对术语达成共同认知。(这是最常用的技术)
- 因作者讨论一组复杂相互关系的不同部分导致见解(看上去)矛盾的情况下，推荐“整理”技术(上文探讨过)。
- 因不同作者和学科强调所研究现象的重要性导致见解不同的情况下，“延伸”技术往往证明奏效，该技术将一个理论、解释或假说探究的变量或思想添加进另一个理论、解释或假说。
- 因不同作者提出相对立的假说(如理性之于非理性)导致见解矛盾的情况下，推荐“转换”技术，该技术在相对立的假说之间确定了一个连续区。

每种技术的案例都引自明显跨学科的问题型课程项目、已发表文献和学生论文。和由专业跨学科研究者撰写的典范案例一样，问题型课程项目和学生论文也阐明了跨学科研究论文众多(但非全部)潜在特征。这些案例的分类涉及研究者训练领域和主题定位，而不是见解所出自的学科。

重新定义的技术

重新定义的技术包括在不同文字和语境中修正或重新界定概念，以呈现共同意义。在跨学科工作中，重新定义的技术有时被称为“文本整合”(布朗，1989，亨利、布蕾西引，2012，第264页)。正如前文指出的，每门学科都形成了自己的专业词汇来描述它选择研究的现象。既然每门学科各自都有以概念表述的词汇，跨学科研究者就有必要创建共同的词汇以促进学科间的交流——也就是说，“让它们达成一致”。既然大多数学科概念和假说以特定学科语言表达，因此重新定义技术主要用于创建共识(纽厄尔，2007a，第258页)。诀窍是尽可能少地修正术语，同时仍然能创建共识。*重新界定概念可能还包括对构成概念基础的假说进行某种修正。*

*入学审查与除名会议的例子。*特殊教育入学审查与除名(Admission，Review，and Dismissal)(ARD)会议的例子阐明了力求对复杂问题形成有条理认识时发现共识的重要性。这个会议的目的是达成一个综合方法，为无学习能力的学生提供一对一的教学。与会者包括行政人员、各类专家、学生、学生家长以及协调员，协调员的工作是推动讨论朝着为学生来年的教育需求制定综合计划进展。协调员要求每个人——语言病理学家、社会研究教师、神经病学专家、校长助理——提出解决方案，以满足学生来年不断发展的教育需求。专家通常使用高度专业性的概念或语言来描述学生的缺陷。或许意识到家长听不懂专家所言，协调员就要求专家把专业术语“翻译”成家长乃至所有与会者都听得懂的语言。协调员试图发现由专家和家长所提不同建议(通常基于理论)之间的共识；接下来，以此共识为基础，协调员提出一个综合解决方案。

协调员在ARD会议中的作用类似于试图对某问题(比如青少年中肥胖率高的成因)生成整合认识的跨学科学生的作用。每门关注该问题的学科都将其视野摆到台面上，这些学科的专家将问题的成因归咎于各种因素。致力于该问题的学生的任务，就像ARD协调员的任务一样，即鼓励每个观点得到表达，识别矛盾及其根源，然后协调达成一个或多个一致观点。后面的活动就是创建或寻找共识。

由上所述可以得出两个经验。首先是术语(即概念)在建立共识中的作用。其次是认识到不同专业人士所用术语的背后是关于如何对待无学习能力孩子的学科视野(即理论、概念和假说)，这很重要。在跨学科工作中，人们不仅必须考虑到学科术语，而且要考虑到学科视野。

与概念打交道　关于概念，研究者接下来要做两件事。首先，对不同学科或理论用于聚焦同一问题的同一概念可能具有不同意义的情况密切关注。

其次，对来自不同学科的专家在讨论同一问题时如何使用不同概念以及不同概念意义重叠之处保持警惕。从这些情况中，往往能识别可以通过运用重新定义技术进行修正的概念。对于不同研究者以截然不同方式使用同一概念的情况，最好要识别每个概念的明确含义，而不是寻找共同的重新定义(贝格曼等人，2012)。

重新界定概念时，要避免使用默许一种学科方法而忽视另一种学科方法的术语。使用重新定义技术能揭示概念中可能被学科专业用语掩盖的共性。一旦去除这种用语，概念就能被重新界定，就能使之成为创建矛盾见解间共识的基础。有时这与其他整合技术一起进行，如这些复杂例子所示。

人文科学的例子。**西尔薇*(2005)，《种族与性别：小说中社会身份的挪用》**。西尔薇认为，创造性写作就像其他学科一样，通过其自身的“窥视孔”或视野观察世界。“我深爱这个窥视孔，”她坦言，“但我也想看到全部真相，(因为)真相是小说的基础”(第75页)。对于西尔薇来说，作为小说作者，看到“全部真相”需要跨越学科边界。小说作者这么做的一个方式是通过挪用(即假装)体现在其角色中的社会身份。西尔薇运用重新定义的修正技术来解决小说作者、演员和导演习惯性且不加批判地挪用人物身份时存在的道德困境。那种困境是如何以合乎道德(西尔薇的意思是诚实或真实)的方式进行这项活动。西尔薇发现与该主题最相关的学科是社会学、心理学、文化研究和创造性写作。对西尔薇的挑战是，识别这些学科见解就此常见做法所共有的一个概念。她得出结论，这个概念是“言外之意”(implicature)，它意指(一)以言及他物来表示、暗示或联想此物的行为，或(二)那个行为的客体(《斯坦福哲学百科》[*Stanford Encyclopedia of Philosophy*]，2010)。通过重新定义“言外之意”来表示“一个人对他人所具有

的最大程度的移情”,西尔薇使得以道德方式而不是以伪善方式进行挪用成为可能。

自然科学与社会科学的例子。 **德尔芙*(2005),《根除“完美犯罪”的整合研究》。**德尔芙对刑事侦查技术的进步能根除“完美犯罪”的可能性表示怀疑。她将“完美犯罪”定义为不知不觉进行的犯罪和(或)罪犯永远不会落网的犯罪(第2页)。与刑事侦查相关的若干学科和子学科中,德尔芙发现最相关的三门是刑事司法学、司法科学和司法心理学。德尔芙识别了这些快速发展的子学科的现有理论,并发现它们之间矛盾的根源是,它们偏爱两种不同的调查方法,依赖两类证据。司法科学分析实物证据,而司法心理学分析行为证据。每种方法都绘制了罪犯的“轮廓”,司法科学使用实物证据,司法心理学综合使用多年经验赋予的直觉以及从审问和其他来源收集的信息。

通过重新界定“心理画像”概念,囊括了重在实物证据的司法科学和重在源自犯罪现场分析的大量经验与见解所产生的“直觉”的司法心理学,德尔芙在矛盾方法之间创建了共识。重新定义“犯罪心理画像”使得她能连接实物(即司法科学)和行为科学(即司法心理学和刑事侦查学)。司法科学家只要有足够的证据进行分析,就不必使用“心理画像”;但若缺乏此类证据,“心理画像”就能通过综合运用源自犯罪现场分析的大量经验和见解所产生的“直觉”来推动侦查进展(第29页)。以此方式,重新界定的“心理画像”概念就充当了刑事侦查学、司法科学和司法心理学所提供的专业知识之间的共识。

社会科学的例子。 **舍恩菲尔德*(2005),《客户服务:基本退货政策》。**舍恩菲尔德[Schoenfeld]借鉴了心理学、社会学和管理学学科来处理消费者权益中一个时常被忽视、未得到正确评价的方面:客户服务。她把客户服务定义为“为顾客所做的任何事,包括顾客体验”(第ii页)。她研究的目的是探究“更深层面地提供客户服务”,这是“形成客户体验的整体研究方法”的另一种说法(第3—4页)。舍恩菲尔德区分了客户服务(顾客在商店时为满足顾客并留住顾客所采取的任何措施)概念与客户关系管理(customer relationship management,CRM)(顾客不在商店时为满足顾客并留住顾客所采取的任何措施)概念,并试图在两者之间创建共识(第6页)。她的方法是识别由心理学、社会学和人类学(包括社会交换理论、期望理论、理性行为理论、角色理论

和归因理论)所生成的解释顾客期望、行为与习惯的理论。舍恩菲尔德注意到，这些理论以两种不同方式描述了客户服务概念：从客户的视野以及从商家或店主的视野，而不是仅从单方面出发。为创建共识，她重新界定了客户服务概念以使之涵盖两种视野。这个概念的焦点并未改变，或仅仅稍加改变。

读者须知

有时，最佳策略未必是寻找某个术语的共用定义，而是澄清同一术语不同运用之间的差异(贝格曼等人，2012)。例如，斯佐斯塔克(2016)认为，“全球化”一词可以表达很多意思，比方说“贸易扩张”“传播民主”或“观看外国电影”。人们可能最好通过澄清不同作者想要表达的意思来处理不同见解。不过，皮索(2016)告诫我们，要当心对定义常见要素的忽视，如“全球化很棘手”这种共同感受。

延伸的技术

延伸指的是扩大我们所谈论“事物”的范围。重新定义的重点与语言学有关，而延伸的重点与概念有关。它包括通过将学科概念和(或)假说的意义从产生它们的学科领域超越延伸至其他相关学科领域来处理其中的差异或对立(纽厄尔，2007a，第 258 页)。延伸至不同学科领域几乎难免涉及某种修正。

延伸概念的例子　以下是概念从一个学科领域产生、后来延伸至其他学科领域的例子。在涂鸦这个复杂例子中，巴尔延伸了“曝光”概念，使之能容纳关于写在砖墙上的情书(即涂鸦)的三种不同视野。

人文科学的例子。**巴尔(1999)，《文化分析实践：跨学科阐释揭秘》“导言”。**面对涂鸦，巴尔的任务是如何揭示其最完整意义而不偏袒任何单个学科视野。她的策略是同时从三个视野(但不是学科视野)分析涂鸦：从涂鸦作者的视野，从对象(即作者的恋人)的视野，以及从阅读涂鸦并思考其意义的人的视野。巴尔运用延伸技术创建了以动词曝光(*expose*)为中心的共用词汇，她将三个名词揭示(*exposition*)、揭秘(*exposé*)、暴露(*exposure*)与该动词联系起来。这些是精读涂鸦所汇聚的三个意义或见解。该动词指的是做出公开展示或“当众展示”——“它可以与表示意见或判断的名词相组合,指的是公开呈现某人观点;它还可以指进行那些值得公开的行为”(第4—5页)。作为一种揭示,涂鸦将作者最深层的观点和信仰带到了公众领域。巴尔认为,揭示“也一直是一种辩论。因此,通过发布这些观点,作者像对象一样将自己客体化或曝光自己,这使得涂鸦成为自我的暴露。这种暴露是制造意义的行为,是一种演出”(第2页)。

延伸假说的例子 假说同概念一样,能被延伸,也常常被延伸(比如,近几十年来,可持续发展概念已从经济发展延伸到涵盖一个国家的生态、文化和政治体系)。下面延伸假说的例子处理的是合理性假说,有些作者对此明晰论述,有些则含糊其词。

社会科学和人文科学的例子。 **雷普克(2012),《整合基于理论的关于自杀式恐怖袭击成因的见解》。**在先前的步骤中,雷普克识别了相关见解(注意,它们全部明确支持特定的理论性解释)及见解间矛盾的根源。鉴于所用概念的巨大分歧及其矛盾含义,他得出结论,不可能通过重新定义其中任一概念来创建共识。因此,既然无法与概念打交道,他就决定代以与假说打交道,以反思表9.6(第九章)里基于理论见解的分类系统开始。

雷普克注意到,来自同一学科的见解通常共持同一假说。例如,关于集体理性战略选择与激进恐怖活动的政治科学理论共有的假说是,恐怖分子是理性行动者,遵循能被发现并解释的逻辑过程。

他还注意到,不同学科的假说之间存在着矛盾:

> 构成自我约束理论(来自认知心理学)基础的假说是,理解自杀式恐怖分子的行为与动机,首先需要研究每个恐怖分子的精神生活和心理构造。相反,认同理论(来自政治科学)的假说是,理解自杀式恐怖分子的行为与动机,既需要研究其文化认同,也需要研究其宗教认同,但不能不去考虑个体特性(先天的和后天的)。(第145页)

深入探究这些理论的假说,揭示了它们共同具备的一个共性,即自杀式恐怖分子的目的。这些并非就私利而言的“理性选择”,而是

“道德职责”或“神圣义务”。碰巧这个更深层次也更广泛的假说同样为虚拟亲缘关系、战略理性选择、激进恐怖活动、殉道、恐怖分子心理逻辑和现代化等理论所共有。他得出结论，所有基于理论的见解在不同程度上所共有的共同假说是这样的：*自杀式恐怖分子的目的是“道德的”和“神圣的”——也因此是理性的——正如其信仰所界定的*（第145页）。

读者须知

下一章我们会看到理论延伸的诸多范例。

转换的技术

转换的技术用来修正概念或假说形成连续变量，这些概念或假说不仅仅不同（如爱、惧、自私），而且相反（如理性、非理性）（纽厄尔，2007a，第259页）。例如，阿米泰·伊兹奥尼[Amitai Etzioni]（1988）在《道德维度：走向新经济学》（*The Moral Dimension: Toward a New Economics*）中，处理了如何克服有关人类理性（经济学）或非理性（社会学）截然相反的概念和假说的问题。他的解决方法是通过将其置于所谓“理性程度”连续变量的对立两端来转换它们。通过研究影响理性的因素，他发现有可能在原则上确定任何特定条件下的理性程度。人们接下来就可以借鉴表现为理性或非理性的理论，而非必须舍弃其一。同样，伊兹奥尼将“信任程度”和“政府干预程度”视为连续变量，使之能在任何特定背景下探究并评估决定性影响，而不是要么接受要么舍弃对立的假说。

在创建共识中，转换的重要性在于：连续变量并非迫使我们接受或舍弃对立的概念与假说，它允许我们整合对立的见解。这种策略的效果不仅解决了哲学争议，而且扩展了理论的范围（纽厄尔，2007a，第260页）。将对立假说转换为变量，让跨学科研究者朝着解决几乎任何两歧或二元困境前进，下述例子阐明了这一点。

社会科学的例子。**恩格哈特*（2005），《组织化环境保护论：环保宣传组织政治社会作用与策略转型》**。恩格哈特[Englehart]关注到G. W. 布什政府时期的美国政治中反环保论甚嚣尘上。为确保环保责任成为我们社会不可或缺的一部分,她建议环保宣传组织整合其社会与政治议程。这些组织在社会中担负着各种积极作用:他们以环境伦理质疑政府并对政府施压;他们是政坛的行动者,通过在选举期间游说、竞选来影响政策制定;他们也是社会学家所谓的"社会运动组织者",他们动员公众采取行动推进环保议题。为更好地认识环保组织的作用和策略,恩格哈特根据相关理论对其进行研究,包括社会运动理论(有多种变体)、理性选择理论、集体认同理论和结构网络理论。通过对比这些理论及其所生成的见解,她发现,对于环保组织来说,要壮大并夺回政治主动权,他们必须改变行事的内容及做法。

在不同理论和见解间创建共识要求她运用转换技术。这包括转换相对立的理论性假说以扩展社会运动理论的范围。这导致恩格哈特(1998)所说的将追求利己的经济学和政治学主张中的"我"以及社会运动中集体身份的"我们"转换为环保主张中共同最大化的"我"和"我们"。恩格哈特主张运用环保组织内的面对面关系,将连续体的成员从"我"转变为"我们",然后扩展"我们"(为了组织间联网的目标)以容纳那些有着不同环保价值观的人士。实际上,这会导致环保组织致力于培养社交场合并使之政治化,通过创新的灵活策略创造出他们自己的政治机会结构,以挑战反环保政治行动。恩格哈特认为,通过转换这些理论化见解和学科见解,整合会产生倒置的、基层的联盟型社会关注,结合传统自上而下的立法型政治压力,会帮助环保宣传组织夺回政治主动权(第 58—63 页)。

自然科学与人文科学的例子。 **阿姆丝*(2005),《数学与宗教:信仰与理性之路》。**阿姆丝[Arms]对比了往往被视为对立两极的信仰与理性。她说,"人们认为,宗教在心灵与信仰中找到了安身之所,而数学属于头脑与理性"(第 i 页)。她所关注的学科是数学、哲学(即逻辑学)和宗教。她发现,逻辑学是数学与宗教的支柱学科,因为两者都依赖逻辑学。宗教使用逻辑,不过是按照它自身的规则并在其自身参照系内使用。逻辑也用于判定数学表达式的可证明性,而这要求运用演绎推理。阿姆丝说,哥德尔不完备性定理表明,我们不能证明数学里的必然真理;但根据其完备性定理,我们知道,一阶逻辑(有时又称数理逻辑)是完备的,因此至少是可信的(第 5 页)。她还借鉴社会学与涂尔干[Durkheim]的宗教学理论,并引用涂尔干对宗教的定义作为社

会建构的信仰体系，她将此运用在其研究中。

阿姆丝认为，相信基督教上帝的存在和相信数学的完备性与一致性并不是单纯的信念体系，还是基于信仰的信念体系，因此大不一样(第66—67页)。她使用术语“信仰”以坚持“数学与宗教仍然可能具有确定性”这个思想。她的推理过程如下：

> 我们无条件相信理性是个好东西。既然理性是信仰的对象，就有理由假定理性的对象可以成为信仰的对象。在坚持相信数学的确定性中，信仰被证明是合理的。数学已经向我们表明，我们不能纯粹通过理性依赖数学。即便哥德尔及其不完备定理从未出现过，数学中还是有无法证明之物。有大量问题从未得到解决，还有很多可能无法解决。数学家花了三百多年时间去解决费马大定理，但他们坚信该定理是正确的，他们会发现解决之道。在数学中，使用我们并不知道正确但假定正确的思想来证明某样东西是常有的事。(第76页)

为找到信仰与理性之间的共识，阿姆丝含蓄地转换了信仰与理性的两歧以及数学与宗教的两歧。最后，她承认自己觉得她的逻辑“到处行得通”——“科学战胜了宗教，逻辑战胜了科学”。因此，逻辑明显强过信仰。随后她明白，她的“宝贵逻辑”虽然完备，却连数学也无法证明。这种幡然醒悟令信仰“漂浮不定”，并使她能接受“理性与信仰的互补属性”(第80页)。

社会科学的例子。**鲍尔丁(1981)，《补助经济学前言：爱与恨的经济制度》。**对科研补助金的研究促使肯尼思·鲍尔丁[Kenneth Boulding]投身探究激发遗产捐赠的人类行为的复杂性。更具体地说，鲍尔丁找到了关于人性总体是自私还是无私之争的转变方法，如纽厄尔(2007a)总结中所述：

> 鲍尔丁(1981)承认，善行(社会学家所研究的)与恶行(政治科学家所研究的)都可以被理解为涉他行为(相应为积极行为与消极行为)。他接着把它们沿着涉他行为连续体排列。经济学家研究的利己行为成为该连续体的中点，因为其涉他行为度为零。

> 因此,他提出了一种方法,将关于人性总体是自私还是无私的争论转换为对人们可能将所研究的复杂问题归入动机连续体什么位置的选择。通过与利己行为结合为单个连续体,支持或威胁整合机制的爱与恨(惧)的动机将社会学与政治学结合起来,鲍尔丁运用转换技术来整合经济学、社会学和政治科学里不同的人性概念(第 259 页)。

整理的技术

整理的技术通过阐明特定现象如何相互作用并图解因果关系来创建共识。更具体地说,整理(一)识别不同概念或假说(或变量)意义中的潜在共性并相应重新界定它们,(二)然后整理、分类、排列或图解重新定义的概念、假说,以凸显它们之间的关系(纽厄尔,2007a,第 259 页)。

整理注重图解不同变量或成群不同变量之间的总体关系(案例参见瓦里斯[Wallis](2014)。例如,"整理"提供了一个背景,在这个背景中进行理性决策的同时,能使我们看到文化价值观、社会规范、制度政策、历史先例、宗教信仰等。这些来自个体之外的影响可能制约了追寻个人目标的合适手段。也就是说,个体可能潜移默化地接受了其中某些价值观、规范、信仰等,并相应改变了他们的个人目标。而随着时间推移,有可能众多个体目标产生的组合效应会重塑社会价值观、规范、政策等。社会约束对个体目标的制约或改变,以及个体对群体价值观、制度和整个社会的改变,其多少与快慢可能因问题而不同,因时代而各异。也就是说,社会对个体、个体对社会的这些影响,其速度与程度可以作为需要研究的经验性问题加以思考。在这个例子中,社会与个体之间关系的图示充当了关注个体或群体的理论之间的共识。

在 IRP 的这个节点上,早先创建的该问题的图示可能要重新完善以显示所有因果关系(其中有些可能在刚开始绘制图示时被忽略了)。有时候,早在第一次图解问题时,我们就可能已经不知不觉使用了整理技术。*我们这里所做的新颖之处在于,充分认识到每门学科往往提出特别青睐各自现象的假说。*所以经济学家强调个体理性选择,社会学家强调他人影响,而我们能够看到两者如何互相影响。因此,我们其实是在对付这些学科的核心假说。

社会科学的例子。**伊兹奥尼（1988），《道德维度：走向新经济学》。**我们再回过来看伊兹奥尼的著作，这次是要表明整理技术如何从一个个概念与假说扩展到大规模的模型、重要的理论研究方法乃至整个学科。伊兹奥尼对整理的运用由纽厄尔（2007a）总结如下：

> 伊兹奥尼认为，在经济学研究的“理性/经验”因素与社会学研究的“规范/情感”因素之间，有一些可辨识的大规模相互关系模式。此类模式我称之为外壳。这里，经济学研究的理性行为受到了社会学家研究的规范因素的束缚、限制或约束。就这样，理性经济行为在规范的社会外壳内运作。另一种模式可以称为互相渗透。有些社会因素直接影响经济行为，而有些经济因素直接影响社会行为。因此，社会关系会对如何收集加工经济信息、得出何种结论、考虑何种选项产生影响。第三种模式可以称为促进。伊兹奥尼指出，“经济学研究的自由个体只出现在社会学家研究的公众里，公众是情感与道德的港湾”（第 xi 页）。因此，公众之类的社会因素会真正促进个体经济行为。（第 259 页）

在这个例子中，整理技术会发挥宏观层面的用途，凸显出矛盾学科概念或假说内意义共性之间的关系。

在这一点上，推敲一个假设性案例（引自雷普克、斯佐斯塔克、布赫伯格，2020，第八章）可能有所裨益。设想你在研究入户盗窃罪行成因并阅读一位经济学家对罪行的分析。经济学家计算了盗贼可能要付出的代价和收益。收益即为盗贼变卖赃物所获钱款，代价是被抓的概率乘以因盗窃而遭受的处罚。经济学家估算了盗贼所应遭受的处罚，以使代价超过收益，从而制止犯罪。从学科视野批判性评估这项工作，你会认识到，经济学家假定窃贼理性行事，而且只在乎财务上的代价与收益。

你接着阅读社会学家的一篇文章（当然，你应该阅读一门学科的多篇论文，但我们就此事例简化了流程）。社会学家研究同伴压力并针对隐患青少年推荐课外计划，作为减少犯罪的最佳策略。然后你又阅读了心理学家的一篇文章，文章认为某些性格特征与犯罪行为关系密切,并提出一条心理咨询对策以减少犯罪。(你可以对如何批判性分析这些作品进行有益的反思。)

这个时候,你必须避免变得灰心丧气。三位专家研究犯罪成因并得出了三个截然不同的结论,你有什么想法?假如你图解这三个观点,就会发现有三个潜在互补的观点:同伴压力、个性和经济计算或许都对盗窃行为的可能性产生影响。每门学科都假定自己的研究对象是最重要的,但你作为跨学科工作者,可以看到每个观点的价值(还有弊端)。

不过,有个比每门学科独自运作所识别的因素更有趣也更合适的成果。也许经济计算受到了同伴压力的影响?也许只有具备特定人格特征的人才会进行此类计算?甚至也许个性仅仅通过左右人们对同伴压力和计算得失的反应程度从而间接影响犯罪?通过研究此类可能性,你可以将引自每门学科的见解"整理"成前后一致的解释。你制作的不同作者所关注的现象之间关联的图表就充当了共识(当然,还有其他针对犯罪的影响可以纳入更全面的图示。但是,倘若意识到跨学科分析是个持续进程,你就不会执意要求图示纳入所有潜在变量了)。

这些技术的价值

这些技术的价值在于,它们能使我们在与概念(及其基本假说)打交道时创建共识。它们用跨学科整合的"两者兼具"思维特征取代了学科的"非此即彼"思维特征。只要有可能,包容就会取代冲突。创建共识并不去除概念及其所生成见解之间的紧张关系——它其实缓解了这种紧张关系,并使得整合成为可能(但并不确保能整合)。

在矛盾道德立场之间创建共识

学生通常与涉及矛盾价值观和权利的议题打交道。例子包括未出生生命的价值观相对于母亲赋予自己自由选择的价值观,女性平等的价值观相对于否定这种平等的某个文化传统的价值观,身患绝症有尊严地结束生命的权利相对于社会延续生命的权利,使用化肥增加庄稼产量的价值观相对于使用有机(即不破坏生态平衡)农业技术的价值观。

价值观和权利涉及伦理学(哲学的子学科)。伦理学(哲学理论的一种类型)关注世界*应该*如何运作，而不是世界*实际*如何运作(这是科学理论的功能)。尽管我们在本书里倾向于关注有关世界实际如何运作的见解，但研究者往往不得不去应对有关世界应该如何运作的见解。

道德评估在IRP的两个节点上做出。第一个出现在文献检索期间。此时学生应该尽力*不要*让其个人观点歪曲了对有关议题见解的*选择*。正如先前指出的，这种歪曲在学科研究中是常见做法，更别提党派政治与辩论了，但在优秀的跨学科工作中不能出现——在优秀的跨学科工作中，所有相关观点都应该一视同仁。第二个是在分析问题(步骤六，第七章)时做出的。此时学生应该尽力*不要*让其个人观点歪曲了对他们可能反对的见解的*评估*。注意，在这两个例子中，我们关于世界*应该*如何运作的观点会使我们对世界*实际*如何运作的认识产生偏见。

与因道德立场矛盾而出现矛盾的见解打交道，一个已证实的方法是使用斯佐斯塔克(2004)的五大类道德分析与决策分类法。

1. *效果论*：通过行为后果的好坏来判断行为。

2. *道义论*：个体行为要遵从一定规则，如道德金律(“以其人之道还治其人之身”)、康德的绝对命令(“当且仅当行为符合人人都想赖以为生的普遍原理时，行为才是道德的”)以及“权利”观点。

3. *美德*：个体的生活要符合一个或多个美德，如诚实。

4. *直觉/经验*：对某个行为、人物、关系、群体或决定的独特见解基于来自经验的“认识”并有赖于人们的潜意识(假如觉得某个行为正确，该行为就会被判定为善)。

5. *传统*：对某个行为、关系、群体或决定的判断基于其对历史文化或社会实践的遵从。

斯佐斯塔克(2004)认为，这五种类型的决策进程相互排斥且无遗漏。它们“是*任何*人做*任何*决策的五种方法”。“就伦理学而言，”他说，“这五种进程描述了*任何*人评估*任何*行为或后果的五种方法”(第195页)。

这些类型正当性的理由

斯佐斯塔克(2004)就这五大类道德分析的正当性提出了三个理由。

1. 它们都从正当的前提出发。根据结果判断行为是合情合理的;而就美德或某些预制规则判断行为也是合情合理的;尊重(即便批判性地)社会传统是合情合理的,因为有充足的理由认为,这些传统已经经过(不完全)选择以服务社会;不要做令我们内疚之事也是合情合理的。

2. 我们每个人一直都在使用这五种类型的决策:我们理性评估重大决定(上大学),遵循特定规则(比方说善待陌生人),认同善良、勇敢或诚实的品格,随大流(比方说买衣服的时候),凭直觉行事(约会时)。其实,我们通常在做出特定决策时使用并应该使用不止一种类型:例如,对约会选择稍做理性评估就是个好主意。

3. 每种方法都利用其他方法作为正当理由。例如,规则功利主义者通过论证我们并没有时间或认知能力来理性评估每个决策,因此应该遵守通常导致良好结果的规则,以此证明遵守规则的正确。反过来,在被问及为什么要重视幸福、视之为我们最感兴趣的结果时,功利主义者认为,直觉告诉我们,人类想要幸福(胡克[Hooker],2000)。其实,我们避免负罪感的欲望提供了日常道德行为的强大动机。

道德争论往往沦为互不理解,因为争论各方都觉得自己的观点显然正确。对于跨学科研究者来说,重要的第一步就是意识到同样靠得住的道德前提会得出完全不同的结论。试图整合有关世界如何运作的见解时,跨学科研究者应力求看到他们不赞同的道德见解中的可取之处(但是意识到很多重要的价值观可以通过包括诚实与责任感在内的五种类型的道德分析得到证实也很重要,因此,"尊重多样性必定导致'怎样都行'的道德观"这种想法就是错误的[斯佐斯塔克,2004])。我们接下来可以有效地研究为何特定作者会提出特定道德论点。

确定见解是否在道德上矛盾

尽管作者有时明确提出其道德观点,但往往并不这么做。他们可能会因为道德原因被迫得出特定结论,但会以科学术语表达其全部论点。我们可以有效地使用上述技术在不同作者所用科学论点之间达成共识。但除非我们也力求处理驱动他们的不同道德立场，否则就可能在改变其想法上只会取得有限的成果。

涉及政策时，见解最有可能出现道德矛盾。它们本质上往往将政策目标的要素(即我们认为世界应该如何运作)与有关如何实现这些目标的思想(可望基于对世界实际如何运作的认识)结合起来。假如见解只是在实现某些共同目标的手段上有矛盾，那么道德分析可能就不必要了。

学生能够通过对每个见解提出特定问题来断定见解(有关目标或手段)是否因为道德分歧(不是因为矛盾的理论、概念或假说)而矛盾。注意，这些问题对应五大类道德分析与决策。以下问题旨在帮助你识别哪类分析(后果、权利等)有争议：

- 见解对个人行为的预期后果有分歧吗？
- 见解对应该与个人或群体一致的权利有分歧吗？
- 见解对选择哪些应重视或养成的美德(即群体层面、个人层面或坚持某些通用规范)有分歧吗？
- 见解对其关于人类直觉的信念有分歧吗(如“人们是否相信人类直觉基于遗传或人们所期望的‘上帝所赐’的普遍直觉行为；是否认为直觉基于人们不会有的经历”)(斯佐斯塔克，2004，第 195 页)？
- 评估某个行为或看法时，它们对传统(如时间的检验)应该发挥的作用有分歧吗？

创建共识

第一个任务是确定不同作者运用的是同一类型还是不同类型的道德分析。一旦识别了某部作品中的道德陈述，确定运用这五种类型道德分析中的哪一种通常很简单(不过有时难以知道所援引的是特殊的价值观还是规则)。最简单的情况是运用同一类型的道德分析。我们接下来通常设计一个连续体，就像上文探讨转换时描述过并在恩格哈特和伊兹奥尼的作品中阐明过的连续体一样。从其作品回想一下，他们在矛盾道德观点之间创建共识(尽管伊兹奥尼没用这个术语)。例如,你可以在有权行动与有权不受他人行为伤害之间设计一个连续体。

但是,运用不同类型的道德分析时,必须使用不同的策略。一个可行策略是整理:不同道德视野聚焦某个问题的不同部分时,这个策略有所裨益。一个常见例子是,效果论辨识结果,而道德伦理学强调如何实现结果。接着才可能概述一种类型道德分析的结果如何满足另一种的运用。

重新定义可能也有裨益(道德分析类型内部以及类型之间)。心理学家乔治·莱考夫[George Lakoff]强调,政策倡议者以诉诸道德情感的方式“构建”政治议题。也就是说,他们小心翼翼字斟句酌地传达道德意义。最明显的例子就是堕胎辩论所用的“生存权”和“选择权”标签。但有关福利的辩论会在诉诸社会责任和个人责任时有差异,对工会的政策会在工作的权利与团结的诉求之间有差异。尽管审慎的重新定义本身不可能就这些议题达成政治上的一致,但至少能发现隐藏的假说与意义,可能会为其他共识策略打下基础。

延伸可能同样有用。结果分析倾向于聚焦一小批结果:最常见的有幸福或收入。但是任何潜在的结果都可以包含在内,包括价值观、规则、传统乃至其他类型的道德分析所主张的直觉。增加收入却让人们有负罪感的做法可能因此通不过后果论者的检验。其他四种类型道德分析也适于延伸:可能会求助于其他价值观或规则、传统、情感,以减少同其他类型道德分析的矛盾。

此处一个重要例证是梅菲[Mepham](2000)为理性道德分析所设计的道德模型。模型的部件基于比彻姆[Beauchamp]和柴德里斯[Childress](2001)关于生物伦理学的著作,该著作在医学和医学伦理学领域赢得了广泛支持。他们提出了四个原则方法,决策者以此为指引,思考四个核心价值观:不行恶(不做坏事)、行善、自律和公正。注意,头两个处理结果;第三个和第四个表达了重要的价值观;对公正的诉求也可以理解为对权利的诉求;重视自律意味着重视个体感觉舒适或合适的东西。作为一种分析工具,该模型

> 在水平轴上有三个原则(福祉、自律和公正);在垂直轴上列

出了利益群体——即人、组织、社会等——他们很可能会受到所做决策的影响。接下来的任务是在模型的每个单元识别并记录所考虑事情的道德影响。虽然该任务可以通过资料性研究进行,但它也是进行小组讨论时的对话工具(麦克唐纳、巴默尔、迪恩,2009,第 110 页)。

该模型在诸如有关所提技术方案的道德影响等特别敏感的事情上,决策者担心其不同或矛盾的价值观有可能影响其决策的情况下特别有用(梅菲,2000,第 168 页)。"一旦模型的单元填满了,"麦克唐纳等人(2009)解释道,

> 其使用者就会衡量所识别议题的相对重要性。不同的人就特定利益群体的特定潜在道德影响会做出不同的权衡。通过探讨,就所考虑选项(若实行的话)如何在福祉、自律及公正方面影响不同利益群体,模型使用者达成一致(第 110 页)。

麦克唐纳等人(2009)识别了作为预备整合方法的该模型的四大优点:

- 它能预测不同攸关方可能有什么样的价值观及其如何受到用于发挥积极性的选项的不同影响。
- 它令价值观和矛盾更为突出。
- 它基于人们自己看待价值观的方式。
- 它在概念上简单易懂。(第 113 页)

但是,他们指出了其重要缺陷:该模型就其所确认的价值观如何达成一致(即整合)未能提供任何清晰的指导意见(第 113 页)。但通过阐明不同道德论点的属性及其背后动机,该模型可能会为本章早先描述的不同策略达至更大程度的一致打下基础。

最后,研究者应该评估道德表述,就像人们对待其他任何论点一样。诚然,不大可能在所有道德争论中都能创建共识,但是,还是有至少能缓解相关矛盾的策略。

锦囊 10.1

道德分歧的心理学

韦尔奇(2017)探讨了(特别是)道德偏好借以影响我们如何看待世界的几种心理机制:

- 认知失调:人类遇到与所持坚定信念不一致的新信息时会感觉不适,人们可能因此无意识地避免看到此类信息,不理不睬,或仅对同其先前信念一致的信息更加重视。
- 狂欢化:这包括人们把自己视为地位卑下者,并指责当权者的不道德行为。环保主义者诋毁企业精英,非环保主义者则诋毁科学家和反对者。正如韦尔奇所强调的,狂欢式思维会导致对将不带偏见的专业知识用于问题解决的可能性产生怀疑。极端的狂欢化会导致阴谋论思维,令我们想象强势集团在与我们作对。因为此类集团会秘密行事,所以阴谋论难以揭穿。
- 从众迷思:人们往往同声相应、同气相求(想想看,社交媒体使得网上这么做轻而易举,但也为遭遇不同观点提供了机会)。与意见相同者交谈有利于强化我们先前的信念。

韦尔奇提醒我们,人类天生就能达成共识,但他也警告我们,这些对立机制会阻碍我们达成共识的能力。跨学科研究者必须谨防其他人因为上述机制而得出有倾向性的结论。他们还必须拷问自己的信念和心理进程。韦尔奇主张"不下断语"(特殊形式的开放思维)、同情、移情。

本章小结

本章探讨了如何通过修正一个或多个概念在矛盾见解间创建共识。这么做,一种方法是修正构成概念基础的一个或多个假说。假说支撑了概念,概念继而支撑了见解。本章第一节定义了共识,解释了创建共识是自然而然、司空见惯的,对于协作交流不可或缺,在狭义与广义跨学科背景下进展有别,对于整合至关重要,并需要运用直觉。

第二节详述了如何通过使用一种或多种技术（重新定义、延伸、转换和整理）来修正矛盾概念与假说。这些技术用学生作品和专业著作阐明。该节还解答了道德矛盾时如何创建共识。

本章及下一章探讨步骤八的指导思想是，假如学科的概念、理论以及构成其概念与理论的假说经过充分修正，学科见解就是潜在互补的。但是不能保证在每种情况下都能达成共识，比如涉及深信不疑的宗教信仰。第十一章通过聚焦如何修正学科理论继续探讨步骤八。

注　释

1. 该论断与“学科是不同的世界，只能从内部认识”的信念相反。温加斯特[Weingast]（1998）赞同学科见解是潜在互补的：“过去，使用不同视野的学者间互动倾向于强调其表面上的不可调和，就像库恩的‘竞争范式’提供了社会科学领域不同方法之间相互作用的唯一程式。近年来出现了一个替代程式，强调不同方法之间的互补。这种新程式承认差异不是竞争范式而是研究复杂现象的潜在互补方法。这启发了有着不同方法的学者之间更富成效的互动，不仅他人的工具和技术变得相关，所研究的现象亦然”（第183页）。

2. 从最早的跨学科概念，研究者就承认需要有一门共同语言或协作语言。约瑟夫·J.郭克满[Joseph J. Kockelmans]（1979）第一个使用了术语共识，将“共识”视为来自不同学科、从事大型政府和工业项目的研究型科学家之间协作交流的基础。他认为，共识是所有跨学科研究的基础要素，因为缺乏共识，“参与探讨者之间就不可能有真正的交流”（郭克满，1979，第141页）。郭克满还第一个将整合学科见解同形成共识联系起来（第142—143页）。在解释如何讲授跨学科研究实践时，斯佐斯塔克（2007b）强调了在不同学科见解之间先创建共识的重要性（第2页）。

练 习 题

定义

10.1 共识的定义如何补充并拓展跨学科研究和跨学科的定义?

共识理论

10.2 我们能理解这么多不同的视野,共识理论对此如何解释?克拉克和布罗姆的理论对处理各种矛盾包括价值观矛盾有何影响?

直觉

10.3 海伦·凯勒的故事如何证明直觉有助于达成共识?这个故事忽视了什么?

角色

10.4 婚姻顾问的角色与跨学科研究者的职责有何相似之处?

10.5 特殊教育入学审查与除名会议中,协调员所扮演的角色与力求在矛盾的学科见解间创建共识的跨学科研究者所扮演的角色有何相似之处?

最佳实践

10.6 下列情况下,创建共识应该如何进行?

甲. 一些作者明确提及一个或多个概念,而其他见解的作者未提及。

乙. 所有作者提及的问题所用概念意义(貌似或确实)不同。

丙. 一些作者使用理论化解释,而其他作者未使用。

技术

10.7 下列情况下,会使用何种技术?

甲. 有些作者使用概念,有些使用理论。

乙. 所有作者使用同一概念但用不同语言加以界定。

丙. 作者运用概念和假说并生成见解，而未明确阐述理论。

丁. 作者对行为理性与否有着矛盾的概念和假说。

10.8　巴尔研究涂鸦的方法怎样用于证明延伸概念？

10.9　为何雷普克决定与假说打交道？

伦理

10.10　挑一个你所选的政治议题。你能辨识道德诉求吗？如果能，涉及何种类型的道德分析？思考如何着手减轻道德矛盾的程度。

第十一章　在见解间创建共识:理论

学习成效

读完本章,你能够

- 定义学科理论
- 描述体现学科所生成理论的模型、变量、概念和因果关系
- 解释如何在理论之间创建共识

导引问题

何为理论?理论的关键要素是什么?

如何在理论之间创建共识?

本章任务

在矛盾见解之间创建共识进展各异,这取决于你是与一组概念打交道还是与一组理论打交道。自然科学与社会科学生成的见解通常依赖理论来解释其所研究的现象。许多理论内部嵌有概念(如,消费者行为理论嵌有偏好或嗜好、边际效应或边际替代率、交易以及个人所得等概念),而且许多社会科学分析既使用理论,也使用概念(如,对国际贸易的经济学分析既使用比较优势理论,也使用生产函数概念)。

要在一组理论之间创建共识，研究者不得不直接通过其概念或间接通过其基本假说对理论进行修正。

本章第一节定义了学科理论；第二节对人们与自然科学和社会科学所生成理论打交道时通常会遇到的模型、变量、概念和因果关系进行了描述；第三节运用了上一章介绍的四种修正策略，以在理论间创建共识。

B. 整合学科见解

7. 识别见解间矛盾及其根源
8. 在见解间创建共识
   - **识别有关创建共识的六个核心思想**
   - **在矛盾概念与(或)假说之间创建共识**
   - **在矛盾道德立场之间创建共识**
   - **在具有理论基础的见解之间创建共识**
9. 构建更全面认识
10. 反思、检验并交流该认识

定义学科理论

学科理论解释了列入某门学科传统研究领域的行为或现象，并可能有特定的适用范围。[1]学科理论仅关注某个复杂问题的特定方面，因此任何一个理论提供的认识都是不全面的。也就是说，不同理论会阐明诸如城市犯罪成因之类复杂问题的不同方面。

为避免混淆，我们这里应该意识到科学理论与哲学理论之间的差异。科学理论解释研究对象为何或如何这般行事，告诉我们谁在起作用，它们在做什么，如何做决策，进程如何随时间而展现，理论在何种情况下有效。此类理论会关注——比方说，经济增长等——某种进程的原因与结果。科学理论是更常见的整合重点，也是本章的内容。

相比之下，哲学理论涉及研究对象*应该*如何行事（伦理学），我们如何认识客体（认识论），现实的本质或状态（形而上学或本体论）。伦理学理论会关注经济增长是否有益,而不是如何实现(或避免)经济增长。读者应该意识到他们所读的作品往往针对的是哲学理论。此外,有些理论糅合了哲学和科学要素:它们可能先论证世界应该如何运作(伦理学),然后论证如何朝着那个方向改变世界。我们在最后一章探讨如何处理道德分歧——研究者可能不得不在此类理论的科学要素间努力达成共识前先这么做。

模型、变量、概念及因果关系

阅读有着理论基础的见解时,你常常会遇到模型、变量、概念和因果关系。在试图创建共识时,你要认识理论的这些成分。我们使用"城市犯罪的破窗理论"这个例子来定义这些术语并解释它们与理论如何相关。

模型

模型是用于将理论形象化并传播理论的一种展示。它就像建筑模型清晰精确显示建筑师计划建造之物一样具体而清晰。模型对弄明白复杂进程和描绘因果关系非常有帮助。

模型可以是图示模型(画),也可以是数学模型(方程式)。[2] 本书中,图示模型(如路径模型)用于表达理论。图 11.1 是描述"犯罪破窗理论"的路径模型。它传达了"表面上微不足道的无序行为(如打破窗户)会引发更严重犯罪"的思想。

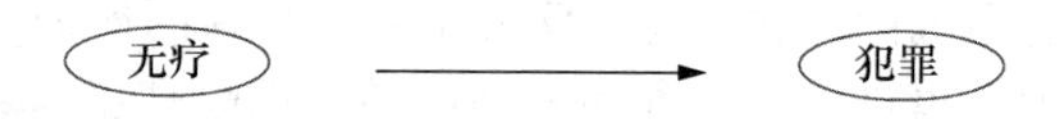

图 11.1 "犯罪破窗理论"的路径模型

出处:瑞姆勒、冯·拉尔金(2011),《研究方法实践:描述与因果关系策略》,第 31 页。加州千橡:世哲出版公司。

该模型由两个要素组成:变量(椭圆形)及变量间的关系(箭头)。犯罪与无序之间的关系表现为从无序指向犯罪的箭头。箭头表明了关系的方向:无序触发犯罪。

模型必须简化:既然所有现象对几乎所有其他现象都会施加影响(直接或间接),因此每个模型都必须从现实世界的复杂性中抽象出来。跨学科研究者总是想追问可能会影响模型预测结果的现象与关系是否被排斥在该模型之外。

变量

变量“是能呈现不同数值或具备不同属性之物——它是变化之物”(瑞姆勒、冯·拉尔金,2011,第 31 页)。例如,破窗理论所基于的经验证据显示,谋杀率随着时间变化和城市变化呈现出不同数值——因此谋杀率是个变量。该理论试图通过另一个变量“无序”来解释谋杀率从高到低的变化。应该强调的是,说一个变量影响另一个变量,不必断言只有那个变量如此。变量通常但并不总是反映了学科所研究的现象或希望能代表现象的某种形式的数据。

*自变量*和*因变量*是研究中两个最基本但经常混淆的术语。图 11.2 显示出自变量是*因*,因变量是*果*,因此该模型断言犯罪“因”无序而起。按惯例,自变量用符号X 表示,而因变量用符号Y 表示。瑞姆勒和冯·拉尔金(2011)解释道:“正如原因先于结果,字母表上X 先于Y,在事物因果顺序上,自变量先于因变量。”(第 31 页)

遗憾的是,不同学科的研究者使用不同术语描述自变量和因变量。例如,在健康科学研究中,自变量往往被称为*处理变量*,因变量被称为*结果变量*。其他表示自变量的术语包括*解释变量*、*预测变量*、*回归变量*;其他表示因变量的术语包括*响应变量*、*被预测变量*、*从属变量*。因此,研究者应该认真琢磨变量顺序,并询问何为问题假定的“因”、何为“果”(瑞姆勒、冯·拉尔金,2011,第 32 页)。使用*因*这个词也考虑到多种因。要成为“因”,自变量只需对因变量施加某种影响。

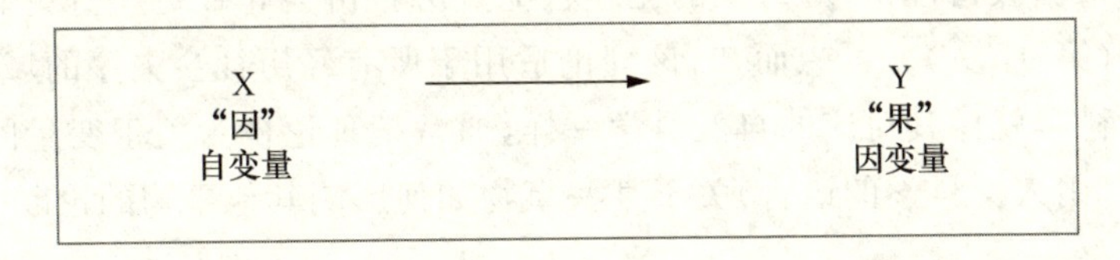

图 11.2　无序与犯罪的因果关系路径模型

出处:瑞姆勒、冯·拉尔金(2011),《研究方法实践:描述与因果关系策略》,第 31 页。加州千橡:世哲出版公司。

概念

在破窗理论的路径模型中,“无序”和“犯罪”都是概念,“无序是犯罪的原因”这句表述是理论。但这个理论表述得过于含糊,无法研究:“无序”包括形形色色的现象,“犯罪”包括各种各样的行为。要将理论用于操作使之可加以研究,变量“城市每个街区的破损窗户”可以选作表示“无序”概念,而变量“命案率”可以选作表示“犯罪”概念。这些变量的优点在于相当具体、运用可靠信息且易于度量,缺点则是使研究者有可能仅研究每个概念的一个方面。(注意,这两个概念都描述了现象;理论可能包含其他类型的概念,如描述进化之类过程的理论。)

破窗理论值得关注,这不是因为它揭示了犯罪的真实原因,而是因为它假定了对犯罪的一长串影响中,有个影响经常被忽视。一般来说,“变量甲影响变量乙”的理论可以同“变量丙影响变量乙”的另一个理论并行不悖。也就是说,大多数理论关注某个行为的一种解释,但并不宣称提供了该行为的唯一解释。

因果关系(或联系)

因果关系或联系指的是一个变量的变化如何产生或导致另一个变量的变化。因果关系要么是单向的,要么是双向的。所有正反馈环都是双向(或相辅相成)因果关系的例子。斯佐斯塔克(2004)认为,科学的目的就是辨别并理解因果关系或联系。[3]出于这个原因,“每个理论需要谨慎表达它处理的是哪些因果联系,在何种情况下理论适用那些联系:也就是说,其适用范围”(第75页)。

根据破窗理论,对每天的无序状况严厉打击会导致更严重犯罪的减少(第31页)。可想而知,该理论适用于所有经历社会失序的城市。社会科学就像其对应的自然科学一样,通常把理论视为关于变量间关系或(用人文科学的语言)关于某些事物如何影响其他事物的论断。

因果关系与变量

自然科学和社会科学的理论表达了因果关系。自变量中的变化*如何*导致因变量的变化,就是研究者所说的构成这种关系基础的因果进程。例如,破窗和涂鸦印证了某地区的无序状况,这表明没人在乎,法规形同虚设。根据破窗理论，罪犯读出这些信号，并变得肆无忌惮地作奸犯科。这就是用破窗理论说明的因果进程（瑞姆勒、冯·拉尔金，2011，第32页）。

尽管这里提到的因果进程是破窗理论的重要成分，但它并未在图11.1所示的模型中出现。因此，为提供对该理论的全面描述，我们需要为模型添加进程说明，解释自变量的变化如何造成因变量的变化。我们可以通过为模型添加所谓的“中介变量”使该因果进程更明确（本例中的中介变量是潜在罪犯就遭受惩罚概率所持的态度）。中介变量是因果进程中由自变量通向因变量的一个步骤（瑞姆勒、冯·拉尔金，2011，第33页）。例如，假如我们认为上学出勤与考试成绩之间存在正相关，可能就会猜想中介变量是某种学习（见锦囊11.1对变量的探讨）。

锦囊 11.1

可能包含影响构建更全面理论的宏观层面与（或）微观层面变量的理论

社会科学中最常见的差异在于宏观层面与微观层面之间——也就是说，个人层面和社会层面之间——尽管有大量理论运作在群体或社区的中观（或“之间”）层面，还有理论运作在国际层面。在双层面分析（如下面例子所示）中，宏观通常可以用来指大于个人的任何层面。有些理论家选择使用不同术语表示某些层面，有些对现实的分层根据其焦点（如子文化、文化、跨文化）而有所差异。既然学科与学科之间的术语层面都不一致，就更不用说作品与作品之间了，因此跨学科研究者在识别每个变量的层面时要小心谨慎。

犯罪学家斯图尔特·亨利[Stuart Henry]和妮可·布蕾西[Nicole Bracy]（2012）提供了这个例子，“我们也许想观察来自不同理论的变量幅度，这些理论从经验上证明了与青少年加入帮派的倾向相吻合”（第263页）。这一组理论可能包含诸如“区域住宅密度、年龄、父母或兄弟姐妹的犯罪行为、区域无序程度或区域暂住率”之类的变量(第263页)(注意,这些变量在中观层面[社区]或宏观层面[社会]运作)。

另一组理论可能包括在微观层面运作的变量,并外延至人,如青少年生理或心理成长过程。

亨利和布蕾西(2012)解释,这两组变量可能以不同方式互相联系:

> 认为社区可以左右青少年做出违法决定的概率的理论,比起仅在身心发展过程中倾向于寻求刺激行为的青少年所处的环境下观察此类概率的那些理论来,会呈现出不同的相互联系。在个人层面倾向的这个例子中,我们可能要纳入诸如青少年大脑发育、家长虐待、脑外伤综合征、高糖分摄取、上瘾人格等变量。(第263页)

显然,接着会出现对青少年何以加入帮派问题的不同的理论解释,它根据的要么是(一)我们整合位于微观分析层面(个人层面)的变量,要么是(二)整合基于中观或宏观分析层面(即社区和社会层面)的理论要素——因为后者受到前者的影响,反之亦然。亨利和布蕾西(2012)的观点是:“确定关于变量间相互联系的性质,影响了来自不同学科的理论的哪些概念被整合”(第263页)。因此,更全面的理论(步骤九所延伸的,第十二章的内容)将比任何单门学科的理论及其对应变量容纳更多变量(往往既有宏观也有微观),并提供更为不同的解释(亨利、布蕾西,2012,第263页)。

在理论间创建共识

努力在理论间创建共识前,要弄清楚不同作者讨论的其实是一回事。图解其论点能使你将真正的矛盾(就同一事物)同表面的矛盾(作者谈论两码事时)区分开来。你还应该在寻求共识前运用前面章节概述的策略评估理论。

与矛盾理论打交道时，常常会遇到两种情况：情况甲是有些理论比其他理论的适用范围更广，情况乙是没有哪个理论借用其他学科的要素。下述的情况丙里，不同理论解决某个研究课题的不同部分，此时我们研究的是整理技术的运用。

情况甲：一个或多个理论比其他理论的适用范围更广

有时，一个或多个理论的适用范围已经很广，要么是因为其学科渊源，要么是因为它们已经有点跨学科了（有些学科的范围只是比其他学科的广，地理学、历史学和人类学在研究范围上比经济学、社会学和政治科学要广）。你的任务接下来就是识别最易于延伸涵盖处理所有变量的理论，并如此延伸该理论。

可以通过采取以下子步骤来断定哪个理论最全面：（一）识别由每个理论处理的所有变量或因果元素；（二）在一些宽泛类目下将这些变量归类（即通过识别不同作者所用大致类似的变量），以此将其缩减到尽可能少的数量；（三）确定这些类别有多少纳入每个理论；（四）假如没有包含所有类目的理论，就确定哪个理论最易于延伸到包含所有类目；（五）通过延伸理论的适用范围修正理论。这个延伸了的理论会用于在步骤九（见第十二章）中整合其他理论。下文会更详细地探讨每个子步骤。

识别由每个理论处理的所有变量或因果元素

所有这些变量（或至少它们所代表的现象）应该在步骤三（见第四章）图解问题时识别。在自杀式恐怖袭击问题这个复杂例子中，雷普克（2012）识别了一个或多个理论断言可能是自杀式恐怖袭击成因的八个变量：（一）可能使人易于成为自杀式恐怖分子的认知建构；（二）对一个人心理发育的影响；（三）“正当理由”（压制人们对进行自杀式恐怖袭击天生抵触的、更强大更有说服力的道德论断）；（四）痛苦记忆或后悔未对某个敌人实施报复所触发的“情感”；（五）国内及国外制度的影响，会引发或加剧集体或个人的政治压迫感及（或）历史失落感；（六）共同的归属感，并对种族、族群、历史、国家和（或）宗教的认同；（七）某种生活方式、传统、行为、价值观和符号的情感纽带；（八）依赖宗教著作和有感召力的领袖以决定个人动机与行为的宗教激进主义信仰传统,以及宗教必须竭力坚持(或重申)其对生活方方面面控制的信念。

在一些宽泛类目下将这些变量归类,以此将其缩减到尽可能少的数量

根据引自第二章介绍的斯佐斯塔克现象表的宽泛类目,将这些变量归类,雷普克(2012)创建了四个类别:*人格特征*、*权力关系*、*文化认同*和*宗教价值观*。*人格特征*指的是能使人倾向于成为自杀式恐怖分子以及影响人心理发育的认知建构。这些特征包括“正当理由”(压制人们对进行自杀式恐怖袭击天生抵触的、更强大更有说服力的道德论断)和强烈“情感”(由痛苦记忆或后悔未对某个敌人实施报复所触发)(瑞斯伯格[Reisberg],2006,第465—470页)。*权力关系*指的是国内与国外制度对个人、特定群体以及整个社会的影响。在恐怖主义活动的例子中,此类影响可能包括西方公司的政策与活动、联合国机构、外国军事力量、西方对暴虐政权的支持、美国对以色列的支持以及“基地”组织之类恐怖组织的反向影响。这些影响个个都会引发或加剧集体或个人的政治压迫感及(或)历史失落感。*文化认同*指的是有着共同的归属感,并对种族、族群、历史、国家和(或)宗教的认同感;文化认同还可以包括基于某种生活方式、传统、行为、价值观和符号的情感纽带。*宗教价值观*指的是依赖宗教著作和有感召力的领袖以决定个人动机与行为的宗教激进主义信仰传统,该因素包括宗教必须竭力坚持(或重申)其对生活方方面面控制的思想。历史视野归入文化、政治和宗教之下(瑞斯伯格,2006,第146—147页)。

确定这些类别有多少纳入每个理论

关于自杀式恐怖袭击,表11.1显示,所有理论(左边栏垂直排列)都关注上文所选至少两个因果元素(顶部水平排列)。恐怖活动、自我约束和认同等理论将自杀式恐怖袭击的成因归为四个要素里的三个。对变量归类并接着确定这些类别有多少纳入每个理论的价值在于,它将可能备选修正理论的数目从最初的八个缩减为三个:恐怖活动、自我约束和认同理论。所有这三个理论都可视为准跨学科(下一步任务是从这三个理论中选定应该修正哪个,这样它就包含了纳入其他理论

的变量）。

表 11.1　关于自杀式恐怖袭击(ST)成因理论所表明的重要因果元素

ST 理论	笼统表述的变量或因果元素			
理论	人格特征	权力关系	文化认同	宗教价值观
恐怖分子心理逻辑	是	否	否	否
自我约束	否	是	是	是
殉道	是	否	否	否
集体理性战略选择	是	是	否	否
恐怖活动	否	是	是	是
认同	是	是	是	是
虚拟亲缘关系	否	否	是	是
现代化	否	是	是	间接

出处：A. F. 雷普克(2012)，《整合关于自杀式恐怖袭击成因的理论型见解》，见 A. F. 雷普克、W. H. 纽厄尔、R. 斯佐斯塔克(编)《跨学科研究的个案研究》，第 147 页。加州千橡：世哲出版公司。

假如没有包含所有类目的理论，就确定哪个理论最易于延伸到包含所有类目

你必须继续对备选修正理论数目进行缩减，直至揭示出最全面的理论。最全面的理论是只需尽可能少的修正就可以容纳所有变量的理论。

接下来，雷普克(2012)描述了他视为跨学科的三个理论中符合该标准的进程：

- 拉波波特(1998)的"神圣"或恐怖活动理论：尽管该理论将自杀式恐怖袭击解释为由恐怖分子政治抱负所造成的政治问题，但它考虑到了文化和宗教价值观如何诱发人们成为自杀式恐怖分子。然而，因为该理论并未借用心理学，所以无法解释一个人的头脑如何易受这些复杂影响的感染或左右，并犯下如此骇人的行径。因此，与其勉强该理论解释它没打算解释的内容——即对一个人个性和认知发展的塑造，还不如考虑其他两个理论提供的可

能性。

- 班度拉(1998)的自我约束理论:该理论解释了恐怖组织如何通过“在认知上重建杀戮的道德价值以使杀戮在不受自我审查的约束下进行”,将“社会化的人”转化为献身的斗士(第164页)。这种道德认知重建进程包括使用宗教、政治和心理学狭隘地诠释自杀式袭击。这包括运用(一)宗教借助“情境必要性”来为此类行径辩护,(二)自我防卫的政治论点来表明群体如何与那些威胁社会“宝贵的价值观及生活方式”的“残忍的暴君抗争”,(三)心理学上剥夺人性的手段来为杀戮“敌人”辩护。尽管该理论并未借用其他学科,但它解释了文化与政治因素如何整合进诠释并决定个体决策的心理过程。该理论的一个缺点是它对可能影响自命的恐怖分子决策过程的个体人格因素保持缄默。但既然该理论是心理学理论,这个缺点就可以通过借用其他心理学理论来克服,这样它就能容纳人格特征与气质的影响了。
- 门罗、克雷迪(1997)的认同理论:认同理论早就是跨学科理论(尽管是非常狭义的)了,因为它借用了其他学科。认同理论早已处理了四个元素中的三个——文化认同、神圣信仰(即宗教)和权力追求(即政治)。通过表明激进主义者的宗教观念其实是抹去公众与私人之间所有界线的无所不包的意识形态,该理论借鉴了宗教研究。这种以神学为基础的意识形态根据的是宗教著作以及对这些著作的评注,它们被其铁杆信徒视为神圣不可侵犯的、没有商量余地的,并值得为之献身。作为“神圣意识形态”,宗教激进主义重新定义了政治和权力。正如门罗和克雷迪所表明的,对于宗教激进主义者来说,政治从属于无所不包的宗教信仰,从政的目的是延伸信仰。获取、维持并扩张权力是优先于包括家庭在内所有其他义务的神圣职责。因为该理论认为,自我是文化上定位的,它能解释文化如何影响身份认同的形成(雷普克,2012,第147—148页)。

从他对这三个理论的分析,雷普克(2012)得出结论,门罗和克雷迪(1997)的认同理论(它已是狭义的跨学科理论)需要作的改变最少。

通过延伸理论的范围修正理论

识别了最全面的理论后,你要做的就是通过运用延伸技术延伸其范围。延伸学科理论需要选取通常视为其外源(外在)的众所周知的事实(如有机体改变其环境),使之成为其内源(即内在)并与之相互作用。这种常用技术能使一个理论包含其他理论所强调的变量。延伸理论时,应遵循最小作用量原理:确保变化尽可能是最小的。

眼下这个例子中,对雷普克(2012)来说,运用**理论延伸**恰如其分,因为认同理论早已有了来自其他学科的成分。这里,他解释了如何延伸认同理论以使之充分跨学科:

> 因为该理论若要容纳第四个因果元素人格特征,仅需要最低限度的"延长拉伸"(即延伸)。正如早就指出过的,这是因为认同理论基于心理学的认知概念和视野。这些概念以心理学理论的方式处理人格特征。门罗和克雷迪(1997)以发展的方式使用认知概念,意味着他们注重人们如何受到外在因素(即文化与社会规范)的影响,而不是关注个人认知的反常情况,如波斯特(1998)就认为有些人心理上倾向于犯下自杀式恐怖袭击的行径。只需些许"延长"或延伸就能使认同理论容纳每个自杀式恐怖分子固有的人格元素。门罗和克雷迪运用"视野"解释自杀式恐怖分子的行为在这个意义上也有帮助,因为它有效地描述了恐怖分子可以利用的选择。……为了激进主义的观念犯下自杀式袭击的行径"主要源自接受其身份认同之人,这意味着他们必须遵守其教义"。……通过从心理学借用这些概念,认同理论提供了对人类行为的认识,这种认识基于与政治、文化和宗教等外源变量联系在一起的心理建构的相互影响(雷普克,2012,第148—149页)。

一旦经过延伸,认同理论就有了足够的通用性,能容纳来自心理学的因果元素。理想情况下,延伸过的理论是完全跨学科的。

情况乙:没有哪个相关理论从其他学科借用了充足要素

有时候,没有哪个相关理论有着便于理论延伸的足够广泛的适用范围。有些情况下(见下文情况丙),每个理论处理与研究课题相关的一小部分截然不同的变量——在这种情况下,你会运用整理策略。在其他情况下,理论在其变量涉及范围内部分重叠,但就特定变量或关系如何运作有所分歧。在这种情况下,你得确定该组理论的哪些部分要修正以创建共识:其概念还是其假说(因此与我们在第十章对它们的处理有所重合)。我们接下来会运用重新定义、转换(短暂)和延伸技术。

前面我们说过,学科理论包括变量并描述变量间的关系。变量可能是现象,更多情况下也可能是现象的运作方式。亨利和布蕾西(2012)解释了关于帮派形成的社会解体理论如何由现象逐步建立起来:

> 向城市移居愈演愈烈,再加上房东唯利是图,导致了市中心群租住宅质量低劣、租金低廉以及居民流动率居高不下。由此产生的地区不稳定造成社区碎片化,导致非官方的社会控制网络瓦解。担心遭受欺凌,年轻人拉帮结派自我保护形成亚文化,组成各霸一方的团伙,通过恐吓无帮无派者或其他帮派成员来保护各自成员,并通过从事打砸抢和毒品交易等不法行为维持其自治(关于帮派形成的社会解体理论)。(第264页)

假定的变量间关系反映了有关人性或自然环境之类的假说。例如,经济学假定个体自主做出决策;社会学假定个体决策通常受到他者(规则、习俗、传统、群体成员、广告宣传等)影响。经济学通常假定个体是理性的;社会学假定人们的决策多半取决于非理性因素。经济学假定人们作出选择以造福自己及其家人;社会学假定人们关注他人(其族群或种族、其社区、其政党、其教派等)的福祉而不只是自己及其直系亲属的福祉。

为使用概念整合做好理论准备

概念修正的目的是使从不同学科精选出来的想法、观念或思想更协调,并通过展现修正所形成的共性来表达修正过的概念。概念修正通常涉及重新定义策略,也往往涉及延伸策略。纳吉[Nagy](2005)对一个拉美国家里人类活动的威力造成热带生态系统恶化的研究,就是如何修正看上去相似但在不同学科理论中有着不同意义的概念的例子。

*在不同学科理论中有着不同意义的概念。*纳吉(2005)借鉴了生物学、人类学和经济学理论,解释了哥斯达黎加面临的生态和环境问题。她发现,涉及环境的理论与涉及经济的理论之间存在分歧。纳吉解释说,该地区的经济和环境问题连接成了一个交互反馈环:人口增长需要加快经济发展,加快经济发展造成了热带生态系统的环境恶化,环境恶化令穷人生活条件每况愈下,并扩大了贫富收入差距。纯粹学科方法(有很多)建议在经济学和环境科学之间做出选择。也就是说,哥斯达黎加(或类似国家)必须在加快经济发展以帮助提高生活标准(并由此加剧环境恶化)和限制发展以保护脆弱的热带生态系统(并由此降低生活标准)之间做出选择。

纳吉的任务是减少这些不相容学科立场之间的矛盾。反思这种矛盾的潜在原因,她意识到,这两种视野的基本价值观存在矛盾。这些矛盾的价值观体现在每门学科如何定义"财富"上。对于环境科学家来说,财富指的是生态系统(包括人类)的健全和系统中物种的多样性;对于经济学家来说,财富是源自发展所积累的资产。

*重新定义或延伸该概念以使其在所有理论中有着相同意义。*为准备修正理论而修正概念所用的一个方法是重新定义概念,另一个方法是延伸其意义。纳吉(2005)两种方法都用了。她重新定义了"财富"概念,使之既能容纳经济发展,也能容纳生态系统健全。她还延伸了重新界定意义的"财富",从坚持仅仅由市场评估(发展的结果)到由社会整体评估(健全而多样化的环境)。通过摆脱市场的束缚,她还将"财富"从狭义(经济)概念扩展到广义(环境)概念(纳吉,2005,第104—108页)。

*修正概念时要留意学科视野。*亨利和布蕾西(2012)敦促我们关注概念如何体现不同的学科视野。概念修正不是注重相似而忽略差异的简单工作;相反,它需要弄明白如何以维持原始概念完整性的方式利用这些相似(亨利、布蕾西,2012,第264页)。

这些作者采取的立场非常类似见解的整合,每个重新定义过的概念都应该接受每门起作用学科的视野,但不受任何一门学科的支配。他们用例子说明了其观点:

> 埃克斯[Akers](1994)的"概念同化"方法从社会学习与社会控制理论中选取概念并将其融为一体。控制理论的"信念"概念指的是一个人从道德上判定或反对不法行为,它相当于学习理论的"赞同或反对犯罪的定义"(差异联想)。有意思的是,这里与被称为"概念融合"的人类认知实践理论类似,在"概念融合"中,人类下意识地整合多种情况的要素和关系以创造新概念,这个过程被有些人视为位于创造过程的核心。(亨利、布蕾西,2012,第264页)

为使用假说整合做好理论准备

谈起假说,我们指的是关于特定影响或因果关系如何起作用的假说。人们必须到矛盾的背后以呈现矛盾的根源,必须挖掘每个理论的文本并将其见解放在一起以发现其解释、论点、概念和资料运用何以矛盾。

假说修正包括(一) 识别每个理论的假说,(二) 确定哪些假说被其他理论共享,然后(三) 修正这些假说,直至所有相关理论共享同一个基础假说。

*识别每个理论的假说。*学科理论通常反映了生成它们的学科假说。往往会有与特定理论相关的更多假说同该学科经常提出的其他假说相一致。每个理论的假说应该能从问题图解以及你早先制作的资料表中获取。在进行早期步骤时,雷普克(2012)发现,有些作者使用概念(某些情况下是多种概念),而有些作者一个概念都没用。他得出结论,不能靠重新定义这些概念来创建共识,因为它们不会(其实是不能)适用于所有理论。因此,既然无法与概念打交道,他就决定与假说打交道。每个理论的假说在表11.2中确认。读者会注意到,这些假说是第一层次假说,因为它们直接源自理论本身。

表 11.2 关于自杀式恐怖袭击成因的理论及其假说

理论	理论的假说(第一层次)
恐怖分子心理逻辑	自杀式恐怖分子是天生的，不是造就的。认识自杀式恐怖分子的行为与动机需要首先研究每个恐怖分子的精神生活和心理构造。
自我约束	自杀式恐怖分子是造就的，不是天生的。认识自杀式恐怖分子的行为与动机需要首先研究每个恐怖分子的精神生活和心理构造。
殉道	自杀式恐怖分子是造就的，不是天生的。认识自杀式恐怖分子的行为与动机需要首先研究每个恐怖分子的精神生活和心理构造。
集体理性战略选择	自杀式恐怖分子遵循可以被发现、被解释的逻辑进程。研究首先应关注恐怖组织，而非每个恐怖分子。
恐怖活动	自杀式恐怖分子遵循可以被发现、被解释的逻辑进程。研究首先应关注恐怖组织，而非每个恐怖分子。
认同	自杀式恐怖分子是造就的，不是天生的。宗教认同是(至少在本例中)解释自杀式恐怖袭击这种"政治"现象的一个有效方式。恐怖行径本质上是理性的。
虚拟亲缘关系	自杀式恐怖分子是造就的，不是天生的。自杀式恐怖分子在很大程度上是认同并忠于某个文化上团结且亲密的同辈群体的产物，该群体往往通过宗教灌输招募组织。
现代化	自杀式恐怖分子是造就的，不是天生的。贫穷、专制和黯淡前程不可避免地酿成异化和暴力。自杀式恐怖袭击是恐怖分子未能接受西方制度与价值观的必然结果。

*确定哪些假说被其他理论共享。*雷普克(2012)在进行步骤七时创建并在下面复制的表 11.3 显示了哪些假说被其他理论共享。它列出了有关自杀式恐怖袭击成因的相关理论(左边栏)、其源学科(中间栏)以及每组学科理论共享的假说(右边栏)。这些假说是第二层次假说，反映了源学科的假说。

表 11.3 就其基本假说而言相关学科间矛盾的根源

理论	学科	理论的假说(第二层次)
恐怖分子心理逻辑	认知心理学	认识自杀式恐怖分子的行为与动机需要首先研究每个恐怖分子的精神生活和心理构造。
自我约束		
殉道		
集体理性战略选择	政治科学	遵循可以被发现、被解释的逻辑进程。
恐怖活动		恐怖组织的行为,而非每个恐怖分子的行为。
认同		宗教认同是(至少在本例中)解释自杀式恐怖袭击这种"政治"现象的一个有效方式。恐怖行径本质上是人们宗教认同的理性思考。
虚拟亲缘关系	文化人类学	自杀式恐怖分子在很大程度上是认同并忠于某个文化上团结且亲密的同辈群体的产物,该群体往往通过宗教灌输招募组织。
现代化	历史学	贫穷、专制和黯淡前程不可避免地酿成异化和暴力。自杀式恐怖袭击是恐怖分子未能接受西方制度与价值观的必然结果。

并置每个理论的第二层次假说,显示出有些假说为不止一个理论共享。例如,恐怖分子心理逻辑、自我约束和殉道等认知心理学理论共享了心理学特有的假说:认识自杀式恐怖分子的行为与动机需要研究每个恐怖分子的精神生活和心理构造。

集体理性战略选择理论、恐怖活动和认同等理论共享政治科学的两个假说:自杀式恐怖分子遵循可以被发现、被解释的逻辑进程;研究首先应关注恐怖组织,而非每个恐怖分子。注意,只有恐怖活动理论和认同理论假定恐怖分子的宗教隶属关系是解释自杀式恐怖袭击这种"政治"现象的有效途径。

虚拟亲缘关系理论基于文化人类学,因此反映了其假说:左右自杀式恐怖分子产生的决定性因素是恐怖分子对亲密同辈群体的忠诚度,群体中所有人都对宗教信条高度忠诚。

*修正这些假说直至所有相关理论共享同一基础假说。*步骤八的目标既不是彻底根除学科见解间的矛盾,也不是消除学科假说间的所有矛盾,而是另外创建一个相关学科可以欣然接受的假说。表 11.4 演示了如何从由每组学科理论所共享的第二层次假说"深究"到由其

他学科理论所共享的第三层次假说，并最终到所有理论共享的追加假说。虚拟亲缘关系理论（如表 11.4 所示）与认同理论（第十章介绍的基于政治科学与宗教研究的跨学科理论）共有“宗教是认识自杀式恐怖分子产生的重要因素”这个假说。最后，来自历史学的现代化理论基于“自杀式恐怖袭击是恐怖分了不愿接受西方制度与价值观的结果”这个假说。

这个基础假说是，自杀式恐怖分子将其行为视为“道德的”且“神圣的”——也因此是理性的——正如宗教激进主义所界定的。那么，对“理性”意义的重新定义，就可以充当步骤九（见第十二章）里整合这些理论并生成更全面理论的基础。

表 11.4　如何“深究”学科假说以揭示基础假说

<table>
<tr><th>理论</th><th>第二层次假说</th><th>第三层次假说</th><th>基础假说</th></tr>
<tr><td>恐怖分子心理逻辑</td><td rowspan="3">认识自杀式恐怖分子的行为与动机需要首先研究每个恐怖分子的精神生活和心理构造。</td><td rowspan="5">自杀式恐怖袭击是每个恐怖分子精神生活与心理构造的理性行动。</td><td rowspan="5">自杀式恐怖分子是理性的，不是西方对这个术语的理解，而是由其文化与信仰传统所界定的。</td></tr>
<tr><td>自我约束</td></tr>
<tr><td>殉道</td></tr>
<tr><td>集体理性战略选择</td><td rowspan="2">自杀式恐怖分子遵循可以被发现、被解释的逻辑进程。</td></tr>
<tr><td>恐怖活动</td></tr>
<tr><td>认同</td><td>宗教认同是（至少在本例中）解释自杀式恐怖袭击这种“政治”现象的一个有效方式。恐怖行径本质上是理性的。</td><td colspan="2">自杀式恐怖分子的行为与拥护其文化和宗教价值观相一致，从这个意义上来说，自杀式恐怖分子是“理性的”。</td></tr>
<tr><td>虚拟亲缘关系</td><td>自杀式恐怖分子在很大程度上是认同并忠于某个文化上团结且亲密的同辈群体的产物，该群体往往通过宗教灌输招募组织。</td><td colspan="2"></td></tr>
<tr><td>现代化</td><td>贫穷、专制和黯淡前程不可避免地酿成异化和暴力。自杀式恐怖袭击是恐怖分子未能接受西方制度与价值观的必然结果。</td><td colspan="2">自杀式恐怖袭击是对外在因素的理性反应。</td></tr>
</table>

读者须知

对于同理论的假说打交道没多少经验的本科生来说,以此方式对比这些学科理论的假说有两个实际好处。第一个好处是它揭示了哪些假说由该组中两个或多个理论共享,因此减少了需要修正的假说的数目;第二个好处是它通过与假说打交道"自下而上"开始了理论的部分整合。同理论及其假说打交道经验丰富的研究生和专业人士更有可能凭直觉找到基础假说。

修正概念与假说

有时候有必要修正概念与假说。比如,在与基于诸如进化论(宏观层面)等宏大理论但对宏大理论的认识或应用有分歧(微观层面)的理论打交道的情况下,就需要修正概念与假说。一个恰当的例子是丽娅·范·德·莱克(2012)对语言起源的研究,在该研究中,理论按惯例分为强调遗传进化的理论和强调文化进化的理论。"即便所有这些理论都是合乎逻辑的(即内在一致的),"她说,"但假如矛盾要素仍旧未解决,它们也就不能同时在同一方面有效"(第216页)。这些"矛盾要素"是所有四个理论中最重要的两个概念:进化和交流,及其暗含的假说。因此,她的任务是为整合准备这两组理论。

修正概念。范·德·莱克(2012)从概念出发,并注意到,尽管四个理论有着不同的假说,它们还是对"进化"概念有着共同认识:

> 对语言首要功能这个问题(基于理论)的见解有个共同之处:它们都选取了达尔文的进化论作为出发点。尽管有些细节可能有待诠释,但该理论的纲要是常识,并充当所有四个理论的共识点。虽然"梳理与八卦"(grooming and gossip)(GG)理论(社会脑假说)和"地位相关"理论(relevance for status theory)(RSt)(政治假说)就语言如何发展问题有着不同的假说(连续之于不连续),但都使用生物学意义上的术语"进化",并赞同自然选择是其成因。(第216页)

GG 理论和 RSt 理论不必进行修正，因为它们已经对“进化”这个概念有了共同认识。

“生态位构建”(niche construction)(NCt)理论和“复杂性”(complexity)(Ct)理论就不同。它们对进化有着矛盾的看法。正如范·德·莱克(2012)所解释的：

> NCt 拓展了达尔文的进化论，在其引起环境代际变化方面囊括了文化发展。Ct 似乎对比了语言的进化与其他文化结构的进化：其进化不是自然选择的结果，而是朝着更复杂状况进化的“自然”趋势的结果。(第 216—217 页)

为连接这些对立的进化观念，范·德·莱克(2012)求助于中世纪哲学：

> 中世纪哲学家在必须调和哲学见解与宗教真理时常常遭遇术语问题，为解决这类问题，他们惯于通过在术语的严格(或字面)意义与宽泛意义间做出区分。在我们的例子中，我们可以通过区分术语“进化”的严格意义(意思是通过自然选择修正的进化)与广义的知识、文化、社会和制度进化来解决这个矛盾。语言朝着更复杂状况进化是广义进化的例子。“区分”的技术正如它在中世纪的称呼一样，可能最好描述为重新定义与延伸……的组合。(第 217 页)

理论之间矛盾的第二个根源是其对概念“交流”的不同认识。范·德·莱克(2012)以类似方式操作，不过方向相反。她重新定义“交流”，以涵盖其社会功能及认知功能：“通过在听众头脑中生成知识来协作共享信息”(范·德·莱克，2012，第 217 页)。她说，毕竟，“若交谈双方不理解彼此的意思，难以想象社会信息的交换会成功”(第 217 页)。

修正假说。随着术语矛盾的解决，范·德·莱克下一步的任务是调和构成理论基础的矛盾假说：*人是社会动物抑或人是政治动物*。她为此提出了两个问题：(一)“社会性是交流的先决条件(GG 和 NCt)还

是只是交流的副产品(RSt)?”(二)“人是社会动物(GG和NCt)还是政治动物(RSt)?”为回答这些问题,范·德·莱克(2012)借鉴了另一个视野:计算机科学的视野以及吕克·斯蒂兹[Luc Steels]的著作:

> 基于同机器人的语言游戏实验得出的证据,斯蒂兹(2008)认为,促使交流成功的一个因素是发言者与听众牢固的社会约定(“共同注意”)。社会性的另一个方面是接受他人视野的能力。根据斯蒂兹的说法,没有这种视野反转能力,交流系统就不可能存在。因此,假如我们接受斯蒂兹的结论,社会性就是语言出现的必备条件。(第217页)

范·德·莱克(2012)解释了斯蒂兹的著作如何使调和“人是社会动物”及“人是政治动物”的矛盾假说成为可能:

> 我们可以再次在中世纪哲学里发现某种灵感,这次是在托马斯·阿奎那[Thomas Aquinas](14世纪)的著作里。阿奎那接受了调和亚里士多德的政治哲学与基督教价值观的任务,他悄悄地将亚里士多德“人是政治动物”的断言延伸为“人是政治与社会动物”。阿奎那的动机必定是:对他来说,人不仅是有着公民义务的公民,而且是有着基督徒义务的个人。将这个技术应用到我们的例子上,我们可以认为人类在亲友环境下使用语言交流主要是出于社交原因,但在更大的社会层面上,他们需要语言结成联盟。因此共同假说就是:人是社会与政治动物。(第217—218页)

尽管范·德·莱克并未使用转换这个术语,但我们可以设想一个从社会延伸到政治的交往实践连续体:她的一致假说就可以视为转换的应用。

对于范·德·莱克(2012)来说,步骤八的结果是创造两个共同概念和一个共同假说。“进化”的共同概念包括了达尔文的进化以及自然进化;交流的共同概念指的是通过在听众头脑中生成知识来协作共享信息。共同假说是:人既是社会动物也是政治动物。下一章探讨步骤九的任务,即必要时构建区分它们的新理论。

情况丙:理论(多半是)处理不同现象时

还有些情况:不同学科作者所提出的理论互补多于相异。也就是说,他们处理不同的现象群组。我们接下来主要关注一个理论验明的进程如何为其他理论验明的进程打下基础,这反过来影响其他理论。这些情况通常包括多重相互作用和反馈,说明这些相互作用和反馈的图示体现了共识(对图解不同理论的探讨参见瓦里斯[2014])。在这些情况下,我们运用"整理"技术(见第十章)。

社会科学的例子。 **福伊西*(2010),《在日常生活中创造意义:跨学科认识》**。在这个复杂例子中,米歇尔·福伊西[Michelle Foisy]研究了人们如何在其日常生活中创造意义的问题。她借鉴了心理学和哲学这两门学科的视野(至少是间接地),因为它们就一般含义上的"意义"都生成了普遍认可的理论。她还借鉴了非学科的大众心理学视野,电影《遗愿清单》(*The Bucket List*)让大众心理学家喻户晓。她由此确定了四个理论:心理学的沉浸理论 (Flow Theory) 和目标设定理论(Goal-Setting Theory)(更确切的说法是积极心理学,这是人本心理学新近的一个分支);有着哲学基础的精神分析学模式的意义疗法(Logotherapy);以及经其导师审查过的、非学科出处的"遗愿清单"理论。

福伊西使用斯佐斯塔克的"五个 W"对比了这些理论,并制作了表 11.5,将这些理论并置,发现其异同。该表揭示了这些理论之间矛盾极小:它们都关注个体,并在其所推动的决策策略范围方面重合。福伊西写道,"在研究意义主题时,可能所有五个决策策略都是合适的,而最合适的策略会根据问题性质和个体个性的不同而变化"(第 16 页)。只在个体正在做(行动、思考或反应)什么、进程何时何处发生上,理论有所不同。

表 11.5　使用斯佐斯塔克"五个 W"总结沉浸理论、目标设定理论、意义疗法、"遗愿清单"理论

	沉浸理论	目标设定理论	意义疗法	"遗愿清单"理论
何人?	个人	个人	个人	个人
何事?	行动	行动 思考	反应	思考

(续表)

	沉浸理论	目标设定理论	意义疗法	“遗愿清单”理论
何故?	情感/直觉	理性 传统 情感/直觉 基于价值 基于规则	理性 基于价值	理性 传统 情感/直觉 基于价值 基于规则
何处?	通用	通用	通用	*仅限文化*
何时?	向一个方向变化	向一个方向变化	向一个方向变化	*循环*

出处:M.福伊西(2010),《在日常生活中创造意义:跨学科认识》。未发表的论文。

注:斜体字标明了理论间的矛盾。

福伊西的任务是在矛盾最小及关注进程的理论间创建共识。她的叙述先处理了理论如何不同:

> 意义疗法是唯一关注个体反应的理论。……“遗愿清单”理论仅限文化,是循环的,而其他三个理论是通用理论,向一个方向推动变化。表 11.5 中未标明的第三个矛盾是语义学议题。最后,在所有四个理论之间还有鸿沟需要处理。(第 18 页)

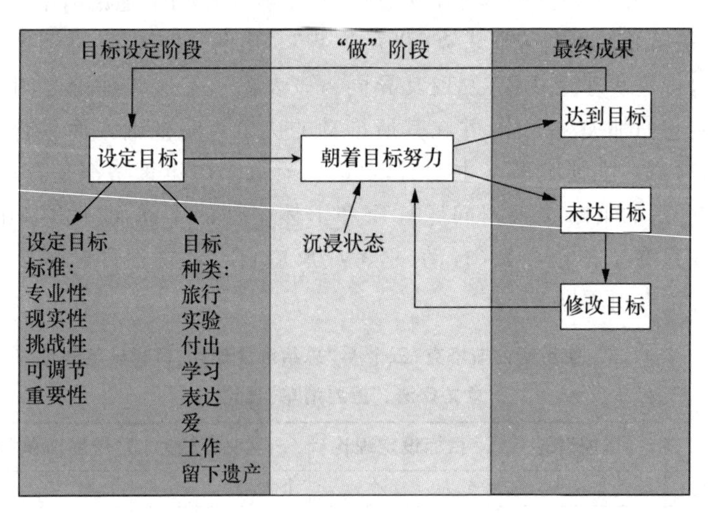

图 11.3　意义建构模型:对“人们如何在其生活中创造意义”问题的跨学科回答

出处:福伊西(2010),《在日常生活中创造意义:跨学科认识》。未发表的论文。

她接着说，更成问题的是，这些理论“似乎都处理本人研究课题的不同部分”：“遗愿清单”理论关注明确识别的人生目标；沉浸理论关注投身活动的过程；意义疗法探讨人们对其现状的反应；目标设定理论关注设定个体能够实现的明确目标（第18页）。对福伊西来说，本例中如何创建共识这个问题的解决方案是图解问题（如图11.3所示）。

在这个例子中，因果进程运作示意图描绘了共识。

本章小结

本章结束了我们对步骤八的探讨（贯穿第十章和第十一章），步骤八涉及与矛盾的学科概念、假说或理论打交道时如何创建共识。对于概念而言，共识要么通过修正概念本身直接创建，要么通过修正其基本假说间接创建；对于理论而言，修正包括使用不同策略，这取决于（甲）一个或多个理论是否已经有了比其他理论更广的适用范围（这种情况下可以运用理论延伸），（乙）是否没有哪个相关理论宽泛到足以便于理论延伸，而理论就特定现象或关系意见不一（这种情况下可以采取重新定义、延伸或转换），或（丙）理论是否阐明了研究课题的互补要素（这种情况下使用整理）。情况甲使用的修正策略包括识别早已是最全面（勉强算是）跨学科理论的理论，然后延伸其适用范围。情况乙使用的策略取决于我们是与理论的概念打交道还是与假说打交道。与概念打交道包括在不同理论中发现意义相似的概念、修正概念以使其有着跨越所有理论的共同意义、重新定义概念时注意学科视野；与假说打交道包括识别每个理论的假说、确定哪些假说为其他理论共享、接着修正这些假说以使该组中的所有理论共享一个基础假说或共同假说。在情况丙下，不同理论间关系的图表可以体现共识。一旦完成这些预备措施，见解与理论就准备进行步骤九的整合了。

注　释

1. 关于社会科学中的理论，威廉·H.纽厄尔（私人通信，2011年2月15日）表示：“社会科学中，太多的理论应该被限定在其应用范围内，但并没有。其实，跨学科研究者批判学科理论的一个贡献就是指出适当限定其范围。也就是说,学科研究者(通常认为他们的学科是最重要的)创建理论时有不自量力的倾向。众所周知,几十年来,心理学家以通用性术语表达其理论,忽视了文化(以及早先的性别或种族)差异。正是通过让学科间彼此争斗,应用范围内这些必需的限制才变得明显。”

2. 数学建模也是一种方法。这种模型不仅可以视为理论一致性的表现,甚至可以视为理论一致性的澄清与确立。

3. 斯佐斯塔克(2004)意识到,少数科研工作致力于识别单个现象变化的性质与内部进程。

练 习 题

模型

11.1 创建其中一个问题(主题)的模型,表明变量及变量间的关系。

甲. 废弃物;

乙. 工人罢工;

丙. 虐待儿童。

变量

11.2 使用练习题 11.1 中选定的同一问题(主题),在你的模型中识别自变量和因变量。

宏观层面与(或)微观层面的变量

11.3 本章声称,一组理论可能包含了来自不同层面的变量。就下列某个问题(主题)构建一个模型,表明各层面以及可能在每个层面运作的变量:

甲. 工厂(代理商、商店)关停;

乙. 食品涨价;

丙. 反移民情绪高涨。

因果关系

11.4　提供某个理论的全面说明并制作模型，添加到在练习题11.1中制作并在练习题11.2中扩充的模型里，解释自变量的变化如何引起因变量的变化。

最全面的跨学科理论

11.5　为何认同理论是雷普克(2012)打交道的那组理论中最全面的跨学科理论？

延伸理论

11.6　如何准确地着手延伸一个理论？

情况乙

11.7　假如你打交道的那组理论中没哪个理论比其他理论适用范围更广，但它们相互矛盾，你该怎么做？

情况丙

11.8　情况丙中，为何示意图描绘了共识？

第十二章　构建更全面认识或理论

学习成效

读完本章,你能够

- 定义更全面认识
- 描述如何增强创造力
- 解释如何从修正的概念与(或)假说构建更全面认识
- 解释如何从修正的理论构建更全面认识

导引问题

何为“更全面认识”?

如何增强创造力?

如何形成更全面认识?

本章任务

我们已经进展到研究者进行全面整合(第八章下过定义)的节点。修正了概念、假说和(或)理论以创建共识后,研究者聚焦步骤九,构建关于研究课题的更全面认识或理论。本章定义了术语更全面认识,探究了激发步骤八与步骤九所必需的创造力的策略,解释了如何从修正过的概念与(或)假说构建更全面认识。该探讨适用于人文科学、美术和表演艺术以及某些应用领域，在这些领域，重在直接整合概念以及间接整合其基础假说。本章随后解释了如何从修正的理论构建更全面认识。后面的探讨对自然科学和社会科学的研究者尤其有用，在自然科学和社会科学领域，理论化解释主宰了关于特定复杂问题的学科话语。

B. 整合学科见解

7. 识别见解间矛盾及其根源
8. 在见解间创建共识
9. 构建更全面认识
   - **要有创造力**
   - **从修正过的概念与(或)假说构建更全面认识**
   - **从修正过的理论构建更全面认识**
10. 反思、检验并交流该认识

“更全面认识”的定义

更全面认识是见解整合的结果，而且它所包含的新知识比任何学科见解所能生成的知识更完整，也许更微妙。[1]它解释并阐述了步骤八中识别的共识，以回应原来的研究课题。概念、假说或理论的整合是实现将见解整合进更全面认识这个目标的手段。关于术语更全面认识，作者使用了众多有着类似含义的其他术语，如“复杂认识”“整体认识”“跨学科认识”“综合认识”“整合结果”“新意义”“跨学科产物”等。人们选择如何称呼源自整合的这种认识，纯属见仁见智。

剖析该定义会深化我们对它及步骤九的认识：

- “更全面”指的是该认识或理论的基本特征：它综合了比任何学科认识或理论更多的要素。
- “认识”提醒我们，整合的目的是更好地认识特定议题、问题或课题——这往往会让我们更好地解决现实世界的挑战。

- “整合”指的是用于构建该认识或理论的进程。
- 是“见解”得到整合,而不是起作用的学科本身或其视野。
- “新”表明任何一门学科不大可能产生类似结果,且没有谁(除了跨学科研究者)负责研究超越学科的复杂问题、对象、文本或系统。
- “更完整”指的是该认识或理论比某门学科认识涵盖更多方面、侧面或维度。
- “微妙”指的是该认识或理论比学科认识有着更细微的区别。

要明白,更全面认识或理论必须由一组修正过的概念、假说或理论来构建。步骤九通过解释如何构建这种认识或理论完成了整合进程。

本章延续了前几章使用的学生作品与专业著作的复杂例子。每个例子在演示作者如何构建更全面认识或更全面理论从而实现整合前简要总结了步骤八中创建的共识。完成这个步骤,或至少试图这么做,构成了完整的跨学科研究。

要有创造力

我们在本书通篇谈及“创建”共识、“创建”更全面认识。我们在这里强调,本章以及前面章节概述的各种策略并不会势不可挡地导向更全面认识。在下文描述创建更全面认识的例子时,我们着重指出,研究者为做到这一点如何以先前步骤为基础。读者不应该误以为正确进行所有步骤后他们就会自动获得更全面认识;相反,研究者需要一个创造性举动,以新颖而有效的方式将学科见解的最佳要素融入这个创造性举动(创造性的标准定义指的是融合了某种用途或价值的新颖)。

在类似本书的教科书中,引导研究者穿越我们在前面章节描述的谨慎自觉的步骤和策略比引导他们穿越创造性进程要容易。引导有意识思维比引导潜意识思维当然更容易。而我们知道,创造力涉及潜意识思维进程:我们潜意识建立起的新颖关联,随后会骤然闯入我们的有意识思维中。斯佐斯塔克(2017a)就潜意识思维阐述了一些要点:

- 潜意识思维进程需要时间与精力。我们在生活中都经历过这种时刻:我们所面临的某个任务,其解决方案会在漫步公园或洗澡时突然闯入我们的有意识思维中。我们的潜意识思维进程似乎在有意识的头脑休息之际运转最佳。研究者在推进上述步骤时需要努力工作,但假如他们希望获得创造性灵感,就需要稍事放松。
- 潜意识思维进程也许会片面。假如研究者并不想正视常会激发新颖见解的对立面,其潜意识思维就会避开创新力;假如研究者对所研究对象并不真的感兴趣,其潜意识思维可能就会另有属意;假如研究者希望得出特定研究结果,他们也许就不能获取指向其他方向的创造性成果。
- 视野选取激发创造性。假如我们积极努力审视某个问题,就更有可能发现新颖的审视方式。
- 潜意识思维进程往往直观形象(因为它们无法用文字表达)。布赞[Buzan](2010)为此推荐一种绘图法成果,超越了我们在第四章推荐的那种图示:我们应该将所有相关概念都放在一张纸上,合适的地方绘制连接,盯着图表看一会;接着也许会潜意识地发觉我们有意识思维未能察觉的连接。
- 我们往往难以用文字描绘气味和滋味。同样,描述音乐和美术如何动人也面临挑战。因此有些作者觉得,某种气味或音乐有助于隔绝意识心理,并激发潜意识思维进程。
- 创造性写作课程往往鼓励准作家们只是去写:假如写作时对有意识的指引加以限制,你可能会发现,你被潜意识地导向创造力。这种技巧也许证明同样适用于非虚构写作。(但我们赶紧要补充一句,学生不应该将以此方式草拟的文章未经认真、有意识的修改就交上来!)

- 我们应强调,只有先有意识地识别、评估相关见解并对共识稍加思考,潜意识创造力才可能出现。可见,创造力兼具有意识思维进程与潜意识思维进程的功能。因此,创意人士既要有"综合"技能(认识到其他人可能看不到的联系),也要有"分析"技能(搜集并评估相关见解),还要(正如我们会看到的)使潜意识所产生的灵感接受细致的评估。

也许最重要之处在于:所有人都具备创造性潜能(尽管毫无疑问个体与个体之间各异),而且可以通过学习与练习增强这种创造性潜能。我们可以传授学生上述增强创造力可能性的策略,还可以布置激发创造性思维的作业。就像其他人类才能一样,创造力训练得越多,就会越具有创造性(人们不仅会培养出创造性技能,还会培养出激发创造性思维的自信)。世界上只有少量创造性天才,他们不费吹灰之力就能提出新思想——这种想法我们必须放弃。我们人人都可以有创造力,但必须通过有意识地搜集相关信息准备好我们的潜意识思维,接着采取激励创造力的策略(我们后面会探讨如何评估并阐明我们的灵感、如何说服他人,这些也是创造性进程的重要部分)。

我们在前面章节里提到,可行性与创造性之间往往会有权衡。例如,将来自类似学科的见解联系在一起比较容易,但假如你从大不相同的学科寻求见解就很可能不同寻常。这里还是要有权衡。创造性策略花费时间与精力,并且不能确保奏效。你必须在满足于相当乏味的研究成果与寻求更多成果之间做出抉择。

从修正过的概念和(或)假说构建更全面认识

构建更全面认识是通过使用步骤八中创建的共识以整合学科见解来进行的。学生要演示修正过的概念或假说如何容纳其他概念或假说并与所获证据最相匹配。这种更全面认识呈现形式多样。人文科学中,书面叙述可能较常见(连同比喻和图像),而自然科学与社会科学中，理论、模型或模拟更常见。

来自人文科学的例子。在这些来自人文科学的例子中，丽萨·西尔薇和米克·巴尔由其早先修正的见解构建了她们的认识。值得注意的是，这些认识在共识创建时就表述为重新定义或延伸了的概念的实际应用。该共识在每个例子中加以概述。

西尔薇*(2005)，《种族与性别：小说中社会身份的挪用》。西尔薇的目的是形成"有关小说中种族与性别挪用的一套统一准则"（第ii页）。挪用指的是出于文学、艺术或娱乐目的，一个人试图占有他人身份（第7页）。

步骤八概述：西尔薇在步骤八的任务是就挪用做法在来自心理学、社会学和文学的见解间创建共识。这些见解按照其特定学科视野定义挪用，并在本质上互相矛盾。西尔薇确定在"挪用"的这些矛盾意义之间创建共识的最佳方法是重新定义，以使其扩展了的意义能应用于通常与之没有关联的表演和制片职业。

步骤九："挪用"的扩展意义使西尔薇能将"[文学的]'虚构规则'与挪用的社会学及历史学意义"整合起来（第11页）。西尔薇说，这就有可能

> 达成有关小说的种族与性别挪用的一套统一准则。这些准则要求作者拥有（一）对与挪用社会身份相关含义的意识，（二）不顾含义去挪用的正当理由或愿望，（三）将自己牵涉进被挪用社会身份中的能力。（第ii页）

西尔薇对"挪用"概念的更全面认识恰如其分。"言外之意"，她说，"通常通过人们自身民族优越感的意识、与所代表群体延伸的且有用意的联系以及超链接思维出现"（第ii页）。她补充道："遵循这些准则，并不能确保成功挪用，但是，小说中成功且合乎道德地挪用的例子往往都符合这些准则"（第ii页）。

巴尔(1999)，《文化分析实践：跨学科阐释揭秘》"导言"。巴尔的任务是揭示第二次世界大战后阿姆斯特丹红砖墙上用黄颜料涂写的神秘短笺或信件的全部潜在意义：

短笺
我抱住了你 亲爱的
我并没有
虚构出你

步骤八概述:巴尔的策略是同时从三个视野(但不是学科视野)分析或“揭示”该短笺或信件的意义:从短笺或信件作者的视野,从短笺或信件对象(即作者的恋人)的视野,从观看该短笺或信件并思考其意义的人的视野。她通过从特定、字面定义延伸动词曝光的意义(即做出公开展示)这么分析,以使之更宽泛、更有歧义、更具隐喻。她将该动词的意义与名词揭秘的三重意义结合起来:“意见”或“看法”,“某人观点的公开展示”,及(或)“值得公布的那些行为的公开展示”(第5页)。

步骤九:巴尔使用意义扩展了的动词曝光(名词揭秘)构建了对该短笺或信件的更全面认识,关注其三个方面或维度。作为一种揭示,该短笺或信件

> 公开了某样东西,展示活动包括在公共领域清晰表达对某个主题所持的最强烈的观点和信念。……发布这些观点时,曝光的主体客体化了,就像曝光客体(即他失去的恋人)一样曝光了自己;这使得曝光成为自我的曝光。(第5页)

其次,作为曝光,该短笺或信件也是一个论证。关于爱及其公共话语,短笺一词有所表达,它不赞成诸如公共之于私人、对独特个性的浪漫信仰之于大众、真实之于虚构等对立。

再次,该短笺或信件在一定程度上是当下文化的比喻,“当下之中包含着过去。当下是个博物馆,我们行走在这里,就像行走在城市里”(第5页)。该短笺或信件的作者将过去带入当下,并吸引观者关注当下和过去。

来自社会科学的例子。**德尔芙*(2005),《根除“完美犯罪”的整合研究》**。在这个例子里,德尔芙决定不与理论打交道,而是与概念打交道,因为并非所有最相关的见解都来自理论。因此,她的认识是观念

的、实践的,而不是理论性的。

步骤八概述:德尔芙的任务是在司法科学(分析实物证据)所用的犯罪调查及司法心理学(分析行为证据)所用的心理画像这两个对比鲜明的研究方法之间创建共识。她通过*重新界定*“心理画像”这个概念的意义以使这个扩展了的术语容纳了刑事侦查学、司法科学和司法心理学在其“心理画像”研究方法中所特有的专业化知识,在两者之间创建了共识。

步骤九:德尔芙解释道,真正整合的是“每个专门知识领域所拥有的独特知识”及其如何应用这种知识以形成对罪犯的心理画像(第 30 页)。她写道,假如来自司法心理学和司法科学的分析师能整合其分析技术并与地方刑侦人员共享,犯罪心理画像就能实现其最大潜能。假如实现了,这种整合方法会产生四种可能的结果:(一)快速缩减可能嫌疑人的名单;(二)预测头号嫌疑人的未来行为;(三)提供警察所忽略的调查路径;(四)授权地方执法机构使用这些整合了的心理画像技术本身(第 32 页)。

从修正过的理论构建更全面理论

理论命题做出真理性断言,通常包括关于一个或多个变量如何影响其他一个或多个变量的论证,虽然它们可能仅仅指某个变量的内部运作方式。这里是命题的一个例子:“比起在自己家里照料的孩子来,在托儿所里照料的孩子会形成社会意识,这能在他们进入公立中小学时派上很好的用场。”该命题还做出了一个因果论证:托儿所使得孩子形成了社会意识。**因果论证**研究任何特定情境或论证的基本成因,并分析是什么造成了某个趋势、事件或特定后果。因此命题式整合不能与因果式整合割裂开来。正如前文指出的,我们对*原因*一词的使用考虑到了多种原因。

因果式或命题式整合指的是综合来自学科理论化解释的真理性断言以形成一个整合的理论——即跨学科的且更全面的新命题(拉尼尔[Lanier]、亨利,2004,第 343 页)。帕特诺斯特[Paternoster]和巴赫曼[Bachman](2001)解释道,命题式整合

> 是(整合的)更正式的成果,因为它需要连接命题与两个或多个理论家的概念,成为一个综合理论。……命题式整合的理论不是简单的取代,而是必须真正在意义上将不同理论的命题连接或关联成新理论。(第 307 页)

批评因果式或命题式整合的人告诫,它会产生成指数增长的变量数目,使得检验作为结果的整合理论因所需样本规模太大而不可行(肖迈克[Shoemaker],1996,第 254 页)。亨利和布蕾西(2012)反驳称,变量的这种激增并非不可避免:

> 跨学科研究者可能会意识到,用来自一门学科的某些变量解释犯罪某个方面成效不大,这最好换用另一门学科解释。那些变量接着会在更全面理论中被来自其他学科的变量所取代。(第 265 页)

从修正过的理论构建更全面理论的关键任务是确定提出的因果论证或理论式命题在逻辑上是否彼此相关。

实现因果式或命题式整合的策略

实现因果式或命题式整合并构建更全面理论至少有五个策略:

1. *顺序或首尾相连*,意指连续的因果次序;
2. *横向或并行*,意指重叠的影响;
3. *多重因果关系*,若干变量组合产生一个结果;
4. *跨层面或多层面*,不同行为在不同层面上出现;
5. *空间性*,对问题的因或果为何没有在空间平均分布的理论化解释。

这些策略是以下探讨的重点,并用学生作品和专业著作的例子说明。注意,每个策略还伴有为跨学科实践所提供的经验。

顺序或首尾相连的因果式整合

顺序或首尾相连的因果式整合将问题(本例中是犯罪)的直接原因与较远的原因连接起来,然后将其与更远的原因连接起来(亨利、布蕾西,2012,第266页)。这种类型将问题各方面完全互补的解释整合为作为整体的问题的解释:A导致B,B导致C(如图12.1所示)。

A→B→C=全面解释

图12.1　顺序或首尾相连的因果式整合

出处:S.亨利、N.L.布蕾西(2012),《适用于校园暴力这种复杂社会问题的犯罪学整合理论》,见A.F.雷普克、W.H.纽厄尔、R.斯佐斯塔克(编)(2012),《跨学科研究中的个案研究》,第259—282页。加州千橡:世哲出版公司。

亨利和布蕾西(2012)描述了构建关于帮派暴力更全面因果理论的因果链研究方法:

> 例如,对帮派暴力的制止可能是以下随时间变化的一系列原因的产物。出生时的生理缺陷可能导致低智商,低智商导致童年早期丧失学习能力,这又可能导致无法遵守社会规范,接着可能导致群体排斥和制度排斥,接着会造成缺乏自尊和不断增强的异化,接着会产生愤怒与敌意,导致亲近类似不合群的同龄人,接着造成非法同龄团伙或帮派的形成,接着导致违法犯罪,这会遭到当局反对,引发刑事司法干预和指责,并导致对帮派暴力的制止(第266—267页)。

在这个例子中,对帮派暴力的制止由一系列来自包括标签理论、亚文化理论、学习理论、认知理论、生物或遗传理论在内的若干学科理论的理论性命题解释。在顺序整合中,没有哪一个理论解释了整个序列。只有当相关理论在因果链上首尾相连,才会解释整个序列(亨利、布蕾西,2012,第267页)。理论是互补的,但每个理论仅仅描述了庞大谜题的一部分。有可能C也会对A产生某种影响,形成一个反馈环。在这样的例子里,整理技术可用于为更全面认识创造条件。应注意确保术语在整个因果进程中的使用前后一致。

横向或并行的因果式整合

横向或并行的因果式整合有两个截然不同的类别,且其间有一系列可能性。一个是完全互补的解释,但关注复杂问题的各个不同方面。解释可以是完全没有重合的,或其中一些可能共享同样的变量(但假如这样的话,就以同样方式对待这些重合的变量)。这里,进行横向整合的任务是使用整理策略弄明白不同因果解释(或至少其中一些变量)之间的关系以构建更全面理论。不同作者强调不同的因果关系,但(就像在首尾相连的整合中那样)这些可以汇集在一起。一位作者说 A 导致 C,另一位说 B 导致 C——跨学科研究者综合了这两种解释。

另一类(也是下文探讨的重点)是有着共同关注但完全竞争性的解释(如图 12.2 所示)。

因果关系1的解释A+因果关系1的解释B+因果关系1的解释C=因果关系1的更全面理论

图 12.2　横向或并行的因果式整合

出处:S. 亨利、N. L. 布蕾西(2012),《适用于校园暴力这种复杂社会问题的犯罪学整合理论》,见 A. F. 雷普克、W. H. 纽厄尔、R. 斯佐斯塔克(编)(2012),《跨学科研究中的个案研究》,第 259—282 页。加州千橡:世哲出版公司。

来自不同学科的竞争性解释通常就这些变量间因果关系的性质意见不一,对哪些是显著变量也意见不一。同意同一因果关系而不同意其运作机制,这主要出现在自然科学中,或单一学科内部。(通过在某方面互补而在其他方面竞争,并通过在某种程度上关注不同方面但也关注它们之间的重合,有些系列的并行理论可能归入这两类之间。)

横向或并行的因果式整合用下列例子加以说明,竞争性理论解释了个体心理学与不同类型性侵之间的联系:

> 有些性侵行为可以用自我控制理论解释,该理论认为此类罪行是追求感官刺激和渴望即刻满足倾向的产物。但性侵还可以用社会学习理论与缺乏自尊(理论)解释为侵犯者是儿童时期性虐待牺牲品的产物。当然,这带来的问题是,两种由法律界定为同一罪名的行径究竟是同一行为还是不同行为?假如是不同的

话，那么每个理论就会解释不同行径，即使法律根据对受害者的伤害及后果将它们归为同类。（亨利、布蕾西，2012，第267页）

因此，整合过的理论会将关于性侵的这三个矛盾的因果性解释合并为一个更全面的理论。进行横向整合的通则是，共识必须包括关于不同因果解释如何相关，以使这种关系可以形成更全面理论基础的某种思想。

多重因果关系整合

该策略以及前面的策略尽管密切相关，但被当成不同的策略，因为多重因果关系整合将主题现象的变化视为若干不同自变量的结果。该策略处理的是通过根据同样效果或行为合并不同命题或因果变量来实现更全面解释这种常见情况。在本例中，解释不能简单地汇集在一起，因为因果变量互相影响。

人们在图解完研究进程前，无法知道不同解释是互补的、矛盾的还是互相依存的。因此人们接下来首先需要问："解释1在逻辑上排斥解释2吗？"其次再问："解释1决定了解释2吗？"如果一门学科假定只有其变量是重要的，它与其他学科见解的矛盾就可能相当大，但易于处理。除非有某种逻辑矛盾——解释1的某个要素排斥解释2的运作——我们才会真正有需要寻求共识的矛盾。经济学家一度强调投资是经济增长的首要原因，但后来开始重视技术创新。整合研究者会承认两个解释的重要性，而当新技术植入新投资时，可能会出现最强大的增长原因。我们因此把这两种原因视为相互依存的，而并非真正矛盾的。

通过创建吸收了相关理论多个命题或因果元素（每个都只解释了现象或行为的一部分：A+B+C+D造成E，它接着造成了Y，如图12.3所示）的充分普适性理论，多重因果关系解释了现象或行为。

A(控制理论=父母依恋感不强)
+
B(社会学习理论=学校成绩不佳)
+
C(矛盾论=与家庭的矛盾)
+
D(发展理论=与家庭疏远)
导致E(认同同龄人),这
导致Y(帮派违法犯罪)

图 12.3 多重因果关系整合

出处:S. 亨利、N. L. 布蕾西(2012),《适用于校园暴力这种复杂社会问题的犯罪学整合理论》,见 A. F. 雷普克、W. H. 纽厄尔、R. 斯佐斯塔克(编)(2012),《跨学科研究中的个案研究》,第 259—282 页。加州千橡:世哲出版公司。

亨利和布蕾西(2012)在其研究中,介绍了关于帮派违法犯罪成因的相互依存的理论:

> 若干不同理论提供了何以青少年从事违法行为的解释。例如,控制理论有个重要概念"父母依恋感",它与违法犯罪行为有着反比例关系(假定父母自己重德守法)。加上规矩意识淡薄和很少参加常规活动等其他要素,青少年可能在学校表现不佳。矛盾理论以及发展理论认为,家庭矛盾源于各种内在家庭动力或外在社会压力,并能造成青少年同其家庭之间的疏离。规矩意识淡薄还会导致在校成绩不佳,这反过来会恶化矛盾、加剧家庭里的疏离。社会混乱也促使一些青少年同其父母疏远。而社会学习理论表明,由于缺乏认同,不合群、成绩差的学生会更直接认同成绩差的同龄人,这反过来造成更大疏离、成绩更差,并导致越轨行为和违法行为(第 268 页)。

既然没有哪一个理论全面解释了帮派违法犯罪的成因,就需要更全面理论来支持理论互相依存的方式。例如,父母依恋感(来自控制理论)可能与家庭矛盾动力有关。就另一复杂社会现象"自杀式恐怖袭击"得出这样一个理论的例子见下文所示。

社会科学和人文科学的例子。**雷普克(2012),《就自杀式恐怖袭

击成因整合理论型见解》。在这个复杂例子中，雷普克关注了自杀式恐怖袭击的成因，认为这种形式的恐怖袭击最好用多重因果解释策略来认识。他的研究是通过单一学科框架而不是整合范式仔细研究问题的例子。

雷普克的目的是从关于自杀式恐怖袭击的八个重要理论构建更全面理论以解释该现象，这些理论源自认知心理学、政治科学、文化人类学和历史学等学科。其中，只有一个理论——由门罗和克雷迪(1997)提出的、源自政治科学的认同理论——试图跨越学科边界。除了门罗和克雷迪，没有其他作者认识到采用明确跨学科方法理解自杀式恐怖袭击的重要性或试图提出整合这些矛盾解释的多重因果关系理论。因此，该问题通常通过狭隘的学科透镜来观察。这造成了碎片化和矛盾的认识，进而导致了矛盾、不现实和碎片化的公共政策。

雷普克的策略分为两步："自下而上"与假说(步骤八中)打交道和"自上而下"与理论(步骤九中)打交道。其目标是合并了由该组理论处理的所有重要因果元素并基于一个共同认可假说的全面理论。

本例表明步骤九如何脱胎于步骤八(见第十章和第十一章)。*使用多重因果解释策略时的通则是，共识应该是直接原因的某种共享认识*(即把人们的目标视为神圣的)。在这种情况下，共识可以用书面叙述的形式来表达，也可以用描述因果关系图示的形式来表达。

步骤八概述：雷普克在步骤八中面临着双重任务。首先，他要识别来自这八个理论中的一个理论，这八个理论的应用范围已经很广泛，但还可以进一步延伸。他识别了造成自杀式恐怖袭击的多重变量或元素，然后将每个理论型见解及其理论化解释与四个因果元素进行对比，看看每个理论容纳了哪些。这个评估过程的结果是，所有接受评估的理论中，只有三个将自杀式恐怖分子行为的原因归为这四个元素中的三个。接下来，他根据门罗和克雷迪(1997)的*认同理论*，将可能的理论从三个缩减为一个，该理论需要的修正或延伸最少，因为它已经是跨学科理论，尽管不够完善。该决策受最小作用量原理指引，确保变化尽可能最少。

第二个任务是识别所有理论共有的假说并因此减少它们之间的矛盾。雷普克识别了每个理论的假说并相互比较。通过对其假说进行的深入钻研，他将理论间矛盾数减少到寥寥几个；通过进一步钻研，他发现所有八个理论共享的一个更基本假说:恐怖分子将其目标视为“道德义务”和“神圣职责”,因此也是理性的(第145页)。因此,这个达成共识的假说充当了步骤九所构建的更全面解释自杀式恐怖袭击的基础。

步骤九:形成对自杀式恐怖袭击的多重因果解释包括采取两个行动:通过使用延伸技术进一步扩展认同理论的应用范围,并构建全面的多重因果解释,这种解释反映了步骤八所创建的基础假说。

与理论打交道时,有两个可行方法。第一个方法是把每个相关理论“好的部分”拼合在一起,组成更全面的理论。“好的部分”取决于其与可用经验证据的兼容度(这也应用于理论成分的选择)。当每个理论深植于产生它的学科时,该方法就是合适的,因为它避免了非此即彼思维(不得不选择一个理论并舍弃其他理论)的问题。

第二个方法(也是雷普克所用的)是添加若干理论的成分以延伸其中一个理论的解释范围,本例中是认同理论。在其中一个理论早已有了来自不止一门学科的成分的情况下,就使用整合的延伸技术,认同理论即是如此。最佳做法是使用前一个方法并避免后一个方法,除非其中一个理论已经是跨学科理论了,尽管不够完善,就像目前的例子。“已经是跨学科”意思是理论的成分借自其他学科。所忽略的以及理论延伸所提供的是来自其他相关理论的一个或多个额外成分——即因果元素,这些成分能使之对造成该问题的所有已知元素做出解答。

雷普克认为,认同理论拥有两大优点使延伸理想化:

> 首先,它已经处理了四个元素中的三个——文化认同、神圣信仰(即宗教)和权力关系(即政治)。通过表明宗教激进主义的宗教观念其实是无所不包的意识形态并消除了公共与私人之间的所有界线,认同理论囊括了宗教。这个基于神学的意识形态根据的是被其铁杆追随者奉为神圣不可侵犯、不容商榷并值得为之献身的宗教作品及其评注。作为“神圣意识形态”,……宗教激进主义重新定义了西方的政治和权力概念。正如门罗和克雷迪[1997]所表明的,对于宗教激进主义者来说,政治从属于无所不包的宗教信仰,并为了拓展该信仰而进行政治追求和开展政治活

动。获取、维持、扩大权力是神圣职责，比所有其他责任（包括家庭在内）都重要。因为该理论认为，自我是从文化上定位的，它能解释文化（宗教是文化的重要成分）如何影响身份形成。（第248页）

与其他理论相比，第二个好处是，它需要最少量的“延长拉伸”以将其解释范围延伸到容纳自杀式恐怖分子固有的个性元素。

延伸理论以使之容纳个性特征的因果元素是能做到的，因为认同理论……基于心理学的认知概念和心理学视野。这些概念用包含已检验过的心理学理论的方式处理个性特征。门罗和克雷迪以发展的方式使用认知概念，意味着他们注重表明人们如何受到其自身以外元素（即文化和社会规范）的影响，而不是关注个体的认知异常，就像波斯特认为有些人心理上倾向于犯下自杀式恐怖袭击行径那样。（第248页）

门罗和克雷迪（1997）运用“视野”概念解释自杀式恐怖分子行为在这方面也有帮助，因为它有效描绘了恐怖分子认为他们可用的选项。雷普克解释道

为了宗教激进主义的信仰观念犯下自杀式袭击的行为“主要源自接受其身份的人，这意味着他们必须服从其教义”（门罗、克雷迪，1997，第26、36页）。通过从心理学借用这些概念，认同理论提供了对人类行为的认识，这基于心理建构与政治、文化和宗教等外在变量的相互作用（第149页）。

延伸过的理论，结合其基本假说，使得雷普克能构建这里表述的对自杀式恐怖袭击的全面多重因果解释：

自杀式恐怖袭击是由个体内在变量与外在变量的复杂相互作用造成的。内在变量包括随时间推移形成的心理倾向和认知建构；外在变量包括文化、政治和宗教的综合影响，再加上宗教激

> 进主义提供的决定个体身份、动机和行为的知觉框架。自杀式恐怖分子在追寻他们基于神学成本(效益)计算视为“道德”和“神圣”的目标时,显示出程度不一的理性(第 153 页)。

我们这里强调,更全面认识包括不同作者所识别变量之间的相互作用。

跨学科实践的经验。这个例子说明了在试图整合主要理论化因果解释并建构多重因果解释前先建立共识的功用。学生可能不必像雷普克在步骤八中那样识别构成所有理论基础的基础假说以得出更全面理论。但我们鼓励高年级的学生和从业者这么做,原因很简单,因为它能将全面解释固定在一个容纳所有理论的基础假说里,它反过来提高了解释本身的可信度。这个例子还表明了理论延伸作为整合若干矛盾的因果解释的有效途径的功用。只与少量理论打交道的本科生会发现,进行这项整合任务比起像雷普克那样与大量理论打交道的研究生、成熟学者和跨学科团队来要容易得多。

跨层面或多层面因果式整合

跨层面或多层面因果式整合指的是行为发生的不同层面。每个层面与其他层面之间有着持续不断的相互作用,创造了带有多重反馈环的流动因果进程。这个策略不同于其他多重因果关系策略,除非在一个从因果上作用于其他层面的层面出现涌现性(emergent property),否则我们只是在谈论不同层面上变量或理论之间的因果联系。“涌现性”是“按照系统构成要素(现象与因果联系)无法认识而只能在系统整体层面上认识的系统”的特征(斯佐斯塔克,2009,第 43 页)。例如,意识可以算是人类的涌现性,它不能按照我们的生物学细节来认识(斯佐斯塔克,2004)。[2]

跨层面或多层面因果式整合包括将一个层面的理论与其他层面的理论结合起来。确定哪些层面要整合可能需要回到 IRP 的步骤一,并反复思考要研究的这种复杂问题(见第三章)。正如最初表达的,可能该问题太宽泛,需要压缩以使研究更易于处理。图解问题(假如先前没做)会揭示所涉及的层面。例如,对青少年违法行为起作用的元素出现在多个层面(如图 12.4 所示)。

层面5. 限定道德趋向的物质主义文化
层面4. 社区与邻里
层面3. 制度化的教育实践
层面2. 同龄群体权势等级
层面1. 家庭关系

图 12.4　跨层面或多层面因果式整合

家庭是在微观社会层面上运作的基本群体，而学校是更宏观社会层面上运作的机构。家庭关系是学校关系的组成部分，同龄人之间的关系是学校和家庭关系的组成部分，以此类推。在这种情况下，关于违法的更全面理论会由关注行为发生的不同层面及解释家庭与其他每个层面之间持续相互作用的理论构建。换句话说，鼓励跨学科研究者将其视线延伸至与该问题相关的最广泛理论——取决于前面段落所处理的有关可行性的问题。正如我们前面指出过的，研究者如果眼界大开，很可能会萌生创造力。

接下来由斯图尔特·亨利(2009)和丽娅·范·德·莱克(2012)介绍的多层面因果式整合的例子来自自然科学与社会科学，它们演示了运用理论去解释其研究的现象。这两个领域的跨学科工作通常借鉴理论以生成对复杂现象更全面的解释。在每个例子中，作为结果的全面解释表现为经过延伸的理论的形式。

社会科学的例子。 **亨利(2009)，《科伦拜恩事件后的校园暴力：需要跨学科分析的复杂问题》。** 亨利认为，对校园暴力的全面认识需要研究跨越多个社会层面的原因。亨利与源自社会与行为学科领域的十多种不同理论打交道：经济学、生物学、心理学、地理学、社会学、政治科学、马克思主义哲学、女性主义和最近的后现代主义等。他的目标是将这些理论性解释合并为单个综合的理论模型，它比其中任何一个理论成分都更全面，有着更高的解释价值(第1页)。亨利说，最关键的是，这些因果元素随着时间变化汇聚并以惊人爆发之势达到顶点或保持抑制状态。

他的研究表明了如何从步骤八进入步骤九。*进行整合策略的通则是，在矛盾理论间创建共识。* 在这个例子中，目标是寻找共同的直接原因,它可能是诱发校园枪击事件的某种恶化临界值。接下来,说明各种原因如何相互作用从而让我们达到目标。

步骤八概述:亨利在步骤八面临的任务是证明校园暴力事件不仅在受害者和行凶者之间累积,而且跨越多个社会层面进行。在他研究的五个层面中,这里仅介绍层面一和层面二。

> 层面一的暴力包括大量学生对学生的暴力,如掠夺式经济犯罪,学生使用暴力和胁迫手段从其他学生那里榨取物质利益。它还包括身体暴力,如学生间因有关争抢男女朋友或对男子汉气概、名誉出言不逊或侮辱而发生的争斗。周围发生的许多人际暴力证明了性别主宰和男性气概议题。层面一的暴力还可以包括相对罕见但异常严重的暴虐杀戮,某个人因仇恨、愤怒或沮丧爆发而以自杀式杀戮方式袭击了整个学校或其中的群体,如同学、老师和(或)管理人员。但是,最近的证据通常表明,这些事件发生时,暴力的“个人”根源事先就是随着时间累积的暴力的牺牲品,而极端暴力事件的程度是在多个层面而非仅仅一个层面上相互加害影响的产物。(第 11—12 页)

亨利认为,1999 年科伦拜恩高中大屠杀之后,同龄群体权势等级通过暴力、恐吓和排斥进行集体监管的作用变得清晰可见,特别重要的层面二暴力就变得明显起来。

> 这种同龄群体监管排斥那些与学校社会阶层顶端的人不同或不如他们聪明、好看、受欢迎的人。……纽曼等人(2004)指出,“在青少年中,他们的身份与权势等级中同龄关系及地位密切相连,恐吓及其他形式的社会排斥容易导致边缘化和孤立化,这反过来引起极度的绝望和沮丧”(第 229—230 页)。……其实,他们的研究显示,在狂暴的校园枪击事件中,五分之四的行凶者被社会边缘化,沦落到遭遗弃的小圈子里(第 239 页),而枪手中有一半到四分之三(视资料源而定)受到了各种形式的欺侮,包括被恐吓、受到身体暴力的威胁、被迫害、受侵害或其财物失窃,这些欺侮在决定犯下大规模暴力行径之前已有相当长时间(很多情况下

> 是经年累月)(第 241—242 页)。作者表示,“这些孩子中很少看上去符合理想男性标准:高大、英俊、强壮、敏捷和自信”,而且“在五分之三的案例中,枪手蒙受着对其男性气概的攻击……身体上的恐吓、无情的戏弄或羞辱、性虐待或身体上的虐待,或刚被女孩抛弃”。无法保护自己免遭对其男性气概的攻击,他们找到了一个血腥方式以“纠偏正误”(第 242 页)。(第 12 页)

证明了校园暴力事件不仅在受害者与行凶者之间累积,而且跨越多个社会层面运作,亨利确认了一个共同的直接原因:存在着诱发校园枪击事件的某个恶化临界值。

步骤九:构建对校园暴力全面、多层面的因果解释必须考虑复杂而有系统的问题属性。亨利认为,这个解释能使我们更好地观察产生校园暴力的相互作用过程。考虑到涉及多层面因果元素问题的复杂性,表述这个更全面解释理应反映这种复杂性。他先从反映了步骤八中研究的低层面因果关系理论化解释的命题陈述开始:“较低层面和更分散的伤害会产生这样的受害者,他们随着时间变化会对自己的受害愤愤不平,并进行激烈对抗”(第 17 页)。亨利接着解释了这个过程如何运作,特别指出“社会排斥会以多种方式发生,既光天化日,也遮遮掩掩”,这种排斥“可以是同龄人社交网络中社会等级制度的产物,得到了男性气概与暴力的社会文化话语的支撑以及学校体系通过其自身权力等级的支持”(第 17 页)。

假如亨利分析的重点限于层面一和层面二,这种因果解释就足够了。但是,假如要完全跨学科的话,实际上他必须将另外三个因果关系层面(前面未述及)整合进多层面因果解释中。这意味着他必须考虑在所有五个层面上且跨越这五个层面运作的“更广泛的框架话语”,并解释它们如何作为一个导致产生暴力的系统起作用。亨利继续他的全面因果解释:

> 尽管我们能研究学生何以暴力行事的心理逻辑过程和情境解释,但需要走出这个微背景,探究产生社会排斥、霸凌、愤怒、狂暴的性别与权力、男性气概与暴力、社会阶层与种族等更宽广的话语框架。我们要看到,这些话语如何左右了学校课程、教学实

> 践、教育制度、“学校”的意义及其相关教育政策。父母的缺席及在场如何危害学生生活?我们要主动致力于权力等级制度的解构,权力等级制度排斥并在排斥进程中造就了一批颓废的青少年,他们感到绝望,摆脱绝望之路被封死,他们唯一的出路就是具有象征意义的自我毁灭或毁灭他人的暴力行为。我们还要挑战美国社会经济政治结构对排外的等级制度与结构性暴力复制、容忍的方式。这需要超越校园暴力的文化成因,看到这些文化形态如何融入结构不均衡中。因此,对校园暴力的任何透彻分析,都要找到在社会更广泛的政治经济学中所产生的微观相互作用、制度实践和社会文化产物。忽视更大系统中权力的结构性不均衡,会将原因简化为局部性、情境性权力不均衡,建议要考虑的政策是局部干预,如在同龄人亚文化或校园组织层面上。尽管这些层面的干预很重要,但只有它们是不够的。(第16—17页)

跨学科实践的经验。亨利使用的这个跨层面或多层面因果策略可能包括一个或多个因果关系层面上的矛盾理论。假如这样的话,就要在构建包含所有层面的全面理论之前,在这些理论冲突的各个层面创建共识。更进一步的潜在难题是,在这些层面间有多少变量,它们的相互影响有多大。亨利此处所言的临界点问题,似乎是指校园枪击事件是某个相互作用系统的“涌现性”:难以从中追溯到一个特定原因。确切地说,必须从中追溯到多种原因的强化效果。一旦确认,这个“涌现性”就会构成更全面理论的基础。

自然科学的例子。**范·德·莱克(2012),《我们为何说话:语言进化起源的跨学科研究》**。在这个跨层面或多层面整合的例子中,范·德·莱克(2012)旨在构想出回答“语言出现的首要功能是什么?”这个问题的条理清晰且可以检验的理论。她的策略是构建一个整合诸理论(第十一章)的跨学科模型。该模型是跨层面的,因为它将一个层面的理论与其他层面的理论整合起来。既然该模型寻求尽可能全面的认识,因此所有理论性层面都需要同时处理并表明相对应的互动过程。

步骤八概述:范·德·莱克在对人类为何说话的相关理论型解释中创建共识——实际上是三个层次的共识。她解释道,步骤八的结果是，我们创建了两个达成共识的概念和一个达成共识的假说。

> 达成共识的进化概念是个复杂概念，因为它涵盖了“达尔文主义”的进化和“自然”进化。必要时，新的全面理论不得不在这两方面做出区分。达成共识的交流概念指的是通过在听众头脑中产生知识来协作分享信息。达成共识的假说是：人类是社会动物与政治动物。（第 218 页）

范·德·莱克指出，达成更进一步共识的概念（进化）将这些原因聚集在一起。步骤八的结果是达成共识的直接原因：我们需要说话是因为我们需要交流。然后她讨论了各种现象如何相互作用以增进我们对交流的需求。

步骤九：范·德·莱克并未从现有理论的碎片中创建一个新理论，而是从一个“基础理论”构建其模型，这个基础理论已经吸收了跨学科意义上的两者兼具思维，如“生态位构建”理论。她对选择“生态位构建”理论作为基础理论的解释如下：

> “生态位构建”理论使我们能把语言交流视为可以修正自然选择更传统来源的活动之一。该理论认为，群体生活取决于社会生态位和交流生态位的构建。社会生态位是进化生态位中“自然选择压力”的子集，进化生态位源自与群体中其他有机体的相互作用（如“梳理”）；交流生态位的构建取决于生命有机体交换有意义信息的能力。产生进化后果的交流通常包括学习和认知。人类语言是人类文化的组成部分，这个假定解释了只有人类使用言语交流的事实。文化实践日新月异，而随着更多文化变体的产生，会有更好的交流方式可供选择。（第 218—219 页）

通过将另一个理论“梳理与八卦理论”与基础理论相连接，范·德·莱克延伸了这个基础理论的解释范围。添加该理论有助于解释这个基础理论的一个关键要素（生态位建构）。

> 使用邓巴的“梳理与八卦理论”，我们可以进一步说，更好的

交流方式对于人类在更大群体中与复杂网络沟通也是必不可少的。该理论认为,随着群体规模扩大,语言就会进化到取代社交梳理。接受"梳理有助于构建生态位"的思想使得将"梳理与八卦理论"纳入"生态位构建理论"成为可能。从"梳理与八卦理论",我们还可以接受"社会脑"假说与"连续体"假说。这些假说都提出,语言(既有语言学习也有语言表达)由灵长类社会性智力逐渐演化。通过表明大脑中语言中枢与社会性智力所在部位之间有重合,神经学研究证实了这个思想(沃登[Worden],1998)。(第219页)

她接着将第三个理论"地位相关"与基础理论相连接,以帮助解释另一个关键要素(交流)如何运作。

接受"人类是社会动物与政治动物"这个达成共识的假说并使用达成共识的作为社会活动与认知活动的"交流"概念,就能部分整合德萨莱斯(Dessalles)的"地位相关"理论。该理论将语言(表达)视为一种"卖弄"方式,其首要功能是显性特征的交流。假如我们接受"语言(首要)功能可能(且仍然)因人而异"的思想,整合该理论就是可行的。(第219页)

最后,范·德·莱克连接了第四个理论"复杂性理论",以解释基础理论的预测——"语言随着时间推移而变得更复杂":

生态位构建理论提出,文化复杂性的增加使得更好的交流方式成为必需。另外,复杂性理论解释了语言在复杂性上如何随着时间推移而演化,往往变得更复杂,但有时候也会简化。我们必须考虑"一开始没有对复杂性的选择压力"这种可能性,而一旦语言存在,它就像其他文化制度一样非常"自然地"在复杂性上进化,然后就是可供选择的更复杂的语言能力。当我们假定复杂语言使得就复杂环境问题及其解决方法进行交流成为可能时,这种思想就能与"生态位构建理论"并存了。语言可以导致有机体所适应的环境发生变化。(第219页)

因此，基于达成共识的进化概念、交流概念以及达成共识的“人类是社会动物与政治动物”假说，就有可能延伸“生态位构建理论”，以使之容纳邓巴(1996)的“梳理与八卦理论”和德萨莱斯(2007)的“地位相关”理论所举例证明的政治假说。“新理论”，范·德·莱克说，“是生态位构建理论的结果，它反过来是传统进化理论的延伸”(第219页)。

对范·德·莱克而言，剩下的就是以回答促成该研究的“语言出现的首要功能是什么?”这个问题的方式表述更全面的理论解释。她认为，该认识必须回答三个子问题：(一)语言何以出现？(二)何以只有人类有语言？(三)语言何以(以及如何)演化成如此复杂的系统？这些问题的复杂性反映在其整合模式及由此而来的认识的复杂性(与篇幅)上：

> 我们天生言谈倾向的出现可以视为基因与文化相互作用的结果。人类属于灵长类动物，对于灵长类来说，在社会群体中生活是有利的，因为它增强了群体中单个成员的适应力。换句话说，群体为生存构建了必不可少的社会背景(社会生态位)。社会群体的形成与维系取决于交流。我们的祖先能通过梳理毛发处理社交问题，但是当群体规模增大、社会关系变得更加复杂时，梳理变得太耗时了。此外，能分享“替代”信息也是有利的。这解释了语言的出现，因为通过语言，可以少费气力联络到更多个体。此外，为了社会联结，人类群体的规模和人际网络的复杂性需要的不只是梳理。社会联结很可能是语言的原始功能。
>
> 一旦语言交流的可能性出现，它就可能满足不同个体的多种目的，包括交配、育儿、工具制造和打猎。对于语言来说，要产生达尔文主义意义上的进化影响，就必须包括一定量的学习和认知。因此，最可能的是，它逐渐进化为促进年轻原人生活技能的社会传播与认知传播的手段。但对于有些(雄性?)个体，它可能还在“联合游戏”中起作用。正如我们从选举活动中得知的，语言可以用作展示领导才能和强势领袖造福群体成员的手段。因此，语言的首要功能可能在不同情境下因人而异，也不一定和语言出现时的原始功能“社会联结”一样。
>
> 像其他文化建构与知识一样，语言也有随时间推移在复杂性

上演化的“自然”倾向。语言复杂性本身看上去并不有利,但随着环境问题变得日益复杂,我们需要复杂的语言技能(科学推理)来解决它们。但当我们使用语言进行“社会梳理”时,一两个简单词语也许就够了。(第220页)

*跨学科实践的经验。*范·德·莱克和雷普克使用了类似过程来确定其“基础理论”:生态位建构理论及认同理论均已是跨学科思维(但很不完善)和整合式思维,因此,它们是延伸的主要候选。在做出选择时,范·德·莱克和雷普克遵循最小作用量原理,确保所需变化尽可能最小。

空间性整合

空间性整合是探讨城市历史、新郊区历史、公共事务、公共政策领域所研究的城市与郊区问题的策略。空间性整合处理有关人们居住何处及其地理位置(城市或郊区)如何改变机遇、塑造观念、影响政治观点、左右价值观的问题。问题涉及政治矛盾、经济矛盾、社会矛盾和生态矛盾,因为人们在何处居住需要图解因果进程如何跨越空间运作。他们还要明白,学科就其所惯常研究的空间而言可能视野各异(康纳,2012,第53页)。(空间性整合其实是横向整合的一种类型——也许有时是多因素整合——但由于空间要素而值得特殊对待。)

*人文科学与社会科学的例子。***康纳(2012),《跨学科视野下的都市问题》**。米尚·康纳[Michan Connor]将空间性整合与理论延伸这种整合策略相结合,来解释美国的都市形成过程。他的目标是构建一个全面理论,充分整合有关“都市形成”这个复杂问题的历史学、都市研究、公共选择理论和批判法学研究的“解释性建构”(即理论)(第71页)。康纳承认,对城市与郊区的研究往往各自为政,但只有联系起来才能得到全面认识。

*步骤八概述:*康纳在步骤八的任务是,通过确定一个已经是跨学科但尚有缺陷的理论,平衡历史学、公共选择理论、都市研究和批判法学研究的理论见解,这个理论可以被延伸“跨越学科领域以处理每个视野的空间假说”,他总结如下:

> 虽然特定学术科目可能或明或暗地使用空间性与空间概念，但传统学科方法未能整合空间与社会生活之间基本关系的多重、重叠以及偶尔矛盾的要素。在美国，郊区城市化和房屋所有权将个人与家庭同社会阶层、种族差异及政治利益的历史变迁联系起来。但是，历史学家通常局限于很少超越城郊空间之间假定分野的社会进程空间框架。社会科学中的都市研究和公共选择理论方法为评估跨越市政界线的社会进程提供了框架，但就哪些社会机制（政治或市场）最擅长解释都市空间之间差异提供了明显不同的评估。批判法学研究领域提供了对空间与人之间作为政治、符号和经济分野的市政界线的系统评价。因为该领域的研究非常勤勉地关注局部控制的法律准则演化为法律原理的进程，批判法学研究表明要考虑在特定历史背景下政策或法律原理出现的方式以及对当时事件进程的影响。（第 84 页）

尽管看到了其中的缺点，但康纳选择了列斐伏尔[Lefebvre]（1991）的社会空间生产理论进行修正，原因是其“思想（意识形态、价值观、理想）、政治权力（在制度方面及特定思想审查方面）和社会实践的相互增强模式”（第 74 页）。他用来判断理论适宜度的一个标准是，它必须承认“历史偶然性”（或与之兼容）：事物偶然发生的方式，及其如何限制和影响可能之事或至少此后可能之事。

步骤九：对康纳来说，理论延伸包括“将社会生活空间与时间属性的理论化观念延伸到有差异的多学科领域”（第 72 页）。这里，他解释了延伸过的理论如何拓展其解释范围或“关注”更多因素：

> 整合这些领域的理论化见解也需要扩充地方历史的特性曲线法。这里应用的空间上和分析上更开放的个案研究方法处理了一个个场所的性质，但它也注意到影响都市圈的非局部因素，如意识形态、法律和公共政策。此外，它还关注局部场所彼此影响而不隔绝的方式。（第 84 页）

康纳的研究根据的是他自己当初对公共选择理论如何决定莱克伍德方案（Lakewood Plan）的研究，莱克伍德方案塑造了洛杉矶县的现代都市化结构。康纳对洛杉矶县何以如此发展的更全面的理论解释有两部分。第一部分解释了莱克伍德方案的影响：

> 莱克伍德方案……塑造了都市圈区域，但那种影响取决于作为地方自治正面价值象征的莱克伍德方案极为独特的性质。公共选择理论思想因为在治理和学术上都有影响，值得在这个框架内详加审视。洛杉矶都市圈成型的历史证明了这些思想在一定程度上是正确的。在本土统治的情况下，莱克伍德方案城市里的郊区居民按照与理性利己一致的方式行事：主张低税收，要求更好的服务，设法对威胁财产价值的邻居或用地加以阻止。在盛行于美国尤其是洛杉矶的政治与文化状况下，相对富足的城郊地区拒绝与都市圈其他地区承担共同债务也是合理的。但是，这种合理性既不是人性的固有部分，也不是对都市圈成型的政治与社会模式的完美解释。确切地说，它是在历史上产生的法律、社会与政治框架的背景下形成的，该框架使得某些行为、目标、观点更富成效。……其实，作为公共生活的塑造者，公共选择理论思想比其标志成分更重要。(第 84 页)

在其全面解释的第二部分，康纳逐一详述了源自这些经济刺激与政治辩护框架的“行为、定位、观点”：

> 这些刺激与辩护框架并非不可避免，但它们是强大的，并通过其支持的政治合理性逐渐建构、强化。在洛杉矶县，房主、地方官员与州官员、法官、房产经纪人、银行家和建筑师在该县营造了新场所，对有利场所赋予某些社会特权，并保护这些特权，对抗声称它们不公正或不公平的主张。这些因素在当地、都市圈和州范围内通过制度与文化渠道发挥作用，创造了事后可见之物：白人中产阶级。能将这个阶层中的部分人免除税收或服务义务的多重市级管辖权，也许最重要的是，对这种分化的感觉反映的不是排斥或隔离，而是“选择”。(第 84—85 页)

康纳承认，因为洛杉矶县有其自己独特的历史，对于其他都市区域下结论就成问题了。即便这样,他还是声称,应该能使用包括洛杉矶在内的个案研究法来提出一套方法,以评估影响其他地区都市圈发展的特定因素。

> 全国范围的都市圈区域均显示出类似的政治分化、社会不平等、优待富裕房主、不顾特定发展路径,研究者应该专注于制度、思想和经验(以其特定的局部体现)相互作用影响发展的方式。介绍能促进都市更公正的政策变革不在本文范围之内,尽管都市研究学者提出了许多建议。确切地说,本文证明,不平等伴随着都市圈成型的漫长进程,扎根于社会生活的方方面面,本文由此认为,狭隘的政策解决方案有局限性,可能导致强烈反对,在当前美国都市化倾向中不太可能保证政治合法性。正如杰拉德·弗拉格[Gerald Frug](1999)所看到的,碎片化的都市区域"由此类碎片化所培养的那种人维持下去"(第 80 页)。不去尽心尽力解决关于都市化美国的场所与社区的最重要的价值观与理想问题、围绕优先考虑地方利益和本土统治而集聚的理想问题,区域性公正的改革计划就不太可能成功。(第 85 页)

康纳的整合与更全面理论生成了一种分析,这种分析是在都市(或地区)规模上通过注重都市间法律、政治与文化的关系进行的空间性整合。

跨学科实践的经验。康纳的研究表明,在与都市圈成型之类高度复杂的进程打交道时,综合使用整合策略可能是有必要的。正如康纳所做的,这种整合努力的关键是先承认学科理论及其相应方法无法解释系统的复杂性。这涉及形成一个基础理论,能整合这些关于都市议题空间框架的理论,并将这些理论同其法律、政治与文化方面整合在一起。

本章小结

本章解释了步骤九"构建更全面认识或理论"。它定义了两个术语,分析了其意义,并解释了该步骤如何与整合进程的先前步骤相关联。因为步骤八与步骤九都需要创造力,本章先探讨了创造力的性质,断言这种能力可以学习、可以练习,并概述了提升创造力的若干重要策略。

步骤九反映了学界内两种智力倾向:主要与概念和(或)假说打交道的学科,以及依靠理论发展以解释其研究现象的学科。因此,步骤九通过列出可能实现该认识的两条路径,反映了这种分叉的知识形态研究方法。第一条路径适用于人文科学、美术和表演艺术以及某些应用领域,在这些领域,整合直接关注概念,间接关注其基本假说。在这些背景下,实现彻底的跨学科涉及有意识地选择构建全面而微妙的认识。

第二条路径适用于自然科学与社会科学,有时也适用于人文科学以及某些应用领域和多学科领域,在这些领域,知识形态关注的是理论的发展以解释感兴趣的现象。由学生作品和专业著作确认并说明的五个策略演示了实现整合及构建更全面理论。雷普克(2010)、亨利(2009)、范·德·莱克(2012)和康纳(2012)的例子阐明了作者如何创造性地运用这些策略以实现整合。一旦更全面认识或理论构建起来,最终的任务就是对其反思、评估和交流。这是第十三章的内容。

注 释

1. 更全面认识类似波伊克丝·曼西拉(2006)的"复杂解释",这里"通常由不同学科研究的现象各方面,以动态互补的相互作用加以考虑"(第 14 页)。从社会科学视野对术语认识的详细探讨,以及对理解(*verstehen*)(及最近出现的阐释)方法和预测方法之间差异的解释,见法兰克福—纳西米亚、纳西米亚(2008,第 10—11 页)。

2. 对涌现性及其与整个因果联系系统之间关系的详细探讨,见斯佐斯塔克(2009,第 43—45 页)。

练　习　题

定义术语

12.1　更全面认识的定义如何与作为整体的跨学科研究延伸定义(见第一章)相协调?

构建认识

12.2　假如你与概念打交道,解释西尔薇(2005)、巴尔(1999)和德尔芙(2005)有哪些共同认识。

12.3　假如你与理论打交道,确定实现因果式整合或命题式整合的哪个策略最适用于该问题。创建一个描绘各种原因的图表,包括其中可能存在的回馈环。

12.4　就大学教育增加费用问题,你能识别多少层面的因果关系?它们应该如何标示?涉及“涌现性”吗?

12.5　要使对校园暴力的认识完全跨学科,亨利(2009)必须做什么?

12.6　在雷普克(2012)的例子中,范·德·莱克(2012)的“基础理论”与门罗和克雷迪(1997)的认同理论有何类似之处?

12.7　你会如何将空间性解释运用到“在你家附近的乡村或你居住的乡村建设高速铁路系统”这个复杂问题上?

创造力

12.8　你会如何寻求培养你的创造能力?

第十三章　对认识或理论的反思、检验与交流

学习成效

读完本章,你能够

- 反思更全面认识或理论
- 检验跨学科工作质量
- 识别四种检验更全面认识或理论的方式
- 识别交流整合成果或理论的方式

导引问题

为何应反思更全面认识或理论？如何反思？

为何应检验更全面认识或理论？如何检验？

如何与不同受众交流更全面认识或理论？

本章任务

跨学科研究进程(IRP)的步骤十对步骤九构建的更全面认识或理论进行反思、检验与交流。本章探讨了对新认识本身以及 IRP 进展功效进行反思的重要性。跨学科研究者承认,没有哪种方法完美无缺,因此本章提倡运用四种互补方式检验该认识。本章还讲解了如何在

考虑有关认知与教学文献的情况下检验跨学科工作的质量。最后，本章辨识交流整合成果的方式。它向所有学术级别的读者提出了考验：通过将整合过的知识反馈到科学界来交流认识。

B. 整合学科见解

7. 识别见解间矛盾及其根源
8. 在见解间创建共识
9. 构建更全面认识或理论
10. 反思、检验并交流该认识或理论
    - **反思更全面认识或理论**
    - **检验跨学科工作质量**
    - **检验更全面认识或理论**
    - **交流整合成果**

反思更全面认识或理论

任何种类的研究都需要反思。**跨学科意义上的反思**是考虑为何在研究进程不同节点做出某些选择以及这些选择如何影响工作进展的自觉活动。斯佐斯塔克(2009)建议，跨学科研究者完全应该比学科专家思考得更多，原因在于，跨学科研究者必须能展示以引人入胜且循循善诱的方式进入关于问题的专业化学术话语(即学术文献)的能力，并解释其自身研究内那些可能在目标受众中引发关注的要素(第331页)。许多作者承认反思在跨学科研究与教学中的极端重要性，包括布莱斯勒[Brassler]与布洛克[Block](2017)以及冯·魏尔登[von Wehrden]等人(2019)。

虽然研究进程自始至终都应该进行反思，但在研究进程的结尾进行反思必不可少。斯佐斯塔克(2009)辨识了跨学科工作所需的四类反思：(一) 从项目中实际上学到了什么；(二) 遗漏或压缩的步骤；(三) 个人自身偏见；(四) 个人对相关学科、理论与方法的一知半解(第331—334页)。

我们在第十二章提及如何激发创造力。回想一下那些既新颖又有用的创造性思想吧。许多新颖思想会从潜意识中浮现出来、进入意识,但并非所有这些思想都会有用。跨学科研究者需要始终反思这些思想,还不能因对某个思想新颖性的自豪感而无视其缺陷。但研究者也不应仓促行事。正如我们将要看到的,任何新颖的思想都不可能是完美的,因此我们应该小心谨慎,不要因为第一印象觉得某个思想有问题就置之不理。

反思从项目中实际学到了什么

所有层次的学生都应该反思他们从项目中学到了什么,包括对其职业与(或)社会的潜在好处(见锦囊 13.1)。重点应在项目的*内容*(即关于项目内容学到了什么)和所用*工序*。"工序"的意思是项目如何组织、如何推进、正面与负面经验、本书描述的研究进程的功用。例如,假如研究的是集体项目,参与者可反思其整合不同知识文化的目标,并确定实现该目标的路径与范围以及整合不完全或其结果不尽如人意之处。参与者还可以反思何时并在何种情况下出现共同知识以及做什么才能激发此类时机。对于学生来说,反思的另一个方面是学科知识或跨学科知识如何分享以及分享如何影响认识进展。波伊克丝·曼西拉、杜莱辛[Duraisingh]、沃尔夫、海恩斯(2009)建议学生提问:"得出的结论表明了认识是由学科观点整合所提出的吗?"该问题其实是在问:"它值得为之努力吗?它产生了对问题更丰富、更深刻、更广泛或更微妙的新认识吗?"(第 345 页)带着这些问题,我们还可以对认识的内容进行探究。

锦囊 13.1

求职面试备战

比起跨学科项目,许多用人单位更熟悉传统学科,而跨学科教育激发众多技能(分析、综合、创造、团队合作,不一而足),据调查,这些技能正是用人单位所期望的(雷普克、斯佐斯塔克、布赫伯格,2020)。假如学生反思所学内容及其对未来用人单位的用途,就可以将所受跨学科教育转化为自身优势。因此，就求职面试时（或求职信中）如何（在数分钟内）描述所受跨学科教育进行反思是有益的训练。这可以是受益匪浅的课堂讨论，也可以是朋友间的交谈。你可以围绕以下内容谈：

- 为何选择跨学科教育
- 当代世界跨学科的重要性
- 与跨学科研究相关的技能和看法（见下文对与跨学科相关的学习成果的探讨）
- 你特别训练过的批判分析性技能和创造性技能
- 你学会实施的步骤与行动
- 你完成的跨学科分析案例

假如你明白想要找什么样的工作，可以调整"话术"迎合特定用人单位：它们面临何种挑战？需要何种技能？就通常情况而言，假如需要团队协作和领导才能，你就可能要特别谈及从所承担的团队项目中学到的东西。

反思遗漏或压缩的步骤

有些学生出于各种原因会遗漏一个或多个步骤，也许不能按本书所述方式进行每个步骤，也可能会压缩某些步骤。例如，有些计划和课程可能觉得步骤二"为使用跨学科方法辩护"能并入步骤一或完全忽略；还有的可能会将步骤三"识别相关学科视野及其见解和理论"同步骤四"进行文献检索"压缩在一起；还有的可能会把步骤五"做到熟识每门相关学科"与步骤六"分析问题并评估对问题的每个见解"压缩在一起；更有的会把步骤八和步骤九视为单个步骤的两部分。

读者须知

对于大多数复杂问题，就连研究生和学术团队也并非每个步骤都完成。比如，总是有更多的文献要阅读。因此，即便资深研究者也应反思他们没做过什么。假如研究者决定忽略或改变某些步骤的顺序，就应该对研究策略的这些忽略或更改加以解释，其对最终结果的可能累积影响也应该加以描述。通常,这些影响在接近研究进程结尾时会以显著方式引起注意。例如,不能做到熟识每门相关学科可能导致某些理论和方法被忽视或误解。

假如更全面认识包括(往往如此)公共政策改革的某种建议,研究者就应反思可能产生的副作用。遗憾的是,许多旨在促成某个政策目标的政策结果对其他政策目标产生负面影响(如生态环境目标与就业机会目标之间的矛盾,不过这些矛盾可能夸大其词了)。就跨学科研究而言,这种副作用包括原创研究领域之外的因果关系。任何研究都不可能全面涵盖所有潜在副作用,但至少反思这些副作用可能是什么往往完全可行。

反思个人自身偏见

所有层次的研究者都应该反思其有意无意带进问题的自身偏见。斯佐斯塔克(2009)举过一个有说服力的例子,说明为何反思个人自身偏见必不可少,甚至应在跨学科工作中成为强制性要求:

> 跨学科分析的一个重要指导原则是,没有哪种学术研究尽善尽美。假如我们承认没有哪种学术方法能指导研究者完美接近见解,那么接下来的就是,学术结论可能反映了研究者的偏见。这并不意味着结论仅仅反映此类偏见,就像科学研究领域中某些人声称的那样。但它确实意味着评估研究所生成见解的一个方式是盘问研究者的偏见。(第 331 页)

斯佐斯塔克提出了两点:(一)研究者应该反思其自身关于问题的偏见;(二)对研究者的偏见提出质疑是评估研究者见解的一个方式。

盘问个人自身偏见

实践中,学生应该盘问其自身偏见。一个方式是提出这些问题:

- “为何一开始我就对这个问题感兴趣?”通常,学生(还有从业者)选择某个他们有强烈想法或个人体验的主题。例如,高级整合课程的一名学生想要研究青少年常常经历的疏离的成因。她承认,让她对该主题感兴趣的是她自己经历过的疏离,同时现在作为母亲,正看着十几岁的女儿经受同样的煎熬。选择以此为基础的研究主题无须歪曲研究进程或其结论,但可能指引人们寻求某些答案。

- "我对专家观点的选择取决于我是否认同它们吗?"据此选择见解是许多学生都会掉进去的常见陷阱。他们错误地认为跨学科研究类似他们为其他课程撰写的研究论文,他们被鼓励在这种论文里论证某个特定观点并用专家证词佐证。当然,这种"研究"模式与跨学科工作相对立,跨学科工作需要考虑专家见解而不管它们是否与学生观点相左。正如本书其他地方指出的,跨学科研究者的作用类似于婚姻顾问,他试图缩小分歧,而不是忽视分歧。
- "我选择见解仅仅是或主要是基于对特定学科及其文献的熟悉程度吗?"对本科生来说,该问题的答案通常是"是",因为他们一般局限于使用两三门学科以使研究项目可以操作。对于研究生来说,答案可能是"是",也可能是"否",这取决于课程要求和论文范围。无论什么层次,学生都应该能为学科及其选择的见解辩护,并在步骤十表述任何遗漏或局限如何影响最终认识。对于研究团队成员和单兵作战的从业者来说,选择见解应该不顾及对任何特定学科及其文献的熟悉程度。

假如你根据反思发现自己带有偏见,就应该对你的分析重新考虑并评估结论(更全面认识)是否应该调整。

当然,偏见不仅会影响某个特定研究项目,还会影响你的整个生活方式以及将要面对的所有复杂挑战。基斯特拉[Keestra](2017)鼓励我们都朝着*反省认知*进展。我们都必须在生活中培养引导我们认识现象、因果关系与人的心理表征。这些心理表征允许我们在新环境中行事而不用对我们做什么进行深刻反思。当然接着也会出现我们的心理表征存在偏见的危险,我们会无视引导我们朝向更好心理表征进展的新信息。我们要平衡在世界上运作的需求与对待新信息的开放心态。学科专家尤其可能忽视会改变其心理表征的其他学科见解。对付偏见的方法是有意识地反思我们的心理表征及其是否反映了所有相关信息。基斯特拉建议询问我们为什么做我们所做的,我们的心理表征是否实现了我们的目标,我们在哪里可以找到能带领我们改变心理表征的信息。

查验工作偏见

学生应查验工作偏见。在下面的合成例子中,一位本科生在论文导言的开场白里暴露了对理想管理人员素质的个人偏见。

> **理想管理人员:跨学科模式**　好的管理人员必须具备至少两个基本素质。他们必须对其部门负责的产品了然于胸,还必须明白一个简单的错误就会造成意想不到的后果,导致客户大为不满。人们经常看到高层管理人员腐败堕落的报道。不论是撒谎、欺骗还是偷盗,不忠实不可靠的管理人员的数量都在不断增加。

该导言的问题在于这名学生尚未进行深入文献检索就早已断定(基于她在几名蹩脚管理人员手下工作的经验)理想管理人员应该具备这些特定素质。这名学生的偏见还体现在(并不意外)文献检索本身,她选择的见解反映了她对理想管理人员的先入之见。

反思对理论化方法的因循

反思个人自身偏见应该包括反思个人的认识论态度(正如第二章探讨的)。例如,可能有人更重视个人自由而不是按部就班,因此反对“遵守任何类型的跨学科研究进程”这种观念。在这种情况下,人们可以反思这些问题:

- 我使用该进程的经验如何改变或调整我的偏见?

- 我有没有变得更自觉地跨学科？假如是，这是怎么发生的？
- 我有没有得出结论，认为跨学科研究需要某种结构以防学者使用肤浅的跨学科分析形式？
- 我是否更加意识到学术结论反映了个人偏见与外在现实的某种综合影响？

反思对相关学科、理论和方法的一知半解

学生应该反思“所有人感知能力与认知能力都有限”这个简单事实。即便人们做到充分认识与问题有关的相关见解、理论和方法，也难以声称对就该问题撰文的作者所提出的每个见解和所使用的每个理论与方法都有着专业级别的认识。因此，按照专业人士通常在其结语中的做法行事恰如其分：声明你可能在某些方面高估或低估了某些见解、理论与方法的重要性以及由此在某些方面你的结论也许反映了这种可能性。波伊克丝·曼西拉等人(2009)认为，作者意识到其作品的局限时，学术写作就得以强化(第346页)。

反思人们的有限认识还包括反思人们对起作用学科优缺点以及学科如何紧密联系的认识。波伊克丝·曼西拉等人(2009)认为，跨学科工作需要“学科视野的周密联系”以及细致“评估学科见解的潜在作用与局限”(第345页)。波伊克丝·曼西拉等人没有把学生分为本科生与研究生，而是根据学生反思的水平进行分类。他们认为，初级水平的学生可能会将其反思局限于“‘就此主题需要更多研究’之类形式上的批评”；他们认为，“学徒水平的学生会根据可用替代选择依次权衡所选学科的优劣”(第345—346页)。初级水平的学生满足于列举所用学科视野，只会蜻蜓点水地提及每个视野如何潜在地限制论证或促进论证。但从新手进展到学徒水平，学生应该明确考虑相关学科认识的局限，并解释运用跨学科方法怎样扩大认识、强化认识(第345—346页)。

检验跨学科工作的质量

概述检验策略前,回想一下跨学科研究与教学的目的大有好处。有位权威将检验跨学科工作质量比作中国“文化大革命”期间人们被迫下乡挖洋葱接受教育,然后余生都在追悔从挖洋葱中学到了多少。“跨学科最大的挑战,尤其在本科生层面,是缺乏判断跨学科教育及其对学生学习直接影响的通用方法”(罗顿[Rhoten]、波伊克丝·曼西拉、陈[Chun]、克莱因,2006,项目概要)。哈佛大学教育学院的跨学科研究项目“零时项目”首席科学家维罗妮卡·波伊克丝·曼西拉(2005)指出了一个相关问题:关于跨学科教学成果及“质量指标”“不够清晰”(第16页)。

号称具有跨学科属性的教学成果

通常号称具有跨学科属性的教学成果包括容忍歧义或悖论、批判思维、平衡主观思维与客观思维、祛除专家神话色彩的能力、不断增强的发现各种新问题新议题的能力、利用多种方法和知识解决问题的能力(康沃尔[Cornwell]、斯托达德[Stoddard],2001,第162页;菲尔德[Field]、李、菲尔德,1994,第70页)。显然,跨学科研究者大体上同意整合是“任何‘成功的’跨学科项目的基础”,并将“综合或整合的能力”视为“跨学科的标志”(罗顿等人,2006,第3—4页)。我们曾经强调,创造力对于整合来说不可或缺,并通过视野选取之类的跨学科实践得以增强。

这些成果有的也属于学科教学或多学科教学。尤其是,人文科学的学科通常声称“批判思维”是重要成果,自然科学和应用领域也是如此。对批判思维的这种集体主张带来了一个问题:跨学科方法如何以不同于或优于单学科方法的方式促进这个重要认知技能的发展?“对于跨学科学习者来说,要通过批判思维真正增强能力”,唐顿[Toynton](2005)认为,“需要接触不止一个背景或一门学科”(第110页)。他声称,假如跨学科研究者坚持将“批判思维”在项目层面纳入教学成果,他们就应该弄明白,发展这种技能需要从“超然而相对的视点”看待相关学科的“方法、产物和进程”(第110页)。

虽然批判思维是个宽泛术语，但很少有人会否认其关键要素包括区分假说与论点以及假说与论据、评估论点与论据的质量、对比矛盾论点与论据、就哪些论点或论点组合最佳得出合理结论。这些要素可能会（也可能不会）在学科教育中加以处理，但每个要素都位于跨学科研究进程的核心。下一节处理的大多数乃至所有主题都可以视为具体的批判思维技巧。

来自跨学科教学的认知能力

关于认知与教学的文献确认了跨学科教学培养的五种认知能力。这包括：

- 培养并运用视野选取技术的能力
- 对适用跨学科研究的问题培养结构化知识的能力
- 创建共识的能力
- 整合两门或多门学科矛盾见解（即专家观点）的能力
- 对问题产生认知进步或跨学科认识的能力

此处探讨其中最后这种能力。

对问题产生认知进步或跨学科认识

认知进步是本书所称的更全面认识。根据波伊克丝·曼西拉（2005）的说法，四个核心前提构成了认知进步概念的基础：

- “它以跨学科认识的绩效观点为基础——这种观点偏重于运用知识的能力，而不是简单拥有或积累知识的能力……从这个视角，个体只有能在新情境中精确灵活应用知识（或用知识思考）时，才理解了概念”（第16—17页）。运用知识还包括与他人有效交流知识。
- “认识是高度学科化的，意味着它深受学科专门知识影响”（第17页）。这指的是真正学科见解与常识之间的区别。“跨学科认识正是在其借鉴学科见解的能力上不同于天真的常识”（第17页）。

- “认识通过对学科观点的整合实现”。“在跨学科工作中”,波伊克丝·曼西拉说,“这些视野并不仅仅并置在一起”,而是“积极互通有无,从而影响认识”(第 17 页)。
- 跨学科认识“是有明确目标”地导向“认知进步——即新的见解、解决方法、记录、解释”(第 17 页)。认知进步的例子包括解释现象、创造产品、引发新问题、生成新见解、提出解决方案、提供记录或提供解释(第 16—17 页)。像所有研究成果一样,认知进步必须进行交流才会有用。

因此,跨学科认识是实用、学科化、整合过、有明确目标的新知识。这些核心前提是高质量跨学科工作的首要指标,并构成了检验或评估所生成认识质量的基础。学生可以明智地自问是否意图鲜明地以有用的认识、勤勉探究学科见解或理论、整合见解或理论并交流其认识为宗旨。

检验更全面认识或理论

检验更全面认识或理论完全不同于反思更全面认识或理论,但检验可能包括反思。检验是更正规的进程。

在不同学科背景下,检验有着不同的意义。学科中的检验通常意味着将该学科青睐的方法应用到该学科关注的材料上。如果所用方法和材料不完善不完备,这些检验就会有缺陷。跨学科研究者面对的既是挑战也是机遇:他们不能仅仅依赖一种方法,但是可以通过在不同方法之间进行三角互证以期求得较少偏见的检验。本科生不太可能进行任何正式检验,但可以反思会生成哪些不同方法(也可以回过头查阅早先第六章对方法优劣的讨论来这么做)。

检验跨学科认识有四种方法。其中三种查看结果并依次询问是否看上去具有实用的政策意义(纽厄尔,2007a),其他人是否觉得结果值得关注(特莱斯、特莱斯、弗莱,2006),跨学科认识是否在某个可辨识的方面确实更合适(斯佐斯塔克,2009)。第四种检验查看用于生成结果的进程,并盘问这是否合适(波伊克丝·曼西拉等人,2009)。第四种检验有些类似学科内判断学科方法是否正确用于生成某种结果的做法。

纽厄尔(2007a)的检验

纽厄尔(2007a)关注认识功效或实际应用,也同样关注用于生成该认识的进程。他辨识了“未能”或“不足以”生成该认识的三个最常见根源。首先是未能充分进行每个步骤。其次是在识别由不同学科所研究问题的各方面联系以及那些学科所用变量或概念之间联系时所做工作不够。他认为,关于联系相对鲜为人知,因为大多数学者是学科研究者,对问题其他方面或其他学科如何解释问题不感兴趣。“未能”或“不足以”生成该认识的第三个常见根源是忽视一个或多个视野(纽厄尔,2007a,第262页)。学生可以通过回答纽厄尔的一个或多个问题来检验其认识:

- 它考虑到更有效的活动吗?
- 它有助于解决问题、分析议题或回答研究课题吗?
- 它对关注特定复杂问题、议题或课题的从业者、公众或政策制定者有用吗?(第262页)

他认为,这些问题的价值在于,它们起到了沟通学界象牙塔与现实世界的作用。假如从业者的实际判断是更全面认识缺乏效用,或假如因为它有某个严重缺陷而用处有限,跨学科工作者就必须通过重新考虑跨学科进程中的早先步骤来纠正缺陷(纽厄尔,2007a,第262页)。

特莱斯等人(2006)的检验

对跨学科认识功效的另一个检验是其他人是否感兴趣。特莱斯等人(2006)强调将人们的研究在科学界交流的重要性(下文会就如何这么做提出建议)。就“研究”而言,特莱斯等人的意思是“专门为获取知识和认识而着手的原始研究”(第21页)。收集材料、记录观察、采集经验、制定计划、与攸关方探讨乃至解决现实世界问题,虽然有价值,但未必是研究。相反,“当我们收集的所有材料和信息成为体系、经过分析并反馈回学术界”,整合的“知识产品就成了研究”(第21

页)。组织化教学理论强调研究者在其机构中形成进行信息交换的正式与非正式机制的重要性。“假如知识依旧隐而不显、未经整合并在机构层面共享,它就很容易丢失”(第23页)。

他们认为,整合研究需要创造新知识,这必须从“隐性知识”(他人不能直接获取)转换为“显性知识”(他人可获取)。显性知识“固定在诸如图书、科学期刊、光盘、视频或网站之类的某种介质上,这种介质将其转移到更广阔的公共领域背景中”(特莱斯等人,2006,第22页)。让新知识接受同行评审并出版是科学进步的一个主要支柱(第22页)。他们认为,只有这些发生了,我们才能“谈及研究活动,因为正是通过这种……反馈,通用知识才会创造出来”(第23页)。

尽管特莱斯等人(2006)考虑到的是研究生、专业人士和跨学科团队,但本科生也可以用这些方式交流其研究:

- 回馈到学界:学生可在学界内分享其研究成果。常用交流策略包括公开墙报展示、学生小组讨论、座谈会、学生期刊和学生选辑。有些研究生项目举办一年一度的跨学科研究会议,包括场外发言、墙报展示和其他突出跨学科及其工作性质的活动。
- 回馈到团体:学生可以同合适的公共团体或私人组织分享其研究并征求反馈。本科项目中成功利用其毕业研究课题的学生会取得专业地位并进入研究生项目。

我们这里强调,学术研究是一种对话。我们阅读的图书和论文并非纯属巧合,而是对持续对话有所贡献:作者在一门学科内或在学科间评估先前论点并以此为基础。随着时间推移,有些见解经判定特别有价值(往往是先前见解的组合)。任何研究者都应开明对待所收到的评论,并做好准备修正看法回应批评。所有学者都要明白批评的珍贵:它不仅有助于厘清思绪,还可以表明其同行发现他们的思想值得一评。对于跨学科研究者来说,积极回应批评为正在改良的认识提供了获取进一步关注的机会。

斯佐斯塔克(2009)的检验

斯佐斯塔克(2009)提供的检验认识的方法分为两部分。第一部分提出了关于该认识的两个问题：

1. 相比之下，假如没有新认识，它让我们对问题有更好的见解吗(即有比没有更好吗)？若是如此，好在哪里？(问学生“新认识比没有新认识更好吗？”，这是低层次问题。)

2. 它对因果关系某方面(或成组因果关系)的解释比任何可选解释好吗？若是如此，好在哪里(第335页)？(问学生对比该认识[或其某部分]与各种可选[学科]认识并解释学生的认识比其他每个认识好在哪里，这是高层次问题。)

假如新认识看上去提供了某种见解，而结果其他某种认识解释了这个新认识表达的一切乃至更多(并[或]看上去提供了更有道理的解释)，斯佐斯塔克(2009)认为，那么，在赋予这种新认识重要性上，我们应该慎之又慎。但更可能的结果是新认识在解释问题(或至少问题的某些方面)上比其他(即学科)认识更出色(斯佐斯塔克，2009，第335页)。假如这样，学生就应该弄清楚这个贡献。

检验该认识通常应该看到，并非特定学科见解“正确”与否，而是学生对新认识的关注过少或过多。斯佐斯塔克(2009)承认，这种检验“可能似乎既更困难又更随意”，尤其对于本科生来说，然而，“没有哪个方法或学术研究完美无缺，因此对任何假说的检验也没有哪个完美无缺。在确定特定论点的重要性上，学术判断总是要经受检验”(第336页)。

斯佐斯塔克检验新认识方法的第二部分是使之经受他所谓的“整体检验”。该检验适用于新认识旨在影响公共政策的情况。假如该认识证明对政策制定者有用，就经受了“整体检验”。在这方面，它类似于纽厄尔(2007a)依赖从业者务实判断的效用检验。斯佐斯塔克(2009)警告不要忽视任何政策性认识的潜在副作用。他认为，“跨学科分析天生倾向于突出每个理论或学科视野的潜在弱点。对全方位因果关系的关注应该进一步减少此类错误的可能性”(斯佐斯塔克，

2009,第337页)。

更高年级的学生,以及跨学科团队和单兵作战的从业者,可能希望其认识(假如它是政策性的)经受斯佐斯塔克(2009)难度更大的"整体"检验。这包括对该认识提出更宽泛、更深入的第二组问题:

1. 假如该认识生效,跨学科分析忽略了该认识的潜在副作用吗?
2. 跨学科分析重视所涉及的全方位因果关系吗?
3. 该认识及其处理的问题充分考虑到上下文了吗?
4. 政策制定者觉得研究提供的认识与见解有用吗?

波伊克丝·曼西拉等人(2009)的检验

波伊克丝·曼西拉等人(2009)制作了检验跨学科工作质量的评价量规。他们的方法与纽厄尔(2007a)和斯佐斯塔克(2009)提出的方法有两大差异:(一)纽厄尔和斯佐斯塔克注重的是学生检验他们自己的作品,而波伊克丝·曼西拉等人重在教师评估学生作品;(二)纽厄尔和斯佐斯塔克注重的是该认识的功效,而波伊克丝·曼西拉等人重在表明三四年级本科生与低年级本科生的跨学科写作之间进展上的差异。注意,波伊克丝·曼西拉等人的检验既评估认识本身,也评估形成该认识所用的进程。但是,教师可以采纳波伊克丝·曼西拉等人的评价量规,这样学生就能判断自己作品的质量并反思能进一步发展它的方式(布劳[Brough]、波尔[Pool],2005;哈勃[Huber]、哈金斯[Hutchings],2004;沃尔伍德[Walvoord]、安德森[Anderson],1998)。[1]

波伊克丝·曼西拉等人(2009)的评价量规辨识了应用于各种层次学生作品的四个基本特征,学生可以用来评估自己的作品。这些特征(与前面提到的核心前提一样)包括作品的目的性、学科基础、整合与批判意识。每个特征都与IRP中的一个或多个步骤相连。产生优质跨学科认识要求学生说明以下特征:

- 目的性:澄清其研究的目的及目标受众(步骤一),以及采

取跨学科方法(步骤二)的明确依据。与目的性相关的两个问题是:

(一) 学生对问题的表达用上跨学科方法了吗?

(二) 学生所用写作体裁同其目标受众交流有效吗?(波伊克丝·曼西拉等人,2009,第342页)

- 学科基础:表明对所选学科见解、思维模式或学科视野(即学科偏爱的概念、分析单位、方法和在某门学科的交流形式)的认识。这类似于步骤三、四、五。与学科基础相关的两个问题是:

(一) 学生运用学科知识精确而有效吗(如概念、理论、视野、结论、例证)?

(二) 学生运用学科方法精确而有效吗(如实验设计、哲学论证、文本分析)?(波伊克丝·曼西拉等人,2009,第343页)

- 整合:识别"不同学科的见解聚集在一起的节点并表达由这些见解组合实现的认知优点"(波伊克丝·曼西拉等人,2009,第338页)。这包括步骤八、九、十。与整合相关的四个问题是:

(一) 学生从与论文目标相关的两个或多个学科传统吸收精选的学科视野或见解了吗?

(二) 有整合手段或策略(如模型、比喻、类推)吗?

(三) 在学生如何汇集学科视野或见解以提出论文目标方面,论文的总体结构感觉均衡吗?

(四) 学生得出的结论说明了由整合学科观点而提出的那种认识吗?(波伊克丝·曼西拉等人,2009,第344—345页)

- 批判意识:"进行深思熟虑的判断和批判:衡量学科选项、做出有根据的调整以实现他们所提的目标、承认所生成作品的缺陷"(波伊克丝·曼西拉等人,2009,第338—339页)。与批判意识相关的一个问题是:"学生表明了意识到起作用学科的优劣以及学科如何紧密联系吗?"(波伊克丝·曼西拉等人,2009,第346页)

对于每个标准,波伊克丝·曼西拉等人(2009)描述了学生成就在性质上四个截然不同的级别:幼稚、新手、学徒和精通。这些级别描述如下:

- 幼稚:"假如一个课题缺乏明确的目标和受众,就可以形容为幼稚,它主要以有关手头主题的常识或民间信仰为基础,未能借鉴学科见解,未努力整合它们,因为学科视野本身未被如此考虑。探讨主题何以重要、深入认识主题会有何所得、该主题如何与个人经验相关联并拓展个人经验、关于该主题的意图或信念会遭到怎样的质疑,学生可能会从中受益"(波伊克丝·曼西拉等人,2009,第339—340页)。
- 新手:"倘若一个课题显示出对跨学科学术工作性质的浅显认识,就说明是新手认识。该课题的目标可能太宽泛或不可行,学科概念和理论不加鉴别地当成事实呈现,整合的语言可能是照搬照抄和流于形式。这些学生掌握了学科工作的性质和其中的差异,以及跨学科研究与众不同的进程。这个级别的学生可能得益于分析专家作品案例,专家作品清晰展现了学科内和跨学科知识构建的进程,并对不同学科见解的优劣进行批判性反思"(波伊克丝·曼西拉等人,2009,第340页)。(此处未提及整合本身[即更全面认识的特性],尽管波伊克丝·曼西拉等人确实提到整合所用的语言。)
- 学徒:这个级别的课题研究专业跨学科工作。它"展示了该工作清晰可行的目标并感知到多种受众"。这些学生充分运用学科要素(如概念、理论、假说)和思维模式,并以例子和出处支持重要主张。"通过比喻、概念框架、因果解释或其他有助于深化对主题认识的手段实现整合"(波伊克丝·曼西拉等人,2009,第340页)。归入此类的学生课题可能依旧未能巩固论证或批判性探究某个见解的优劣。尽管如此,他们还是获取了"对学科基础的健全认识",并认识到"整合如何且为何能深化对手头主题的认识”(第 340 页)。

- 精通:精通级别的课题以其创造性、精密分析和自我反思为特征。学生“展示了对学科基础和跨学科整合的丰富认识”(波伊克丝·曼西拉等人,2009,第 341 页)。其作品显示出清晰的目标感以及对跨学科方法的需求。这个级别的学生“精通多种表现类型”,提出“有见地的新例子来支持学科主张”,“巧妙协调地”整合见解并不失时机地提出论点。在此级别上操作的本科生准备好转向一个新主题,研究生准备考虑“原创性、作品的潜在影响、学术上的先例和贡献是否查明”之类新标准(第 341 页)。

整合这些检验

纽厄尔(2007a)、特莱斯等人(2006)、斯佐斯塔克(2009)、波伊克丝·曼西拉等人(2009)提供了检验跨学科认识的各种方法。从这些方法中,能识别七个重要质量指标。以下每个指标,除了只有特莱斯等人提倡的“交流”外,其他都得到至少两位作者的支持。当然,学者都提倡向合适受众交流其研究成果,他们只是不把它当成检验(但应该是)。做出哪些指标最适用于某个特定课题的决策,必须部分基于课程的学术水平、目标和内容。

- 用处:适用于关注问题的从业者(波伊克丝·曼西拉等人、纽厄尔、斯佐斯塔克)。
- 学科基础:对相关学科做到了熟识;识别了学科间的联系;对学科见解的潜在优劣进行了细致评估;所有相关视野、见解和理论经过了处理;运用学科见解做到了平衡;作者见解与认识的优劣经过了处理;承认并搁置了个人偏见而不至于歪曲分析(波伊克丝·曼西拉等人、纽厄尔、斯佐斯塔克、特莱斯等人)。
- 整合:对不同观点或矛盾观点的合成毫不含糊(波伊克丝·曼西拉等人、纽厄尔、斯佐斯塔克、特莱斯等人)。
- 进程:哪些步骤证明有益或有问题及其原因,哪些步骤被修正或未遵循及其原因,哪些步骤证明对产生更好认识最不可或缺(纽厄尔、斯佐斯塔克、特莱斯等人)。

- 比较:对问题的见解比任何替代解释都好(波伊克丝·曼西拉等人、纽厄尔、斯佐斯塔克)。
- 自我反思:作者意识到其作品的缺陷(波伊克丝·曼西拉等人、斯佐斯塔克、特莱斯等人)。
- 交流:接受同行评审反馈(特莱斯等人)。

锦囊 13.2

消除对新鲜事物的偏见

本书曾特别提到,创造性与可行性之间有时存在权衡。我们检验更全面认识时,那种权衡又出现了。断定较新颖的认识更难,正是因为这种认识太不一样了。评估与先前见解略有偏差的认识则容易得多。上述某些检验,如征求从业者与学科学者的意见,可能尤其会对新鲜事物产生偏见,因为他们会将新思想与早已接受过重大修改的现有思想加以对比。意识到学术研究是一种对话,我们就可以想象,一个非常新颖的思想,假如一开始没有完全受到学者或其他从业者的忽视,就会接受学者或从业者的各种批评,很可能导致重大修改。评估新颖认识时,需要考虑"该认识会随着时间推移而改进"这种可能性。我们应该特别当心,不要只是因为要处理某个批评就将新颖认识弃置不顾。

交流整合的结果

高年级本科生或研究生课程通常鼓励乃至要求学生运用比喻、模型或叙事以创造性地获取丰富多彩的新认识。虽然人们选择交流新认识,但应该包括每门学科的见解而不拘泥于其中任何一个见解;也就是说,每个相关见解、理论或概念都应该促成新认识而不是支配新认识。步骤十这部分的目标是在促成该认识的学科影响之间实现统一、一致和平衡(纽厄尔,2007a,第 261 页)。实际上,运用比喻、模型和叙事来交流认识构成了对认识是否一致、统一、平衡以及真正跨学科的检验。其他交流整合结果的方式包括新进程、新产品、对现有政策的批评和(或)提出新政策、新问题或科学探索路径。整合的结果可采取多种形式或这些形式的某种组合,就像下文所探讨的那样。

关于创造力的文献强调说服的重要性。有些作者甚至提出,创意人士(既包括艺术领域,也包括科学领域)的基本特征首先就是说服他人相信其作品价值的能力,而不是创造的能力。这些作者指出,很多发现要到数十年或数百年后才受到赏识,这样的事例在艺术史以及科学史上比比皆是。我们不能指望创造性想法自我推销,而必须做好准备积极向他人"推销"我们的想法。许多学者赢得的关注有限,就是因为未能说服,这往往表明其不够自信。研究者应该将其更全面认识视为开展说服行动的起点。为形成更全面认识而整理的论点与论据固然很重要,但生动的掌故、比喻或阐明更全面认识的图片在说服他人方面可能更重要(斯佐斯塔克,2017a)。[2]

我们说过,学术研究是一种对话。假如你希望说服他人相信你的想法有价值,你就先要反思他们的兴趣所在。你可以说:"你对甲感兴趣,我有个想法有助于处理甲。"这样就能引起他们的注意(或者也可以这么说:"你的论点有缺陷乙,我的想法可以弥补乙。")。因此你要将你的想法和他们的关切进行关联,故事、比喻或图表都会强化这种关联。既然不同学科关注点不同,你就要面向不同受众构想不同的故事、比喻或图表。你要让不同的学科相信,你了解其内部的辩论,并对这些辩论能有所助益。

比喻

比喻"凸显出认识的基本特征而没有否认其潜在的其余矛盾"(纽厄尔,2007a,第261页)。比喻允许读者将新信息同其早已知晓的信息连接起来。比喻在人文科学中特别有用——在人文科学中,使用量化方法和实验方法不能充分表达意义。社会科学乃至自然科学也利用比喻。比喻帮助我们通过其他事物认识某个事物。当比喻与(一)用于修正以创建共识的起作用的学科见解、(二)建立的跨学科连接、(三)在复杂系统总体行为中观察到的模式相一致时,跨学科认识就实现了(纽厄尔,2007a,第261页)。

可视或有形比喻能成为有效有力的整合手段。它们"通过在与不同领域有关的建构之间的相似性表达现实"(波伊克丝·曼西拉,2009,第10页)。可视比喻将"喻体概念"与主题相结合。可视比喻的一个例子是林璎设计的位于华盛顿特区的越战纪念碑。她使用创伤的喻体概念——大地被砍了一刀,由时间来治愈——来强调"越南战争对美国社会极具破坏性的后果"这个主题的某些特征。波伊克丝·曼西拉(2009)解释了林璎的方法:

> 把越战表达为创伤,凸显了个人对战争的情感体验及战争的持久影响。它并未阐明在不同时间点战争带给美国当局的政治和军事难题。就阐释由(可视)比喻呈现的默契类比来说,该比喻对现实的表现体现了简约和冲击力。(第10页)

可视比喻"创造了整体综合并以有形介质操作——在本例中,是风景、石头和(人名)浮雕"(波伊克丝·曼西拉,2009,第10页)。作为整合手段,可视比喻本身构成了对主题或事件的更全面认识。比喻呈现出认识的基本特征,而没有否认其潜在的其余歧义或矛盾(纽厄尔,2007a,第261页)。

模型

模型可以是放在他人面前作为指引或模拟的有形物体、演示或书面作品。作为帮助理解的直观教具,模型可能表达了跨学科认识所包含的统一、一致和平衡。

模型的例子

在第一个例子中,高年级本科生纳吉有关哥斯达黎加可持续发展的文章整合了经济发展、环境问题和本土社会文化价值观。

自然科学的例子。 **纳吉* (2005),《人类活动威力造成拉美热带生态系统恶化:哥斯达黎加个案研究》**。纳吉为哥斯达黎加沿海地区制作了一个"可持续发展"模型,旨在满足人们的直接需求,而所用方式不会透支未来世代的能力以确保其基本需求。她认为,可持续发展不是仅仅考虑环境与经济发展,也考虑社会与文化方面。其模型的成分

包括“资源保护、生态系统保护、经济动力、文化庆典与保护、社会因素”(第107页),但她没有图解各成分之间的关系。纳吉认为,她的整合模型使得融入文化多样性及保护本地民众更容易,原因很简单,因为这些群体的做法也需要靠经济发展以确保其生存,往往目光短浅地危及生态系统。在她的连续统一体内,本土文化(以及由此而来的本土民众需求)会归入经济发展和环境保护之间。她认为,也许通过关注保护修复而非维持原样,这些人的可持续发展才能实现。该见解源自承认像哥斯达黎加这样需要经济发展以满足其日益增长的人口的需求的国家,不太可能像从前做过的那样继续为这些少数群体搁置大片土地。“与其强调以原始、原封不动的状态保全土地,还不如允许多种用途的土地利用(为了生态系统、文化保护和经济发展)活动以推动可持续发展来得更现实”(第108页)。(通过告诉学者他们所研究的现象是该认识的一个重要部分,概述本段所做因果论证类型的图表会极具说服力。)

第二个例子中,高年级本科生福伊西整合了关于如何在日常生活中创造意义的各种力量。

社会科学的例子。 **福伊西*(2010),《在日常生活中创造意义:跨学科认识》。**在这个复杂例子中,福伊西提及她设计的意义建构模型,这是整合关于如何在日常生活中创造意义的各种理论的基础。此处复制的其论文结语中,她将意义建构模型运用于志愿者安德鲁这个案例上。

结论 回到志愿者安德鲁的个案研究

我会通过说明意义建构模型的用处来进行总结。安德鲁的第一步(根据意义建构模型)是自愿决定去非洲志愿服务(目标设定阶段)。他确定的目标具体(“我想去坦桑尼亚莫西志愿服务”)而现实(“我要花一年时间规划行程并确保能请到假”)。安德鲁的目标富有挑战性、可以调整,并且对于个人来说很重要(例如,他起初想志愿服务六个月,但没法请到那么长时间的假,于是他调整志愿时长为三个月)。他的志愿行程分成若干不同“目标类别”:旅行、付出、爱和工作。

安德鲁设定其目标后,就开始为之努力,预订飞机票、筹集资金、注射疫苗、和老板商量请假。一年后,安德鲁乘飞机抵达非洲:他如愿以偿。

一抵达,安德鲁就开始朝着若干新目标努力,其中一个是"确保我治疗的每个孩子都完全康复"。安德鲁最终发现,在很多情况下,孩子并未好转,他只得承认自己的目标不切实际。安德鲁于是修正目标如下:"给每个孩子高质量医疗服务的同时,同情并尊重他们。"

现在,因为安德鲁的目标切合实际,所以他能全身心地投入其中并对每个孩子悉心照料。安德鲁每天大多数时候都全神贯注,这种状态每时每刻就其本身而言都富有意义。因为他积极从事他觉得有意义的工作,也能提供较好的医疗服务。

志愿期结束回家后,安德鲁很可能会有一种成就感和使命感。安德鲁在非洲感受到的意义感可能会转化到他自己的医疗实践中,他会发现自己在祖国治疗病人时也体验到全神贯注的状态。回国后,安德鲁可能打算设定全新目标("这个夏天教女儿骑自行车"),也可能基于其志愿经历设定目标("为我志愿服务的诊所每月寄送食品包裹")。很可能他会定下这两个目标,并同时追寻这两个目标。

因为其跨学科性质,意义建构模型能解释安德鲁为自己设定的各种现实生活目标。虽然该模型并非无懈可击,但它从四种不同理论选取了重要概念并整合成一个能应用于日常情境的实践模型。

意义建构模型绝非"人们如何在其生活中创造意义"这个问题的唯一正确答案。假如除了我自己,其他三名学生也研究同一课题,可能我们四人会得出大不相同的结论。但是,我相信在这类"并肩"跨学科工作中会有真正的价值:假如我们每人都检验了关于意义建构的四种不同理论并得出四个不同结论,另一位跨学科工作者就能利用我们这四篇跨学科论文并将雷普克的十大步骤研究进程应用于我们的跨学科论文中。这位跨学科研究者接着会整合关于意义建构的十六种不同理论。以此方式,我相信跨学科研究能"指望"自身,而且该进程能让我们接近眼下想都不敢想的答案。

叙事

叙事是书面记录、口头记录或故事。人类天生通过故事来思考，因此叙事是整合教学与研究的基本成分，也是学生和从业者交流认识的最常见方式。叙事可短可长，取决于内容的复杂程度。叙事的目的不只是解释更全面认识，还要让读者相信该认识可能有用。*故事是特别有效的叙事形式。*作者可以用一则故事说明其更全面认识如何在现实生活中发挥作用。假如读者认可了该故事，他们也就相信了更全面认识的重要性。

叙事的例子

第一个例子中，本科生 J. 刘易斯[J. Lewis](2009)写了一篇关于美国公共教育系统何以未能使日益增加的多样化学生人群受教育的论文。

社会科学的例子。 **J. 刘易斯* (2009),《公共教育培养多样化人群的失败》**。刘易斯的叙事如下：

> 源自这种整合的跨学科认识是，它要选取的不仅仅与教育中开启复兴公共教育进程有关。蒙在公共教育系统之上的巨大面纱必须移除，以揭示萎缩的学校教育以及与日俱增的退学率如何从负面影响(美国)。教育的社会学方面必须加以检验，并对阻止公然剥夺满足孩子多样化需求所需的革新与调整教学方法给予更多关注。共同努力，就能做到改变，就能避免经济学家所预测的黯淡未来前景。其投入应该受到重视。当下公共教育系统的势力范围必须受到不止一门学科的挑战，以创建更相关、更适合的课程。需要新的整合法规以确保当前任期造成的问题不会继续将我们的教育体系及其捐助者推向险境(第 1 页)。

第二个例子中，跨学科的听觉建筑领域先驱巴里·布莱瑟[Barry Blesser]和琳达—露丝·索尔特[Linda-Ruth Salter](2007)提供了关于这个进展迅猛领域的长篇研究，这是完全的跨学科研究。

跨学科听觉建筑领域的例子。 **布莱瑟和索尔特(2007),《空间说**

话了,你在倾听吗?》。听觉建筑指的是运用数字模拟建造的礼堂或剧场之类音效复杂的公共场所。布莱瑟和索尔特认为,听觉建筑概念“是知识砖瓦建成的智力大厦,借用了十多个学科子文化以及上千学者与研究者的成果”。但是,整合成单个概念后,“听觉建筑与听觉空间意识的联姻提供了一个探究我们的听觉与人类建造的以及大自然为我们提供的空间之间联系的方法”(第8页)。他们关于听觉建筑在不同历史时期、不同文化中影响并继续影响社会凝聚力的全面认识包括三点:

- “数百年来,人们创造或选择了听觉空间为各类群体和个人提供条件。这些空间的听觉质量会阻碍或有助于社会凝聚力跨越从私密到公共的社会距离”(第363页)。
- “社会凝聚力的性质随着文化演进而改变,因此听觉建筑也是如此。历史上,温暖气候里的小城镇通过开窗、公共共享空间、大型教堂和户外生活接受听觉联系来积极激发凝聚力。如今,现代先进文化信奉独立和私密,通过电话和互联网、电子合成远程声学舞台支持凝聚力。当前这代人经常体验带有人造音乐视觉空间的听觉建筑。过去与现在之间的区别不过是文化价值观的演进”(第363页)。
- “与其他艺术形式不同,我们无法摆脱听觉建筑的影响,因为我们身居其中。有意设计也好,随机挑选也罢,我们的听觉空间影响着我们的情绪和行为。学会通过密切关注听觉空间感知来欣赏听觉建筑,是我们能控制并进而改善个人环境的一种方式”(第364页)。

读者须知

J.刘易斯(2009)的本科论文以及布莱瑟、索尔特(2007)的著作在不同程度上符合波伊克丝·曼西拉等人(2009)的高质量学科工作标准:

一、两者都基于认识的效能观或实践观。在刘易斯的例子里，该认识是描述更全面课程设计方法框架以解决辍学问题的叙事；在布莱瑟和索尔特的例子里，该认识是基于有关应该如何形成公共空间（人造的与自然的）的理论（他们帮助完善的）与现场实验。刘易斯的论文是作为课堂项目撰写的，目的是利用它帮助自己竞选某个公立学校的教师岗位，该校学生主要是少数族裔。布莱瑟和索尔特心目中有多个特定受众：涉及公共空间设计的专业学者、技术人员、政府官员。

二、两者均由学科专门知识定性，并借鉴了相关学科见解以创建更全面的新东西。但是，这两个课题的学科深度与广度大不相同。J. 刘易斯是本科生，他局限于使用很少几门学科以及每门学科的少量见解。相比之下，布莱瑟和索尔特的研究透彻，并借鉴了所有相关学科，利用了所有重要概念与理论，包括作者自己的实地调查。

三、两者都整合了学科观点。J. 刘易斯遵循本书描述的 IRP 并实现了部分整合，而布莱瑟和索尔特压缩了 IRP 的许多步骤（也是无意识的），并生成了全面整合的结果。

四、两个课题都带来认知进步，尽管程度不同。J. 刘易斯的认识试图整合社会学和教育学的重要理论，如果应用的话，会为教学过程增添创造性与灵活性。布莱瑟和索尔特的认识是认知进步，它首次尝试提出将听觉整合进公共场所设计的全面跨学科方法。

五、两则叙述都提及其主题乃至认识的重要性，读者对它们为何应该被关注应无疑问。

实现新结果的新进程

进程是使得该认识对从业者有直接帮助（且可以理解）的方法。进程包括解决特定种类问题的新方法或生成新见解的智力分析新模式。这里作者试图使读者明白，在清晰确认的情境中，特定进程会有裨益。关键的受众是面临此类情境的从业者。

新进程的例子

第一个例子中,本科生德尔芙(2005)介绍了一个新的整合进程,她认为这个进程会提高凶案侦破率并减少谋杀悬案的数量。

社会科学的例子。 **德尔芙[*] (2005),《根除“完美犯罪”的整合研究》。**德尔芙认为,假如司法心理学和司法科学的分析师能整合其分析技术并与地方刑侦人员共享,犯罪心理画像就能发挥其最大潜能。假如被采纳,她相信其方法会产生四个可能后果:(一) 迅速缩减可能嫌疑人的名单;(二) 预测头号嫌疑人的未来行为;(三) 提供被警察忽视的调查路径;(四) 授权地方执法机构使用这些整合过的心理画像技术(第 32 页)。

第二个例子中,专业学者巴尔(1999)表明了如何利用她开创的跨学科分析模式——文化分析,应用于“二战”后阿姆斯特丹红砖墙上涂成黄颜色字母的神秘短笺或信件。

人文科学的例子。 **巴尔(1999),《文化分析实践:跨学科阐释揭秘》“导言”。**正如前面指出的,文化分析代表了主要采用分析法并试图在对象或文本中发现新意义(传统方法无法做到)的跨学科。巴尔认为,写在墙上的短笺或短信(即“涂鸦”)是“文化分析所审视的那种对象的一个好例子,而更重要的是,它如何着手这么做的”(第 2 页)。她认为,涂鸦既是视觉上的信件,也是语言学上的信件。虽然开头从荷兰语的字面翻译是“短笺”,但巴尔想到的更常见称呼是“最亲爱的”或“甜心”(第 3 页)。“这暗指与正文剩余部分开头所说类似‘我爱你’一致的其他词”(第 3 页)。

“情书话语”牢牢确定后,该涂鸦接下来用“我并没有创造出你”或“我并没有编造出你”或“我并没有虚构出你”转向了认知哲学。“过去时、动词否定式、第一人称说话,”巴尔注意到,“都表明叙事话语只是为了强调什么是真实的、什么不是”(第 3 页)。引人注目的是,称呼将真实的人物、匿名作者的恋人改变为短笺的自我指涉描述:有所指的“最亲爱的”成了自我指涉的“短笺”或短信。“这使短笺变为虚构,”巴尔认为,并最终使收信者变为虚构的“你”。

不过,同样,这种文学性的献词重新塑造了这组人物,因为“你”的身份如今从对其人格化的含蓄爱慕措辞中游离出来。因此,路人再次观看，会将该词所言误读为："你！……作为恋人而不是有罪公民收到信件，城市居民得到一个机会改变其身份，沐浴在这种匿名情感之光中。但这是真的吗？"（第13页）

该短笺或信件的一个可能意义（巴尔认为似乎有道理的意义）是，收信者是真实的，哪怕恋人无法找到——"他（她）无法挽回地失去了，该涂鸦哀悼其缺席"（第4页）。在巴尔看来，该信件是亲笔书写的短笺或信件。"此外，它能公开看到，语义上稠密，语用上引人入胜，视觉上有感染力、引人注目，哲学上深奥。如同诗歌"（第4页）。

巴尔的认识延伸到将涂鸦与跨学科文化分析本身联系起来，因此强调人们为何应关注其分析。正是对短笺或信件的主体（作者）与客体（失去的恋人）大肆公开自我曝光的兴趣使得展示成为自我的曝光。巴尔认为，这种曝光，是产生意义的行为（1996，第2页）。文化分析也对从短笺或信件的字面意义转移到其更宽泛的隐喻意义感兴趣。正如巴尔所做的，揭示意义创造了主体客体的对峙。这种对峙使主体（本例中是短笺或信件的作者）能就客体（本例中是失去的恋人）做出陈述。巴尔（1999）解释道，客体是用来证明该陈述并使该陈述得以理解（第3页）。该陈述有一个接收者：读者。在该短笺或信件之类的展示中，"第一人称"曝光者向"第二人称"读者讲述了第三人称"客体"或失去的恋人，客体并未参与对话。但是，巴尔认为，"不像许多其他记述式言语行为，该客体尽管缄默，却在场"（1996，第4页）。在这种意义上，该短笺或信件就是一个符号。符号在某种程度上表示某个事物或某个思想，或表示某个人。在这个例子中，短笺或信件是代表作者恋人的符号，那个恋人如今失去了。同时，它还是表示产生它的文化的符号、表示阅读它的读者以及检验它的场所的符号。

新产物

产物既是直接有用的，也是可以理解的。它们可以分两种：（一）技术革新或人工产品，以及（二）戏剧、诗歌、雕塑、绘画或媒体产品等艺术品。技术革新或人工产品是从学科与应用领域提取相关信息并整合其成分的结果（布莱瑟、索尔特，2007，第x页）。艺术品运作不同，但对交流难以用词语表达的见解（具有情感或直觉内容的见解）有用。

苹果公司已故的史蒂夫·乔布斯以推销电脑鼠标和智能手机等新产品而家喻户晓。这些产品总是融合性的,不仅兼具多种技术理念,而且将这些理念同工业设计领域的理念相结合(他不是第一个使用鼠标的,也不是第一个想到智能手机的,但他将两者发展成为面向大众市场的设备)。重要的是,这些设备总是体现了大量消费者想要做的事情,即便这种消费意愿事先并未广为人知。产品让消费者相信,他们想要这些产品,故而重视产品所基于的更全面认识。

对现有政策的批判及(或)提出的新政策

跨学科认识还可以采取对现有政策批判的形式,以说明它如何因其学科局限或概念局限而未能满足社会需求。这种批判之后,可以提出新政策、方案、计划或纲要,因其包容性,更有望解决问题。

批判的例子

第一个例子中,斯佐斯塔克(2009)将其关于经济增长原因的整合认识用作批判发展中国家政府偏爱"以不变应万变"的方法推动经济增长的基础。

社会科学的例子。 **斯佐斯塔克(2009),《经济增长原因:跨学科视野》。**在对认识的表述(其"结束语")中,斯佐斯塔克的主要见解是,我们不应该指望对经济增长的认识屈从于"一个正确模式"或"任何地方任何时候实现增长的一个秘密公式"(第341页)。他解释道,原因在于,经济增长"是由包括大量经济与非经济因素在内的众多原因造成的"(第341页)。他发现,"来自不同理论、方法和学科对导致增长"的见解"可以整合起来,以产生比任何单门学科所能生成的见解更精确、更微妙的见解"(第341页)。他辨识了其认识的两个政策意义。第一个是学者应该抛弃那种认为"对复杂问题进行学术性分析的目标是某个简单宏大理论"的"误入歧途的假设"(第341页)。第二个是我们不应该不顾其特殊国情就给任何国家提建议。它继承了过去哪些制度?其政府财政能力如何?其基础设施以及教育卫生体系什么样?政府依法行政吗?文化提倡艰苦奋斗勤俭节约吗?……确立最佳政策在很大程度上取决于它们的答案(第343页)。

2009 年的时候，斯佐斯塔克应该已经颇具说服力了。2012 年，他根据 2009 年识别的各种因果关系制作了一个复杂图表，该图表传达了“对于经济增长有众多相互依存的影响”这个简单事实，比单用陈述所能做得强大多了。

第二个例子中，亨利(2009)批判了应对校园暴力成因的狭隘学科政策。

社会科学的例子。**亨利(2009)，《科伦拜恩事件后的校园暴力：需要跨学科分析的复杂问题》。**在这个复杂例子中，亨利介绍了他对校园暴力成因的更全面认识。

> 我在这里认为，要认识校园暴力的起源，就需要采纳跨学科、多层次分析的方法。以此方式，我们才能更好地看到产生校园暴力的环环相扣的过程。这种方法使我们对更低层面且扩散更广的能产生受害者的制造危害方式保持敏感，随着时间推移，受害者会对其所受伤害感到愤怒并激烈对抗。尤其是，社会排斥会以多种方式发生，或明或暗；尤其是，它们会成为同辈社交网络中社会等级制度的产物，得到了男性气概与暴力的社会文化话语支持，并得到学校系统自身权力等级制度的支撑。尽管我们能研究学生何以暴力行事的心理过程和情境解释，但需要走出微观背景，探究产生社会排斥、霸凌、愤怒和狂暴的性别与权力、男性气概与暴力、社会阶层与种族等更宽广的话语框架。我们要看到，这些话语如何左右了学校课程、教学实践、教育制度、“学校”的意义及其相关教育政策。父母的缺席及在场如何危害学生生活？我们要主动致力于权力等级制度的解构，权力等级制度排斥并在排斥过程中造就了一批颓废的青少年，他们感到绝望，摆脱绝望之路被封死，他们唯一的出路就是具有象征意义的自我毁灭或毁灭他人的暴力行为。我们还要挑战美国社会经济政治结构对排外的等级制度与结构性暴力复制、容忍的方式。这需要超越校园暴力的文化成因，看到这些文化形态如何融入结构不均衡中。因此，对校园暴力的透彻分析，都要找到在社会更广泛的政治经济学中所产生的微观相互作用、制度实践和社会文化产物。忽视更

大系统中权力的结构不均衡,会将原因简化为局部性、情境性权力不均衡,建议要考虑的政策是局部干预,如在同龄人亚文化或校园组织层面上。尽管这些层面的干预很重要,但只有它们是不够的。(第16—17页)

锦囊 13.3

哥伦比亚河大马哈鱼

本书多次提及迪特里希(1995)对哥伦比亚河的研究。2018年,州政府与当地政府、部落机构达成一项协议,增强大马哈鱼逆流而上通过该河已建众多大坝的能力。大坝管理方会在春季洄游期电力需求不高之时加大泄水量,人们希望这对电价产生的负面影响不大。州政府会修订水质规章,以允许加大泄水量。尽管有人依旧反对该协议,还有可能持续打官司,但波尼维尔电力局(Bonneville Power Administration)的一位官员提及"过去对桌而坐的人们"如何找到共识(梅普斯[Mapes]、伯顿[Berton],2018年)。

科学研究的新问题或新路径

因为在学科边界和交汇处进行了这么多跨学科工作,研究者就有大好机会察觉到现有知识的缺口。察觉新的研究线路并追寻这些线路是正常研究活动的一部分。新认识可以包括新问题或新的研究路径,它们基于刚刚完成的工作并延伸该工作。

还是再次回想一下"学术是一场对话"吧。你打算向别人说明你如何建设性地以他人工作为基础并回答他人研究所提问题,假如你能表明他们如何也能反过来以你的工作为基础,可能就更具说服力了。假设回答某个领域所有问题的更全面认识可能无人问津,研究者或许就只好转向其他研究课题了。最佳结果可能是某个认识显著促进该领域发展,并为进一步研究带来大量机会。这并不罕见:学术认识的重大突破性进展不只是来自对先前问题的回答,还来自其开辟的研究路径。例如，过去一百年来，爱因斯坦的相对论解释了大量现象并为核物理学持续研究提供了基础（上文说过，新颖认识有待阐明）。大多数学术文章都有这么一节，学者提出进一步研究的路径——这也许是说服之举的重要部分。学生，尤其是研究生，也应该就其认识会如何启迪他人研究多加关注。

回过头与学科交流的重要性

回过头与学科交流跨学科工作的产物很重要。斯佐斯塔克（2009）认为，这种交流要求学科做以下工作：

- 意识到跨学科和整合学科见解以获取对课题、智力问题或对象新见解的重要性。
- 意识到理论上和方法上灵活机动的重要性。
- 意识到每个理论都有特定应用范围。
- 意识到在因果联系与涌现性的组织结构内整合最广泛经验分析的重要性。
- 除了这些普遍影响之外，交流关于某个特定跨学科认识可望促进该学科在处理某个议题时更机动灵活。

还会涉及回过头与学科交流的挑战。最明显的是，除非使用学科的术语并在其杂志上发表，否则就不能同学科交流；不那么明显的是，除非基于学科文献、表明跨学科见解对学科研究的那类问题用处何在，否则交流就会被忽视。

本章小结

IRP 的步骤十包括反思步骤九产生的认识，检验该认识并交流该认识。本章认为，跨学科研究者应该比学科专家更深思熟虑，必须展示出以引人入胜且循循善诱的方式进入关于问题的专业化学术话语（即学术文献）的能力，且必须愿意解释其自身研究内可能在目标受众中引发关注的那些要素。跨学科工作中要求的四种反思包括从项目中实际学到了什么、忽略了 IRP 的哪些步骤、个人自身偏见是什么以及所用见解、理论和方法的优劣,包括 IRP 本身的优劣。

除了详细描述跨学科特有的认知能力外,本章还解释了这些能力如何能(而且应该)构成检验跨学科认识质量、辨识检验跨学科工作质量的四种方法及整合这些方法的基础。

最后,本章强调了以多种方式向众多受众交流认识的重要性,无论学术水平高低。交流整合工作结果的活动其实是检验其一致性、统一性和平衡性及其构成了部分跨学科还是全面跨学科的另一种方式。说服是学术性活动的重要成分,通常也是创造性活动的重要成分。

注　释

1. 评价量规及其对学生功用的基本介绍,见波帕姆[Popham](1997)。

2. 韦尔德[Werder](2018)等人认为,新兴的“战略沟通”领域研究所有类型的参与者如何在追寻其目标的过程中有效沟通,“战略沟通”应该奉行跨学科世界观和本书推荐的那种研究进程。

练 习 题

学到什么

13.1 反思项目并问:“关于(一)主题内容、(二)涉及进程、(三)得出的结论是否表明学科观点的整合提升了认识,我学到了什么?”

忽略或压缩的步骤

13.2 假如你决定忽略或压缩 IRP 的某些步骤,这么做的原因是什么?该决定对最终产物会有何种累积效果?

自我盘问

13.3 在项目一开始反思你自己的偏见,并问问你对主题的看法如何因核对与你自己相左的观点而改变。

13.4 查阅论文《理想管理人员:跨学科模式》的导言,此段应如何修改以消除个人偏见,同时保留项目的目标“设计理想管理人员的模式”?

反思人们对相关学科、理论和方法的有限认识

13.5 假定你处在学徒水平,考虑你在项目中使用的相关学科认识的局限并解释使用跨学科方法如何扩展并强化了你的认识。

认知能力

13.6 在跨学科背景下形成进行批判思维的能力与在学科背景下有何不同?

检验质量

13.7 跨学科教学培养的五种认知能力中,对你来说,哪个最难养成?为什么?

检验认识的整体方法

13.8 假设你的研究结果是政策性的,通过运用纽厄尔(2007a)检验或斯佐斯塔克(2009)检验来检验它。

13.9 假设你的研究结果不是政策性的,通过运用波伊克丝·曼西拉等人(2009)的评价量规(它以高质量跨学科工作四个基本特征为特点)来检验它。

13.10 查阅四个质量上截然不同的学生成就级别(即幼稚、新手、学徒、精通),确定哪个级别最恰当地描述了你的项目。为什么?

比喻、模型、进程、产物或科学研究路径

13.11 你能想到一个可以从视觉上描述你的认识的比喻或模型吗?

13.12 假设你的认识不适合比喻或模型,写下一段叙述描述你创造的新进程、新产物或改进的进程、产物。

13.13 假设你的认识是政策性的,使用它作为批判现有政策的基础。

13.14 假设你的工作暴露了知识的缺口,识别它并描述处理它需要采取哪些步骤。

创造力

13.15 对于本章所辨识的创造力,有哪些关键挑战?如何应对?

结语　面向新世纪的跨学科研究

本书诚邀所有层次的研究者以更明确、更自觉、更博学、更严谨、更微妙的方式实践跨学科研究，希望他们考虑八个相互关联的议题：(一) 第一章介绍的跨学科研究整合定义及其对于教育和研究的意义；(二) 达到成熟学术领域地位后跨学科研究的衍生结果；(三) 研究模式的自由度和效用，能使之处理跨越多个知识领域的复杂问题；(四) 支撑跨学科的理论体系；(五) 细化对作为跨学科标志的整合认识；(六) 跨学科研究进程(IRP)的目标与产物；(七) 由跨学科教育和研究培育的认知成果；(八) 学科见解来自自然科学、社会科学或人文科学时 IRP 如何进展的不同情况。

跨学科研究的定义

本书着重定义和评述跨学科研究出于两个实际原因。假如跨学科项目对其构想的跨学科是什么稀里糊涂，它们就不太可能提供跨学科教育有望提供的与众不同的教育成果。形成可持续、严谨而一致的跨学科研究项目，先要对何为跨学科有个清晰概念。因此，跨学科项目应该对其项目独有的特性形成局部观念(例如，它可能关注局部感兴趣的复杂问题)。此观念应该由第一章介绍的整合的跨学科定义所决定。

详尽评述定义的第二个原因是,跨学科仍然是广遭误解的教育与研究方法。其实,听到这种善意而不知情的学者主张已是家常便饭:"它无所不在",以及"我们早就这么做了"。也许这是真的,但根据的是什么标准?基于什么样的理论体系?既然跨学科据称无所不在,伴随这种主张的就是偶尔受到感召将局部跨学科项目掺进学科单元。说实话,这些学者不得不表明他们基于学科的跨学科观念如何受到其对于该领域文献与理论熟悉程度的左右。没有这种基础,他们"从事跨学科"的主张就不足为信。

本科生与研究生最有前途的发展是跨界活动增多。这使得跨学科项目比以往更有必要,因为它们能为校园内跨学科教育和研究提供智力重心。风险在于项目会被错误地当成跨学科进行介绍,但未能提供指引跨学科研究的认识。即便粗略阅读该领域大量文献也表明,具有广度与复杂性的跨学科不能被忽视或掺进狭隘的学科结构中(见斯佐斯塔克,2019)。

作为成熟学术领域的跨学科研究

本书表明跨学科研究能理直气壮地坚称自己是成熟的学术领域,在学术上配得上与学科平起平坐。必不可少的证明标准早在第一章就已确定并识别:对何为跨学科有一致认识;关于跨学科研究进程有一个整合的模式;有构成该领域教育与研究方法基础的理论体系;跨学科专家团体不断壮大;有大批不断增加的优秀实践方面的文献。这些文献处理关于特定问题的管理、评估、课程设计、教学、研究进程、理论、学生学习、技能发展和研究。它们主张跨学科研究者的责任是应该让自己熟悉起码是大致熟悉这类文献。

跨学科研究作为学术领域的出现有着深远意义,这里仅仅做个概述:(一)如今存在越来越精密的知识产品的范例,与学科的知识产品相容,但本质上不同于学科的知识产品;(二)本质上,这些范例与基于学科的学术管理结构不一致;(三)这些范例的灵活性为有见识的管理者、富有创新精神的学者和有进取心的学生提供了广泛的新机会。

研究模式

本书介绍的跨学科研究进程的整合模式基于若干假说:(一)跨学科研究者应该认同这种进程;(二)学科是跨学科事业的基础;(三)知识的累积不能也不应局限于现有范例;(四)整合是可以实现的认知进程。

通过介绍这种研究模式,本书处理了“学科在跨学科工作中应该发挥什么作用”这个有时会引起争议的议题。我们实际上表明的是跨学科研究者利用了专业化的研究。本书并不承认现有学科是整理专业化研究唯一或最佳的方式。学科提供了深度,而跨学科提供了广度和整合。跨学科研究对学科受限的关注范围起到了平衡作用。本书是跨学科研究者告诉学科同事“跨学科不是为了与学科竞争或取代学科,而是为了在学科优势基础上与学科共同努力超越其局限”的一种方式。正确认识跨学科研究会促使学科视野更广阔。在这一点上,文献一目了然:跨学科需要学科,与复杂议题相关的学科需要跨学科。这种相互依存(共生)告诫跨学科研究不要过分狂热、过于自负、目空一切。

理　论

本书介绍了支撑跨学科研究领域和研究模式的理论体系,包括复杂性理论、视野选取理论、共识理论、认知跨学科理论和创造性理论。研究领域还借鉴了领导—成员交换(Leader-member exchange)理论和批判理论(未介绍)以及与教学、语言学和刑事司法学等相关理论。此外,关于直觉的作用及其与创造性的联系、认识复杂性方面的见解、进行整合、运用跨学科研究进程等完成了突破性工作。尤其重要的是,跨学科哲学性基础理论的形成(正在进行),将跨学科完全置于思想史中,并确立了有关复杂性的认识论和本体论。

认识整合

在关于整合的论战中,本书站在“整合论者”一边,他们坚称整合是跨学科重要的鲜明特征,跨学科工作的目标应该是尽可能全面整合。低估、淡化、忽略跨学科观念中的整合,会挖空跨学科概念,极易使批评者认为“我们说是啥,跨学科就是啥”,还会给优秀跨学科工作的成果与评估带来困难。

本书至少以两种方式增进我们对整合的认识。第一,本书探究了一个长期抗拒定义的模糊概念,并表明它根本上是个认知进程,这是人类思维的天生趋势,人类思维为的就是整合式处理信息,让我们能适应现实的复杂性。我们已经表明,人类思维既包括有意识心理进程,也包括潜意识心理进程。尤其是本书介绍了作为整合先决条件的共识概念与理论。我们能运用可识别的技术在矛盾的学科概念、假说或理论之间创建共识,共识能使我们整合关于某个问题的见解并构建对该问题的更全面认识或理论化解释。第二,既然整合进程如今清晰透明,就需要反思与检验。

研究进程的目标与产物

本书解释了跨学科研究进程的目标与产物,即构建对问题的更全面认识。研究进程的这个步骤及其基本理论对跨学科研究极为重要,原因有二。第一,它通过使用基于课程与规划学习成果的评价量规使更严谨更细致地评估跨学科工作成为可能;第二,扩充了的跨学科观念有效地将跨学科工作与现实世界以创造性的新方式联系起来,因为研究工作的产物包括实践的、有意图的和绩效导向的工作。

跨学科的认知成果

本书简要探讨了与跨学科教育研究相关的认知能力、成果和基本理论。学生、学者和管理者应该知晓研究进程所涉及的跨学科问题解决方法和决策如何有别于在传统学科背景下进行的教学。例如,近期教学理论的一个重要成果表明，不断经历跨学科思维，学生会形成更成熟的认识论信念，增强批判思维能力、元认知技能以及对源自不同学科的视野间关系的认识。学生进入职场或继续研究生学业，需要这些重要的认知能力。从更普遍的意义上说，他们学到的技能对几乎任何工作和生活都有好处，能让他们有意识地反思如何解决可能面临的任何复杂问题（见雷普克、斯佐斯塔克、布赫伯格，2020）。

跨学科研究进程如何进展的不同情况

最后，本书解释了学科见解源自自然科学、社会科学或人文科学时跨学科研究进程如何进展的不同情况。尤其是社会科学和自然科学生成的见解通常依赖理论来解释它们所研究现象之间的关系。在这些背景下的整合包括介绍综合了若干竞争性理论要素以实现全面整合目标的整合理论。美术与表演艺术的学者，往往还有研究美术与表演艺术的人文科学，更喜欢为读者或所考虑的受众准备一系列供选择的整合。

面向未来

跨学科研究要在21世纪实现其提升知识的潜能，需要出现若干进步，本书鼓励其中每个进步。一个是设计一门如何进行跨学科研究课程的需求。该课程应该纳入在完成跨学科研究课程领域入门后、选修需要实质性研究的高级课程前每个项目所需的核心课程。这样一门关于跨学科研究进程（及其基本理论）的课程会向学生表明跨学科工作如何有别于学科工作，并为他们在主题型或问题型高级课程上进行研究与写作作好准备。它会允许最新课程对于各种背景下的跨学科属性进行更深入的研讨，并更细致地处理概念性、理论性和方法性议题。添加这样一门课程会在高度重视研究方法课程的学科研究者中提高项目的学术地位。至少，更专注地聚焦如何进行跨学科研究会减轻学科关于跨学科工作不够严谨的批评，并实现学科深度与跨学科广度的平衡。（本书广泛用于研究生教学，往往结合关于多元化教学法研究的著作。本书可以有效指引研究生如何实施跨学科研究。）

第二个需求是指导教职员，他们是该领域的新手，或独自从事跨学科研究但没时间埋头文献或追踪关于跨学科研究进程的文献。除了少数例外(如美国研究)，大多数在跨学科项目中教学的教职员本身接受的是某门学科的训练，而在其专业后期才选取跨学科方法。有些可能已经形成跨学科研究的独特风格，因为直到最近提供给他们的专业文献，还很少。有些教职员可能未复查近年来的专业文献并可能忽略了其急剧增长的复杂性、分析深度与实用性。但是，研究生很可能在进行跨学科研究中找到了这些专业文献(正如上文所指出的，本书常用于研究生项目)。有些教职员指导的研究生可能比导师更熟悉跨学科专业文献，这种情况越来越多。这个缺陷需要弥补。

最后，对于更多研究来说，需要明确的跨学科方法以及创造性地运用本书介绍的研究模式(或其某个变体)。期刊文章与著作的出版带来了希望，因为它们演示了使用跨学科方法处理大量复杂问题的功效，其中最知名的有《跨学科研究的个案研究》(雷普克、纽厄尔、斯佐斯塔克，2012)。其实，具有持久重要性的突破性进展日益成为不同知识形态与研究文化之间互相影响的产物。跨学科研究者给复杂问题带来的是认识能力与技术的装备、实现整合的进程以及构建更全面解决方案的技术。本书介绍的研究模式有望鼓舞、激励新一代学生与学者从事这项急需的工作。

附录　跨学科资源

协　会

美国研究协会(ASA),www.theasa.net

关于作为跨学科学术领域的美国研究现状概述,请参阅 S.布朗纳[Bronner,S.](2008)《美国研究协会院系与项目调查,2007:结论与方案》。《美国研究协会通讯》三月刊,2011 年 7 月 14 日检索自

http://www.theasa.net/images/uploads/Final_Copy_Simon_Bronner_Article_PDF.pdf。

美国高校协会(AAC&U),http://www.aacu.org

AAC&U 是有关本科文科教育质量、活力与公共地位的重要全国性协会。整合教学在其众多会议与出版物中是个经常性主题。

通识与文科研究协会(AGLS),http://web.oxford.emory.edu

AGLS 是决意改进两年制及四年制通识与文科教育的学习者(教师、学生、管理者和毕业生)园地。作为倡导者,AGLS 跟踪通识教育和人文研究中的变化,并赞助能促进成功教学、课程创新与有效学习的专业活动。

跨学科研究协会(AIS),http://www.units.muohio.edu/aisorg

AIS 的前身是整合研究协会,创立于 1979 年,是为促进学者与管理者之间交流思想的跨学科专业组织。网站上可以免费下载的材料包括协会的刊物、通讯、同行评审过的课程大纲、学士与博士项目名录、有关跨学科教学研究与管理最佳做法的建议、跨学科评估工具以及一系列附有目录的核心出版物。AIS 期刊《跨学科研究问题》(前身为《整合研究问题》)上发表的文章涉及广泛的跨学科主题,包括评估、教学、项目发展、研究进程、理论、关于跨学科地位与挑战的专题报告等。

整合与实施科学(I2S),http://i2s.anu.edu.au

I2S 注重整合在跨学科研究中的作用。它还强调跨学科研究向公共政策的转换。其网站位于澳大利亚,集纳了种类繁多的资源,包括进行跨学科研究的工具和其他相关网站的链接。

超学科研究网络(td-net),www.transdisciplinarity.ch/index/Aktuell/News.html

td-net 由瑞士科学院资助,是包括欧洲以及欧洲之外学者的组织,在研究与教学上支持超学科研究。它定义超学科的方式非常类似于本书奉行的跨学科定义,但重在让学术圈外的人参与。td-net 网站有众多资源,包括有用的书目。

团队科学的科学,www.scienceofteamscience.org

正如标题所示,该组织关注团队研究的挑战:既有整合见解及跨越不同视野交流的认知挑战,也有协作与领导的个人挑战。其网站提供了众多资源,包括一套成功团队研究的策略。

数 据 库

学术检索大全

学术检索大全是目前世界上最大的学术性、多学科全文数据库,提供了其他数据库找不到的出处多样的重要信息，包括经同行评审的差不多4600种期刊的全文文章，逾百种学术杂志上溯至1965年或创刊号（以最近时间为准）。研究领域包括社会科学、人文科学、自然科学和工程学等。

ERIC

ERIC（教育资源信息中心）数据库由美国教育部主办，提供了大量与教育相关的文献。该数据库对应着两种印刷刊物——《教育资源》（RIE）和《教育刊物通用索引》（CIJE），这两份刊物提供了对约14000个文档以及每年逾20000篇期刊文章的访问权。此外，ERIC还提供政府文件、学位论文、专题论文、报告、影音媒介等内容。

H-Net，www.h-net.org

H-Net是为教师与学者提供思想交流论坛及艺术、人文和社会科学资源的"国际跨学科组织"。该数据库包括逾百种免费、编辑过的电子邮件清单和网站，支持跨学科领域的交流。

JSTOR

JSTOR（期刊库）是包括主要来自大学出版社与专业协会出版社超过620种全文学术期刊的档案馆。其主题领域包括非洲裔美国人研究、人类学、亚洲研究、植物学、生态学、经济学、教育学、金融学、民间传说、历史学、科技史、语言文学、数学、哲学、政治科学、人口研究、公共政策管理、科学、斯拉夫研究、社会学和统计学等。

ProQuest 国际学位论文摘要

ProQuest国际学位论文摘要数据库包含来自北美与欧洲机构的专题论文和学位论文的引文。

知识网络

知识网络包含来自汤森路透的"扩展科学引文索引""社会科学引文索引"和"艺术与人文科学引文索引"的摘要和引文。该数据库允许按主题词、作者姓名、期刊标题或作者简历检索，并允许检索引用某位作者或某部作品的文章。它列出了引用的参考文献(书目)以便进一步检索。

世界猫

世界猫包含逾3200万条记录,描述了全世界众多图书馆拥有的图书等资料。

在线资源

卡尔顿跨学科科学与数学倡议(CISMI),http://serc.carleton.edu/cismi/index.html

该网站汇集了支持跨学科与整合教学活动的文献和资源,主要涉及科学与数学方面。领域包括关于专业跨学科思维与实践的研究、评估大学跨学科工作、跨学科教学策略、整合学习等。

跨学科研究计划,www.interdisciplinarystudiespz.org

该计划检验了由专家、教职员与学生进行的跨学科工作。基于对跨学科工作认知与社会方面的实用认识,该计划开发了指导高质量跨学科教育的实用工具。

期　　刊

跨学科研究期刊众多,这里介绍其中最有用的一些期刊。跨学科资源与跨学科课程设计之类关于跨学科主题的文章散见于专业期刊,其中有些定期推出跨学科专号。找到这些文章需要使用关键词检索和布尔检索法检索数据库。

Academic Exchange Quarterly, www.rapidintellect.com/AEQweb/

History of Intellectual Culture, www.ucalgary.ca/hic/homepage

The Integral Review, http://integral-review.org/

Issues in Interdisciplinary Studies, wwwp.oakland.edu/ais/publications/

Journal of General Education, http://muse.jhu.edu/journals/journal_of_general_education/

Journal of Interdisciplinary History, http://muse.jhu.edu/journals/jih/

Journal of Research Practice, http://jrp.icaap.org/index.php/jrp

检索策略

对于跨学科学生来说，找到跨学科资源通常不是个简单的过程。《图书馆趋势》45(2)的一期专刊标题中出现了一则描述识别并找到相关资源任务的比喻："航行学科间：图书馆与跨学科查询。"学生必须"航行"穿越多种知识论坛以找到相关信息。使用下列方法前，学生必须尽可能清晰简要地表述他们调查的问题或课题。

有四种"航行"方法或策略。第一种是使用传统的关键词检索法。常用的检索框选项是作者、标题、关键词和主题。作者和文章标题已知时，这种方法非常有效；假如该信息未知，就应该用关键词和主题检索。例如，假如所研究问题是"儿童肥胖成因：跨学科分析"，主要检索词就是*肥胖*。检索会识别来自多门学科的专家撰写的大量文章。学生必须识别这些作者代表的学科，因为跨学科研究计划通常包括从三门或多门学科的视野分析问题。

第二种方法是布尔检索法。该策略在需要将引文数目缩小至与问题最相关时有用。例如，对问题"自杀式恐怖袭击：跨学科分析"的关键词检索，会集中在*恐怖袭击*和*自杀式*，因为这些词是问题的核心。但是，在数据库中"航行"使用其中一个乃至两个都用，会产生数量庞大的引文。面对海量资源时使用布尔检索法的好处在于：它通过创建一"串"更精确表达检索的词语来完善检索。检索越完善，结果越到位。

布尔检索法基于词语 AND、OR 和 NOT。组合关键词与布尔检索法的基本公式如下：

________ AND ________ AND[OR]________[*填入检索词*]

插入词语*自杀式*和*恐怖袭击*，连接这两个词并减少相关资源的数目。通过在这串词里添加其他词（比如*激进主义*）可以做到更精确的检索。

减少资源数目的另一个方法是使用布尔检索法的NOT要素。例如,假如问题是年轻人枪支暴力,就在这串词中插入关键词年轻人、枪支和暴力,会生成大量引文。在这串词的NOT后添加一个限定词,如城市名或某类暴力(如凶杀),会生成更精确的结果。

________ AND ________ AND[OR]________ NOT ________[填入检索词]

克莱因(2003)指出,不同数据库的响应方式不同,因此学生应该准备好与检索串中的词语"打交道"。假如某个特定词语未生成满意的结果,就使用一个同义词,查阅特定数据库的同义词词典,或核对美国国会图书馆分类法(LCC)系统里的常用术语表。假如学生遇到更多问题,就应该咨询图书馆员。

第三种方法是联合检索。这个工具让跨学科研究者受益匪浅,因为它只要一次按键就能接入多个数据库。例如,ABI/INFORM数据库允许联合检索。

不论用的是什么策略,获取最相关的结果要求学生使用精确的关键词和布尔逻辑,而这需要对问题或课题的清晰表述。

第四种方法是使用图书馆分类系统分派给图书的主题标目进行检索。这里的好处是分类人员认真地为某部图书附上一个或多个主题:该主题可能会蹩脚地用图书标题表达(图书标题是在馆藏目录进行关键词检索所关注的内容)。这些受控主题标目减少了妨碍检索的术语歧义:使用不同词语谈论同一事物的图书还是应形成同样的主题标目(尽管主题标目可能依旧反映学科术语,因为所有主要图书分类法都是围绕学科编排的)。主题词检索的弊端(除了"它仅仅描述图书而不描述期刊文章"这个重要事实)在于,人们首先必须知道使用了哪些主题标目。在这一点上,馆藏目录往往会引导检索者。另一个策略是使用关键词检索找到一两个有用资源,然后使用分派给那些著作的主题标目进行进一步检索。可惜,许多馆藏目录注重关键词检索并使得主题词检索困难重重或无法实现(关于图书分类法如何过于为难跨学科研究者的更多信息,见马丁,2017;斯佐斯塔克、尼奥利、洛佩兹—维尔塔斯,2016;麦克[Mack]、吉布森[Gibson],2012)。

跨学科研究核心资源

评估与评价

Boix Mansilla，V.（2005）. Assessing Student Work at Disciplinary Crossroads. *Change*，*37*，14-21.

Boix Mansilla，V.（2010）. Learning to Synthesize：The Development of Interdisciplinary Understanding. In R. Frodeman，J. T. Klein，& C. Mitcham（Eds.），*The Oxford Handbook of Interdisciplinarity*（pp. 288-291）. New York，NY：Oxford University Press.

Boix Mansilla，V.，Duraising，E. D.，Wolfe，C. R.，& Haynes，C.（2009）. Targeted Assessment Rubric：An Empirically Grounded Rubric for Interdisciplinary Writing. *The Journal of Higher Education*，*80*(3)，334-353.

Brooks，B.，& Widders，E.（2012）Interdisciplinary Studies and the Real World：A Practical Rationale for and Guide to Postgraduation Evaluation and Assessment. *Issues in Integrative Studies*，*30*，75-98.

Field，M.，Lee，R.，& Field，M. E.，Assessing Interdisciplinary Learning. In J. T. Klein & W. Doty（Eds.），*Interdisciplinary Studies Today*（pp. 69-84）. San Francisco，CA：Jossey-Bass.

Field，M. & Stowe，D.（2002），Transforming Interdisciplinary Teaching and Learning through Assessment. In C. Haynes（ed.），*Innovations in Interdisciplinary Teaching*（pp. 256-274）. Westport，CT：Oryx Press.

Huutoniemi，K.（2010）. Evaluating Interdisciplinary Research. In R. Frodeman，J. T. Klein，& C. Mitcham(Eds.)，*The Oxford Handbook of Interdisciplinarity*（pp. 309-320）. New York，NY：Oxford University Press.

Ivanitskaya，L.，Clark，D.，Montgomery，G.，& Primeau，R.

(2002). Interdisciplinary Learning: Process and Outcomes. *Innovative Higher Education*, *27*(2), 95-111.

Klein, J. T. (2002). Assessing Interdisciplinary Learning K-16. In J. T. Klein (Ed.), *Interdisciplinary Education in K-16 and College: A Foundation for K-16 Dialogue* (pp. 179-196). New York, NY: The College Board.

Klein, J. T. (2006). Afterword: The Emergent Literature on Interdisciplinary and Transdisciplinary Research Evaluation. *Research Evaluation*, *15*(1), 75-80.

Klein, J. T. (2008). Evaluation of Interdisciplinary and Transdisciplinary Research: A Literature Review. *American Journal of Preventative Medicine*, *35*(2S), S116-S123.

Lyall, C., Bruce, A. Tait, J., & Meagher, L. (2011). *Interdisciplinary Research Journeys*. London, UK: Bloomsbury Academic.

Popham, W. J. (1997, October). What's Wrong—and what's right—with Rubrics. *Educational Leadership*, 72-75.

Repko, A. F. (2008). Assessing Interdisciplinary Learning Outcomes. *Academic Exchange Quarterly*, *12*(3), 171-178.

Research Evaluation. (2006). [Special issue devoted to evaluating interdisciplinary research.] *15*(1), 1-80. Retrieved July 14, 2011, from http://www. ingentaconnect. com/content/beech/rev/2006/00000015/00000001;jsessionid=72tg4b5q5k61e. alice.

Seabury, M. B. (2004). Scholarship about Interdisciplinarity: Some Possibilities and Guidelines. *Issues in Integrative Studies*, *22*, 52-84.

Wolfe, C., & Haynes, C. (2003). Interdisciplinary Assessment Profiles. *Issues in Integrative Studies*, *21*, 126-169.

书目与文献评介

Chettiparamb, A. (2007). *Interdisciplinarity: A Literature Review*. Southampton, UK: University of Southampton. Retrieved

July 14, 2011, from http://www.heacademy.ac.uk/assets/York/-documents/our work/sustainability/interdisciplinarity_literature_review.pdf.

Dubrow, G. L. (2007). *Interdisciplinary Approaches to Teaching, Research, and Knowledge: A Bibliography*. Retrieved July 14, 2011, from http://www.grad.umn.edu/oii/Leadership/inter disciplinary_bibliogra phy.pdf.

Holly, K. A. (2009). Understanding Interdisciplinary Challenges and Opportunities in Higher Education. *ASHE Higher Education Report*, *35*(2). San Francisco, CA: Jossey-Bass.

Klein, J. T. (2006, April). Resources for Interdisciplinary Studies. *Change*, 52-56, 58.

协作

Amey, M. J., & Brown, D. F. (2004). *Breaking out of the Box: Interdisciplinary Collaboration and Faculty Work*. Greenwich, CT: Information Age.

Derry, S. J., Schunn, C. D., & Gernsbacher, M. A. (Eds.). (2005). *Interdisciplinary Collaboration: An Emerging Cognitive Science*. Mahwah, NJ: Lawrence Erlbaum Associates.

Hall, K. L., Vogel, A. L., Huang, G. C., Serrano, K. J., Rice, E. L., Tsakraklides, S. P., & Fiore, S. M. (2018). The Science of Team Science: A Review of the Empirical Evidence and Research Gaps on Collaboration in Science. *American Psychologist*, *73*(4), 532-548.

O'Rourke, M., Crowley, S., Eigenbrode, S. D., & Wulfhorst, J. D. (Eds.). (2013). *Enhancing Communication and Collaboration in Interdisciplinary Research*. Thousand Oaks, CA: Sage.

比较国家视野

Lenoir, Y., & Klein, J. T. (2010). Interdisciplinarity in

Schools: A Comparative View of National Perspectives. *Issues in Integrative Studies*, *28*.

创造力

Darbellay, F. Moody, Z., & Lubart, T. (Eds.). (2017). *Creative Design Thinking from an Interdisciplinary Perspective*. Berlin, Germany: Springer.

课程设计

Association for Interdisciplinary Studies. (2017). *Interdisciplinary General Education*. Retrieved from https://oakland.edu/ais/publications/. [Click on "Resources"]

Augsburg, T. (2003). Becoming Interdisciplinary: The Student Portfolio in the Bachelor of Interdisciplinary Studies Program at Arizona State University. *Issues in Integrative Studies*, *21*, 98-125.

Borrego, M., & Newswander, L. K. (2010). Definitions of Interdisciplinary Research: Toward Graduate-level Interdisciplinary Learning Outcomes. *The Review of Higher Education*, *34*, 1.

Linkon, S. (2004). *Understanding Interdisciplinarity: A Course Portfolio*. Retrieved July 14, 2011, from http://www.educ.msu.edu/cst/events/2004/linkon.htm.

Newell, W. H. (1994). Designing Interdisciplinary Courses. In J. T. Klein & W. G. Doty (Eds.), *New Directions for Teaching and Learning*: *Vol. 58. Interdisciplinary Studies Today* (pp. 35-51). San Francisco, CA: Jossey-Bass.

Repko, A. F. (2006). Disciplining Interdisciplinarity: The Case for Textbooks. *Issues in Integrative Studies*, *24*, 112-142.

Repko, A. F. (2007). Interdisciplinary Curriculum Design. *Academic Exchange Quarterly*, *11*(1), 130-137.

Spelt, E. J. H., Biemans, J. A. H., Pieternel, H. T., Luning, A., & Mulder, M. (2009). Teaching and Learning in Interdisciplinary Higher Education: A Systematic Review, *Educational Psychology Review*, *21*, 365-378.

Szostak, R. (2003). Comprehensive Curricular Reform: Providing Students with an Overview of the Scholarly Enterprise. *Journal of General Education 52*(1), 27-49.

Vess, D. (2000-2001). *Interdisciplinary Learning, Teaching, and Research*. Retrieved July 14, 2011, from http://www.faculty.de.gcsu.edu/～dvess/ids/courseportfolios/front.htm.

跨学科定义

About Interdisciplinarity (n. d.). Retrieved from http://www-wp.oakland.edu/ais/[Click on "Resources"]

Committee on Facilitating Interdisciplinary Research. (2004). *Facilitating Interdisciplinary Research*. Washington, DC: National Academies Press.

Klein, J. T. (1996). *Crossing Boundaries: Knowledge, Disciplinarities, and Interdisciplinarities*. Charlottesville: University Press of Virginia.

Klein, J. T., & Newell, W. H. (1997). Advancing Interdisciplinary Studies. In J. G. Gaff, J. L. Ratcliff, & Associates (Eds.), *Handbook of the Undergraduate Curriculum: A Comprehensive Guide to Purposes, Structures, Practices, and Change* (pp. 393-415). San Francisco, CA: Jossey-Bass.

Szostak, R. (2015). Extensional Definition of Interdisciplinarity. *Issues in Interdisciplinary Studies*, *33*, 94-117.

实践领域

科学技术

Committee on Facilitating Interdisciplinary Research. (2004). *Facilitating Interdisciplinary Research*. Washington, DC: National

Academies Press.

Culligan, P. J., & Pena-Mora, F. (2010). Engineering. In R. Frodeman, J. T. Klein, & C. Mitcham (Eds.), *The Oxford Handbook of Interdisciplinarity* (pp. 147-160). New York, NY: Oxford University Press.

Oberg, G. (2011). Interdisciplinary Environmental Studies: A Primer. Oxford, UK: Wiley-Blackwell.

Weingart, P., & Stehr, N. (2000). *Practising Interdisciplinarity*. Toronto, Canada: University of Toronto Press.

社会科学

Calhoun, C., & Rhoten, D. (2010). Integrating the Social Sciences: Theoretical Knowledge, Methodological Tools, and Practical Applications. In R. Frodeman, J. T. Klein, & C. Mitcham (Eds.), *The Oxford Handbook of Interdisciplinarity* (pp. 103-118). New York, NY: Oxford University Press.

Fuchsman, K. (2012). Interdisciplines and Interdisciplinarity: Political Psychology and Psychohistory Compared. *Issues in Integrative Studies*, *30*, 128-154.

Kessel, F., Rosenfield, P. L., & Anderson, N. B. (Eds.). (2003). *Expanding the Boundaries of Health and Social Sciences: Case Studies in Interdisciplinary Innovation*. New York, NY: Oxford University Press.

Klein, J. T. (2007). Interdisciplinary Approach. In S. Turner & W. Outhwaite (Eds.), *Handbook of Social Science Methodology* (pp. 32-50). Thousand Oaks, CA: Sage.

Miller, R. C. (2018). *International Political Economy: Contrasting World Views* (2nd ed.). New York, NY: Routledge.

Smelser, N. J. (2004). Interdisciplinarity in Theory and Practice. In C. Camic & H. Joas (Eds.), *The Dialogic Turn: New Roles for Sociology in the Postdisciplinary Age* (pp. 34-46). Lanham, MD: Rowman & Littlefield.

人文科学

Bal, M. (2002). *Traveling Concepts in the Humanities*. Toronto, Canada: University of Toronto Press.

Fredericks, S. E. (2010). Religious Studies. In R. Frodeman, J. T. Klein, & C. Mitcham (Eds.), *The Oxford Handbook of Interdisciplinarity* (pp. 161-173). New York, NY: Oxford University Press.

Klein, J. T. (2005). *Humanities, Culture, and Interdisciplinarity: The Changing American Academy*. Albany: State University of New York Press.

Klein, J. T., & Parncutt, R. (2010). Art & Music Research. In R. Froedeman, J. T. Klein, & C. Mitcham (Eds.), *The Oxford Handbook of Interdisciplinarity* (pp. 133-146). New York, NY: Oxford University Press.

跨学科史

Klein, J. T. (1990). *Interdisciplinarity: History, Theory and Practice*. Detroit, MI: Wayne State University Press.

Klein, J. T. (1999). *Mapping Interdisciplinary Studies: The Academy in Transition Series* (Vol. 2). Washington, DC: Association of American Colleges and Universities.

Moran, J. (2002). *Interdisciplinarity*. London, UK: Routledge.

Newell, W. H. (2008). The Intertwined History of Interdisciplinary Undergraduate Education and the Association for Integrative Studies: An Insider's View. *Issues in Integrative Studies*, *26*, 1-59.

Wernli, D., & Darbellay, F. (2017) *Interdisciplinarity and the 21st Century Research—Intensive University. Report for the League of European Research Universities*. Retrieved from https://www.leru.org/publications/interdisciplinarity-and-the-21st-century-research-intensive-university.

信息研究

Mack, D. C., & Gibson, C. (Eds.). (2012). *Interdisciplinarity and Academic Libraries*. Chicago: Association of Research and College Libraries.

Martin, V. (2017). *Transdisciplinarity Revealed: What Librarians Need to Know*. Santa Barbara: Libraries Unlimited.

Palmer, C. L. (1999). Structures and Strategies of Interdisciplinary Science. *Journal of the American Society for Information Science*, *50*(3), 242-253.

Palmer, C. L. (2001). Work at the Boundaries of Science: Information and the Interdisciplinary Research Process. Boston, MA: Kluwer Academic.

Palmer, C. L. (2010). Information Research on Interdisciplinarity. In R. Frodeman, J. T. Klein, C. Mitcham, & J. B. Holbrook (Eds.), *The Oxford Handbook of Interdisciplinarity* (pp. 174-188). New York, NY: Oxford University Press.

Palmer, C. L., & Neuman, L. J. (2002). The Information work of Interdisciplinary Humanities Scholars: Exploration and Translation. *The Library Quarterly*, *72*(1), 85-117.

Palmer, C. L., Teffeau, L. C., & Pirmann, C. M. (2009). *Scholarly Information Practices in an Online Environment: Themes from the Literature and Implications for Library Service Development*. Dublin, OH: Online Computer Library Center.

Szostak, R. (2008). Classification, Interdisciplinarity, and the Study of Science. *Journal of Documentation*, *64*(3), 319-332.

Szostak, R., Gnoli, C., & Lopez-Huertas, M. (2016). *Interdisciplinary Knowledge Organization*. Berlin, Germany: Springer.

整合

McDonald, D., Bammer, G., & Deane, P. (2009). *Research Integration Using Dialogue Methods*. Canberra, Australia: ANU

Press.

Newell, W. H. (2006). Interdisciplinary Integration by Undergraduates. *Issues in Integrative Studies*, *24*, 89-111.

Newell, W. H. (2007). Decision Making in Interdisciplinary Studies. In G. Morçöl (Ed.), *Handbook of Decision Making* (pp. 245-264). New York, NY: Marcel-Dekker.

O'Rourke, M., Crowley, S., & Gonnerman, C. (2016). On the Nature of Cross-disciplinary Integration: A Philosophical Framework. *Studies in History and Philosophy of Biological and Biomedical Sciences*, *56*, 62-70.

Piso, Z., O'Rourke, M., & Weathers, K. (2016). Out of the Fog: Catalyzing Integrative Capacity in Interdisciplinary Research. *Studies in History and Philosophy of Science*, *56*, 84-94.

Pohl, C., van Kirkhoff, L., Hadorn, G. H., & Bammer, G. (2008). Integration. In G. H. Hadorn, H. Hoffman-Riem, S. Biber-Klemm, W. Grossbacher-Mansuy, D. Joye, C. Pohl, U. Wiesmann, & E. Zemp (Eds.), *Handbook of Transdisciplinary Research* (pp. 411-426). Berlin, Germany: Springer.

Repko, A. F. (2007). Integrating Interdisciplinarity: How the Theories of Common Ground and Cognitive Interdisciplinarity are Informing the Debate on Interdisciplinary Integration. *Issues in Integrative Studies*, *27*, 1-31.

Sill, D. (1996). Integrative Thinking, Synthesis, and Creativity in Interdisciplinary Studies. *Journal of General Education*, *45* (2), 129-151.

Spooner, M. (2004). Generating Integration and Complex Understanding: Exploring the Use of Creative Thinking Tools within Interdisciplinary Studies. *Issues in Integrative Studies*, *22*, 85-111.

文献与资源指南

Ackerson, L. G. (Ed.). (2007). *Literature Search Strategies for Interdisciplinary Research: A Sourcebook for Scientists and Engineers*. Lanham, MD: Scarecrow Press.

Fiscella, J. (1996). Bibliography as an Interdisciplinary Service. *Library Trends*, *45*(2), 280-295.

Fiscella, J. B., & Kimmel, S. E. (Eds.). (1999). *Interdisciplinary Education: A Guide to Resources*. New York, NY: College Entrance Examination Board.

Klein, J. T. (2006). Resources for Interdisciplinary Studies. *Change*, April, 52-56, 58.

Klein, J. T., & Newell, W. H. (2002). Strategies for Using Interdisciplinary Resources Across K-16. *Issues in Integrative Studies*, *20*, 139-160.

Newell, W. H. (2007). Distinctive Challenges of Library-based Research and Writing: A Guide. *Issues in Integrative Studies*, *25*, 84-110.

Palmer, C. L. (2001). *Work at the Boundaries of Science: Information and the Interdisciplinary Research Process*. Boston, MA: Kluwer Academic.

Palmer, C. L., & Neumann, L. J. (2002). The Information Work of Interdisciplinary Humanities Scholars: Exploration and Translation. *Library Quarterly*, *72*, 85-117.

教学法

Arvidson, P. S. (2015). Cultivating Integrity: Balancing Autonomy and Discipline in Integrative Programs. In Hughes, P., Muñoz, J. & Tanner, M. N. (Eds.), *Perspectives in Interdisciplinary and Integrative Studies* (pp. 95-116). Lubbock: Texas Tech University Press.

Davis, J. (1995). *Interdisciplinary Courses and Team Teaching: New Arrangements for Learning*. Phoenix, AZ: Oryx Press.

Foshay, R. (Ed.). (2011). *Valences of Interdisciplinarity: Theory, Practice, Pedagogy*. Edmonton, AB, Canada: Athabasca

University Press.

Haynes, C. (Ed.). (2002). *Innovations in Interdisciplinary Teaching*. American Council on Education. Series on Higher Education. Westport, CT: Oryx Press/Greenhaven Press.

Kain, D. L. (2005). Integrative Learning and Interdisciplinary Studies. *Peer Review*, *7*(4), 8-10.

Klein, J. T. (Ed.). (2002). *Interdisciplinary Education in K-12 and College: A Foundation for K-16 Dialogue*. New York, NY: The College Board.

Newell, W. H. (2001). Powerful Pedagogies. In B. L. Smith & J. McCann (Eds.), *Reinventing Ourselves: Interdisciplinary Education, Collaborative Learning and Experimentation in Higher Education* (pp. 196-211). Bolton, MA: Anker Press.

Newell, W. H. (2006). Interdisciplinary Integration by Undergraduates. *Issues in Integrative Studies*, *24*, 89-111.

Repko, A. F. (2006). Disciplining Interdisciplinary Studies: The Case for Textbooks. *Issues in Integrative Studies*, *24*, 112-142.

Seabury, M. B. (Ed.). (1999). *Interdisciplinary General Education: Questioning Outside the Lines*. New York, NY: The College Board.

Szostak, R. (2007). How and Why to Teach Interdisciplinary Research Practice. *Journal of Research Practice*, *3*(2), Article M17.

van der Lecq, R. (2016). Self-authorship Characteristics of Learners in the Context of an Interdisciplinary Curriculum. Evidence from Reflections. *Issues in Integrative Studies 34*, 79-108.

项目发展与可持续性

Augsburg, T., & Henry, S. (Eds.). (2009). *The Politics of Interdisciplinary Studies: Interdisciplinary Transformation in Undergraduate American Higher Education*. Jefferson, NC: McFarland.

Carmichael, T. S. (2004). *Integrated Studies: Reinventing Undergraduate Education*. Stillwater, OK: New Forum Press.

Chandramohan, B., & Fallows, S. (Eds.). (2009). *Interdisciplinary Learning and Teaching in Higher Education: Theory and Practice*. London, UK: Routledge.

Holley, K. A. (2009). Interdisciplinary Strategies as Transformative Change in Higher Education. *Innovations in Higher Education*, *34*, 331-344

Klein, J. T. (2010). *Creating Interdisciplinary Campus Cultures: A Model for Sustainability and Growth*. San Francisco, CA: Jossey-Bass.

Klein, J. T. (2013). The State of the Field: Institutionalization of Interdisciplinarity. *Issues in Interdisciplinary Studies*, 66-74.

Lyall, C., Bruce, A., Tait, J., & Meagher, L. (2011). *Interdisciplinary Research Journeys*. London, UK: Bloomsbury Academic.

Seabury, M. B. (Ed.). (1999). *Interdisciplinary General Education: Questioning Outside the Lines*. New York, NY: The College Board.

Smith, B. L., & McCann, J. (Eds.). (2001). *Reinventing Ourselves: Interdisciplinary Education, Collaboration, Learning, and Experimentation in Higher Education*. San Francisco, CA: Anker/Jossey-Bass.

Thew, N. (2007). *The Impact of the Internal Economy of Higher Education Institutions on Interdisciplinary Teaching and Learning*. England: University of Southampton.

研究实践

Atkinson, J., & Crowe, M. (Eds.). (2006). *Interdisciplinary Research: Diverse Approaches in Science, Technology, Health and Society*. West Sussex, England: Wiley.

Bergmann, M., Jahn, T., Knobloch, T. Krohn, W., Pohl,

C., & Schramm, E. (2012). *Methods for Transdisciplinary Research: A Primer for Practice*. Berlin, Germany: Campus.

Boix Mansilla, V. (2006). Interdisciplinary Work at the Frontier: An Empirical Examination of Expert Interdisciplinary Epistemologies. *Issues in Integrative Studies*, *24*, 1-31.

Committee on Facilitating Interdisciplinary Research. (2004). *Facilitating Interdisciplinary Research*. Washington, DC: National Academies Press.

Hadorn, G. H., Hoffmann-Riem, H., Biber-Klemm, S., Grossenbacher-Mansuy, W., Joye, D., Pohl, C., ... & Zemp, E. (Eds.). (2008). *Handbook of Transdisciplinary Research*. New York, NY: Springer.

Hesse-Bulber, S., & Johnson, R. B. (Eds.). (2015). *Oxford Handbook of Multimethod and Mixed Method Research*. Oxford, UK: Oxford University Press.

Hughes, P. C., Muñoz, J. S., & Tanner, M. N. (Eds.). (2015). *Perspectives in Interdisciplinary and Integrative Studies*. Lubbock: Texas Tech University Press.

Newell, W. H. (2007). Decision Making in Interdisciplinary Studies. In G. Morçöl (Ed.), *Handbook of Decision Making* (pp. 245-264). New York, NY: Marcel-Dekker.

Palmer, C. L. (2010). Information Research on Interdisciplinarity. In R. Froedeman, J. T. Klein, & C. Mitcham (Eds.), *The Oxford Handbook of Interdisciplinarity* (pp. 174-188). New York, NY: Oxford University Press.

Palmer, C. L., & Neumann, L. J. (2002). The Information Work of Interdisciplinary Humanities Scholars: Exploration and translation. *Library Quarterly*, *72*, 85-117.

Repko, A. F., Newell, W. H., & Szostak, R. (2012). *Case Studies in Interdisciplinary Research*. Thousand Oaks, CA: Sage.

Rowe, J. W. (2003). Approaching Interdisciplinary Research. In F. Kessel, P. L. Rosenfield, & N. B. Anderson (Eds.), *Ex-*

panding the Boundaries of Health and Social Science (pp. 3-12). New York, NY: Oxford University Press.

Szostak, R. (2009). *The Causes of Economic Growth: Interdisciplinary Perspectives*. Berlin, Germany: Springer.

Szostak, R. (2012). The Interdisciplinary Research Process. In A. F. Repko, W. H. Newell, & R. Szostak(Eds.), *Case Studies in Interdisciplinary Research* (pp. 3-20). Thousand Oaks, CA: Sage.

Szostak, R. (2013). The State of the Field: Interdisciplinary Research. *Issues in Interdisciplinary Studies*, *31*, 44-65.

Wallis, S. E. (2014). Existing and Emerging Methods for Integrating Theories within and between Disciplines. *Journal of Organisational Transformation & Social Change*, *11*, 3-24.

Weingart, P., & Stehr, N. (2000). *Practising Interdisciplinarity*. Toronto, Canada: University of Toronto Press.

理论

Bhaskar, R., Danermark, B., & Price, L. (2016). *Interdisciplinarity and Wellbeing: A Critical Realist General Theory of Interdisciplinarity*. London: Routledge.

Boix Mansilla, V. (2006). Interdisciplinary Work at the Frontier: An Empirical Examination of Expert Epistemologies. *Issues in Integrative Studies*, *24*, 1-31.

Henry, S. (2018). Beyond Interdisciplinary Theory: Revisiting William H. Newell's Integrative Theory from a Critical Realist Perspective. *Issues in Interdisciplinary Studies 36*: 2, 68-107.

Newell, W. H. (2001a). A Theory of Interdisciplinary Studies. *Issues in Integrative Studies*, *19*, 1-25.

Newell, W. H. (2001b). Reply to Respondents to "A Theory of Interdisciplinary Studies." *Issues in Integrative Studies*, *19*, 135-146.

Newell, W. H. (2010). Educating for a Complex World. *Liberal Education*, *96*(4), 6-11.

Newell, W. H. (2013). State of the Field: Interdisciplinary Theory. *Issues in Interdisciplinary Studies*, *31*, 22-43.

Repko, A. F. (2007). Integrating Interdisciplinarity: How the Theories of Common Ground and Cognitive Interdisciplinarity are Informing the Debate on Interdisciplinary Integration. *Issues in Integrative Studies*, *27*, 1-31.

Spooner, M. (2004). Generating Integration and Complex Understanding: Exploring the Use of Creative Thinking Tools within Interdisciplinary Studies. *Issues in Integrative Studies*, *22*, 85-111.

Szostak, R. (2004). *Classifying Science: Phenomena, Data, Theory, Method, Practice*. Dordrecht, The Netherlands: Springer.

Szostak, R. (2007). Modernism, Postmodernism, and Interdisciplinarity. *Issues in Integrative Studies*, *25*, 32-83.

Weingart, P., & Stehr, N. (2000). Practising Interdisciplinarity. Toronto, Canada: University of Toronto Press. Welch, J., IV. (2007). The Role of Intuition in Interdisciplinary Insight. *Issues in Integrative Studies*, *25*, 131-155.

Welch, J., IV. (2009). Interdisciplinarity and the History of Western Epistemology. *Issues in Integrative Studies*, *27*, 35-69.

Welch, J., IV. (2011). The Emergence of Interdisciplinarity from Epistemological Thought. *Issues in Integrative Studies*, *29*, 1-39.

Welch, J., IV. (2018). The Impact of Newell's "A Theory of Interdisciplinary Studies": Reflection and Analysis. *Issues in Interdisciplinary Studies*, *36*(2), 193-211.

其他著作

Augsburg, T. (2006). *Becoming Interdisciplinary: An Introduction to Interdisciplinary Studies* (2nd ed.). Dubuque, IA: Kendall/Hunt.

Czechowski, J. (2003). An Integrated Approach to Liberal Learning. *Peer Review*, 5(4), 4-7.

Graff, G. (1991, February 13). Colleges are Depriving Students of a Connected View of Scholarship. *The Chronicle of Higher Education*, p. 48.

领域概述

About Interdisciplinarity. Retrieved from http://wwwp.oakland.edu/ais/. [Click on "Resources"]

Bammer, G. (2013). *Disciplining Interdisciplinarity*. Canberra, Australia: ANU E-Press.

Bergmann, M., Jahn, T., Knobloch, T. Krohn, W. Pohl, C., & Schramm, E. (2012). *Methods for Transdisciplinary Research: A Primer for Practice*. Berlin, Germany: Campus.

Committee on Facilitating Interdisciplinary Research. (2004). *Facilitating Interdisciplinary Research*. Washington, DC: National Academies Press.

Foshay, R. (Ed.). (2011). *Valences of Interdisciplinarity: Theory, Practice, Pedagogy*. Edmonton, AB: Athabasca University Press.

Frodeman, R., Klein, J. T., & Mitcham, C. (Eds.). (2010). *The Oxford Handbook of Interdisciplinarity*. New York, NY: Oxford University Press.

Graff, G. (1991). Colleges are Depriving Students of a Connected View of Scholarship. *The Chronicle of Higher Education*, February 13, p. 48.

Huber, M. T., Hutchings, P., & Gale, R. (2005). Integrative Learning for Liberal Education. *Peer Review*, *7*(4), 4-7.

Kain, D. L. (1993). Cabbages and Kings: Research Directions in Integrated/Interdisciplinary Curriculum. *Journal of Educational Thought/Revue de la Pensee Educative*, *27*(3), 312-331.

Klein, J. T. (1999). *Mapping Interdisciplinary Studies*. Washington, DC: Association of American Colleges and Universities.

Klein, J. T., & Newell, W. H. (1997). Advancing Interdisciplinary Studies. In J. Gaff & J. Ratcliff (Eds.), *Handbook of the Undergraduate Curriculum: A Comprehensive Guide to Purposes, Structures, Practices, and Change* (pp. 393-415). San Francisco, CA: Jossey-Bass.

Lattuca, L. R. (2001). *Creating Interdisciplinarity: Interdisciplinary Research and Teaching among College and University Faculty*. Nashville, TN: Vanderbilt University Press.

Roberts, J. A. (2004). *Riding the Momentum: Interdisciplinary Research Centers to Interdisciplinary Graduate Programs*. Paper presented at the July 2004 Merrill conference, University of Kansas.

Szostak, R. (2019). *Manifesto of Interdisciplinarity*. Retrieved from https://sites.google.com/a/ualberta.ca/manifesto-of-interdisciplinarity/manifesto-of-interdisciplinarity.

Walker, D. (1996). *Integrative Education*. Eugene, OR: ERIC Clearinghouse on Educational Management.

学生教材

Augsburg, T. (2016). *Becoming Interdisciplinary: An Introduction to Interdisciplinary Studies* (3rd ed.). Dubuque, IA: Kendall/Hunt.

Menken, S., & Keestra, M. (Eds.). (2016). *An Introduction to Interdisciplinary Research*. Amsterdam, the Netherlands: Amsterdam University Press.

Repko, A. F. (2012). *Interdisciplinary Research: Process and Theory* (2nd ed.). Thousand Oaks, CA: Sage.

Repko, A. F., Szostak, R., & Buchberger, M. (2020). *Introduction to Interdisciplinary Studies* (3rd ed.). Thousand Oaks, CA: Sage.

Repko, A. F., Szostak, R., & Newell, W. (Eds.). (2012). *Case Studies in Interdisciplinary Research*. Thousand Oaks, CA: Sage.

重要术语词汇表

Adequacy(熟识)(跨学科意义):对每门学科认知图的认识,充分识别学科关于问题的视野、认识论、假说、概念、理论和方法,以认识学科对特定问题的见解。

Antidisciplinary(反学科):对包括"生活经验"、口头传说以及长辈对传说的诠释在内的"知识"与"证据"喜欢抱有更开放的认识(维克斯,1998,第23—26页)。

Applied fields(应用领域):包括商业(及其众多子领域如金融、市场销售和管理)、传播学(及其各种子领域,包括广告业、演讲和新闻业)、刑事司法学与犯罪学、教育学、工程学、法学、医学、护理学和社会工作等。

Assumptions(假说):构成学科整体及其总体现实观基础的准则,正如该术语所暗示的,这些准则被当成真理接受,学科的理论、概念、方法和课程都以此为基础。

Causal arguments(因果论证):研究任何特定情境或论点的深层原因,并分析是什么造成了某个趋势、事件或特定后果。

Causal or propositional integration(因果式或命题式整合):指的是组合来自学科理论化解释的真理性断言以形成一个整合的理论,即跨学科的且更全面的新命题。

Causal relationship or link(因果关系或联系):指的是一个变量的

变化如何产生或导致另一个变量的变化。理论解释因果关系。

Close reading(精读):需要认真分析文本并密切留意词语、句法以及句子与思想呈现次序的现代批评方法。

Cognitive advancement(认知进步):更全面认识。

Cognitive discord(认知失谐):学科从业者对学科基本要素意见不一。

Common ground(共识):存在于矛盾学科见解或理论间的共有基础,并使整合成为可能。

Common ground integrator(共识集成):矛盾见解(无论是学科见解还是利益攸关方见解)能借以被整合的假说、概念或理论。

Complexity(复杂性):指的是某个现象或问题的各部分以出乎意料的方式相互作用。

Complexity(复杂问题)(操作性定义):问题有多种成分,由不同学科研究。

Concept(概念):用语言表达的符号,代表某个现象或从特定事例概括出的某个抽象思想。

Concept or principle map(概念图或原理图):安排关于问题的信息,展示问题成分之间的重要关系,这需要仔细思考问题的所有成分并预判这些成分如何运作或发挥作用。

Conceptual integration(theory of)(概念整合理论):解释人类天生就能通过糅合概念与创造新概念以生成新意义。

Contextualization(语境分析):"将文本、作者或艺术作品置于语境中,通过审视其历史、地理、智性或艺术上的定位在某种程度上对其进行理解"的做法(纽厄尔,2001,第4页)。

Creating(创造):包括汇聚要素——整合这些要素——以生成新鲜而有用之物。

Critical interdisciplinarity(批判型跨学科):"对占支配地位的知识结构和教育结构提出质疑,以期对其加以变革并提出有价值、有意义的认识论问题与政治问题"的社会驱动方法(克莱因,2010,第30页)。

Defining elements of a discipline's perspective(学科视野的基本要素):它研究的现象,其认识论或有关构成证据的规则,就自然界和人类世界所做的假设,基本概念或词汇,关于特定现象成因及行为的理论,还有方法(收集、应用和生成新知识的方式)。

Disciplinarity(学科系统):称为学科的专业知识体系。

Disciplinary(学科):与“特定研究领域”或专业化领域相关。

Disciplinary bias(学科偏见):使用将问题与特定学科相连的词句表述问题。

Disciplinary inadequacy(学科缺陷):学科自身不足以处理复杂问题的观点。

Disciplinary jargon(学科术语):使用学科外普遍不为人知的专业用语和概念。

Disciplinary method(学科方法):学科从业者开展、组织、介绍研究所用的特定步骤、进程或技术。

Disciplinary perspective(学科视野):一般意义上学科的现实观,它包含并反过来反映了其总体基本要素,包括现象、认识论、假说、概念、理论与方法。

Disciplinary theory(学科理论):解释归入某门学科传统研究领域的某个行为或现象,并可能有特定适用范围。

Discipline(学科):学问或知识主体的特定分支,如物理学、心理学或历史学。

Disciplines(学科):规定研究哪些现象,提出某些核心概念并形成理论,采纳某些研究方法,为共享研究和见解提供交流渠道,并为学者指点职业路径的学术共同体。

Epistemic norms of a discipline(学科认知规范):关于研究者如何选取其证据或材料、评估其实验、评判其理论的一致意见。

Epistemological pluralism(认知多元论):指的是学科就如何认识与描述现实所持的各种态度。

Epistemological self-reflexivity(认识论自反性):意识到对认识论的选择往往会影响对研究方法的选择,并继而影响研究结果(贝尔,1998,第101页)。

Epistemology(认识论):哲学的分支,研究人们如何知道何为正确以及如何验证真理。

Extension(延伸):用于拓展我们所谈论“某事”范围的技术。

Feedback(反馈):关于某个决策、操作、事件或问题的矫正信息,促使研究者重新考虑某个早期步骤。

Feedback loops(反馈环):描述变量间相互关系的系统思维核心要素。

Full integration(完全整合):所有相关学科见解都被整合进与可获取的经验证据一致的单一、协调、全面的新认识或新理论。

Generalist interdisciplinarians(通识型跨学科研究者):将跨学科大致理解为"两门或多门学科之间各种形式的对话或相互作用",而低估、掩盖或完全排斥了整合的作用(莫朗,2010,第14页)。

Heuristic(试探):认识、发现或学习的辅助手段。

Holistic thinking(整体思维):理解相关学科的观念与信息如何互相关联并与问题关联的能力(白里斯,2002,第4—5页)。

Ideographic(表意):指的是仅适用于有限现象并处于一系列限定条件下的理论。

Ideographic theory(表意理论):假设仅在特定状况下的联系。

Insight(见解):对认识基于研究的某个问题的学术贡献。对问题的见解既可以由学科专家产生,也可以由跨学科研究者产生。

Instrumental interdisciplinarity(工具型跨学科):实用主义的问题驱动方法,注重研究、借鉴(由整合补充)、解决实际问题,以回应外在社会需求。

Integration(整合):批判性评估学科见解并在见解之间创建共识以构建对问题更全面认识的认知进程。

Integrationist interdisciplinarians(整合型跨学科研究者):认为整合应该是跨学科工作的*目标*,因为整合应对复杂性的挑战。

Integrationist position(整合论者立场):整合是可以做到的,研究者应就所研究问题及其所使用的学科见解力求最大限度的整合。

Integrative studies(整合研究):试图整合学生经历的各种要素,如课程作业和住宿生活。

Integrative wisdom(整合智慧):灵感、理智与直觉之间的综合相互作用。

Intellectual center of gravity(智力重心):使得每门学科能维持其特性并具有与众不同的总体视野。

Interdisciplinarity(跨学科属性):跨学科研究领域的理性本质,在学科视野背景下对来自多门学科的见解进行评估后加以整合。

Interdisciplinary common ground(跨学科共识):涉及修正一个或多个概念或理论及其潜在假说。

Interdisciplinary complexity theory(跨学科复杂性理论):声称如果问题或课题涉及诸多方面并作为"系统"进行运作,跨学科研究就不可或缺。

Interdisciplinary integration(跨学科整合):批判评估学科见解并在见解间创建共识以构建更全面认识的认知进程。

Interdisciplinary research(跨学科研究):试探式、反复式、反省式决策进程。

Interdisciplinary research process(IRP)(跨学科研究进程):围绕如何研究问题、选定哪些问题适用于跨学科研究并形成对这些问题的全面认识而进行决策的实用方法和论证方法。

Interdisciplinary studies(跨学科研究):回答问题、解决问题或处理问题的进程,这些问题太宽泛、太复杂,靠单门学科不足以解决;它以学科为依托,以整合其见解、构建更全面认识为目的。

Interdisciplines(跨学科):跨越传统学科边界的研究领域,其研究论题由非正式的学者团队或完善的研究教学机构所传授。

In-text evidence of disciplinary adequacy(学科熟悉度的正文证据):就与问题相关的学科要素、重要理论家的学科渊源、所用学科方法的表述。

Intuition(直觉):无须自觉运用理性、分析或推理就能立刻认识或感知某物的天生能力。

Iterative(反复性):步骤上的重复。

Literature search(文献检索):就特定主题收集学术信息的进程。

Meaning(意义):人文科学中的一个重要概念,往往相当于作者或艺术家的意图,或对受众的影响。

Method(方法):关系到人们如何进行研究、分析资料或证据、检验理论、创造新知识。

Model(模型):用于将理论形象化并传播理论的一种展示。

More comprehensive understanding(更全面认识):见解整合的结

果,生成的新认识更完整,也许更微妙。

Most relevant disciplines(最相关学科):与问题最直接关联的那些学科(往往有三四门),就该问题产生了最重要的研究,提出了最有说服力的理论来解释该问题。这些学科或学科组成部分所提供的关于问题的信息,对于形成全面认识不可或缺。

Multidisciplinarity(多学科):将两门或多门学科的见解并置在一起。

Multidisciplinary research(多学科研究):"涉及不止一门学科,其中每门学科各有贡献"(美国国家科学院,2005,第 27 页)。

Multidisciplinary studies(多学科研讨):仅仅把不同学科的见解以某种方式聚在一起,而未能进行额外的整合工作。

Narrow interdisciplinarity(狭义跨学科):利用的是认识论上接近的学科(如物理学和化学)。

New humanities(新人文科学):"盘问占支配地位的知识结构和教育结构,目的是要改造它们",带有"拆解学科知识和边界的鲜明意图"(克莱因,2010,第 30 页)。

Nomothetic(通则):指的是适用于广泛现象的理论。

Nomothetic theory(通则理论):假设两个或多个现象之间存在普遍联系。

Organization(整理):通过阐明特定现象如何相互作用并图解其因果关系来创建共识的技术。

Partial integration(部分整合):只有某些见解被整合并仅应用于问题的某个(些)部分。

Peer review(同行评审):将某个作者的学术论文或书稿交由该领域专家审查,专家按照被学科成员视为公正、缜密的特定学术标准加以评估。

Personal bias(个人偏见):提出问题时加入自身观点。

Perspectival approach(视野研究):依靠每门学科对现实的独特视野进行的研究。

Perspective taking(视野选取):从每个有关学科的视点或视野分析问题,并辨别其共性和差异。

Phenomena(现象):学者所关注的人类存在的持久特性,可以从学术上描述和解释。

Potentially relevant discipline(潜在相关学科):其研究领域包括至少一个涉及手头课题或问题的现象,学者圈可能认识到该问题并发表其研究,也可能没有。

Problem-based research(问题导向研究):关注悬而未决的社会需求、实际问题的解决以及人文科学关注的某些人工制品意义之类智识问题。

Process(进程):遵照某个程式或策略。

Qualitative approach(定性法):关注不易确定数量的证据的方法,如某件音乐作品的文化风格和个人感受。

Qualitative research strategies(定性研究策略):关注某样事物的性质、状态、时间和地点——其实质及其环境。定性研究因此指的是不用从数量上评估和表达的人或物的意义、概念、定义、性质、比喻、象征和说明。

Quantitative approach(定量法):强调能在特定时段用数字表达证据的方法。

Quantitative research strategies(定量研究策略):强调可以量化的证据,如分子中原子的数量、河水流速、风车产生的能量值。

Redefinition(重新定义):在不同文字和语境中用以修正或重新界定概念以展现共同意义的技术。

Reflection in an interdisciplinary sense(跨学科意义上的反思):包括考虑为何在研究进程不同节点做出某些选择以及这些选择如何影响工作进展的自觉活动。

Reflexive(反省性):对可能影响研究、会歪曲对见解的分析从而偏离最终结果的学科偏见或个人偏见自觉自知。

Research map(研究图):帮助跨学科研究新手将研究进程从头到尾进行视觉化。

Researchable in an interdisciplinary sense(在跨学科意义上值得研究):来自至少两门学科的作者就此主题或至少该主题某方面撰文。

Scholarly knowledge(学术知识):由某个学科的学者圈经过同行评审过程加以审查的知识。

Scholarship(学术成就):对知识的贡献,“公开、经得起批判和评估、便于学术圈内其他人交流使用”(舒尔曼,1998,第5页)。

Scientific method(科学方法):生成新知识的方法(理想化的),有四个步骤:(一)观察、描述现象和进程;(二)构想出一个假说以解释现象;(三)运用假说预测其他现象的存在,或从数量上预测新观察的结果;(四)完成严格实施的实验,以检验那些假说或预测。科学方法基于对经验主义(无论是直接观察还是间接观察)、可量化(包括精确测量)、可复制或可重复、信息自由交换(这样其他人就能检验或试图复制、再现)的信念。

Scope(范围):指的是予以考虑和不予考虑的界限。

Skewed understanding(歪曲的认识):见解反映学科视野固有偏见的程度以及作者由此认识问题的方式。

Studies(研究):通常指文化群体(包括女性、拉美裔和非裔美国人),也出现在自然科学和社会科学众多语境中。其实,“研究”项目正在当代学界不断激增。

Subdiscipline(子学科):现有学科的分支。

System map(系统图):展示系统(复杂问题)的所有部分,并说明它们之间的因果关系以帮助研究者将复杂整体的系统视觉化的视觉构图。

Systems thinking(系统思维):通过(一)将复杂问题拆解成组成部分、(二)辨别哪些部分由哪些学科处理、(三)评估不同因果关系的相对重要性、(四)承认这些关系的系统要远远大于其部分的总和,将复杂问题或系统内相互关系系统化的方法。

Taxonomy(分类系统):对所选学科及其视野系统化条理化的分类。

Theory(理论):就自然界或人类世界某方面如何运作、为何与特定事实有关等的概括性学术解释,该解释得到资料与研究的支持。

Theory extension(理论延伸):需要选取通常视为学科理论外源(即外在)的众所周知的事实(如有机体改变其环境),使之成为理论的内源(即内在)并与之相互作用。

Theory Map(理论图):描绘某个理论的支撑证据和重要性,并与其他理论进行对比。

Transdisciplinarity(超学科):与跨学科互补,包括整合学界外生成的见解、协作研究法、研究设计中非学术人士积极参与、“案例研究”法。

Transformation(转换):用来修正概念或假说形成连续变量的技术,这些概念或假说不仅不同(如爱、惧、自私),而且相反(如理性、非理性)。

Triangulation of research methodology(研究方法论的三角互证):使用多种资料采集技术研究同一问题(系统/进程)的方法,以此方式,研究结果可以互相检验、证实、确认。

Variable(变量):“能呈现不同数值或具备不同属性之物——它是变化之物”(瑞姆勒、冯·拉尔金,2011,第31页)。

Wide interdisciplinarity(广义跨学科):利用认识论上距离较远的学科(如艺术史和数学)。

参考文献

Ackerson, L. G. (2007). Introduction. In L. G. Ackerson (Ed.), *Literature search strategies for interdisciplinary research: A sourcebook for scientists and engineers* (pp. vii–xvii). Lanham, MD: Scarecrow Press.

Adams, L. S. (1996). *The methodologies of art: An introduction.* Boulder, CO: Westview Press.

Agger, B. (1998). *Critical social theories: An introduction.* Boulder, CO: Westview Press.

Akers, R. (1994). *Criminological theories: Introduction, evaluation and application.* Los Angeles, CA: Roxbury.

Alford, R. R. (1998). *The craft of inquiry: Theories, methods, evidence.* New York, NY: Oxford University Press.

Alliance for Childhood. (1999). *Fool's gold: A critical look at computers in childhood.* Retrieved July 14, 2011, from http://www.allianceforchildhood.net.

Alvesson, M. (2002). *Postmodernism and social research.* Philadelphia, PA: Open University Press.

American Sociological Association. (n.d.). *Society and social life.* Retrieved July 18, 2011, from http://www.asanet.org/employment/society.cfm.

Anderson, L. W., Krathwohl, D. R., Airasian, P. W., Cruikshank, K. A., Mayer, R. E., Pintrich, P. R., . . . Wittrock, M. C. (2000). *Taxonomy for learning, teaching, and assessing: A revision of Bloom's taxonomy of educational objectives* (2nd rev. ed.). Boston, MA: Allyn & Bacon.

Arms, L. A. (2005). *Mathematics and religion: Processes of faith and reason.* Unpublished manuscript, Western College Program, Miami of Ohio University.

Arvidson, S. (2016). Interdisciplinary research and phenomenology as parallel processes of consciousness. *Issues in Interdisciplinary Studies, 34,* 30–51.

Atkinson, J., & Malcolm Crowe, M. (Eds.). (2006). *Interdisciplinary research: Diverse approaches in science, technology, health and society.* West Sussex, England: John Wiley & Sons.

Atran, S. (2003a, March 7). Genesis of suicide terrorism. *Science, 299,* 1534–1539.

Atran, S. (2003b). *Genesis and future of suicide terrorism.* Retrieved August 14, 2006, from http://interdisciplines.org/terrorism/papers/1.

Bailis, S. (2001). Contending with complexity: A response to William H. Newell's "A Theory of Interdisciplinary Studies." *Issues in Integrative Studies, 19,* 27–42.

Bailis, S. (2002). Interdisciplinary curriculum design and instructional innovation: Notes on the social science program at San Francisco State University. In C. Haynes (Ed.), *Innovations in interdisciplinary teaching* (pp. 3–15). Westport, CT: Oryx Press.

Bal, M. (1999). Introduction. In M. Bal (Ed.), *The practice of cultural analysis: Exposing interdisciplinary interpretation* (pp. 1–14). Stanford, CA: Stanford University Press.

Bal, M. (2002). *Traveling concepts in the humanities: A rough guide.* Buffalo, NY: University of Toronto Press.

Bal, M., & Bryson, N. (1991). Semiotics and art history. *The Art Bulletin, 73*(2), 174–208.

Bammer, G. (2005). Integration and integration sciences: Building a new specialization. *Ecology and Society, 10*(2), 6.

Bandura, A. (1998). Mechanism of moral disengagement. In W. Reich (Ed.), *Origins of terrorism: Psychologies, ideologies, theologies, states of mind* (pp. 161–191). Washington, DC: Woodrow Wilson Center Press.

Barnet, S. (2008). *A short guide to writing about art* (9th ed.). Upper Saddle River, NJ: Pearson Prentice Hall.

Beauchamp, T. L., & Childress, J. F. (2001). *Principles of biomedical ethics* (5th ed.). Oxford, UK: Oxford University Press.

Becher, T., & Trowler, P. R. (2001). *Academic tribes and territories* (2nd ed.). Buckingham, UK: The Society for Research into Higher Education & Open University Press.

Bechtel, W. (2000). From imagining to believing: Epistemic issues in generating biological data. In R. Creath & J. Maienschein (Eds.), *Biology and epistemology* (pp. 138–163). Cambridge, UK: Cambridge University Press.

Bell, J. A. (1998). Overcoming dogma in epistemology. *Issues in Integrative Studies, 16,* 99–119.

Berg, B. L. (2004). *Qualitative research methods for the social sciences* (5th ed.). Boston, MA: Pearson Education.

Bergmann, M., Jahn, T., Knobloch, T., Krohn, W., Pohl, C., & Schramm, E. (2012). *Methods for transdisciplinary research: A primer for practice.* Berlin, Germany: Campus.

Bernard, H. R. (2002). *Research methods in anthropology: Qualitative and quantitative methods* (3rd ed.). New York, NY: AltaMira Press.

Bhaskar, R., Danermark, B., & Price, L. (2016). *Interdisciplinarity and wellbeing: A critical realist general theory of interdisciplinarity.* London, UK: Routledge.

Blackburn, S. (1999). *Think: A compelling introduction to philosophy.* Oxford, UK: Oxford University Press.

Blesser, B., & Salter, L. R. (2007). *Spaces speak, are you listening?* Cambridge, MA: The MIT Press.

Boix Mansilla, V. (2005, January/February). Assessing student work at disciplinary crossroads. *Change, 37,* 14–21.

Boix Mansilla, V. (2006). Interdisciplinary work at the frontier: An empirical examination of expert interdisciplinary epistemologies. *Issues in Integrative Studies, 24,* 1–31.

Boix Mansilla, V. (2009). *Learning to synthesize: A cognitive-epistemological foundation for interdisciplinary learning.* Retrieved September 22, 2019, from https://www.semanticscholar.org/paper/Learning-to-synthesize-%3A-A-foundation-for-learning-Mansilla/aca3b2fde63096b305379491b6b6d0143939089d.

Boix Mansilla, V., Duraisingh, E. D., Wolfe, C., & Haynes, C. (2009, May/June). Targeted assessment rubric: An empirically grounded rubric for interdisciplinary writing. *The Journal of Higher Education, 80*(3), 334–353.

Boix Mansilla, V., Miller, W. C., & H. (2000). On disciplinary lenses and interdisciplinary work. In S. Wineburg & P. Gossman (Eds.), *Interdisciplinary curriculum: Challenges to implementation* (pp. 17–38). New York, NY: Teachers College, Columbia University.

Boon, M., & Van Baalen, S. (2019). Epistemology for interdisciplinary research—shifting philosophical paradigms of science. *European Journal of Philosophy of Science, 9*(16). Retrieved from https://doi.org/10.1007/s13194-018-0242-4.

Booth, W. C., Columb, G. G., & Williams, J. M. (2003). *The craft of research* (2nd ed.). Chicago, IL: University of Chicago Press.

Boulding, K. (1981). *A preface to grants economics: The economy of love and fear.* New York, NY: Praeger.

Bradsford, J. D., Brown, A. L., & Cocking, R. R. (Eds.). (1999). *How people learn: Brain, mind, experience, and school.* Washington, DC: National Academy Press.

Brassler M., & Block M. (2017). Interdisciplinary teamwork on sustainable development—The top ten strategies based on experience of student-initiated projects. In W. Leal Filho, U. Azeiteiro, F. Alves, & P. Molthan-Hill (Eds.), *Handbook of theory and practice of sustainable development in higher education.* Berlin, Germany: Springer,

Bressler, C. E. (2003). *Literary criticism: An introduction to theory and practice* (3rd ed). Upper Saddle River, NJ: Pearson Education.

Bromme, R. (2000). Beyond one's own perspective: The psychology of cognitive interdisciplinarity. In P. Weingart & N. Stehr (Eds.), *Practising interdisciplinarity* (pp. 115–133). Toronto, Canada: University of Toronto Press.

Brough, J. A., & Pool, J. E. (2005). Integrating learning and assessment: The development of an assessment culture. In J. Etim (Ed.), *Curriculum Integration K–12: Theory and practice* (pp. 196–204). Lanham, MD: University Press of America.

Brown, R. H. (1989). Textuality, social science, and society. *Issues in Integrative Studies, 7,* 1–19. Cited in S. Henry & N. L. Bracy (2012). Integrative theory in criminology applied to the complex social problem of school violence. In A. F. Repko, W. H. Newell, & R. Szostak (Eds.), *Case studies in interdisciplinary research* (pp. 259–282). Thousand Oaks, CA: Sage.

Bryman, A. (2004). *Social research methods* (2nd ed). New York, NY: Oxford University Press.

Buzan, T. (2010). *The mindmap book.* London: BBC Books.

Calhoun, C. (Ed.). (2002). *Dictionary of the social sciences.* Oxford, UK: Oxford University Press.

Carey, S. S. (2003). *A beginner's guide to scientific method* (2nd ed.). Belmont, CA: Wadsworth.

Carp, R. M. (2001). Integrative praxes: Learning from multiple knowledge formations. *Issues in Integrative Studies, 19,* 71–121.

Choi S., & Richards K. (2017). *Interdisciplinary Discourse: Communicating Across Disciplines.* London: Palgrave Macmillan.

Clark, H. H. (1996). *Using language.* Cambridge, MA: Cambridge University Press.

Connor, M. A. (2012). The metropolitan problem in interdisciplinary perspective. In A. F. Repko, W. H. Newell, & R. Szostak (Eds.), *Case studies in interdisciplinary research* (pp. 53–90). Thousand Oaks, CA: Sage.

Cooke, N. J., & Hilton, M. L. (Eds.). (2015). *Enhancing the effectiveness of team science.* Washington, DC: National Research Council.

Cornwell, G. H., & Stoddard, E. W. (2001). Toward an interdisciplinary epistemology: Faculty culture and institutional change. In B. L. Smith & J. McCann (Eds.), *Reinventing ourselves: Interdisciplinary education, collaborative learning, and experimentation in higher education* (pp. 160–178). Bolton, MA: Anker.

Crenshaw, M. (1998). The logic of terrorism: Terrorist behavior as a product of strategic choice. In W. Reich (Ed.), *Origins of terrorism: Psychologies, ideologies, theologies, states of mind* (pp. 7–24). Washington, DC: Woodrow Wilson Center Press.

Creswell, J. W. (1997). *Qualitative inquiry and research design: Choosing among five traditions.* Thousand Oaks, CA: Sage.

Creswell, J. W. (2002). *Research design: Qualitative, quantitative, and mixed methods approaches* (2nd ed.). Thousand Oaks, CA: Sage.

Csikszentmihalyi, M., & Sawyer, K. (1995). Creative insight: The social dimension of a solitary moment. In R. Sternberg & J. Davidson (Eds.), *The nature of insight* (pp. 329–363). Cambridge, MA: The MIT Press.

Cullenberg, S., Amariglio, J., & Ruccio, D. (2001). Introduction. In S. Cullenberg, J. Amariglio, & D. Ruccio (Eds.), *Postmodernism, economics and knowledge* (pp. 3–57). New York, NY: Routledge.

Czuchry, M., & Dansereau, D. F. (1996). Node-link mapping as an alternative to traditional writing assignments in undergraduate courses. *Teaching of Psychology, 23*, 91–96.

Darbellay, F., Moody, Z., Sedooka, A., & Steffen, G. (2014). Interdisciplinary research boosted by serendipity. *Creativity Research Journal, 26*(1), 1–10.

Davis, J. R. (1995). *Interdisciplinary courses and team teaching: New arrangements for learning*. Phoenix, AZ: American Council on Education, Oryx.

Delph, J. B. (2005). *An integrative approach to the elimination of the "perfect crime."* Unpublished manuscript, University of Texas at Arlington.

Denzin, N. K., & Lincoln, Y. S. (Eds.). (2005). *The SAGE handbook of qualitative research* (3rd ed.). Thousand Oaks, CA: Sage.

Dessalles, J.-L. (2007). Why we talk: The evolutionary origins of language. Oxford, UK: Oxford University Press. 2007.

Dietrich, W. (1995). *Northwest passage: The great Columbia River.* Seattle, WA: University of Washington Press.

Dogan, M., & Pahre, R. (1989). Fragmentation and recombination of the social sciences. *Studies in Comparative International Development, 24*, 56–73.

Dogan, M., & Pahre, R. (1990). *Creative marginality: Innovation at the intersections of the social sciences*. Boulder, CO: Westview Press.

Dominowski, R. L., & Ballob, P. (1995). Insights and problem solving. In R. Sternberg & J. Davidson (Eds.), *The nature of insight* (pp. 33–62). Cambridge, MA: The MIT Press.

Donald, J. (2002). *Learning to think: Disciplinary perspectives.* San Francisco, CA: Jossey-Bass.

Dorsten, L. E., & Hotchkiss, L. (2005). *Research methods and society: Foundations of social inquiry.* Upper Saddle River, NJ: Prentice-Hall.

Dow, S. (2001). Modernism and postmodernism: A dialectical analysis. In S. Cullenberg, J. Amariglio, & D. F. Ruccio (Eds.), *Postmodernism, economics and knowledge* (pp. 61–101). New York, NY: Routledge.

Dunbar, R. (1996). *Grooming, gossip and the evolution of language*. Cambridge, MA: Harvard University Press.

Education for Change, Ltd., SIRU at the University of Brighton, and the Research Partnership. (2002). *Researchers' use of libraries and other information sources: Current patterns and future trends.* London, UK: Higher Education Funding Council for England. Retrieved January 25, 2010, from http://www.rslg.ac.uk/research/libuse/LUrep1.pdf.

Eilenberg, S. (1999). Voice and ventriloquy in "The Rime of the Ancient Mariner." In P. H. Fry (Ed.), *Samuel Taylor Coleridge: The rime of the ancient mariner* (pp. 282–314). Boston, MA: Bedford/St. Martin's.

Elliott, D. J. (2002). Philosophical perspectives on research. In R. Colwell & C. Richardson (Eds.), *The new handbook of research on music teaching and learning* (pp. 85–102). Oxford, UK: Oxford University Press.

Englehart, L. (2005). *Organized environmentalism: Towards a shift in the political and social roles and tactics of environmental advocacy groups.* Unpublished manuscript, Miami of Ohio University.

Etzioni, A. (1988). *The moral dimension: Towards a new economics.* New York, NY: Free Press.

Fauconnier, G. (1994). *Mental spaces: Aspects of meaning construction in modern language*. Cambridge, UK: Cambridge University Press.

Ferguson, F. (1999). Coleridge and the deluded reader: "The Rime of the Ancient Mariner." In P. H. Fry (Ed.), *Samuel Taylor Coleridge: The rime of the ancient mariner* (pp. 113–130). Boston, MA: Bedford/St. Martin's.

Fernie, E. (1995). Glossary of concepts. In E. Fernie (Ed.), *Art history and its methods: A critical anthology* (pp. 323–368). London, UK: Phaidon Press.

Field, M., Lee, R., & Field, M. L. (1994). Assessing interdisciplinary learning. *New Directions in Teaching and Learning, 58*, 69–84.

Fiscella, J. B., & Kimmel, S. E. (Eds.). (1999). *Interdisciplinary education: A guide to resources.* New York, NY: The College Board.

Fischer, C. C. (1988). On the need for integrating occupational sex discrimination theory on the basis of causal variables. *Issues in Integrative Studies, 6*, 21–50.

Foisy, M. (2010). *Creating meaning in everyday life: An interdisciplinary understanding.* Unpublished manuscript, University of Alberta, Canada.

Foster, A. (2004). A nonlinear model of information-seeking behavior. *Journal of the American Society for Information Science and Technology, 55*(3), 228–237.

Foster, H. (1998). Trauma studies and the interdisciplinary: An overview. In A. Coles & A. Defert (Eds.), *The anxiety of interdisciplinarity* (pp. 157–168). London, UK: BACKless Books.

Frankfort-Nachmias, C., & Nachmias, D. (2008). *Research methods in the social sciences* (7th ed.). New York, NY: Worth.

Frodeman, R., Klein, J. T., Mitcham, C., & Holbrook, J. B. (Eds.). (2010). *The Oxford handbook of interdisciplinarity.* New York, NY: Oxford University Press.

Frug, G. E. (1999). *City making: Building communities without building walls.* Princeton, NJ: Princeton University Press.

Fry, P. H. (Ed.). (1999). *Samuel Taylor Coleridge: The rime of the ancient mariner.* Boston, MA: Bedford/St. Martin's.

Fuchsman, K. (2009). Rethinking integration in interdisciplinary studies. *Issues in Integrative Studies, 27*, 70–85.

Fuchsman, K. (2012). Interdisciplines and interdisciplinarity: Political psychology and psychohistory compared. *Issues in Integrative Studies, 30*, 128–154.

Fussell, S. G., & Kraus, R. M. (1991). Accuracy and bias in estimates of others' knowledge. *European Journal of Social Psychology, 21*, 445–454.

Fussell, S. G., & Kraus, R. M. (1992). Coordination of knowledge in communication: Effects of speakers' assumptions about what others know. *Journal of Personality and Social Psychology, 62*, 378–391.

Galinsky, A. D., & Moskowitz, G. B. (2000). Perspective-taking: Decreasing stereotype expression, stereotype accessibility, and in-group favoritism. *Journal of Personality and Social Psychology, 78*(4), 708–724.

Garber, M. (2001). *Academic instincts*. Princeton, NJ: Princeton University Press.

Gauch, H. G., Jr. (2002). *Scientific method in practice*. Cambridge, UK: Cambridge University Press.

Geertz, C. (1983). *Local knowledge: Further essays in interpretative anthropology*. New York, NY: Basic Books.

Geertz, C. (2000). The strange estrangement: Charles Taylor and the natural sciences. In C. Geertz (Ed.), *Available light: Anthropological reflections on philosophical topics* (pp. 143–159). Princeton, NJ: Princeton University Press.

Gerber, R. (2001). The concept of common sense in the workplace learning and experience. *Education + Training, 43*(2), 72–81.

Gerring, J. (2001). *Social science methodology: A critical framework*. Boston, MA: Cambridge University Press.

Giere, R. N. (1999). *Science without laws*. Chicago, IL: University of Chicago Press.

Goldenberg, S. (1992). *Thinking methodologically*. New York, NY: Harper Collins.

Goodin, R. E., & Klingerman, H. D. (Eds.). (1996). *A new handbook of political science*. New York, NY: Oxford University Press.

Griffin, G. (2005). Research methods for English studies: An introduction. In G. Griffin (Ed.), *Research methods for English studies* (pp. 1–16). Edinburgh, Scotland: Edinburgh University Press.

Hacking, I. (2004). *The complacent disciplinarian*. Retrieved July 18, 2011, from https://apps.lis.illinois.edu/wiki/download/attachments/2656520/Hacking.complacent.pdf.

Hagan, F. E. (2005). *Essentials of research methods in criminal justice and criminology*. Boston, MA: Allyn & Bacon.

Hall, D. J., & Hall, I. (1996). *Practical social research: Project work in the community*. Basingstoke, UK: Macmillan.

Halpern, D. F. (1996). *Thought and knowledge* (3rd ed.). Mahwah, NJ: Erlbaum.

Harris, J. (2001). *The new art history: A critical introduction*. New York, NY: Routledge.

Hart, C. (1998). *Doing a literature review: Releasing the social science research imagination*. Thousand Oaks, CA: Sage.

Hatfield, E., & Rapson, R. (1996). *Love and sex: Cross-cultural perspectives*. Boston, MA: Allyn & Bacon.

Hemminger, B. M., Lu, D., Vaughn, K. T. L., & Adams, S. J. (2007). Information seeking behavior of academic scientists. *Journal of the American Society for Information Science and Technology, 58*(14), 2205–2225.

Henry, S. (2009). School violence beyond Columbine: A complex problem in need of an interdisciplinary analysis. *American Behavioral Scientist, 52*(8), 1–20.

Henry, S. (2018). Beyond interdisciplinary theory: Revisiting William H. Newell's integrative theory from a Critical Realist Perspective. *Issues in Interdisciplinary Studies, 36*(2), 68–107.

Henry, S., & Bracy, N. L. (2012). Integrative theory in criminology applied to the complex social problem of school violence. In A. F. Repko, W. H. Newell, & R. Szostak (Eds.), *Case studies in interdisciplinary research* (pp. 259–282). Thousand Oaks, CA: Sage.

Hesse-Biber, S. N., & Johnson, R. B. (Eds.). *The Oxford handbook of multimethod and mixed methods research inquiry*. Oxford, UK: Oxford University Press.

Holmes, F. L. (2000). The logic of discovery in the experimental life sciences. In R. Creath & J. Maienschein (Eds.), *Biology and epistemology* (pp. 167–190). Cambridge, UK: Cambridge University Press.

Hooker, B. (2000). *Ideal code, real world: A rule-consequentialist theory of morality*. Oxford, UK: Oxford University Press.

Howell, M., & Prevenier, W. (2001). *From reliable sources: An introduction to historical methods*. Ithaca, NY: Cornell University Press.

Huber, M. T., & Hutchings, P. (2004). *Integrative learning: Mapping the terrain*. Washington, DC: The Association of American Colleges and Universities.

Huber, M. T., & Morreale, S. P. (2002). Situating the scholarship of teaching and learning: A cross-disciplinary conversation. In M. T. Huber & S. P. Morreale (Eds.), *Disciplinary styles in the scholarship of teaching and learning: Exploring common ground* (pp. 1–24). Stanford, CA: The Carnegie Foundation.

Hughes, P. C., Muñoz, J. S., & Tanner, M. N. (Eds.). (2015). *Perspectives in interdisciplinary and integrative studies*. Lubbock: Texas Tech University Press.

Hyland, K. (2004). *Disciplinary discourses: Social interactions in academic writing*. Ann Arbor: University of Michigan Press.

Hyneman, C. S. (1959). *The study of politics: The present state of American political science*. Champaign: University of Illinois Press.

Iggers, G. G. (1997). *Historiography in the twentieth century: From scientific objectivity to postmodern challenges*. Middletown, CT: Wesleyan University Press.

Karlqvist, A. (1999). Going beyond disciplines: The meanings of interdisciplinarity. *Policy Sciences, 32*, 379–383.

Keestra, M. (2012). Understanding human action: Integrating meanings, mechanisms, causes, and contexts. In A. F. Repko, W. H. Newell, & R. Szostak (Eds.), *Case studies in interdisciplinary research* (pp. 225–258). Thousand Oaks, CA: Sage.

Keestra, M. (2017). Metacognition and reflection by interdisciplinary experts: Insights from cognitive science and philosophy. *Issues in Interdisciplinary Studies, 35*, 121–169. [He summarizes his arguments in a blog post at https://i2insights.org/2019/02/05/metacognition-and-interdisciplinarity/.]

Kelly, J. S. (1996). Wide and narrow interdisciplinarity. *The Journal of Education, 45*(2), 95–113.

Klein, J. T. (1996). *Crossing boundaries: Knowledge, disciplinarities, and interdisciplinarities.* Charlottesville: University Press of Virginia.

Klein, J. T. (1999). *Mapping interdisciplinary studies.* Number 13 in the Academy in Transition series. Washington, DC: Association of American Colleges and Universities.

Klein, J. T. (2003). Unity of knowledge and transdisciplinarity: Contexts and definition, theory, and the new discourse of problem-solving. *Encyclopedia of Life Support Systems.* Retrieved July 15, 2011, from http://www.eolss.net/.

Klein, J. T. (2005a). *Humanities, culture, and interdisciplinarity: The changing American academy.* Albany: State University of New York Press.

Klein, J. T. (2005b). Interdisciplinary teamwork: The dynamics of collaboration and integration. In S. J. Derry, C. D. Schunn, & M. A. Gernsbacher (Eds.), *Interdisciplinary collaboration: An emerging cognitive science* (pp. 23–50). Mahwah, NJ: Erlbaum.

Klein, J. T. (2010). *Creating interdisciplinary campus cultures: A model for strength and sustainability.* San Francisco, CA: Jossey-Bass.

Klein, J. T. (2012). Research integration: A comparative knowledge base. In A. F. Repko, W. H. Newell, & R. Szostak (Eds.), *Case studies in interdisciplinary research* (pp. 283–298). Thousand Oaks, CA: Sage.

Klein, J. T., & Newell, W. H. (1997). Advancing interdisciplinary studies. In J. G. Gaff, J. L. Ratcliff, & Associates (Eds.), *Handbook of the undergraduate curriculum: A comprehensive guide to purposes, structures, practices, and change* (pp. 393–415). San Francisco, CA: Jossey-Bass.

Kockelmans, J. J. (1979). Why interdisciplinarity. In J. J. Kockelmans (Ed.), *Interdisciplinarity and higher education* (pp. 123–160). University Park and London: The Pennsylvania State University Press.

Kuhn, T. (1996). *The structure of scientific revolutions* (3rd ed.). Chicago, IL: University of Chicago Press.

Lakoff, G. (1987). *Women, fire, and dangerous things: What categories reveal about the mind.* Chicago, IL: University of Chicago Press.

Lanier, M. M., & Henry, S. (2004). *Essential criminology* (3rd ed.). Boulder, CO: Westview.

Lattuca, L. (2001). *Creating interdisciplinarity: Interdisciplinary research and teaching among college and university faculty.* Nashville, TN: Vanderbilt University Press.

Larner, J. (1999). *Marco Polo and the discovery of the world.* New Haven CT: Yale University Press.

Leary, M. R. (2004). *Introduction to behavioral research methods* (4th ed.). Boston, MA: Pearson Education.

Lefebvre, H. (1991). *The production of space.* Oxford and Cambridge, UK: Blackwell.

Lenoir, Y., & Klein, J.T. (Eds.) (2010). Interdisciplinarity in schools: A comparative view of national perspectives. *Issues in Integrative Studies, 28.* [Special Issue]

Lewis, B. (2002, January). What went wrong? *The Atlantic Monthly, 289*, 1. Retrieved July 25, 2002, from http://www.theatlantic.com/doc/200201/lewis.

Lewis, J. (2009). *The failure of public education to educate a diverse population.* Unpublished manuscript.

Li, T. (2000). *Social science reference sources.* Westport, CT: Greenwood Press.

Long, D. (2002). *Interdisciplinarity and the English school of international relations.* Paper presented at the International Studies Association Annual Convention, New Orleans, March 25–27.

Longo, G. (2002). The constructed objectivity of the mathematics and the cognitive subject. In M. Mugur-Schachter & A. van der Merwe (Eds.), *Quantum mechanics, mathematics, cognition and action* (pp. 433–462). Boston, MA: Kluwer Academic.

Looney, C., Donovan, S., O'Rourke, M., Crowley, S., Eigenbrode, S. D., Totschy, L., . . .& Wulfhorst, J. D. (2014). Seeing through the eyes of collaborators: Using Toolbox workshops to enhance cross-disciplinary collaboration. In Michael O'Rourke, Stephen Crowley, Sanford D. Eigenbrode, & J. D. Wulfhorst (Eds.), *Enhancing communication and collaboration in interdisciplinary research* (pp. 220–243). Thousand Oaks, CA: Sage.

Mack, D. C., & Gibson, C., eds. (2012). *Interdisciplinarity and academic libraries.* Chicago: Association of Research and College Libraries.

Magnus, D. (2000). Down the primrose path: Competing epistemologies in early twentieth-century biology. In R. Creath & J. Maienschein (Eds.), *Biology and epistemology* (pp. 91–121). Cambridge, UK: Cambridge University Press.

Maienschein, J. (2000). Competing epistemologies and developmental biology. In R. Creath & J. Maienschein (Eds.), *Biology and epistemology* (pp. 122–137). Cambridge, UK: Cambridge University Press.

Manheim, J. B., Rich, R. C., Willnat, L., & Brians, C. L. (2006). *Empirical political analysis: Research methods in political science* (6th ed.). Boston, MA: Pearson Education.

Mapes, L.V., & Bernton, H. (2018). Changes to dams on Columbia, Snake rivers to benefit salmon, hydropower and orcas. *Seattle Times*, Originally published December 18, 2018.

Retrieved from https://www.seattletimes.com/seattle-news/environment/a-new-day-for-fish-hydropower-on-the-columbia-and-snake-rivers/.

Marsh, D., & Furlong, P. (2002). A skin, not a sweater: Ontology and epistemology in political science. In D. Marsh & G. Stoker (Eds.), *Theory and methods in political science* (2nd ed., pp. 17–41). New York, NY: Palgrave Macmillan.

Marshall, C., & Rossman, G. B. (2006). *Designing qualitative research*. Thousand Oaks, CA: Sage.

Marshall, D. G. (1992). Literary interpretation. In J. Gibaldi (Ed.), *Introduction to scholarship in modern languages and literatures* (pp. 159–182). New York, NY: The Modern Language Association of America.

Martin, R., Thomas, G., Charles, K., Epitropaki, O., & McNamara, R. (2005). The role of leader-member exchanges in mediating the relationship between locus of control and work reactions. *Journal of Occupational and Organizational Psychology, 78*, 141–147.

Martin, V. (2017). *Transdisciplinarity Revealed: What Librarians need to Know*. Santa Barbara: Libraries Unlimited.

Mathews, L. G., & Jones, A. (2008). Using systems thinking to improve interdisciplinary learning outcomes. *Issues in Integrative Studies, 26*, 73–104.

Maurer, B. (2004). Models of scientific inquiry and statistical practice: Implications for the structure of scientific knowledge. In M. L. Taper & S. R. Lee (Eds.), *The nature of scientific evidence: Statistical, philosophical, and empirical considerations* (pp. 17–31). Chicago, IL: University of Chicago Press.

Mayr, E. (1997). *This is biology*. Cambridge, MA: Harvard University Press.

McDonald, D., Bammer, G., & Deane, P. (2009). Research integration using dialogue methods. ANU E-Press. Retrieved July 15, 2011, from http://press.anu.edu.au/titles/dialogue_methods_citation/.

McKim, V. R. (1997). Introduction. In V. R. McKim, S. P. Turner, & S. Turner (Eds.), *Causality in crisis? Statistical methods and the search for causal knowledge in the social sciences*. Notre Dame, IN: University of Notre Dame Press.

Mepham, B. (2000). A framework for the ethical analysis of novel foods: The ethical matrix. *Journal of Agricultural and Environmental Ethics, 12*(2), 165–176.

Merari, A. (1998). The readiness to kill and die: Suicidal terrorism in the Middle East. In W. Reich (Ed.), *Origins of terrorism: Psychologies, ideologies, theologies, states of mind* (pp. 192–210). Washington, DC: Woodrow Wilson Center Press.

Miles, M. B., & Huberman, M. (1994). *Qualitative data analysis: An expanded sourcebook* (2nd ed.). Thousand Oaks, CA: Sage.

Miller, A. I. (1996). *Insights of genius: Imagery and creativity in science and art*. Cambridge, UK: The MIT Press.

Miller, R. C. (1982). Varieties of interdisciplinary approaches in the social sciences. *Issues in Integrative Studies, 1*, 1–37.

Miller, R. C. (2018). *International political economy: Contrasting world views* (2nd ed). New York. NY: Routledge.

Misra, S., Hall, K., Feng, A., Stipelman, B., & Stokols, D. (2011). Collaborative processes in transdisciplinary work. In M. J. Kirst et al. (Eds.), *Converging disciplines: A transdisciplinary research approach to urban health problems* (pp. 97–110). New York, NY: Springer.

Modiano, R. (1999). Sameness or difference? Historicist readings of "The Rime of the Ancient Mariner." In P. H. Fry (Ed.), *Samuel Taylor Coleridge: The rime of the ancient mariner* (pp. 187–219). Boston, MA: Bedford/St. Martin's.

Mokari Yamchi, A., Alizadeh-sani, M., Khezerolou, A., Zolfaghari Firouzsalari, N., Akbari, Z., & Ehsani, A. (2018). Resolving the food security problem with an interdisciplinary approach. *Journal of Nutrition, Fasting and Health, 6*(3), 132–138.

Monroe, K. R., & Kreidie, L. H. (1997). The perspective of Islamic fundamentalists and the limits of rational choice theory. *Political Psychology, 18*(1), 19–43.

Moran, J. (2010). *Interdisciplinarity* (2nd ed.). New York, NY: Routledge.

Motes, M. A., Bahr, G. S., Atha-Weldon, C., & Dansereau, D. F. (2003). Academic guide maps for learning psychology. *Teaching of Psychology, 30*(3), 240–242.

Murfin, R. C. (1999a). Deconstruction and "The Rime of the Ancient Mariner." In P. H. Fry (Ed.), *Samuel Taylor Coleridge: The rime of the ancient mariner* (pp. 261–282). Boston, MA: Bedford/St. Martin's.

Murfin, R. C. (1999b). Marxist criticism and "The Rime of the Ancient Mariner." In P. H. Fry (Ed.), *Samuel Taylor Coleridge: The rime of the ancient mariner* (pp. 131–147). Boston, MA: Bedford/St. Martin's.

Murfin, R. C. (1999c). The new historicism and "The Rime of the Ancient Mariner." In P. H. Fry (Ed.), *Samuel Taylor Coleridge: The rime of the ancient mariner* (pp. 168–186). Boston, MA: Bedford/St. Martin's.

Murfin, R. C. (1999d). Psychoanalytic criticism and "The Rime of the Ancient Mariner." In P. H. Fry (Ed.), *Samuel Taylor Coleridge: The rime of the ancient mariner* (pp. 220–238). Boston, MA: Bedford/St. Martin's.

Murfin, R. C. (1999e). Reader-response criticism and "The Rime of the Ancient Mariner." In P. H. Fry (Ed.), *Samuel Taylor Coleridge: The rime of the ancient mariner* (pp. 97–113). Boston, MA: Bedford/St. Martin's.

Myers, D. G. (2002). *Intuition: Its powers and perils*. New Haven & London: Yale University Press.

Nagy, C. (2005). *Anthropogenic forces degrading tropical ecosystems in Latin America: A Costa Rican case study*. Unpublished manuscript, Miami of Ohio University.

National Academy of Sciences, National Academy of Engineering, & Institute of Medicine. (2005). *Facilitating interdisciplinary research*. Washington, DC: National Academies Press.

Neuman, W. L. (2006). *Social research methods: Qualitative and quantitative approaches* (6th ed.). Boston, MA: Pearson Education.

Newell, W. H. (1990). Interdisciplinary curriculum development. *Issues in Integrative Studies, 8*, 69–86.

Newell, W. H. (1992). Academic disciplines and undergraduate interdisciplinary education: Lessons from the school of interdisciplinary studies at Miami University, Ohio. *European Journal of Education, 27*(3), 211–221.

Newell, W. H. (1998). Professionalizing interdisciplinarity: Literature review and research agenda. In W. H. Newell (Ed.), *Interdisciplinarity: Essays from the literature*. New York, NY: College Entrance Examination Board.

Newell, W. H. (2001). A theory of interdisciplinary studies. *Issues in Integrative Studies, 19*, 1–25.

Newell, W. H. (2004). Complexity and interdisciplinarity. In L. Douglas Kiel (Ed.), *Encyclopedia of life support systems* (EOLSS). Oxford, UK: EOLSS. Retrieved October 20, 2006, from http://www.eolss.net.

Newell, W. H. (2007a). Decision making in interdisciplinary studies. In G. Morçöl (Ed.), *Handbook of decision making* (pp. 245–264). New York, NY: Marcel-Dekker.

Newell, W. H. (2007b). Distinctive challenges of library-based research and writing: A guide. *Issues in Integrative Studies, 25*, 84–110. Retrieved July 15, 2011, from http://wwwp.oakland.edu/ais/publications.

Newell, W. H. (2012). Conclusion. In A. F. Repko, W. H. Newell, & R. Szostak (Eds.), *Case studies in interdisciplinary research* (pp. 299–314). Thousand Oaks, CA: Sage.

Newell, W. H., & Green, W. J. (1982). Defining and teaching interdisciplinary studies. *Improving College and University Teaching, 30*(1), 23–30.

Newman, K., Fox, S. C., Harding, D. J., Mehta, J., & Roth, W. (2004). *Rampage: The social roots of school shootings*. New York, NY: Basic Books.

Nicholas, D., Huntington, P., & Jamali, H. R. (2007). The use, users, and role of abstracts in the digital scholarly environment. *The Journal of Academic Librarianship, 33*(4), 446–453.

Nicholas, D., Huntington, P., Williams, P., & Dobrowolski, T. (2004). Re-appraising information seeking behavior in a digital environment: Bouncers, checkers, returnees and the like. *Journal of Documentation, 60*(1), 24–43.

Nikitina, S. (2005). Pathways of interdisciplinary cognition. *Cognition and Instruction, 23*(3), 389–425.

Nikitina, S. (2006). Three strategies for interdisciplinary teaching: Contextualization, conceptualization, and problem-centering. *Journal of Curriculum Studies, 38*(3), 251–271.

Novak, J. D. (1998). *Learning, creating, and using knowledge: Concept maps as facilitative tools in schools and corporations*. Mahwah, NJ: Lawrence Erlbaum Associates.

Novick, P. (1998). *That noble dream: The "objectivity question" and the American historical profession*. New York, NY: Cambridge University Press.

O'Rourke, M., Crowley, S., Eigenbrode, S. D., & Wulfhorst, J. D. (Eds.). (2014). *Enhancing communication and collaboration in interdisciplinary research*. Thousand Oaks, CA: Sage.

O'Rourke, M., Crowley, S., & Gonnerman, C. (2016). On the nature of cross-disciplinary integration: A philosophical framework. *Studies in History and Philosophy of Biological and Biomedical Sciences, 56*, 62–70.

Palmer, C. L. (2010). Information research on interdisciplinarity. In R. Frodeman, J. T. Klein, C. Mitcham, & J. B. Holbrook (Eds.), *The Oxford handbook of interdisciplinarity* (pp. 174–188). New York, NY: Oxford University Press.

Palmer, C. L., Teffeau, L. C., & Pirmann, C. M. (2009). *Scholarly information practices in an online environment: Themes from the literature and implications for library service development*. Dublin, OH: Online Computer Literacy Center.

Palys, T. (1997). *Research decisions: Quantitative and qualitative perspectives*. Toronto, Canada: Harcourt Brace.

Paternoster, R., & Bachman, R. (Eds.). (2001). *Explaining criminals and crime*. Los Angeles, CA: Roxbury.

Petrie, H. (1976). Do you see what I see? The epistemology of interdisciplinary inquiry. *Journal of American Education, 10*, 29–43.

Pieters, R., & Baumgartner, H. (2002). "Who Talks to Whom? Intra- and Interdisciplinary Communication of Economics Journals." *Journal of Economic Literature, 40*(2), 483–509.

Piso, Z. (2016). Language games of "Language Games." *Issues in Interdisciplinary Studies, 34*, 213–216.

Piso, Z., O'Rourke, M., & Weathers, K. (2016) Out of the fog: Catalyzing integrative capacity in interdisciplinary research. *Studies in History and Philosophy of Science, 56*, 84–94.

Pohl, C., van Kerkhoff, L., Hadorn, G. H., & Bammer, G. (2008). Integration. In G. H. Harorn, H. Hoffman-Riem, S. Biber-Klemm, W. Grossenbacher-Mansuy, D. Joy, C. Pohl, U. Wiesmann, & E. Zemp (Eds.), *Handbook of transdisciplinary research* (pp. 411–426). Berlin Heidelberg, Germany: Springer.

Polkinghorne, J. (1996). *Beyond science: The wider human context*. Cambridge, UK: Cambridge University Press.

Popham, W. J. (1997, October). What's wrong—and what's right—with rubrics. *Educational Leadership*, pp. 72–75.

Post, G. M. (1998). Terrorist psycho-logic: Terrorist behavior as a product of psychological forces. In W. Reich (Ed.), *Origins of terrorism: Psychologies, ideologies, theologies, states of mind* (pp. 25–40). Washington, DC: Woodrow Wilson Center Press.

Preziosi, D. (1989). *Rethinking art history: Meditations on a coy science*. New Haven, CT: Yale University Press.

Quinn, G. P., & Keough, M. J. (2002). *Experimental design and data analysis for biologists*. Cambridge, UK: Cambridge University Press.

Rapoport, D. C. (1998). Sacred terror: A contemporary example from Islam. In W. Reich (Ed.), *Origins of terrorism: Psychologies, ideologies, theologies, states of mind* (pp. 103–130). Washington, DC: Woodrow Wilson Center Press.

Reisberg, D. (2006). *Cognition: Exploring the science of the mind* (3rd ed.). New York, NY: Norton.

Remler, D. K., & van Ryzin, G. G. (2011). *Research methods in practice: Strategies for description and causation.* Thousand Oaks, CA: Sage.

Repko, A. F. (2006). Disciplining interdisciplinarity: The case for textbooks. *Issues in Integrative Studies, 24*, 112–142.

Repko, A. F. (2007) Integrating interdisciplinarity: How the theories of common ground and cognitive interdisciplinarity are informing the debate on interdisciplinary integration. *Issues in Integrative Studies, 25*, pp. 1–31.

Repko, A. F. (2012). Integrating theory-based insights on the causes of suicide terrorism. In A. F. Repko, W. H. Newell, & R. Szostak (Eds.), *Case studies in interdisciplinary research* (pp. 125–157). Thousand Oaks, CA: Sage.

Repko, A. F., Newell, W. H., & Szostak, R. (Eds.). (2012). *Case studies in interdisciplinary research.* Thousand Oaks, CA: Sage.

Repko, A. F., Szostak, R., & Buchberger, M. (2020). *Introduction to interdisciplinary studies* (3rd ed). Thousand Oaks, CA: Sage.

Reshef, N. (2008). Writing research reports. In C. Frankfort-Nachmias & D. Nachmias (Eds.), *Research methods in the social sciences* (7th ed.). New York, NY: Worth.

Rhoten, D., Boix Mansilla, V., Chun, M., & Klein, J. T. (2006). *Interdisciplinary education at liberal arts institutions.* Brooklyn, NY: Social Science Research Council. Retrieved September 22, 2019, from http://www.teaglefoundation.org/Teagle/media/GlobalMediaLibrary/documents/resources/Interdisciplinary_Education.pdf?ext=.pdf.

Richards, D. G. (1996). The meaning and relevance of "synthesis" in interdisciplinary studies. *The Journal of Education, 45*(2), 114–128.

Rogers, Y., Scaife, M., & Rizzo, A. (2005). Interdisciplinarity: An emergent or engineered process? In S. J. Derry, C. D. Schunn, & M. A. Gernsbacher (Eds.), *Interdisciplinary collaboration: An emerging cognitive science* (pp. 265–285). Mahwah, NJ: Lawrence Erlbaum Associates.

Rosenau, P. M. (1992). *Post-modernism and the social sciences: Insights, inroads, and intrusions.* Princeton, NJ: Princeton University Press.

Rosenberg, A. (2000). *Philosophy of science* (2nd ed.). New York, NY: Routledge.

Rosenfeld, P. L. (1992, December). The potential of transdisciplinary research for sustaining and extending linkages between the health and social sciences. *Social Science and Medicine, 35*(11), 1343–1357.

Salmon, M. H. (1997). Ethical considerations in anthropology and archeology: Or, relativism and justice for all. *Journal of Anthropological Research, 53*, 47–63.

Salter, L., & Hearn, A. (1996). Introduction. In L. Salter & A. Hearn (Eds.), *Outside the lines: Issues in interdisciplinary research* (pp. 3–15). Montreal, Canada: McGill-Queen's University Press.

Saxe, J. G. (1963). *The blind men and the elephant.* New York, NY: McGraw-Hill.

Scheurich, J. J. (1997). *Research method in the postmodern.* Washington, DC: The Falmer Press.

Schneider, C. G. (2010). Foreword. In J. T. Kline (Ed.), *Creating interdisciplinary campus cultures: A model for strength and sustainability* (pp. xiii–xvii). San Francisco, CA: John Wiley & Sons.

Schoenfeld, K. (2005). *Customer service: The ultimate return policy.* Unpublished manuscript, Miami of Ohio University.

Seabury, M. B. (2002). Writing in interdisciplinary courses: Coaching integrative thinking. In C. Haynes (Ed.), *Innovations in interdisciplinary teaching* (pp. 38–64). Westport, CT: Oryx Press.

Searing, S. E. (1992). How libraries cope with interdisciplinarity: The case of women's studies. *Issues in Integrative Studies, 10*, 7–25.

Seipel, M. (2002). *Interdisciplinarity: An introduction.* Retrieved July 15, 2011, from http://www2.truman.edu/~mseipel/.

Shoemaker, D. J. (1996). *Theories of delinquency: An examination of explanations of delinquent behavior* (3rd ed.). New York, NY: Oxford University Press.

Shulman, L. (1998). Course anatomy: The dissection and analysis of knowledge through teaching. In P. Hutchings (Ed.), *The course portfolio: How faculty can examine their teaching to advance practice and improve student learning* (pp. 5–12). Washington, DC: American Association for Higher Education.

Silberberg, M. S. (2006). *Chemistry: The molecular nature of matter and change* (4th ed.). Boston, MA: McGraw-Hill.

Sill, D. (1996). Integrative thinking, synthesis, and creativity in interdisciplinary studies. *Journal of General Education, 45*(2), 129–151.

Silver, L. (2005). *Composing race and gender: The appropriation of social identity in fiction.* Unpublished manuscript, Miami of Ohio University.

Silverman, D. (2000). *Doing qualitative research: A practical handbook.* London, UK: Sage.

Simpson, D. (1999). How Marxism reads "The Rime of the Ancient Mariner." In P. H. Fry (Ed.), *Samuel Taylor Coleridge: The rime of the ancient mariner* (pp. 148–167). Boston, MA: Bedford/St. Martin's.

Smolinski, W. J. (2005). *Freshwater scarcity in Texas.* Unpublished manuscript, University of Texas at Arlington.

Sokolowski, R. (1998). The method of philosophy: Making distinctions. *The Review of Metaphysics, 51*(3), 1–11.

Somit, A., & Tanenhaus, J. (1967). *The development of American political science.* Boston, MA: Allyn & Bacon.

Stanford Encyclopedia of Philosophy. (2010). "Implicature." Retrieved July 15, 2011, from http://plato.stanford.edu/entries/implicature/.

Stember, M. (1991). Advancing the social sciences through the interdisciplinary enterprise. *The Social Science Journal, 28*(1), 1–14.

Stoll, C. (1999). *High-tech heretic: Why computers don't belong in the classroom and other reflections by a computer contrarian.* New York, NY: Doubleday.

Stone, J. R. (1998). Introduction. In J. R. Stone (Ed.), *The craft of religious studies* (pp. 1–17). New York, NY: St. Martin's Press.

Sturgeon, S., Martin, M. G. F., & Grayling, A. C. (1995). Epistemology. In A. C. Grayling (Ed.), *Philosophy 1: A guide through the subject* (pp. 7–60). New York, NY: Oxford University Press.

Szostak, R. (2002). How to do interdisciplinarity: Integrating the debate. *Issues in Integrative Studies, 20,* 103–137.

Szostak, R. (2004). *Classifying science: Phenomena, data, theory, method, practice.* Dordrecht, The Netherlands: Springer.

Szostak, R. (2007a). Modernism, postmodernism, and interdisciplinarity. *Issues in Integrative Studies 26,* 32–83.

Szostak, R. (2007b). How and why to teach interdisciplinary research practice. *Journal of Research Practice, 3*(2), Article M17. Retrieved February 25, 2011, from http://jrp.icaap.org/index.php/jrp/article/view/912/89.

Szostak, R. (2009). *The causes of economic growth: Interdisciplinary perspectives.* Berlin, Germany: Springer.

Szostak, R. (2012). An interdisciplinary analysis of the causes of economic growth. In A. F. Repko, W. H. Newell, & R. Szostak (Eds.), *Case studies in interdisciplinary research* (pp. 159–189). Thousand Oaks, CA: Sage.

Szostak, R. (2013). Communicating complex concepts. In M. O'Rourke, S. Crowley, S. D. Eigenbrode, & J. D. Wulfhorst (Eds.), *Enhancing communicating and collaboration in interdisciplinary research* (pp. 34–55). Thousand Oaks, CA: Sage.

Szostak, R. (2015a). Interdisciplinary and transdisciplinary approaches to multimethod and mixed method research. In S. N. Hesse-Biber & R. B. Johnson (Eds.), *The Oxford handbook of multimethod and mixed methods research inquiry* (pp. 128–143). Oxford, UK: Oxford University Press.

Szostak, R. (2015b). Extensional definition of interdisciplinarity. *Issues in Interdisciplinary Studies, 33,* 94–117.

Szostak, R. (2016). What is lost? *Issues in Interdisciplinary Studies, 34,* 208–213.

Szostak, R. (2017a). Interdisciplinary research as a creative design process. In F. Darbellay, Z. Moody, & T. Lubart, (Eds.), *Creative design thinking from an interdisciplinary perspective.* Berlin, Germany: Springer.

Szostak, R. (2017b). Stability, instability, and interdisciplinarity. *Issues in Interdisciplinary Studies, 35,* 65–87.

Szostak, R. (2019). *Manifesto of interdisciplinarity.* Retrieved from https://sites.google.com/a/ualberta.ca/manifesto-of-interdisciplinarity/manifesto-of-interdisciplinarity.

Szostak, R., Gnoli, C., & Lopez-Huertas, M. (2016). *Interdisciplinary knowledge organization.* Berlin, Germany: Springer.

Taffel, A. (1992). *Physics: Its methods and meanings* (6th ed.). Upper Saddle River, NJ: Prentice Hall.

Taper, M. L., & Lele, S. R. (2004). The nature of scientific evidence: A forward-looking synthesis. In M. L. Taper & S. R. Lele (Eds.), *The nature of scientific evidence: Statistical, philosophical, and empirical considerations* (pp. 527–551). Chicago, IL: University of Chicago Press.

Tashakkori, A., & Teddlie, C. (1998). *Mixed methodology: Combining qualitative and quantitative approaches.* Thousand Oaks, CA: Sage.

Tayler, M. R. (2012). Jewish marriage as an expression of Israel's conflicted identity. In A. F. Repko, W. H. Newell, & R. Szostak (Eds.), *Case studies in interdisciplinary research* (pp. 23–51). Thousand Oaks, CA: Sage.

Tenopir, C., King, D. W., Boyce, P., Grayson, M., & Paulson, K. L. (2005). Relying on electronic journals: Reading patterns of astronomers. *Journal of the American Society for Information Science and Technology, 56*(8), 786–802.

Terpstra, J. L., Best, A., Abrams, D., & Moor, G. (2010). Interdisciplinary health sciences and health systems. In J. T. Klein & C. Mitcham (Eds.), *The Oxford handbook of interdisciplinarity.* Oxford University Press, UK: Oxford.

Toynton, R. (2005). Degrees of disciplinarity in equipping students in higher education for engagement and success in lifelong learning. *Active Learning in Higher Education, 6*(2), 106–117.

Tress, B., Tress, G., & Fry, G. (2006). Defining concepts and the process of knowledge production in integrative research. In B. Tress, G. Tress, G. Fry, & P. Opdam (Eds.), *From landscape research to landscape planning: Aspects of integration, education, and application* (pp. 13–25). Dordrecht, The Netherlands: Springer.

Tress, B., Tress, G., Fry, G., & Opdam, P. (Eds.). (2006). *From landscape research to landscape planning: Aspects of integration, education, and application.* Dordrecht, The Netherlands: Springer.

Turner, M. (2001). *Cognitive dimensions of social science.* New York, NY: Offord University Press.

van der Lecq, R. (2012). Why we talk: An interdisciplinary approach to the evolutionary origin of language. In A. F. Repko, W. H. Newell, & R. Szostak (Eds.), *Case studies in interdisciplinary research* (pp. 191–223). Thousand Oaks, CA: Sage.

Vess, D., & Linkon, S. (2002). Navigating the interdisciplinary archipelago: The scholarship of interdisciplinary teaching and learning. In M. Taylor Huber & S. P. Morreale (Eds.), *Disciplinary styles in the scholarship of teaching and learning: Exploring common ground* (pp. 87–106). Washington, DC: American Association for Higher Education and the Carnegie Foundation for the Advancement of Teaching.

Vickers, J. (1998). "[U]framed in open, unmapped fields": Teaching the practice of interdisciplinarity. *Arachne: An Interdisciplinary Journal of the Humanities, 4*(2), 11–42.

von Wehrden, H., Guimarães, M. H., Bina, O., Varanda, M., Lang, D. J., John, B., . . . Lawrence, R. J. (2019). Interdisciplinary and transdisciplinary research: finding the common ground of multi-faceted concepts. *Sustainability Science*, *14*, 875. Retrieved from https://doi.org/10.1007/s11625-018-0594-x.

Wallace, R. A., & Wolf, A. (2006). *Contemporary sociological theory: Expanding the classical tradition* (6th ed.). Upper Saddle River, NJ: Pearson.

Wallis, S. E. (2014). Existing and emerging methods for integrating theories within and between disciplines. *Journal of Organisational Transformation & Social Change*, *11*, 3–24.

Walvoord, B. E. F., & Anderson, V. J. (1998). *Effective grading: A tool for learning and assessment*. San Francisco, CA: Jossey-Bass.

Weingast, B. (1998). Political institutions: Rational choice perspectives. In R. Goodin & H. Klingerman (Eds.), *A new handbook of political science* (pp. 167–190). Oxford, UK: Oxford University Press.

Welch, J., IV. (2003). Future directions for interdisciplinarity effectiveness in higher education: A Delphi study. *Issues in Integrative Studies*, *21*, 3, 5–6, 170–203.

Welch, J., IV. (2007). The role of intuition in interdisciplinary insight. *Issues in Integrative Studies*, *25*, 131–155.

Welch, J., IV (2011). The emergence of interdisciplinarity from epistemological thought. *Issues in Integrative Studies*, *29, 1–39.*

Welch, J., IV. (2017). All too human: Conflict and common ground. *Issues in Interdisciplinary Studies*, *35*, 88–112.

Welch, J., IV. (2018). The impact of Newell's "A Theory of Interdisciplinary Studies": Reflection and analysis. *Issues in Interdisciplinary Studies*, 36(2), 193–211.

Werder, K. P., Nothhaft, H., Verčič, D., & Zerfass, A. (2018) strategic communication as an emerging interdisciplinary paradigm. *International Journal of Strategic Communication*, *12*(4), 333–351, DOI: 10.1080/1553118X.2018.1494181

Wheeler, L., & Miller, E. (1970, October). *Multidisciplinary approach to planning*. Paper presented at Council of Education Facilities Planners 47th Annual Conference in Oklahoma City, OK, October 6, 1976. (ERIC Document Reproduction Service No. ED044814)

Whitaker, M. P. (1996). Relativism. In A. Barnard & J. Spencer (Eds.), *Encyclopedia of social and cultural anthropology* (pp. 478–482). New York, NY: Routledge.

Wiersma, W., & Jurs, S. G. (2005). *Research methods in education: An introduction*. Boston, MA: Allyn & Bacon.

Wolfe, C., & Haynes, C. (2003). Interdisciplinary writing assessment profiles. *Issues in Integrative Studies*, *21*, 126–169.

Worden, R. (1998). The evolution of language from social intelligence. In J. R. Hurford, M. Studdert-Kennedy, & C. Knight (Eds.), *Approaches to the evolution of language: Social and cognitive bases* (pp. 148–168). Cambridge, UK: Cambridge University Press.

Xio, H. (2005). *Research methods for English studies*. Edinburgh, Scotland: Edinburgh University Press.

Zajonc, A. (1993). *Catching the light: The entwined history of light and mind*. New York, NY: Bantam.